朝倉物理学大系

荒船次郎|江沢 洋|中村孔一|米沢富美子＝編集

76

高分子物理学

巨大イオン系の構造形成————

伊勢典夫
曽我見郁夫

[著]

朝倉書店

編集

荒船次郎
東京大学名誉教授

江沢　洋
学習院大学名誉教授

中村孔一
明治大学名誉教授

米沢富美子
慶應義塾大学名誉教授

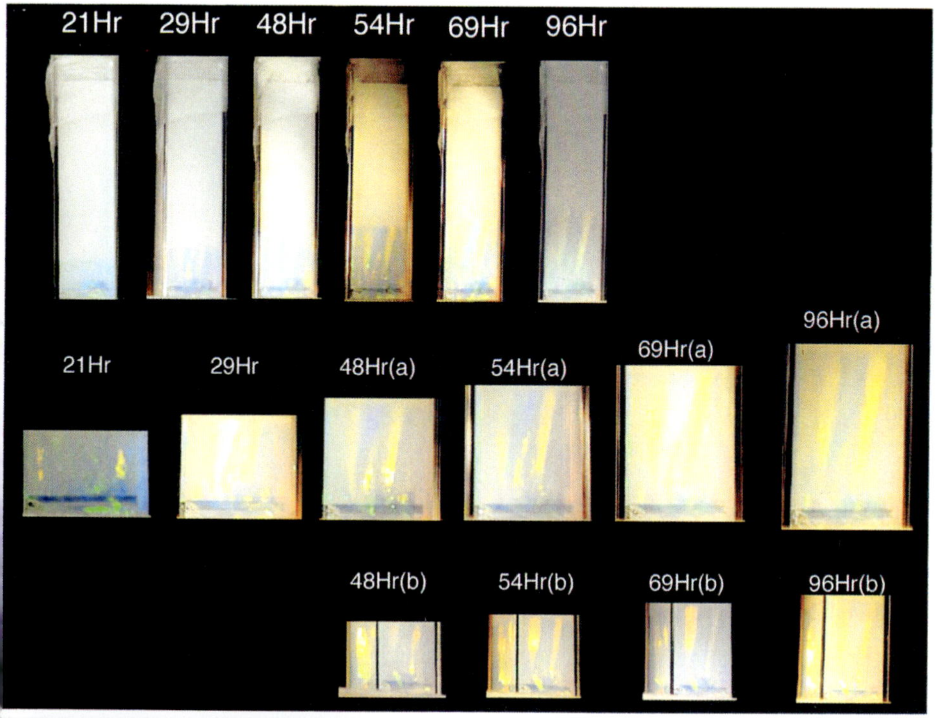

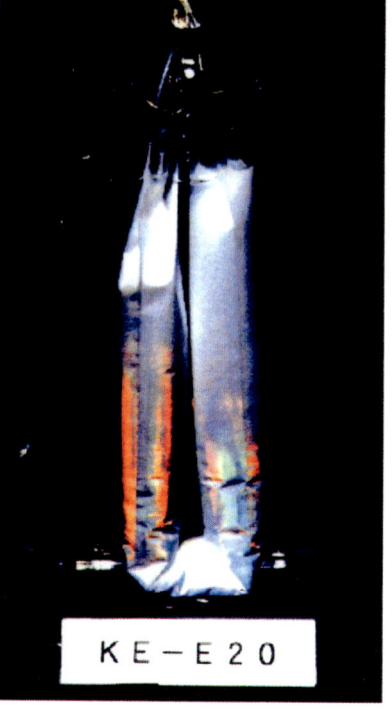

口絵1
セロファン膜による透析によって精製中のシリカ粒子分散系の虹彩色（左）とシリカ粒子の柱状結晶の形成（上）（本文 p.150）

口絵2
2状態構造における粒子の軌跡（本文 p.152）

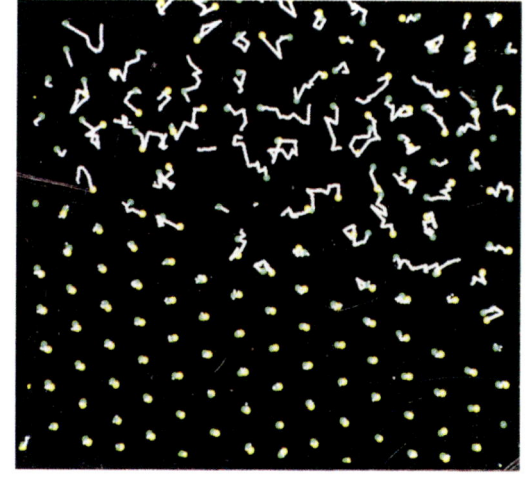

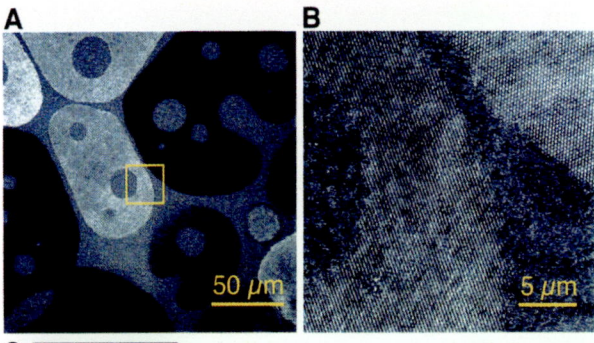

口絵3 シリカ粒子分散系における2状態構造のLSM像（本文 p.168）

口絵4 結晶化に伴う分散系内部構造の時間変化（本文 p.169）

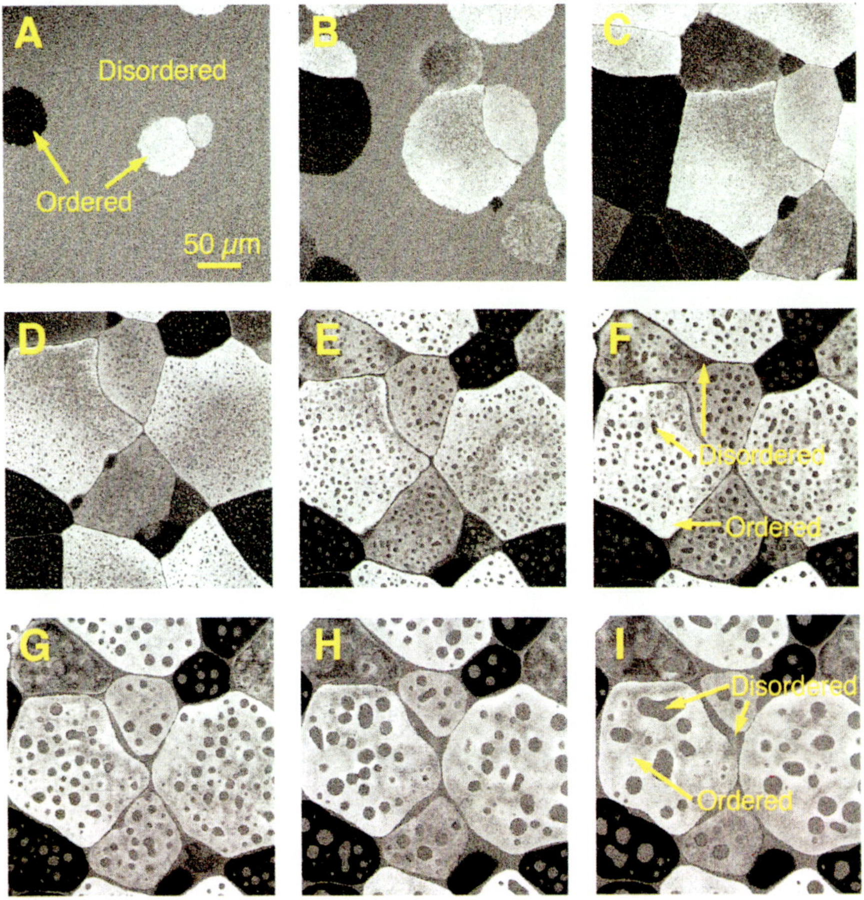

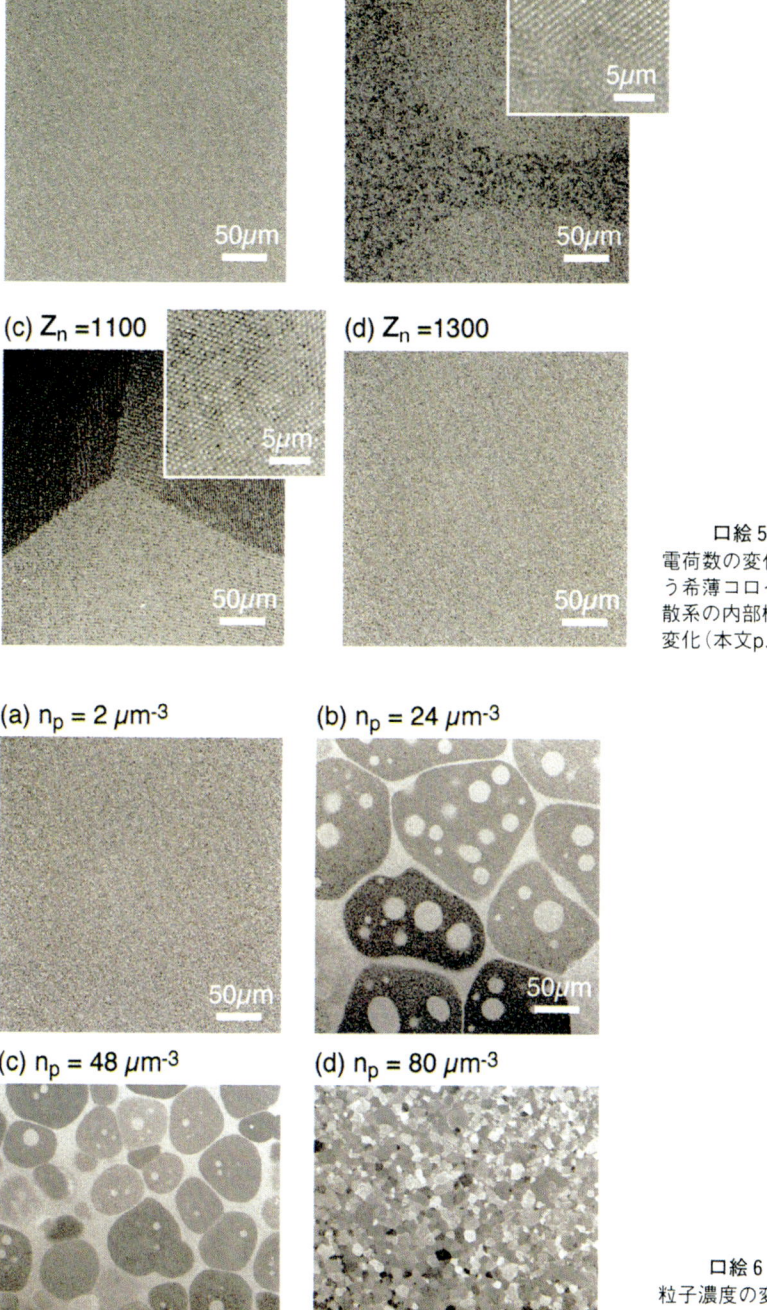

口絵5
電荷数の変化に伴う希薄コロイド分散系の内部構造の変化（本文p.170）

口絵6
粒子濃度の変化による内部構造のLSM像（本文p.171）

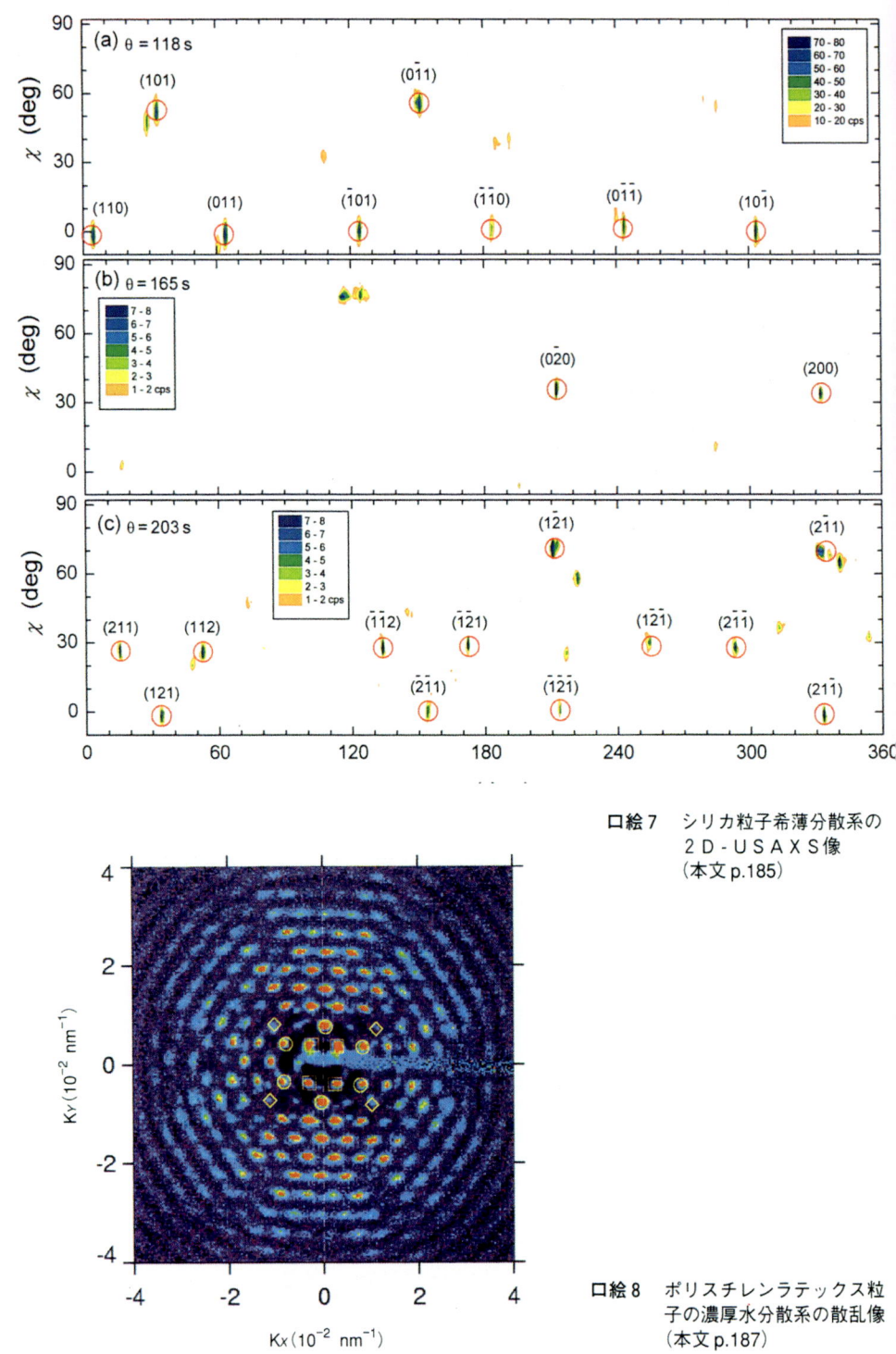

口絵7 シリカ粒子希薄分散系の 2D-USAXS像 (本文 p.185)

口絵8 ポリスチレンラテックス粒子の濃厚水分散系の散乱像 (本文 p.187)

まえがき

　この書物では，イオン性の高分子の溶液と電荷をもつコロイド粒子の分散系について考察する．これらを水のような解離性の溶媒 (あるいは分散媒) に溶解すると，巨大イオンと対イオンへの解離が起こる．したがって，イオン性の高分子とコロイド粒子は，NaCl と同様に電解質であると同時に高分子化合物でもある．

　その性質を調べるに当たって基本的には通常の物理化学的手法や技術が利用できることはいうまでもないが，コロイド分散系，とくに可視光波長の大きさの粒子を対象とすると，その挙動が顕微鏡によって直接観察できるという利点がある．4章で詳細に述べるが，ブラウン運動，結晶状態，格子欠陥，格子振動などの現象がコロイド粒子によって視覚化されて議論できるようになった．この結果は，イオン性高分子溶液はもとより凝縮系全般の物性の理解について多くの示唆を与えている．本書では，イオン性高分子とコロイド粒子が，とくに低い濃度条件において形成する構造とそれに関連する課題について，最近の研究成果を中心に議論したい．

　気体の中では，分子，原子の分布は無秩序であり，固体結晶では規則的である．これらの中間に位置する液体や溶液では近距離の規則性があるとされているが，明白な解答はでていない．しかし，コロイド分野では半世紀にわたり，またイオン性高分子については最近約20年の間，溶液内部に長距離に及ぶ規則的分布ができていると指摘されている．この現象は，溶質の間の相互作用によるものであり，この現象を正しく把握することが，イオン性高分子溶液を理解するためにぜひとも必要と考えられる．

　イオン性高分子溶液における相互作用を理解するため，本書ではまず1章に

において構造研究の基礎について述べ，2章において低分子電解質溶液のデバイ・ヒュッケル理論[1]およびコロイド分散系に関する Derjaguin-Landau-Verwey-Overbeek (DLVO) 理論[2]について考察する．次に，最近の実験結果を紹介する．すなわち，3章では屈曲性高分子溶液を，また4章ではコロイド分散系を取り上げ，巨大イオン間に引力が作用していることを実験によって示す．5章ではコロイド結晶の構造の1つの解析法として菊池・コッセル法を解説し，コロイド結晶が多段階の相転移を経て成長することを紹介する．次に6章では，平均場近似を用いて，球状イオン性高分子溶液に対して新しい理論を導き，粒子間には短距離斥力だけではなく，これに加えて長距離静電引力が同時に働いていることを明らかにする．7章においては，屈曲性イオン性高分子の溶液粘度のこれまでの解釈と棒状モデルの当否について議論する．8章ではコンピュータシミュレーションによって，静電的斥力のみをもつDLVOポテンシャルを仮定した場合と，引力と斥力を含む新しいポテンシャルを用いた場合とを比較する．これによって，3，4章で議論した実験結果が引力によって引き起こされていることを示す．最後の章では，これまでDLVOポテンシャルによって説明できるとされていた2，3のコロイド現象が，引力を含むポテンシャルによっても同様に説明できることを示し，斥力説の問題点を明らかにする．

　本書の内容は3つの特長をもつ．第1には，同符号の電荷をもつ溶質イオンあるいは粒子の間に，近距離での斥力と同時に遠距離において静電的引力が作用していると主張していることである．この点で，静電的斥力だけが働くと主張する多くのコロイド科学の教科書と違っている．クーロンの法則によれば，確かにカチオンはカチオンに斥力を及ぼす．それでは，筆者らの主張する引力はクーロンの法則に従わないのか？　もちろんそうではない．仮にカチオン性の粒子のみを溶液にすることができれば，そこでは粒子は互いに反発する．しかし，このような溶液を実際に作ることはできない．現実の溶液には，カチオンの粒子と逆の符号の電荷をもつ対イオンとが同時に存在し，全体として電気的中性が維持されている．したがって，同じ符号の電荷をもつ粒子のみに注目すれば，斥力が働いてはいるが，これと同時に溶液内には多数の対イオンが存在し，これらが粒子と引き合い，この引力が粒子間の斥力を圧倒して，カチオン性粒子がカチオン性粒子を引き合う可能性がある．ファインマン (Feynman)

の教科書[3]にはこれと同じ趣旨の次のような説明がある.

「(プラスとマイナスの対に)……第3の電荷が非常に近付いたとすると,引力が現れる."同"の間の斥力と"異"の間の引力によって,"異"同士を近寄らせ,"同"を押し離すからである」.

本書の第2の特長は,デバイ・ヒュッケル理論やDLVO理論と同様,ボルツマン方程式を基礎にして,このような荷電系の特性を平均場近似によって体系化していることである.その結果,同符号の巨大イオン間に長距離引力の成分が作用することが明らかにされる.詳細は2章に譲るが,この平均場近似の枠内で,FowlerとGuggenheim[4]およびMcQuarrie[5]は,イオン溶液のヘルムホルツとギブスの自由エネルギーは一般的に等しくないことを示し,この差がイオン間の相互作用に由来することを指摘している.他方,DLVO理論では両者が等しいとして議論が進んでいる.電荷数の小さいデバイ・ヒュッケル系でさえ両者は等しくないのであるから,電荷数の高いコロイド系では,2つの自由エネルギーの違いについて慎重に考える必要がある.6章に述べるように,ヘルムホルツ自由エネルギーの評価にとどまるとき,平均場近似による解析は巨大イオン間に斥力が作用することを示す.このことは,広く認められていることであるが,ギブス自由エネルギーの段階に進むとき,巨大イオン間に引力が作用していることが結論される.したがって,本書のテーマは,高分子系で2つの自由エネルギーが等しいかどうかの議論ということができる.

第3の特長は,構造形成に議論を絞ったことである.低分子電解質の場合と異なり,基本的な物理化学量についての考察や実験結果との対比はできなかった.イオン性高分子ではこれらの量がまだ系統的に集積されていないことが主な原因である.今後の発展が期待される.

筆者らの研究については,諸先輩の先生方から温かいご理解ご支援をいただいた.特に,故 岡村誠三先生から長年にわたり直接,間接にご援助を賜った.ここに,改めて厚く御礼を述べさせていただきたい.また,岡村先生が素粒子物理学と高分子化学を専門とする筆者2人の間に共同研究のきっかけを作っていただいたことにも触れておく必要がある.異分野の研究者の交流は容易ではないが有益である.この交流によって,イオン性高分子やコロイド系について,既成の発想に縛り付けられることなく,新しい観点に立って考えることができ

た．最近急速に進みつつあるこの分野のより深い理解に，本書が少しでも役立てば幸いである．

本書で議論されている研究の大半は，文部省(当時)の特別推進研究(1984年および1988年)として実施されたものである．このプロジェクトによって，自由に研究に没頭することができた．ここに厚くお礼を申し述べたい．

ここで議論した成果は，多くの共同研究者の並はずれた努力と才能の賜物である．とくに，以下の諸氏はそれぞれの分野で中心的役割を果たし，本書の共著者としてその名を挙げても不思議ではない研究者である．また，原稿段階でそれぞれの分担課題ごとに査読を煩わし，有益な助言をいただいた．ここに厚く深謝したい．

伊藤研策　　(富山大学工学部)
小西利樹　　(レンゴー(株)中央研究所)
松岡秀樹　　(京都大学大学院工学研究科)
篠原忠臣　　(京都産業大学理学部)
B. V. R. Tata (Indira Gandhi Centre for Atomic Research)
山中淳平　　(名古屋市立大学薬学部)
吉田博史　　(日立研究所)
愿山　毅　　(京都産業大学理学部)　　(敬称略)

また，福田光完氏(兵庫教育大学)からは，8章について興味深い助言を受けた．

最後になるが，本書の出版を企画して下さった朝倉書店，忍耐強く原稿の完成を見守ってくださった米沢富美子先生にお詫びと謝意を申し述べたい．

2004年11月

伊　勢　典　夫
曽我見　郁　夫

参 考 文 献

1) P. J. W. Debye and E. Hückel, *Physik. Z.*, **24**, 185 (1923).

2) E. J. W. Verwey and J. Th. G. Overbeek, Theory of the Stability of Lyophobic Colloids (Elsevier,1948).
3) R. P. Feynman, R. B. Leighton and M. Sands, The Feynman Lecture on Physics (Addison-Wesley, 1965), Vol.1, p. 2-3 ; 坪井忠二訳, ファインマン物理学 I 力学, p. 20 (岩波書店, 1967).
4) R. H. Fowler and E. A. Guggenheim, Statistical Thermodynamics, Chap. 9 (Cambridge University Press, 1939).
5) D. A. McQuarrie, Statistical Mechanics, Chap. 15 (Harper Collins, 1976).

目 次

1 序 章 1
  1.1 イオン性高分子溶液とは 1
  1.2 高分子溶液の構造と測定実験の原理 4
    1.2.1 はじめに 4
    1.2.2 加速された電子が放出する電磁波 5
    1.2.3 トムスンの振動子模型の修正 6
    1.2.4 修正された振動子模型による電子の電磁放射 8
    1.2.5 高分子による電磁波の散乱 11
    1.2.6 高分子溶液による電磁波の散乱 15
  1.3 分子間力 24
    1.3.1 固体の結合力 25
    1.3.2 イオン性溶液系の特徴 26
    1.3.3 溶液中の巨大イオンの有効相互作用 28

2 巨大イオンの有効相互作用1 33
  2.1 はじめに 33
  2.2 平均場描像 34
  2.3 デバイ・ヒュッケルの強電解質の理論 39
    2.3.1 浸透圧とファントホッフの法則 39
    2.3.2 デバイ・ヒュッケル理論：点状イオン 42
    2.3.3 デバイ・ヒュッケル理論：広がりをもつイオン 48
  2.4 DLVO 理論 51

2.4.1　遮蔽されたクーロン型斥力ポテンシャル ……………………… 52
　　2.4.2　ロンドン・ファンデルワールス引力 ……………………………… 60
　　2.4.3　DLVO ポテンシャル ……………………………………………… 66
　　2.4.4　DLVO 理論の成果と欠点 ………………………………………… 71
　2.5　まとめ …………………………………………………………………… 74

3　屈曲性および球状イオン性高分子の希薄溶液 …………………………… 77
　3.1　はじめに ………………………………………………………………… 77
　　3.1.1　イオン性高分子の解離状態 (電荷数) …………………………… 79
　　3.1.2　屈曲性イオン性高分子の形態と広がり ………………………… 83
　3.2　散乱法による希薄溶液の研究 ………………………………………… 85
　　3.2.1　静的光散乱 ………………………………………………………… 86
　　3.2.2　動的光散乱 ………………………………………………………… 95
　　3.2.3　小角 X 線散乱 …………………………………………………… 103
　　3.2.4　小角中性子散乱 ………………………………………………… 117
　3.3　最近の進歩とまとめ …………………………………………………… 120

4　コロイド粒子の希薄分散系 ……………………………………………… 133
　4.1　はじめに ………………………………………………………………… 133
　　4.1.1　荷電コロイド粒子の電荷数 ……………………………………… 135
　　4.1.2　コロイド分散系の精製 …………………………………………… 141
　4.2　光学的観察による研究 ………………………………………………… 144
　　4.2.1　自由粒子の沈降実験：有効剛体球モデルの妥当性 …………… 144
　　4.2.2　自由粒子のブラウン運動 ………………………………………… 146
　　4.2.3　分散系からのコロイド結晶 ……………………………………… 147
　　4.2.4　共焦点レーザースキャン顕微鏡による内部観察 ……………… 162
　4.3　超小角 X 線散乱による研究 …………………………………………… 175
　　4.3.1　格子構造，格子定数，結晶方位の決定 ………………………… 175
　　4.3.2　コロイド結晶の破壊と再生に伴う構造変化 …………………… 179
　　4.3.3　粒子径とその分布の決定 ………………………………………… 182

4.3.4　2D-USAXS による構造解析 ･･････････････････････184
　　4.3.5　超小角 X 線散乱法による粒子間距離 ･････････････187
　4.4　静的および動的光散乱，中性子散乱，動的 X 線散乱による研究 ･･･188
　　4.4.1　静的光散乱 ･･････････････････････････････････189
　　4.4.2　動的光散乱 ･･････････････････････････････････193
　　4.4.3　小角中性子散乱 ･･････････････････････････････197
　　4.4.4　動的 X 線散乱 ････････････････････････････････200
　4.5　まとめ ･･202

5　コロイド結晶の菊池・コッセル線解析 ･･････････････････211
　5.1　はじめに ･･211
　5.2　菊池・コッセル回折像 ･･････････････････････････････212
　5.3　コロイド結晶の成長 ････････････････････････････････218
　　5.3.1　層状構造期 ･･････････････････････････････････218
　　5.3.2　層状構造から等軸晶系への移行期 ････････････････220
　　5.3.3　等軸晶系期 ･･････････････････････････････････221
　5.4　コロイド合金結晶 ･･････････････････････････････････224
　5.5　コッセル線の微細構造 ･･････････････････････････････225
　5.6　まとめ ･･227

6　巨大イオンの有効相互作用2 ････････････････････････････231
　6.1　はじめに ･･231
　6.2　線形近似理論の再構築 ･･････････････････････････････233
　　6.2.1　有効電荷と有効体積 ････････････････････････････233
　　6.2.2　ギブス (巨大イオン) 系 ･･････････････････････････235
　　6.2.3　ギブス (巨大イオン) 系のモデル化 ･････････････････236
　　6.2.4　有効領域中の平均電位 ･･････････････････････････239
　　6.2.5　種々の断熱対ポテンシャル ･･････････････････････242
　　6.2.6　球状の有効粒子の断熱ポテンシャル ････････････････251
　　6.2.7　球状でない巨大イオンの断熱ポテンシャル ･･･････････259

6.2.8 新しい有効対ポテンシャル ·· 261
6.2.9 新しい線形近似理論のまとめ ·· 264
6.3 巨大イオン溶液系の自由エネルギーの積分表現 ······················· 267
6.3.1 巨大イオン分散系のモデル ·· 267
6.3.2 ポアソン・ボルツマン方程式と境界条件を生成する汎関数 ··· 269
6.3.3 ヘルムホルツ自由エネルギーの積分表現 ··························· 270
6.3.4 ギブス自由エネルギーの積分表現 ···································· 272
6.3.5 巨大イオン溶液中の小イオン気体の状態方程式 ················· 274
6.3.6 デバイの充電化公式 ··· 275
6.4 平均場描像における厳密解:平板イオン系 ······························· 276
6.4.1 1次元問題 ·· 277
6.4.2 ポアソン・ボルツマン方程式の厳密解 ······························ 278
6.4.3 自由エネルギー ·· 281
6.4.4 内部領域 R_i の自由エネルギー ·· 284
6.4.5 外部領域 $R_o^l \cup R_o^r$ の自由エネルギー ································ 285
6.4.6 ヘルムホルツ断熱ポテンシャルとギブス断熱ポテンシャル ···· 286
6.4.7 数値解析 ·· 286
6.4.8 平板イオン系の要約 ··· 294
6.4.9 付録:楕円積分の Carlson による数値計算法 ····················· 295
6.5 まとめ ··· 297

7 イオン性高分子およびコロイド希薄溶液の粘性 ······························ 303
7.1 はじめに ··· 303
7.2 屈曲性イオン性高分子希薄溶液の粘度 ······································· 304
7.3 イオン性コロイド粒子分散系の粘度 ··· 308
7.3.1 球状粒子に関するアインシュタインの粘度則 ····················· 308
7.3.2 イオン性コロイド粒子希薄分散系の粘度 ··························· 309
7.3.3 イオン雰囲気とその歪(第1次電気粘性効果) ····················· 312
7.3.4 まとめ ··· 317

8 コンピュータシミュレーションによる相転移 ……………321

8.1 はじめに …………………………………………………321
8.2 剛体球モデルの相転移 (アルダー転移) ………………322
8.3 湯川ポテンシャル，DLVO ポテンシャルによる相転移 ………324
8.4 対 G-ポテンシャルによる相転移 ………………………329
　8.4.1 fcc-bcc 転移，固–液相平衡，均一–不均一相転移，ボイド ……329
　8.4.2 非常に小さい体積分率でのシミュレーション ……………341
8.5 まとめ …………………………………………………344

9 粒子間力についての諸問題 ……………………………349

9.1 はじめに …………………………………………………349
9.2 コロイド粒子の電荷密度と DLVO ポテンシャル ………350
9.3 DLVO ポテンシャルか対 G-ポテンシャルか ……………352
　9.3.1 構造因子 $F(K)$ ………………………………………352
　9.3.2 コロイド結晶の体積弾性率 ……………………………353
　9.3.3 コロイド結晶の熱収縮 …………………………………354
　9.3.4 シュルツェ・ハーディ則 ………………………………356
9.4 粒子間ポテンシャルの直接測定 …………………………358
　9.4.1 Grier, Fraden, Carbajal–Tinoco, Versmold らの測定 ………358
　9.4.2 杉本らの測定 ……………………………………………367
　9.4.3 表面力測定法，原子間力顕微鏡法による測定 ……………368
9.5 2, 3 のコンピュータシミュレーションとの比較 …………370
9.6 その他の課題 ……………………………………………372

索 引 ………………………………………………………377

1
序　　章

1.1　イオン性高分子溶液とは

　本書ではイオン性高分子の溶液とコロイド分散系を取り扱う．これらの物質は適当な溶媒に溶解させるとき，電離して大きい分子量のイオンと，その対イオン (逆イオンともいう) とに解離する．イオン性高分子としては，天然由来のものや化学的に合成されているものなどが多数知られている．天然物としての例は，DNA や一部のタンパク質であり，生体現象において重要な役割を演じている．また合成物として，比較的構造の簡単なポリアクリル酸 (PAA)，ポリスチレンスルホン酸 (PSS)，ポリアリルアミン (PAAm) を挙げておこう．

　PAA は m 個 (m は重合度と呼ばれ，通常 10^3 程度の大きさ) のアクリル酸 [{$CH_2=CH(COOH)$}] が共有結合によって線状に結合してできた高分子化合物で，電離性溶媒 (たとえば水) に溶解すると，アニオン性高分子イオンと多数の対イオンに解離する．次の図式では，プロトン H^+ が例に挙がっているが，金属カチオン (たとえば Na^+) でもよい．

$$\begin{array}{ccc} -(CH_2-CH)_m- & \rightleftharpoons & -(CH_2-CH)_m- \quad + mH^+ \\ | & & | \\ COOH & & COO^- \\ PAA & & PAA\ アニオン \qquad 対イオン \end{array}$$

　また PAAm は，高分子イオンがカチオン性の場合であり，次のような解離平衡にある．

$$-[\mathrm{CH_2-CH(CH_2-NH_2)}]_m- \;+\; m\mathrm{HCl}$$
PAAm

$$\rightleftharpoons \;-[\mathrm{CH_2-CH(CH_2-NH_3^+)}]_m- \;+\; m\mathrm{Cl^-}$$
PAAm カチオン　　　　　対イオン

　低分子電解質の NaCl の水溶液では，$\mathrm{Na^+}$ と $\mathrm{Cl^-}$ への解離が起こるが，この場合，生成されるイオンはいずれも低分子量である．PAA や PAAm の場合，PAA アニオンと PAAm カチオンは高い分子量をもつ．m が 10^3 のとき，1個の高分子イオンは 10^3 個の分析的電荷数をもつアニオンとなる．その価数 (valency) Z は通常の低分子イオンに比べて著しく大きい．イオン間の相互作用は Z の2乗に比例するから，イオン性高分子溶液と低分子塩溶液の物性は大きく違ったものとなる．また，イオン解離を伴わない非イオン性高分子溶液とも異なる挙動を示す．この点をいち早く見抜いたのはシュタウディンガー (Staudinger) ら [1] である．古く 1931 年に，PAA 金属塩の水溶液粘度が非イオン性高分子のそれと比較して非常に高いことに気づき，その原因が静電的相互作用による構造形成によると指摘して，次のように書いている．

　「NaCl 溶液におけるように……，PAA の Na 塩溶液では，PAA イオンは $\mathrm{Na^+}$ により取り囲まれ，逆に $\mathrm{Na^+}$ は高分子イオンと相互作用している．この結果，PAA イオンの相対的位置が固定される．…これは一種の構造形成である．この構造が流れにより歪みを受け，その結果溶液の粘性が高くなる」．

　これらの合成イオン性高分子は分子鎖の C—C 結合のまわりで回転が許されるため分子は屈曲性であり，溶液中では一定の形をもつことができない．また仮に主鎖が伸びきった状態をとったとしても，末端間の距離は 200 nm 見当であり，その形はもとより，溶液中での分布状態を直接確かめることはできない．

　間接的に推定されるこれらの性質を確かめるために，本書ではイオン性高分子よりはるかに大きくて，光学顕微鏡を使って"見る"ことのできる球状コロイド粒子をも取り上げ，その分散系内における動きや分布を調べる．コロイドの分野は，かつて"失われたディメンジョンの世界"と呼ばれ [2]，研究がスムーズに進めにくい分野であったが，最近の技術的進歩によって，粒子の直径，そ

の分布,また電荷数を制御することができるようになり,基礎研究の材料として利用できるようになった.その結果,粒子の挙動をリアルタイムで追跡したり,多成分系の物性を高い精度で測定できるようになったわけである.この直接測定によって屈曲性イオン性高分子の挙動について確実な裏づけを得たいのである.

 本書では,最近話題になっている希薄溶液における構造形成とそれに関連する課題について議論を進める.構造形成というのは,溶質分子あるいは粒子が溶液中であるにもかかわらず,3次元的に規則正しく結晶状に配列することを意味する.このような構造が意識されたのは決して最近のことではない.たとえば,低分子電解質の研究の歴史を振り返ると,1920年ごろ Ghosh[3] が格子様のイオン分布を仮定して,溶液の浸透圧係数(すなわち溶媒の活量係数)を計算している.この場合,イオン間の距離は濃度の1/3乗に逆比例する.一方,低い濃度では実験的に,濃度に関して1/2乗則が成り立つことが認められた.この結果はデバイ・ヒュッケル理論[4]によって解明された.しかし濃度が高くなると,1/3乗則が成立することは広く知られており[5],Ghosh が考えた格子様の分布に近い状態が出現しているのかもしれない.イオン性高分子の場合についても,1/3乗則が成立することが実験的に知られている[6].また,高分子イオン溶液の初期の理論を調べると,棒状の高分子イオンが格子様の規則構造を形成していることが,明瞭にあるいは暗に仮定されている[7~11].肝心な点は,Ghosh の場合と同様に,これらのモデルでも溶液全体にわたって一様な規則構造が仮定されていることである.これは3章以下において筆者らが1状態構造と呼ぶものである.この一様な規則構造は,(同符号の電荷をもつ)多数の高分子イオンが容器に閉じ込められているとき,イオン間に斥力が作用していると考えると容易に理解できる.

 さて,本書ではこのような系全体を覆う均一構造ではなく,溶質イオンあるいは粒子が**局所的に形成する構造**,すなわち器壁の助けを借りずに自形を保つ**構造**に重点をおく.当然ながら微視的には系は不均一である.このような不均一性の出現は凝縮系としては意外であるが,最初に,屈曲性のイオン性高分子溶液の散乱実験 (3章) から推定された.またコロイド分散系について直接目で確認 (4章) されている.これらの実験事実は斥力のみを考えていたのでは説明

がむずかしく，筆者らは引力が必要であるとの考えに導かれたのである．2, 3 の成書[12〜15)]との重複をできるだけ避け，本書ではこの微視的な不均一性について，実験と理論の両面から考察する．

1.2 高分子溶液の構造と測定実験の原理

1.2.1 はじめに

高分子溶液の構造とは，溶液中の溶質高分子の平均的な配列状態を意味する[16)]．そのような構造の解析には，可視光線，X線，中性子線による回折法と散乱法などが利用される．溶質高分子からの位相の揃った寄与は，平均化されても消されることなく，高分子溶液の配列構造として観測されることになる．他方，溶媒を構成する原子や分子はランダムな熱運動を行っており，それらからの回折や散乱への寄与は乱雑な位相をもち平均化されて打ち消し合う．

溶液中に入射する可視光線やX線のような電磁波は，原子や分子を構成する荷電粒子である電子や原子核によって散乱されるが，原子核からの寄与は，ほとんど無視することができる．なぜなら，電磁波によって最も大きい加速を受けるのは，質量の最も小さい電子であるからである．実際，以下の議論で明らかにされるように(式 (1.10), (1.13) 参照)，荷電粒子による電磁波の散乱の効果は，粒子の質量の2乗に逆比例する．最も質量の小さい原子核である陽子も，電子の約 2,000 倍の質量をもっているため，その電磁波の散乱効果は電子に比べると約 4,000,000 分の 1 になってしまう．したがって，高分子溶液の構造解析には，高分子の電子分布と電磁波の相互作用に注目すればよい．

磁性原子を含まない高分子の場合，電荷をもたない中性子は高分子の電子雲を突き抜けて，原子核にまで接近し核力相互作用によって散乱される．したがって，散乱された中性子の強度分布を測定することで，溶質の原子核分布に関する情報を得ることが可能となる．また，可視光線の波長に近い大きさをもつ高分子であるコロイド系の場合，光学顕微鏡による直接観測も可能である．とくに，ブラウン運動や局所的なコロイド結晶形成などの観測には，光学顕微鏡法はきわめて有効である．

この節では，電磁波の散乱と回折を分析するために必要となる基礎的な概念

と理論を，可能な限り平易に解説する．原子や分子の中に束縛された電子の状態は，本来，量子力学で記述しなければならない．また，電磁場と電子の相互作用も，厳密には，量子場の理論で取り扱うことが必要である．しかし，物質の構造解析には，束縛された電子と電磁場との相互作用を修正された**トムスンの振動子模型** (Thomson model) で記述する方法[17, 18]が有効である．そこで，量子力学的な記述の詳細は他の文献[19〜21]に譲り，ここでは，古典的な模型を利用して理論を構成したうえで，原子や分子内部の電子分布に関して必要最小限の量子論的な取り扱いを行うことにする．まず，古典的な振動子模型では，電子は平衡点のまわりに束縛され，一定の固有振動数で振動していると仮定される．その電子が，外部電場によって強制振動を受け，その結果として放出される電磁エネルギーを計算する．その際，古典物理学の範囲では，電子が原子や分子の内部でどのように安定に分布しているかを知ることはできない．そこで，そのような電子の平衡位置の分布は，量子力学的な分布関数を利用して求めることにするのである．

1.2.2 加速された電子が放出する電磁波

溶質高分子中の1つの電子が，電磁波によって，ある位置Eのまわりで加速されるとする．その電子から放射された電磁波を，点Eを中心とする十分大きい半径Rの球面上の点Pで観測する．以下では，光速度をcとし，電子の質量をmとする．時刻$\tau = t - R/c$に平衡点Eから広がる電磁波は，時刻tに点Pで観測されることに注意しよう．その時刻τでの電子の加速度を$\boldsymbol{a}(\tau)$とし，点Eから観測点Pの方向への単位ベクトルを$\boldsymbol{n}$とすると，観測される電場と磁場は

$$\boldsymbol{E} = -\frac{e}{c^2}\frac{1}{R}\boldsymbol{n} \times [\boldsymbol{n} \times \boldsymbol{a}(\tau)] \tag{1.1}$$

$$\boldsymbol{B} = \boldsymbol{n} \times \boldsymbol{E} \tag{1.2}$$

となる．この式の導出は，電磁気学の教科書[22]に詳しく解説されている．また，この電磁場が単位時間当たりに運ぶエネルギー束は，**ポインティングベクトル**

$$\boldsymbol{S} = \frac{c}{4\pi}\boldsymbol{E} \times \boldsymbol{B} = \frac{c}{4\pi}E^2\boldsymbol{n} = \frac{e^2}{4\pi c^3}\frac{1}{R^2}|\boldsymbol{n} \times \boldsymbol{a}(\tau)|^2\boldsymbol{n} \tag{1.3}$$

で与えられる．したがって，立体角 $d\Omega$ を単位時間当たりに通過する電磁波のエネルギーを dP とすると

$$dP = (\boldsymbol{n}\cdot\boldsymbol{S})R^2\,d\Omega = \frac{e^2}{4\pi c^3}\mid \boldsymbol{n}\times\boldsymbol{a}(\tau)\mid^2 d\Omega \qquad (1.4)$$

となることがわかる．この式はラーマーの公式[22]と呼ばれる．

1.2.3 トムスンの振動子模型の修正

振動子模型では，電子は平衡点のまわりに束縛され，一定の固有角振動数 ω_0 で振動していると仮定される．その電子が外部電場によって強制振動を受ける過程は，ニュートンの運動方程式で記述される．

入射電磁波は単色であるとし，溶液中での波長を λ，振動数を ν，進行方向を示す単位ベクトルを $\boldsymbol{n}_0$ とする．溶液中に選んだ基準点 O から平衡点 E への位置ベクトルを $\boldsymbol{r}$ とし，電子の平衡点 E からの変位を $\boldsymbol{\eta}$ とする．その点 E で時刻 t に入射波がもつ電場を，複素数表示で

$$\boldsymbol{E}_0(\boldsymbol{r},t) = \boldsymbol{E}_0\,\mathrm{e}^{i\boldsymbol{k}_0\cdot\boldsymbol{r}-i\omega t} = \boldsymbol{\epsilon}_0 E_0\,\mathrm{e}^{i\boldsymbol{k}_0\cdot\boldsymbol{r}-i\omega t} \qquad (1.5)$$

と表すことにする．ここで，$\boldsymbol{k}_0 = (2\pi/\lambda)\boldsymbol{n}_0$ は入射波の波数ベクトルであり，$\omega = 2\pi\nu$ は角振動数である．また，E_0 は電場の強さで，$\boldsymbol{\epsilon}_0$ は電場の偏りベクトルである．よく知られているように，この複素数表示では，観測量は実数部分をとって計算しなければならない．平衡点 E のまわりで振動している電子が式 (1.5) の外部電場 $\boldsymbol{E}_0(\boldsymbol{r},t)$ によって強制振動を受ける場合，その電子の運動方程式は

$$m\frac{d^2\boldsymbol{\eta}}{dt^2} = -m\omega_0^2\,\boldsymbol{\eta} - m\gamma\frac{d\boldsymbol{\eta}}{dt} - e\,\boldsymbol{\epsilon}_0\,E_0\,\mathrm{e}^{i\boldsymbol{k}_0\cdot\boldsymbol{r}-i\omega t} \qquad (1.6)$$

となる．ここで，電子の質量を m とし，電子の速度は光速度に比べて十分小さく，ローレンツ力の磁場成分の影響は無視できると仮定した．この運動方程式の右辺で，第1項は平衡位置のまわりでの束縛を表すフックの力 $-m\omega_0^2\boldsymbol{\eta}$，第2項は電磁波の放出に伴う減衰項（$\gamma$ は減衰因子）である．第3項は入射波の電場による強制力を表す項であり，この強制項が含む位相因子 $\mathrm{e}^{i\boldsymbol{k}_0\cdot\boldsymbol{r}}$ は散乱波の干渉や回折を解析する際に重要な役割を演じる．

式 (1.6) の位相因子の空間部分 $k_0 \cdot r$ は，時間に依存しないと仮定されている．すなわち，平衡点 E の位置ベクトル r は時間変化をする変数ではない．もし r が時間によるとすると，式 (1.6) は高次の非線形方程式となり解くことが困難になる．この平衡点 E については，さらに本質的な困難がある．トムスンの原子模型では，正の電荷をもつ球の中に安定な静的平衡点があり，電子はその点のまわりで振動すると仮定されていた．しかし，この基本要請は，"**静電場の中では，荷電粒子は平衡点をもち得ない**" ことを主張する **アーンショーの定理** (Earnshaw theorem)[23] によって否定される．

アーンショーの定理は，次のように理解することができる．もし仮に，荷電粒子が静電場の中で平衡位置を占めるとすると，その位置は静電ポテンシャルの山の頂きまたは谷の底になるから，その点を取り囲む微小な球面上でポテンシャルの 2 次微分は正または負の値を保持する．ところで，ポテンシャルの 1 次微分 (勾配) は電場を表すから，電位の 2 次微分は電場の 1 次微分 (発散) となる．したがって，荷電粒子の占める位置では，電場の発散が正または負のゼロでない値をもつことになり，ガウスの法則 (2.2 節の式 (2.2) 参照) によって，荷電粒子の占める位置に既に電荷が存在することになる．これは矛盾である．

このように安定性を否定されたトムスンの原子模型に替わるものとして，ラザフォード (Rutherford) は，原子核のまわりを電子が周回するという動的な原子模型を提唱した．この動的な原子模型は，アーンショーの定理には抵触しない．しかし，この動的な原子模型も新たな困難を抱えていた．1.2.2 項で説明したように，加速された荷電粒子は電磁波を放射する．そのため，原子の内部で周回する電子は，電磁放射でエネルギーを失いつつ約 10^{-11} 秒で原子核へと落ち込んでしまう．このラザフォード模型の困難を解決するには，電子の定常状態を確率分布で記述する量子力学の誕生を待たなければならなかった．

ところが，量子力学の登場によって，一度否定されたトムスン模型を部分的な修正により再活用する可能性が生まれた．修正されたトムスン模型では，量子力学によって平衡点 E の確率分布が与えられることを前提として，E のまわりでの電子の加速が古典的なニュートンの運動方程式 (1.6) で記述される．実際の手続きとしては，まず，方程式 (1.6) を解いて加速された電子による電磁放射を計算する．その結果は平衡点の変位ベクトル r に依存するので，量子力

学の波動関数を用いて，r の分布に関する積分を行う．

実は，この修正されたトムソン模型の最後の手続きは，まったく形式的なものである．以下に見るように，イオン性高分子分散系の構造解析には，原子や分子内部の電子波動関数を用いて実際に積分を実行する必要はない．

1.2.4 修正された振動子模型による電子の電磁放射

入射電磁波による強制振動を表す非斉次方程式 (1.6) の特解は，$\eta(t) \propto \epsilon_0 \mathrm{e}^{-i\omega t}$ と仮定することにより

$$\eta(t) = \frac{e}{m}\frac{1}{\omega^2-\omega_0^2+i\gamma\omega}\boldsymbol{E}_0\,\mathrm{e}^{i\boldsymbol{k}_0\cdot\boldsymbol{r}-i\omega t} \tag{1.7}$$

と求められる．こうして，電子が入射電磁波の強制振動によって得る加速度 $\boldsymbol{a}(t)$ は，式 (1.7) を微分することにより

$$\boldsymbol{a}(t) = \frac{d^2\boldsymbol{\eta}}{dt^2} = -\frac{e}{m}\frac{\omega^2}{\omega^2-\omega_0^2+i\gamma\omega}\boldsymbol{E}_0\,\mathrm{e}^{i\boldsymbol{k}_0\cdot\boldsymbol{r}-i\omega t} \tag{1.8}$$

と定められる[*1)]．

この加速度の時刻 $\tau = t - R/c$ での値を式 (1.1) に代入すると，遠方の P 点で時刻 t に観測される電場として

$$\boldsymbol{E} = r_\mathrm{c}\,g\,E_0\,\boldsymbol{n}\times(\boldsymbol{n}\times\boldsymbol{\epsilon}_0)\frac{1}{R}\,\mathrm{e}^{-i\omega(t-\frac{R}{c})+i\boldsymbol{k}_0\cdot\boldsymbol{r}} \tag{1.9}$$

を得る．ここで，長さのディメンジョンをもつ量 r_c は

$$r_\mathrm{c} = \frac{e^2}{mc^2} = 2.82\times10^{-13}\,(\mathrm{cm}) \tag{1.10}$$

[*1)] 運動方程式 (1.6) で強制項をゼロとした斉次方程式

$$\frac{d^2\boldsymbol{\eta}}{dt^2} = -\omega_0^2\boldsymbol{\eta} - \gamma\frac{d\boldsymbol{\eta}}{dt}$$

は，独立な解として，減衰振動を表す解

$$\exp\left(-\frac{1}{2}\gamma t \pm i\sqrt{\omega_0^2 - \frac{1}{4}\gamma^2}\,t\right)$$

をもつ．運動方程式 (1.6) の一般解は，これらの減衰振動解の線形結合と式 (1.7) の特解の和で与えられる．しかし，ここでは入射電磁波に対する応答を求めているのであり，これらの減衰振動解は電磁波による電子の加速には寄与しないとみなすことができる．

と定義されて**古典電子半径**と呼ばれ，電子による電磁波の散乱の強さを特徴づける．また，g は

$$g(\omega, \omega_0, \gamma) = \frac{\omega^2}{\omega^2 - \omega_0^2 + i\gamma\omega} \tag{1.11}$$

なる関数で，放出される電磁波の入射振動数と電子の固有振動数スペクトルへの依存性を表す．明らかに，式 (1.9) の電場は平衡点 E から広がり伝搬する球面波である．

ポインティングベクトル $\boldsymbol{S}(t)$ の大きさは，電磁波の伝搬する方向に垂直な単位断面を時刻 t に通過するエネルギーを与える．ところで，電磁波の観測にかかる時間スケール T は，電磁波や電子の運動の時間スケールに比べて大きく，$\omega T, \omega_0 T \gg 1$ が成り立つ．そこで，物理量 $(\cdots)$ の観測値は

$$\overline{(\cdots)} = \lim_{T \to \infty} \frac{1}{2T} \int_{-T}^{T} (\cdots) \, dt \tag{1.12}$$

によって評価する．式 (1.9) の実数部をとりポインティングベクトルの公式 (1.3) に代入し，この平均操作を行うと，点 P で観測される**電磁波の平均エネルギー強度** I_e は

$$I_e \equiv \overline{\boldsymbol{n} \cdot \boldsymbol{S}} = I_0 \, r_c^2 \, |g|^2 \frac{P}{R^2} \tag{1.13}$$

と計算される．ここで，I_0 は入射電磁波の平均エネルギー強度

$$I_0 \equiv \frac{c}{4\pi} \overline{\boldsymbol{E}_0(0,t)^2} = \frac{c}{8\pi} |E_0|^2 \tag{1.14}$$

であり，

$$P = |\, \boldsymbol{n} \times \boldsymbol{\epsilon}_0 \,|^2 \tag{1.15}$$

は**偏光因子**で，入射波の電場方向と散乱波の相関を表す．放出される電磁波の強度分布は，電磁波の入射方向に垂直な方向で最小になる．

このような入射電磁波によって強制振動を受けた電子による放射を，電磁波の散乱過程として記述するには

$$d\sigma = \frac{\text{単位時間に立体角 } d\Omega \text{ に流入する放射エネルギー}}{\text{単位時間に単位断面を通過する入射エネルギー}} = \frac{I_e R^2 \, d\Omega}{I_0}$$

によって定義される**散乱の微分断面積**を導入すると都合がよい．式 (1.13) から，微分断面積として，公式

$$d\sigma = r_c^2 \, |g|^2 \, P \, d\Omega \tag{1.16}$$

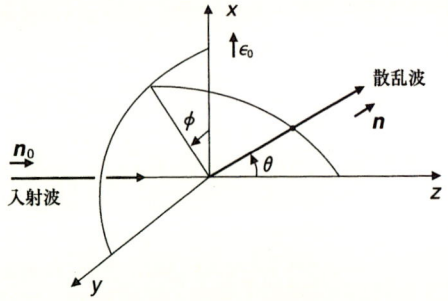

図 1.1 入射波と散乱波の関係
入射波の向き $\bm{n}_0$ に z 軸を選び，電場の方向 $\bm{\epsilon}_0$ を x 軸とする．散乱波の向き $\bm{n}$ が入射波の向きとなす角度 θ を散乱角と呼ぶ．ϕ は，$\bm{n}$ の x-y 面への投影が x 軸となす角度．

を得る．

図 1.1 のように，入射電磁波の進行方向 $\bm{n}_0$ を z 軸に選び，またその電場 $\bm{E}_0$ の方向 (すなわち，偏りの方向) $\bm{\epsilon}_0$ を x 軸にして座標軸を定める．電子は座標原点にあり，注目する散乱波は観測点 P の方向 $\bm{n}$ に進む．これら 3 つの向きは，数ベクトルで

$$\bm{n}_0 = \begin{pmatrix} 0 \\ 0 \\ 1 \end{pmatrix}, \quad \bm{\epsilon}_0 = \begin{pmatrix} 1 \\ 0 \\ 0 \end{pmatrix}, \quad \bm{n} = \begin{pmatrix} \sin\theta\cos\phi \\ \sin\theta\sin\phi \\ \cos\theta \end{pmatrix} \tag{1.17}$$

と表示することができる．ここで，θ は散乱角であり，散乱波が入射方向 $\bm{n}_0$ に対してなす角度である．このように座標軸を選ぶと，立体角は $d\Omega = \sin\theta\, d\theta\, d\phi$ となり，偏光因子は

$$P = (\bm{n} \times \bm{\epsilon}_0)^2 = \sin^2\phi + \cos^2\theta\cos^2\phi \tag{1.18}$$

と表すことができる．したがって，もし入射する電磁波に偏りがなければ，式 (1.13) を角度 ϕ について積分することによって，平均エネルギー強度 $\langle \bar{I}_\mathrm{e} \rangle$ は

$$\langle \bar{I}_\mathrm{e} \rangle = \frac{1}{2\pi}\int_0^{2\pi} I_\mathrm{e}\, d\phi = I_0\, r_\mathrm{c}^2\, |g|^2 \frac{1}{R^2} \frac{1+\cos^2\theta}{2} \tag{1.19}$$

となり，微分断面積は

$$d\sigma = r_\mathrm{c}^2\, |g|^2\, \frac{1+\cos^2\theta}{2} d\Omega \tag{1.20}$$

と求められる．

入射電磁波の振動数 ω が電子の固有振動数 ω_0 に比べて大きくて $\omega^2 \gg \omega_0^2$ が成り立つ場合，$g=1$ となり式 (1.20) は電磁波の振動数にも固有振動数にも依存しなくなる．その結果，大きいエネルギーの電磁波の全断面積 σ は

$$\sigma = \int d\sigma = \frac{8\pi}{3} r_{\rm c}^2 \tag{1.21}$$

となる．これは 1 個の自由電子による電磁波の散乱を研究した Thomson によって見出された結果であり，**トムスン散乱** (Thomson scattering) と呼ばれる．高分子溶液の散乱実験や回折実験では，使われる X 線の振動数は十分大きく，トムスン散乱の重ね合わせと見なしてよい．

通常のレーザー光線では，逆に振動数は小さい．条件 $\omega^2 \ll \omega_0^2$ が成り立つ場合は，$g \simeq \left(\dfrac{\omega}{\omega_0}\right)^2$ となり，全断面積は

$$\sigma = \frac{8\pi}{3} \left(\frac{\omega}{\omega_0}\right)^4 r_{\rm c}^2 \tag{1.22}$$

となる．したがって，散乱波の強度は振動数の 4 乗に比例することになる．この過程は，**レィリー散乱** (Rayleigh scattering) と呼ばれる．トムスン散乱とレィリー散乱は，散乱される光子のエネルギーが変化しない**弾性散乱**であり，物質の構造解析にはもっぱら弾性散乱が用いられる．また，入射振動数 ω が電子の結合を特徴づける ω_0 に近い場合には，強い共鳴散乱が生じることになる．そのような振動数領域では，光子の放出や吸収が起こる非弾性散乱が重要となる．しかし，そのような振動数領域の電磁波は，高分子溶液の測定実験では特別な用途以外に使われることはない．ここでは，非弾性散乱は考察しない．

1.2.5 高分子による電磁波の散乱

溶液中の 1 個の高分子 (巨大分子) を M と名付けて，基準点 O からその高分子の中心への位置ベクトルを $\boldsymbol{r}_M$ とする．次に，その高分子に属する多数の電子の中の 1 個の電子 α に注目し，その平衡位置 E をベクトル

$$\boldsymbol{r}_\alpha = \boldsymbol{r}_M + \boldsymbol{\xi}_\alpha \tag{1.23}$$

で表すことにしよう．ここで図 1.2 に示すように，$\boldsymbol{\xi}_\alpha$ は高分子の中心から電子

α の平衡点 E への相対位置ベクトルである.

溶液に入射した波長 λ の単色電磁波によって,時刻 t に電子の平衡点 E で,電場

$$E_0(r_\alpha, t) = E_0 \, e^{i k_0 \cdot r_\alpha - i\omega t} \tag{1.24}$$

が作られる.前分節と同様に,電子 α は高分子の中の平衡位置のまわりにフックの力で束縛され,固有振動数 ω_α で振動していると見なす.式 (1.9) の結果からただちに,式 (1.24) の電磁場によって強制振動を受けた電子 α が時刻 t に P 点で作る電場は

$$E_\alpha = r_c g_\alpha E_0 \, n_\alpha \times (n_\alpha \times \epsilon_0) \frac{1}{R_\alpha} e^{-i\omega(t - \frac{R_\alpha}{c}) + i k_0 \cdot r_\alpha} \tag{1.25}$$

と求められる.ここで,R_α は電子 α の平衡位置 E から観測点 P までの距離であり,n_α はその方位を表す単位ベクトルである.また g_α は,式 (1.11) の関数 g から

$$g_\alpha = g(\omega, \omega_\alpha, \gamma_\alpha) = \frac{\omega^2}{\omega^2 - \omega_\alpha^2 + i\gamma_\alpha \omega} \tag{1.26}$$

と定義される関数である.

溶液中に選んだ基準点 O から観測点 P へ向かう単位ベクトルを n とし,それらの間の距離を R とすると,図 1.2 で示されるように

$$R n = R_\alpha n_\alpha + r_\alpha \tag{1.27}$$

が成り立つ.通常の構造解析の実験では,基準点 O を適切に選べば,距離 R と R_α は電磁波の位相が揃った**コヒーレント散乱** (coherent scattering) が生じるスケール $|r_\alpha|$ に比べて十分大きい.したがって,関係式

$$\begin{cases} n_\alpha \simeq n \\ R_\alpha \simeq R - n \cdot r_\alpha \\ \dfrac{1}{R_\alpha} \simeq \dfrac{1}{R} \end{cases} \tag{1.28}$$

がよい近似で成り立つ.これらの関係式を使うと,式 (1.25) は

$$E_\alpha = r_c g_\alpha E_0 \, n \times (n \times \epsilon_0) \frac{1}{R} e^{-i\omega(t - \frac{R}{c}) - i K \cdot r_\alpha} \tag{1.29}$$

1.2 高分子溶液の構造と測定実験の原理

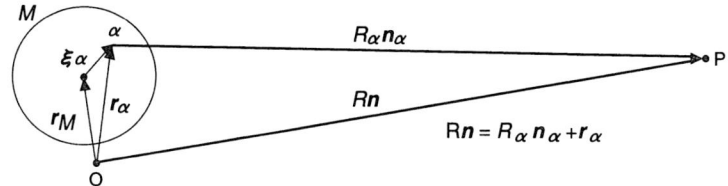

図 1.2 高分子中の電子の位置と観測点

高分子 M 中の電子 α の平衡位置 E から観測点 P までの位置ベクトルを $R_\alpha \boldsymbol{n}_\alpha$ とし,基準点 O から点 P までの位置ベクトル $R\boldsymbol{n}$ とする.基準点を適切に選べば,R と R_α は,基準点から電子の平衡位置 E までの距離 $|\boldsymbol{r}_\alpha|$ に比べ十分大きい.

となる.ここで,散乱波の波数ベクトル $\boldsymbol{k} = k\boldsymbol{n} = (2\pi/\lambda)\boldsymbol{n}$ と入射波の波数ベクトル $\boldsymbol{k}_0 = k\boldsymbol{n}_0 = (2\pi/\lambda)\boldsymbol{n}_0$ の差によって,**散乱ベクトル** (scattering vector) $\boldsymbol{K}$ を

$$\boldsymbol{K} = \boldsymbol{k} - \boldsymbol{k}_0 \tag{1.30}$$

と定義した.変数 R に注目すると,これは基準点 O から拡がる球面波を表しており,その球面波の振幅が,電子による電磁波の散乱の情報を担っているのである.

図 1.3 に示すように,散乱ベクトル $\boldsymbol{K}$ は入射方向と散乱方向を 2 等分する平面 MM' の法線方向を向いている.この平面は散乱の鏡面と呼ばれる.散乱の鏡面は入射ベクトル $\boldsymbol{k}_0$ を散乱ベクトル $\boldsymbol{k}$ に反射する面であり,この面上の任意の 2 点の位置ベクトルを $\boldsymbol{r}_\alpha$ および $\boldsymbol{r}_\beta$ とすると $\boldsymbol{K} \cdot (\boldsymbol{r}_\alpha - \boldsymbol{r}_\beta) = 0$ であるから,そのような 2 点で散乱された波の間には位相差がない.

ここでまず,孤立した 1 個の高分子 M による散乱について調べよう.そのために,図 1.2 で基準点 O を高分子の中心に選び,$\boldsymbol{r}_M = 0$ とする.この場合,$\boldsymbol{r}_\alpha = \boldsymbol{\xi}_\alpha$ であり,R は高分子の中心から観測点 P までの距離である.高分子 M から放射される電場 $\boldsymbol{E}_M$ を求めるには,高分子 M に属するすべての電子からの寄与を重ね合わせなければならない.式 (1.29) の和をとることにより

$$\boldsymbol{E}_M = r_\mathrm{c} E_0 \left[\sum_{\alpha \in M} g_\alpha \mathrm{e}^{-i\boldsymbol{K} \cdot \boldsymbol{\xi}_\alpha} \right]_M \boldsymbol{n} \times (\boldsymbol{n} \times \boldsymbol{\epsilon}_0) \frac{1}{R} \mathrm{e}^{-i\omega(t - \frac{R}{c})} \tag{1.31}$$

を得る.この式で,$\sum_{\alpha \in M}$ は,電磁波によって強制振動を受ける高分子 M 中の電子 α からの寄与について和をとることを意味する.明らかに,式 (1.31) は

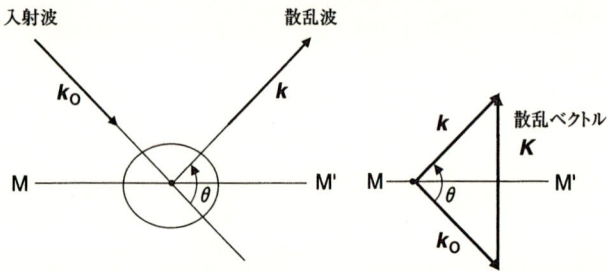

図 1.3 散乱ベクトルと鏡面
散乱ベクトル $\boldsymbol{K}$ は、散乱波の波数ベクトル $\boldsymbol{k} = k\boldsymbol{n}$ と入射波の波数ベクトル $\boldsymbol{k}_0 = k\boldsymbol{n}_0$ の差であり、入射方向と散乱方向を 2 等分する鏡面 MM' の法線方向を向いている。

高分子の中心点 O から広がる球面波を表しており、その振幅が含む括弧 $[\cdots]_M$ 内の量が高分子の原子構造と電子分布に関する情報を担っている。

高分子中の電子状態は、本来、量子力学的に記述されるものであり、固有振動数 ω_α は電子のエネルギー準位に関係している。また、高分子の原子構造も量子力学によって定められるべきものである。そこで、量子力学の記述法にしたがって、高分子中での電子 α の**確率分布密度を表す関数** $\rho_\alpha(\boldsymbol{r})$ を導入する。それらを用いて、式 (1.31) の振幅の括弧 $[\cdots]$ 内の全電子状態に関する和を

$$[\cdots]_M \to f_M(\boldsymbol{K}) = \sum_{\alpha \in M} g_\alpha \int d\boldsymbol{r} \rho_\alpha(\boldsymbol{r}) e^{-i\boldsymbol{K}\cdot\boldsymbol{r}} \tag{1.32}$$

のように積分で置き換える。この関数 $f_M(\boldsymbol{K})$ を高分子 M の**形状因子** (form factor) と呼ぶ。こうして、高分子 M から放射される電磁波の電場成分 $\boldsymbol{E}_M$ は、その形状因子を使って

$$\boldsymbol{E}_M = r_c E_0 f_M(\boldsymbol{K}) \boldsymbol{n} \times (\boldsymbol{n} \times \boldsymbol{\epsilon}_0) \frac{1}{R} e^{-i\omega(t-\frac{R}{c})} \tag{1.33}$$

と表すことができた。これから、入射電磁波が 1 個の高分子 M によって散乱される場合、散乱波の強度は

$$I_M = I_0 r_c^2 |f_M(\boldsymbol{K})|^2 \frac{P}{R^2} \tag{1.34}$$

となり、その微分断面積は

$$\frac{d\sigma_M}{d\Omega} = r_c^2 |f_M(\boldsymbol{K})|^2 P \tag{1.35}$$

となる．こうして，X線やレーザー光の実験で散乱強度や微分断面積を調べることにより，形状因子が決定され高分子の構造に関する知見が得られるのである．

1.2.6 高分子溶液による電磁波の散乱

次に，高分子溶液からの散乱を考察しよう．その際，基本的な要請として，溶液中に入射する電磁波は十分多数の高分子中の電子とコヒーレントに相互作用すると仮定する．すなわち，電磁波は，素過程として，各瞬間に乱雑な位相が入り込むことなく多くの電子と相互作用すると見なすのである．これは，電磁波を無限に広い波面をもつ入射平面波 (1.24) で表現することに対応しており，前項と同じ取り扱いをすることが許される．ただし，散乱や回折の実験では，そのような素過程の積み重なりが原子や分子の熱運動によって平均化された結果を観測していることに，注意しなければならない．

入射波と溶液中の高分子集団が相互作用した結果生じる電場 $\boldsymbol{E}$ は，個々の高分子の散乱による電場 $\boldsymbol{E}_M$ に高分子の位置 $\boldsymbol{r}_M$ から生じる位相を乗じて，重ね合わせたものとなる．すなわち，式 (1.33) より

$$\boldsymbol{E} = \sum_M \boldsymbol{E}_M \, \mathrm{e}^{-i\boldsymbol{K}\cdot\boldsymbol{r}_M} = r_\mathrm{c} E_0 F(\boldsymbol{K}) \boldsymbol{n} \times (\boldsymbol{n} \times \boldsymbol{\epsilon}_0) \frac{1}{R} \, \mathrm{e}^{-i\omega(t-\frac{R}{c})} \quad (1.36)$$

となる．ここで，$F(\boldsymbol{K})$ は高分子の配位に関係する物理量

$$F(\boldsymbol{K}) = \sum_M \mathrm{e}^{-i\boldsymbol{K}\cdot\boldsymbol{r}_M} f_M(\boldsymbol{K}) \quad (1.37)$$

であり，高分子溶液の**構造因子** (structure factor) と呼ばれる．構造因子は，溶質高分子の形状因子が既知であれば，溶液中の高分子の配位に関する情報を担うものである．高分子溶液からの散乱波の強度は

$$I_\mathrm{sol} = I_0 r_\mathrm{c}^2 |F(\boldsymbol{K})|^2 \frac{P}{R^2} \quad (1.38)$$

となり，その微分断面積は

$$\frac{d\sigma_\mathrm{sol}}{d\Omega} = r_\mathrm{c}^2 |F(\boldsymbol{K})|^2 P \quad (1.39)$$

となる．こうして，X線やレーザー光の実験で散乱強度や微分断面積を調べる

ことにより，高分子の構造に関する情報が得られる[24]．

X線による実験では，短波長のため，原子の比較的内殻の電子も散乱に寄与する．トムスン散乱の特徴から，電子のエネルギー準位への依存性は小さく，散乱は主として電子の確率分布で決まる．X線による原子の形状因子に関しては歴史的に多くの研究[17]がある．レーザー光線による実験では，波長が長いため，原子の比較的外殻の電子が大きい寄与を与える．

a. 球状高分子の単分散系

溶液中のイオン性高分子の分布を研究するには，高分子の配置 $\{r_M\}$ に関して式 (1.37) の関数 $F(\boldsymbol{K})$ の構造を解析しなければならない．ところで，この解析を行うために必要な溶液中での高分子の形状因子 $f_M(\boldsymbol{K})$ を決定することは容易ではない．とくに，線状のイオン性高分子の場合，理論的にも実験的にも，溶液中での形状因子を知ることは困難である．ここでは，記述を簡潔にするために，溶液中に1種類の特性のよく揃った球状高分子が分散している**単分散系** (monodisperse system) を考察する．溶液中の高分子の分布が，ほぼ均一でありながら並進対称性をもたない (1) **液体状態**である場合と，並進対称性をもつ (2) **結晶状態**である場合に分けて，構造因子 $F(\boldsymbol{K})$ を考察する．

i) 液体状態 球状高分子の数を N とし，その形状因子を f_M とすると，式 (1.37) の絶対値は

$$|F(\boldsymbol{K})|^2 = \left|\sum_\alpha f_M e^{-i\boldsymbol{K}\cdot\boldsymbol{r}_\alpha}\right|^2 = |f_M|^2 \left|N + \sum_{\alpha\neq\beta}\sum e^{i\boldsymbol{K}\cdot(\boldsymbol{r}_\alpha-\boldsymbol{r}_\beta)}\right| \quad (1.40)$$

となる．高分子の平均密度を ρ_0 とし，注目する高分子からの距離が r と $r+dr$ の球殻の中に含まれる高分子の平均数を $\rho_0 g(r)(4\pi r^2 dr)$ とおく．この関数 $g(r)$ は，**動径分布関数** (radial distribution function) と呼ばれる．溶質の高分子が液体状態である場合，高分子の分布は等方的と見なすことができる．動径分布関数と構造因子の関係を調べよう．

式 (1.40) の第2項の2重和に着目する．その計算で，任意の1つの高分子に注目し，それ以外の高分子に関する和をとることにする．その結果を N 倍すると，非常によい近似で，評価式

$$\sum_{\alpha \neq \beta}\sum e^{i\boldsymbol{K}\cdot(\boldsymbol{r}_\alpha-\boldsymbol{r}_\beta)} = N\sum_\beta{}' e^{i\boldsymbol{K}\cdot\boldsymbol{r}_\beta} = N\sum_\beta{}'\langle e^{i\boldsymbol{K}\cdot\boldsymbol{r}_\beta}\rangle \tag{1.41}$$

を得る．ここで，和記号 $\sum_\beta{}'$ のプライム (') は，注目する高分子の存在によって，その近傍では排除効果が働くことを意味する．また，大きい溶液系では，注目する高分子は適当にとった座標の原点にあるとしてよい．さらに，最右辺の $\langle \cdots \rangle$ は，液体状態にある高分子の分布を等方的と見なし，方位に関して平均をとることを意味する．その平均は角度積分で

$$\langle e^{i\boldsymbol{K}\cdot\boldsymbol{r}}\rangle = \frac{1}{4\pi}\int_0^\pi\int_0^{2\pi} e^{iKr\cos\theta}\sin\theta\,d\theta\,d\phi = \frac{\sin Kr}{Kr} \tag{1.42}$$

と計算することができる．

動径分布関数 $g(r)$ は高分子の間に作用する力と溶液の状態に依存するが，十分遠方では粒子分布は均一になるから，$r\to\infty$ では $g(r)\to 1$ となる．この動径分布関数を用いると，式 (1.41) の最後の和は

$$4\pi N\rho_0\int_0^{R_{\max}} g(r)r^2\frac{\sin Kr}{Kr}dr \tag{1.43}$$

と積分で表すことができる．ここで，$R_{\max}$ は，コヒーレントな電磁波によって照射される溶液中の領域の大きさを示す尺度である．この $R_{\max}$ の大きな値に対して，式 (1.43) の積分は増大し，その値を評価することがむずかしい．そこで，式 (1.43) を

$$4\pi N\rho_0\left\{\int_0^{R_{\max}} r^2[g(r)-1]\frac{\sin Kr}{Kr}dr + \int_0^{R_{\max}} r^2\frac{\sin Kr}{Kr}dr\right\} \tag{1.44}$$

のように変形する．$R_{\max}$ が電磁波の波長より十分大きい場合，この式の第 2 項の積分は正弦関数の振動により相殺し合って，ごく小さい散乱角以外では無視できる[*2]．第 1 項の積分の上限 $R_{\max}$ は，r が大きくなると $g(r)$ が 1 に近づくことから，無限大としてよい．こうして，溶液中の高分子が液体状態にある場合，構造因子 (1.40) に対して

$$|F_{\text{liq}}(\boldsymbol{K})|^2 = N\,|f_M|^2\left\{1 + 4\pi\rho_0\int_0^\infty r^2[g(r)-1]\frac{\sin Kr}{Kr}dr\right\} \tag{1.45}$$

[*2] 高分子溶液中のクラスター構造を調べるには，前方散乱に近い超小角散乱のデータが必要になる．そのような場合は，この第 2 項の評価を注意深く行わなければならない．

なる表式を得た．これが，高分子溶液による電磁波の散乱強度や微分断面積と動径分布関数を結ぶ重要な関係式である．つまり，散乱実験により $|F_{\text{liq}}(\boldsymbol{K})|$ が測定され

$$J(K) = \frac{4\pi}{K} \int_0^\infty [g(r)-1]\, r \sin Kr\, dr \qquad (1.46)$$

が求められるから，この逆変換の公式

$$g(r) - 1 = \frac{1}{2\pi^2 r} \int_0^\infty K J(K) \sin Kr\, dK \qquad (1.47)$$

を利用することによって，動径分布関数 $g(r)$ を決定することができるのである．

高分子溶液系では，1種類の球状高分子の場合でも，動径分布関数が高次の鋭い極大値を示すには高分子の形と粒径が十分揃っている単分散系であることが必要である．線状高分子の場合，1種類の高分子系の場合でも，個々の高分子の変形の自由度を反映して形状因子が不揃いになり，実験で測定される動径分布関数は平均化されたものになる．そのような平均化された動径関数の解析は容易でなく，今後の研究課題として残されている．

ii) 結晶状態　　結晶は，**基本格子ベクトル** (primitive translation vector) $\boldsymbol{a}, \boldsymbol{b}, \boldsymbol{c}$ が形成する格子上に配列された**単位胞** (unit cell：単位構造) から形成されている．高分子溶液中の結晶の場合，単位胞は1個または複数個の高分子から構成される．基本格子ベクトルの長さ a, b, c (とそれらのベクトルがなす角度) は，格子定数と呼ばれる．

ある単位胞中の1つの高分子を選び，その位置ベクトル $\boldsymbol{r}$ と基本格子ベクトルの線形結合

$$\boldsymbol{r}_M = p\boldsymbol{a} + q\boldsymbol{b} + r\boldsymbol{c} + \boldsymbol{r} \qquad (1.48)$$

を作る．係数の p, q, r が整数であれば，格子の周期性から，ベクトル $\boldsymbol{r}$ とベクトル $\boldsymbol{r}_M$ の位置にある高分子は完全に等価である．式 (1.37) に (1.48) を代入すると，この等価性により，高分子結晶の**構造因子** (structure factor) は

$$F(\boldsymbol{K}) = \sum_{p=0}^{N_a-1} e^{-ip\boldsymbol{K}\cdot\boldsymbol{a}} \sum_{q=0}^{N_b-1} e^{-iq\boldsymbol{K}\cdot\boldsymbol{b}} \sum_{r=0}^{N_c-1} e^{-ir\boldsymbol{K}\cdot\boldsymbol{c}} F_{\text{cell}}(\boldsymbol{K}) \qquad (1.49)$$

となる．ここで，N_a, N_b, N_c は $\boldsymbol{a}, \boldsymbol{b}, \boldsymbol{c}$ 軸方向に繰り返される単位胞の数であり，F_cell は単位胞の構造因子

$$F_\text{cell}(\boldsymbol{K}) = \sum_{M \in \text{unit cell}} \mathrm{e}^{-i\boldsymbol{K}\cdot\boldsymbol{r}_M} f_M(\boldsymbol{K}) \tag{1.50}$$

である．

高分子結晶の構造因子の絶対値の2乗は，**ラウエ関数** (Laue function)

$$L(\boldsymbol{K}) = \frac{\sin^2(\tfrac{1}{2}N_a\boldsymbol{K}\cdot\boldsymbol{a})}{\sin^2(\tfrac{1}{2}\boldsymbol{K}\cdot\boldsymbol{a})} \frac{\sin^2(\tfrac{1}{2}N_b\boldsymbol{K}\cdot\boldsymbol{b})}{\sin^2(\tfrac{1}{2}\boldsymbol{K}\cdot\boldsymbol{b})} \frac{\sin^2(\tfrac{1}{2}N_c\boldsymbol{K}\cdot\boldsymbol{c})}{\sin^2(\tfrac{1}{2}\boldsymbol{K}\cdot\boldsymbol{c})} \tag{1.51}$$

を用いて

$$|F(\boldsymbol{K})|^2 = L(\boldsymbol{K})|F_\text{cell}|^2 \tag{1.52}$$

と表すことができる．ラウエ関数は，散乱ベクトルが条件

$$\boldsymbol{K}\cdot\boldsymbol{a} = 2\pi h, \quad \boldsymbol{K}\cdot\boldsymbol{b} = 2\pi k, \quad \boldsymbol{K}\cdot\boldsymbol{c} = 2\pi l \tag{1.53}$$

を満たすとき，$N(=N_aN_bN_c)$ が大きいと鋭い極大値

$$\text{Max}\, L(\boldsymbol{K}) = N^2 = (N_aN_bN_c)^2 \tag{1.54}$$

をとる．これは，ロピタルの公式

$$\lim_{x\to 2\pi h} \frac{\sin(\tfrac{1}{2}N_ax)}{\sin(\tfrac{1}{2}x)} = \lim_{x\to 2\pi h} \frac{\dfrac{d\sin(\tfrac{1}{2}N_ax)}{dx}}{\dfrac{d\sin(\tfrac{1}{2}x)}{dx}} = N_a \tag{1.55}$$

から明らかである．また，この関数の極値の半値幅は $2\pi/N_a$ であり，その外での関数値はほとんどゼロである．式 (1.53) は**ラウエの方程式**と呼ばれる．これは，回折現象が起こるための必要条件であるが，十分条件ではない．その理由は，ラウエの方程式が満たされても，単位胞の構造因子がゼロであれば回折は観測されないからである．

b. 逆格子空間

ラウエの方程式を満たす解を求めよう．実格子空間の基本ベクトル $\boldsymbol{a}$, $\boldsymbol{b}$, $\boldsymbol{c}$ から

$$\boldsymbol{a}^* = \frac{2\pi}{V_c}\boldsymbol{b}\times\boldsymbol{c}, \qquad \boldsymbol{b}^* = \frac{2\pi}{V_c}\boldsymbol{c}\times\boldsymbol{a}, \qquad \boldsymbol{c}^* = \frac{2\pi}{V_c}\boldsymbol{a}\times\boldsymbol{b} \tag{1.56}$$

なる新しいベクトル[*3)]を導入し，これらの線形結合によって新しい空間を構成する．ここで，$V_c = \boldsymbol{a} \cdot (\boldsymbol{b} \times \boldsymbol{c}) = \boldsymbol{b} \cdot (\boldsymbol{c} \times \boldsymbol{a}) = \boldsymbol{c} \cdot (\boldsymbol{a} \times \boldsymbol{b})$ は単位胞の体積である．この空間は**逆格子空間**，また $\boldsymbol{a}^*, \boldsymbol{b}^*, \boldsymbol{c}^*$ は**基本逆格子ベクトル** (reciprocal lattice vector) と呼ばれる．実格子空間と逆格子空間の基本ベクトルの間には，関係

$$\begin{cases} \boldsymbol{a}^* \cdot \boldsymbol{a} = 2\pi, & \boldsymbol{a}^* \cdot \boldsymbol{b} = 0, & \boldsymbol{a}^* \cdot \boldsymbol{c} = 0, \\ \boldsymbol{b}^* \cdot \boldsymbol{a} = 0, & \boldsymbol{b}^* \cdot \boldsymbol{b} = 2\pi, & \boldsymbol{b}^* \cdot \boldsymbol{c} = 0, \\ \boldsymbol{c}^* \cdot \boldsymbol{a} = 0, & \boldsymbol{c}^* \cdot \boldsymbol{b} = 0, & \boldsymbol{c}^* \cdot \boldsymbol{c} = 2\pi \end{cases} \tag{1.57}$$

がある．とくに，立方晶系や正方晶系のように基本格子ベクトルが直交する場合には，$\boldsymbol{a}^*, \boldsymbol{b}^*, \boldsymbol{c}^*$ はそれぞれ $\boldsymbol{a}, \boldsymbol{b}, \boldsymbol{c}$ と平行になり，それらの大きさは互いに反比例の関係にある．**単純立方格子** (simple cubic lattice) は逆格子空間でも単純立方格子である．また，実空間の**面心立方格子** (face-centered cubic lattice, fcc) と**体心立方格子** (body-centered cubic lattice, bcc) は，それぞれ逆格子空間では体心立方格子と面心立方格子になる．

3つの整数 h, k, l を係数とする基本逆ベクトルの線形結合

$$\boldsymbol{G} = h\boldsymbol{a}^* + k\boldsymbol{b}^* + l\boldsymbol{c}^* \tag{1.58}$$

によって，逆格子空間のベクトルを構成する．散乱ベクトル $\boldsymbol{K}$ がこのような逆格子空間のベクトル $\boldsymbol{G}$ に一致する場合，すなわち

$$\boldsymbol{K} = \boldsymbol{G} \tag{1.59}$$

であれば，$\boldsymbol{K}$ はラウエ方程式を満たす解となる．

実格子空間と逆格子空間の関係を調べよう．格子点が規則的に配列した結晶中の格子面は，通常ミラー指数 (Miller indices) と呼ばれる3つの整数の組 (hkl) で表示される．すなわち，図1.4のように，原点に最も近い格子面がベクトル $\boldsymbol{a}/h, \boldsymbol{b}/k, \boldsymbol{c}/l$ の先端を切る場合，それに平行な格子面の集まりを (hkl) 面と名付けるのである．たとえば，基本ベクトル $\boldsymbol{a}$ の先端を切る面は (100) であり，3つの基本ベクトル $\boldsymbol{a}, \boldsymbol{b}, \boldsymbol{c}$ の先端を切る面は (111) である．

[*3)] この定義は固体物理学[18, 25)]で採用されるものである．結晶学[17, 26)]では，通常式 (1.56) の定義で数因子 2π が省略される．

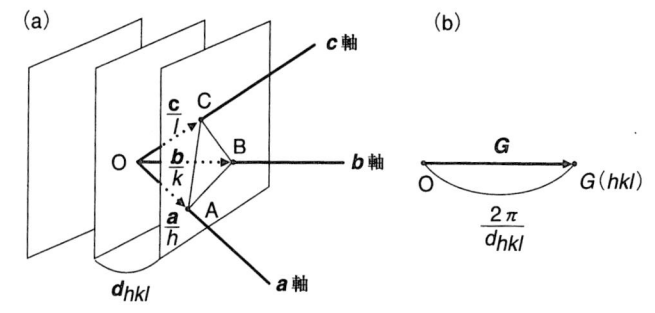

図 1.4 ミラー指数 (hkl) をもつ格子面と逆格子ベクトル
a, b, c 軸が原点に最も近い格子面を切る点を A, B, C とすると, $\overrightarrow{OA} = a/h$, $\overrightarrow{OB} = b/k$, $\overrightarrow{OC} = c/l$ である. 実結晶格子空間 (a) の (hkl) 面には, 逆格子空間 (b) の逆格子ベクトル $\boldsymbol{G} = h\boldsymbol{a}^* + k\boldsymbol{b}^* + l\boldsymbol{c}^*$ が対応する. $\boldsymbol{G}$ は格子面 (hkl) に直交し, その長さ $|\boldsymbol{G}|$ は格子面 (hkl) の面間隔 d_{hkl} に逆比例する.

逆格子ベクトル $\boldsymbol{G}$ は, 実格子空間の格子面 (hkl) に直交し, その長さ $|\boldsymbol{G}|$ は格子面 (hkl) の**面間隔** d_{hkl} の逆数に一致する. すなわち

$$\boldsymbol{G} \perp (hkl) \text{格子面}, \quad |\boldsymbol{G}| = \frac{2\pi}{d_{hkl}} \tag{1.60}$$

が成り立つ. これを確かめるために, 図 1.4 で, 格子面 (hkl) の法線ベクトルが, 面内にある 2 つのベクトル $\overrightarrow{AB}$ と $\overrightarrow{AC}$ のベクトル積

$$\overrightarrow{AB} \times \overrightarrow{AC} = \left(\overrightarrow{OB} - \overrightarrow{OA}\right) \times \left(\overrightarrow{OC} - \overrightarrow{OA}\right) = \frac{\boldsymbol{b} \times \boldsymbol{c}}{kl} + \frac{\boldsymbol{c} \times \boldsymbol{a}}{lh} + \frac{\boldsymbol{a} \times \boldsymbol{b}}{hk} \tag{1.61}$$

に平行であることに注意する. これに $2\pi hkl/V_c$ をかけたものは, まさに式 (1.56) と (1.58) で定義された逆格子ベクトル $\boldsymbol{G}$ に一致する. 次に, 格子面 (hkl) の面間隔 d_{hkl} は面法線方向 $\hat{\boldsymbol{G}} = \boldsymbol{G}/|\boldsymbol{G}|$ へのベクトル $\overrightarrow{OA}, \overrightarrow{OB}, \overrightarrow{OC}$ の射影であり

$$d_{hkl} = \overrightarrow{OA} \cdot \hat{\boldsymbol{G}} = \overrightarrow{OB} \cdot \hat{\boldsymbol{G}} = \overrightarrow{OC} \cdot \hat{\boldsymbol{G}} = \frac{2\pi}{|\boldsymbol{G}|} \tag{1.62}$$

と計算される. こうして, 式 (1.60) の関係が確かめられた.

結晶構造が定まれば, その面間隔 d_{hkl} は格子定数 (a, b, c) とミラー指数 (hkl) で表される. 以下に, 代表的な晶系の面間隔を示す.

$$\begin{cases} \text{斜方晶系} &: d_{hkl} = \dfrac{1}{\sqrt{\left(\frac{h}{a}\right)^2 + \left(\frac{k}{b}\right)^2 + \left(\frac{l}{c}\right)^2}}, \\ \text{正方晶系} &: d_{hkl} = \dfrac{a}{\sqrt{h^2 + k^2 + \left(\frac{a}{c}\right)^2 l^2}}, \\ \text{立方晶系} &: d_{hkl} = \dfrac{a}{\sqrt{h^2 + k^2 + l^2}} \end{cases} \quad (1.63)$$

c. 回折条件の幾何学的表現：エヴァルト球

図 1.5 は，電磁波の回折現象を分析するために Ewald が導入した作図解法 (Ewald's construction for the diffraction maxima) を示している．右側の点は，ミラー指数を座標成分とする逆格子点を表す．左図に描かれた実空間での回折条件を，右図の逆格子空間の上で表現する．入射波の波数ベクトル k_0 の終点をどれかの逆格子点に一致させて，その点を逆格子原点とし，k_0 の始点を中心に半径 $k = 2\pi/\lambda$ の球を描く．これを**エヴァルト球**と呼ぶ．この球が他の逆格子点を通れば回折条件が満たされ，$k = k_0 + G$ の方向に回折波が生じる．

弾性散乱では，電磁波のエネルギーは変化せず $k^2 = k_0^2$ である．したがって，$k = k_0 + G$ から，回折条件として

$$2k_0 \cdot G + G^2 = 0 \quad (1.64)$$

が求められる．これから，$2 \times (2\pi/\lambda) \times \sin\theta = 2\pi/d_{hkl}$ が得られる．ミラー指数が $h = nh'$, $k = nk'$, $l = nl'$ のように最大公約数 n をもてば，$d_{hkl} = d_{(nh')(nk')(nl')} = d_{h'k'l'}/n$ となる．ゆえに，この回折条件は，**ブラッグ条件** (Bragg condition)

$$2d_{h'k'l'} \sin\theta = n\lambda \quad (1.65)$$

に一致することがわかる．

ここまで，逆格子点は"拡がりのない点"と見なしてきた．しかし，これは理想的な十分大きい結晶の場合にのみ実現される．現実の結晶では，格子振動や結晶のもつ歪みや結晶粒の大きさを反映して，逆格子点は拡がりをもつ．高分子結晶の場合は，高分子の形態変化も逆格子点に拡がりを与える要因になる．このような現象は，ラウエ関数の特性から理解できる．たとえば，結晶粒が a

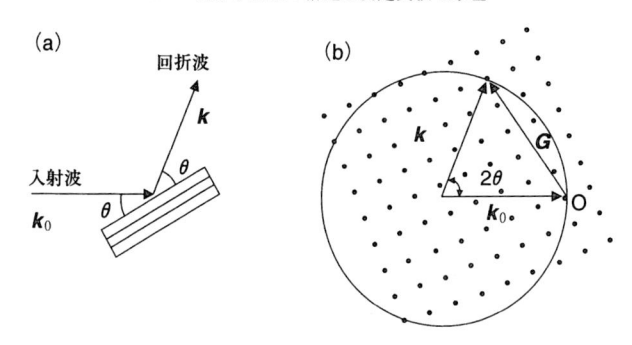

図 1.5 Ewald の作図法
実空間 (a) の配位に対して，逆格子空間 (b) で回折条件を作図する．右側の点は逆格子点を表す．逆格子空間で，ベクトル k_0 を入射方向にひいて先端をどれかの逆格子点に一致させ，k_0 の始点を中心に半径 $k = 2\pi/\lambda$ の球 (エヴァルト球) を描く．この球が他の逆格子点を通れば回折条件が満たされ，$k = k_0 + G$ の方向に回折波が生じる．

軸方向に短く N_a があまり大きくなければ，ラウエ関数の半値幅 $2\pi/N_a$ は大きくなる．これは，回折条件がゆるやかになる (同時に回折のピークは低くなる) ことを意味する．回折理論では，この現象を逆格子点が伸びる (または広がる) と表現する．

溶液中での高分子の結晶は，格子定数が通常の原子結晶の数千倍になる場合もある．そのような場合，高分子結晶の密度は原子結晶の数億分の一になる．ところで，物体の弾性係数は近似的には，その物体の密度に比例する．したがって，溶液中で成長する高分子結晶の弾性係数はきわめて小さく，原子結晶の弾性係数の数億分の一である．そのような結晶では，結晶格子が歪み，逆格子点は拡がる傾向をもつ．また，そのような高分子結晶には種々の欠陥が生じやすい．そのため，結晶中の欠陥を点光源とする発散波の回折像 (**菊池・コッセル回折像**)[*4)] を利用して，高分子結晶の構造解析[29)] を行うことができる．可視レーザー光を用いたコッセル線回折は，とくにコロイドの結晶構造を分析するのに

[*4)] 発散波による回折像は，菊池[27)] により電子線回折で最初に発見された．これは，Kossel ら[28)] が X 線回折で観測するより，7 年早い．したがって，この回折現象については，少なくとも菊池とコッセルの名を併記して用いるべきであろう．しかし，「コッセル線」や「コッセル円錐」の呼称が科学用語として，すでに定着している．そこで，ここでも「菊池・コッセル回折像」という総称としての表現以外の用語では，慣例となっている呼称に従って菊池の名前は省略する．

適しており，5章で詳しく論じる．

d. 消滅則 (extinction rule)

回折が起こるためには，式 (1.59) のように，散乱ベクトルが逆格子ベクトルに一致しなければならない．この条件が満たされている場合に，体心立方格子と面心立方格子の単位胞の構造因子を調べよう．

体心立方格子では，2個の高分子が単位胞の $r_M = 0, \frac{1}{2}(a+b+c)$ に位置するから，式 (1.50) で $K = G$ として，構造因子は

$$F_{\text{bcc}} = f_M[1 + e^{-i\pi(h+k+l)}]$$

$$= \begin{cases} 0 & : h+k+l \text{ が奇数である場合} \\ 2f_M & : h+k+l \text{ が偶数である場合} \end{cases} \quad (1.66)$$

となる．面心立方格子では，4個の高分子が単位胞の $r_M = 0, \frac{1}{2}(a+b)$, $\frac{1}{2}(b+c), \frac{1}{2}(c+a)$ に存在するから，構造因子は

$$F_{\text{fcc}} = f_M[1 + e^{-i\pi(h+k)} + e^{-i\pi(k+l)} + e^{-i\pi(l+h)}]$$

$$= \begin{cases} 0 & : h,k,l \text{ に奇数と偶数が混じっている場合} \\ 4f_M & : h,k,l \text{ がすべて偶数か奇数である場合} \end{cases} \quad (1.67)$$

となる．したがって，体心立方格子ではミラー指数の和が奇数の場合，面心立方格子ではミラー指数が奇数と偶数を含む場合に，回折シグナルが消滅する．このように，消滅則は，結晶構造を決定する重要な手掛かりを与えてくれるのである．

1.3 分子間力

自然界には，強い相互作用，電磁相互作用，弱い相互作用，重力相互作用の4種類の基本相互作用が存在しており，通常の物質の構造や特性はこれらの相互作用から理解できると考えられている．強い相互作用は原子核やその構成粒子の構造と安定性を記述し，弱い相互作用はそれらの反応と不安定性を説明する．したがって，原子より大きい階層の物質を研究する場合には，これら2種類の相互作用を考慮に入れる必要はほとんどない．さらに私たちの身近にあっ

て，気体，液体，固体の3つの状態をとる物質の構造と変化を支配しているのは，主として電磁相互作用であると見なすことができる．そのような物質では，重力の果たす役割は，溶液中で凝集した溶質を沈降させる効果などに限定される．

1.3.1 固体の結合力

実際，多様な固体の構造やそれらの示す変化に富んだ現象も，基本相互作用としてはほとんどすべて電磁相互作用に還元して理解することが可能である．たとえば，固体を安定化させている結合力は，通常，①**ファンデルワールス引力**，②**イオン相互作用**，③**金属相互作用**，④**共有結合**の4種類に分類される[25]が，それらはすべて量子力学的な多体効果を介して電磁相互作用から実効的に誘導されるものである．しかし，これらの結合力が見かけ上大きく異なることからも明らかなように，電磁相互作用は実に多様な形で発現する．

まず，①のファンデルワールス引力[30]を取り上げて見る．理想気体の状態方程式を改良して不完全気体の状態方程式を求める際，van der Waals は気体分子の大きさによる体積排除効果とともに，気体の密度の積に比例する (あるいは，体積の2乗に逆比例する) 引力の存在を仮定した．後に London[31] は，この引力は中性分子が量子論的な揺らぎとしてもつ電気双極子間の相互作用であることを示した (2.4.2 項参照)．また，近距離で作用する分子の体積排除効果は，2つの分子の電子の軌道が接近する際に働く静電斥力と量子論的なパウリの排他律 (ボルンの電子反発) に起因すると解釈される．希ガス (He, Ne, Ar など) の分子の相互作用は，多くの場合，これらの引力と斥力を表現するレナード・ジョーンズ型のポテンシャル[25, 32]

$$U(r) = 4\epsilon \left[\left(\frac{\sigma}{r}\right)^{12} - \left(\frac{\sigma}{r}\right)^{6} \right] \quad (1.68)$$

によって実効的に記述されている．van der Waals が理想気体の状態方程式の巧みな修正から，これらの引力と斥力の存在を洞察していたことは驚くべきことである．分子間力の科学的研究は，van der Waals の業績に端を発すると見なすことができる．

次に，②，③，④の結合を簡単に考察しておく．イオン形成の傾向は，原子

核の静電ポテンシャル中を運動する電子群の量子準位とパウリの排他原理に支配される．固体の結合力となるイオン相互作用は，正負のイオンの間に働く静電相互作用に他ならない．この相互作用は，多様なイオンの間にお互いの電荷を遮蔽するように働く．金属の結合エネルギーは，正イオンが作る周期的な静電ポテンシャル中を運動する電子のエネルギーバンド構造とパウリの排他原理から決定される．金属結晶は電子の海に浸された正イオン格子と見なすことができて，その結合エネルギーは電子群と正イオン群の間の静電相互作用から生じる．正イオンは，互いに接近すると遮蔽された斥力を及ぼし合い，離れると中間領域に分布する電子によって媒介される引力を受けて，結晶格子の配列をとる．中性原子を結び付ける共有結合は，閉殻構造をもたない電子軌道をもつ原子間に働く強い異方的な相互作用である．この相互作用は，2つの逆スピンをもつ電子が2原子のまわりの結合的な軌道を占めることによって生じる．この見かけ上電気的でない相互作用も，結合的な軌道の電子とイオン化した原子の静電相互作用によって引き起こされる．最も簡単な共有結合系は，水素分子H_2である．水素分子が結合的な電子軌道をもつことはHeitler[33]とLondonによって発見され，分子の量子論の基礎となった．

　水素原子は，共有結合とは別の形で，2つの原子をつなぐ相互作用を誘導する．これは，ここまでに述べた固体の4種類の結合とは異なるもので，⑤**水素結合**と呼ばれる．水素結合は，電子を失ったH^+イオンが負に帯電した2つの原子の間を占めて原子を結合させるものであり，負にイオン化する傾向の強い原子であるFやOやNとの間でのみ生じる．水素結合は，タンパク質や核酸のような生体高分子の結合の鍵となる．2章と6章で述べるように，H^+イオンに代表される**対イオン** (counterion) は巨大イオン分散系において重要な役割を演じる．

1.3.2　イオン性溶液系の特徴

　イオン性溶液を理解するために，1つの思考実験として，溶液中のすべてのイオンが瞬間的に静止した状態を考えてみよう．1.2.3項で論じたアーンショーの定理によって，そのような静的なイオンの配位は，平衡状態ではあり得ない．したがって，**強電解質** (strong electrolyte) のような安定な系が存在するとい

う経験的事実は，イオン性溶液ではイオンの動的な振舞が重要な役割を演じていることを示している．溶液では，イオンが"熱的に揺動している効果"と"電気的相互作用の効果"から，系の安定性を判定しなければならない．そこで以下では，イオン性溶液を常に温度 T の等温系として，系の自由エネルギーを分析する．**溶媒** (solvent) は熱浴でもあり，溶媒の分子は**溶質** (solute) の分子との混合と相互作用を介して熱平衡状態を保持する役割をも演じている，と見なさなければならない．

溶質分子と溶媒分子の混合によるエントロピーの増加は，溶質分子を溶液中に拡散させようとする**浸透圧** (osmotic pressure) を生み出す．その結果，溶質が中性で希薄な場合，溶質は溶液中で理想気体のように振る舞う（ファントホッフの定理，2.3.1 項参照）ことが知られている．イオン性溶質の場合は，これに電気的な相互作用の効果が加わる．Debye と Hückel [34〜36] は，すべての溶質がイオンに解離していると見なされる強電解質系の自由エネルギーを計算し，正負のイオンが誘電媒質中で互いに遮蔽し合ってクラスターを形成し，浸透圧を降下させることを見出した．すなわち，正(負)のイオンのまわりには負(正)のイオンが分布することによって，溶液中の電場を弱め電気エネルギーを低下させ，浸透圧を降下させる．この**イオン雰囲気** (ionic atmosphere) と呼ばれる正負イオンの分布の形成は，イオン全体の電気相互作用において，引力効果が斥力効果を凌駕することを示している．これは，固体の結合で考察したイオン相互作用や金属結合に相当する効果と見なすことができる．

固体系では，電子が電気的相互作用の担い手として主要な役割を演じ，その振舞は量子力学によって支配される．これに対して，溶液系では，電気相互作用の担い手はイオンであり，その挙動は熱統計力学によって記述される．イオン性溶液では，溶媒は誘電率を変化させる連続的媒質であるとともに，溶質イオンとの混合によりエントロピーを増加させる分子的な側面をもつ．溶質のイオン分子は希薄で拡散的な浸透圧をもち，イオン系の特性は静電相互作用をする系の自由エネルギーによって記述される．強電解質のような小イオン系を記述する**デバイ・ヒュッケル理論**では，ファンデルワールス力の効果は完全に無視される．これは，ファンデルワールス引力が短距離で作用する力であるからである．

1.3.3 溶液中の巨大イオンの有効相互作用

以上の考察は，本書の主要テーマである溶液中の巨大イオンの相互作用を考察する際に有用である．まず，巨大イオン溶液中の相互作用は，ほとんど例外なく，基本的には電磁相互作用によって解明されると考えることができる．固体の結合力に関する知見は，ファンデルワールス引力，イオン相互作用，金属相互作用などに類似の相互作用が，巨大イオン間の主要な有効相互作用となることを示している．また，イオン性溶液の分析から，この系に特徴的な多体効果として浸透圧やイオン雰囲気が重要な役割を演じることがわかる．

巨大イオン溶液の特性を知るために，以下のような疑問について考察する．

1) 溶液中に巨大イオンを分散させ安定化させているものは何か．
2) 溶液中の巨大イオンが結晶のような秩序状態を保持できるのは何故か．

疑問1) の安定な分散の要因としては，巨大イオン間のクーロン斥力，体積排除効果およびランダムな分子の熱運動を反映した効果が考えられる．溶液中では，巨大イオンの電荷は対イオンによって遮蔽されて，静電相互作用は

$$\frac{z_1 z_2 e^2}{r} \rightarrow \frac{z_1 z_2 e^2}{r} e^{-\kappa r} \tag{1.69}$$

のように，クーロン型からデバイ・ヒュッケル型に変化する．しかし，たとえ遮蔽効果を受けても，接近した同種電荷の巨大イオンの間には斥力が働き，巨大イオンは分散状態を保つことができる．巨大イオン系では，この静電斥力効果の方が体積排除効果より大きい．小イオンの浸透圧が巨大イオンを"押す"効果も重要で，板状の巨大イオンの場合は，とくに顕著になる．この効果は，溶液全体の自由エネルギーの熱力学的な評価に含まれるべきものである．他方，溶媒分子と巨大イオンの混合によるエントロピー増加は小さく，巨大イオン自体の浸透圧効果は存在しない．これに代わる効果として，溶媒分子と溶質小イオンのランダムな衝突による**ブラウン運動** (Brownian motion) が，巨大分子を拡散・分散させる要因となる．

疑問1) は同時に，溶液中での巨大イオンの分散を不安定にさせるものは何か，を問うている．巨大イオンを凝集させる要因は何であろうか．標準的な巨大イオン溶液の理論では，その要因はファンデルワールス引力にあると考えられている．溶液に添加される小イオン濃度が増大すると，巨大イオンの表面電

荷が十分に遮蔽され，強い近距離力であるファンデルワールス引力が静電斥力を凌駕して巨大イオンを凝集させる．この凝集効果は，添加塩の電価数の6乗に比例することが**シュルツェ・ハーディの経験法則**として知られている．この経験法則は，球状の巨大イオンである**疎液コロイド** (lyophobic colloid) を遮蔽された静電力とファンデルワールス引力で記述する **DLVO 理論**[37, 38]によって，説明された．その結果，巨大イオンの有効相互作用は，中長距離の遮蔽された静電相互作用と近距離のファンデルワールス引力の重ね合わせである，という考えが確立されることになった．それでは，このきわめて簡単な体系である DLVO 理論によって，巨大イオン溶液の特性をすべて説明することができるであろうか．

そこで，疑問 2) を検討しよう．球状の巨大イオン溶液であるコロイド分散系では，粒子の属性が揃った**単分散系**の場合，不純物イオンを十分に除去するといわゆる**コロイド結晶** (colloidal crystal) が成長する．このコロイド結晶の形成は，一時期，DLVO 理論を立証するものであると解釈された．すなわち，不純物イオンの濃度が適当な値をとると，ファンデルワールス引力と遮蔽された静電斥力のバランスがとれて，いわゆるポテンシャルの第 2 極小が生じコロイド結晶が形成されるという説である．

このコロイド結晶の形成に関する DLVO 理論を検証するために，逆に結晶を溶融させるものは何か，を問うてみよう．蓮ら[39]は，添加塩濃度とコロイド結晶の関係を調べて，相図を作ることに成功した．その結果は，添加塩を増大させると，**コロイド結晶が溶融する**ことを示している．しかし，DLVO 理論によれば，添加塩濃度を上げると静電斥力の遮蔽が進むのに対してファンデルワールス引力は変化しないため，塩濃度の増加に応じて相対的に引力効果が増しコロイド結晶の結合は強くなるはずである (2.4.4 項参照)．塩濃度をさらに上げると，ポテンシャルの第 2 極小はファンデルワールス引力の第 1 極小に近づき，コロイド粒子は凝集することになる．しかし，実験によれば，添加塩濃度を増加させていくと，コロイド結晶は溶融し，コロイド粒子は凝集することなく分散する．

こうして，DLVO 理論は，コロイド粒子の凝集を記述することには成功したが，コロイド結晶の形成と溶融を定量的に説明することができない．この DLVO

理論の欠陥は何に由来するのであろうか．巨大イオンの凝集という近距離の非可逆現象を説明するためには，強い近距離相互作用であるファンデルワールス引力の関与を認めなければならない．他方，コロイド結晶は中長距離の現象であり，短距離力であるファンデルワールス引力が関与する可能性は小さい．そこで，容器の有限体積効果に注目し，コロイド結晶を巨大イオン間の遮蔽された静電斥力のみで記述しようとする考え[40]が提起された．これは，計算機シミュレーションで，斥力のみを及ぼし合う剛体球系で球体の体積充填率が55%を超えると結晶様の秩序が発生することを確かめたAlderとWainwrightの研究[26]に基づくもので，興味深い．しかし，この斥力と容器の有限体積効果に基づく**アルダー転移**だけでは，4章や5章で紹介されるコロイド結晶の相転移やボイドのような多様な現象を説明することはできない．

　コロイド結晶の形成と溶融を記述するには，中長距離の現象に関与する静電相互作用を再検討する必要がある．DLVO理論の描像では，それは遮蔽された静電斥力とされている．ところで，固体では，電気相互作用は金属相互作用や共有結合や水素結合のようにさまざまな形で発現した．たとえば，金属相互作用では，中距離では同種電荷のイオンの間に遮蔽されたクーロン形の斥力が働き，長距離では電子雲を媒介にした引力が作用している．これを溶液系に当てはめると，中距離では遮蔽されたクーロン形の斥力で反発し合う巨大イオンが，長距離では対イオンを媒介にした引力によってゆるやかに結合する，という描像が可能になる．巨大イオン溶液系の電気相互作用の発現に関して，どのような描像が正しいのかを判定するには，系の自由エネルギーを定量的に解析しなければならない．

　DLVO理論では，巨大イオンは溶液中で準静的な配位を取ると仮定して，まず溶液の**ヘルムホルツ自由エネルギー** F を計算する．自由エネルギー F は巨大イオンの配位の関数であるが，それを巨大イオンの対からの寄与の和で近似し，その寄与を断熱対ポテンシャルと解釈する (2.4節および6.2節参照)．そのようにして得られた断熱対ポテンシャルは，遮蔽されたクーロン形斥力を与え，DLVOポテンシャルと呼ばれる．ヘルムホルツ自由エネルギーは，電気相互作用と共にエントロピー効果も含んでいる．そのため，純電気エネルギーには存在する長距離の引力項が，エントロピー効果によって打ち消されてしまう

のである.

デバイ・ヒュッケル理論は,強電解質のギブス自由エネルギー G とヘルムホルツ自由エネルギー F を計算することにより,その差として得られる浸透圧が低下することを明らかにした (2.3 節参照).強電解質の場合,イオン気体の熱力学的状態を記述するのは浸透圧効果をも含んだギブス自由エネルギーである.巨大イオン溶液系の場合も,系の熱力学的状態を支配するのは自由度の大きい小イオン気体であり,系の状態はギブス自由エネルギーで記述しなければならない.しかし,巨大イオン溶液のような非一様系では,ギブス自由エネルギーを導入する一意的な方法はない[42].そのため,6章では,ヘルムホルツ自由エネルギー F から"化学ポテンシャル"を計算し,その総和としてギブス自由エネルギー G が導入される.このギブス自由エネルギーは,DLVO ポテンシャルと異なり,**中距離の強い斥力と長距離の弱い引力を含む断熱対ポテンシャル**を与えることが明らかにされる.

参考文献

1) H. Staudinger, Die Hockmolekularen Organichen Verbindungen-Kautschuk und Cellulose, p.333-377 (Springer, 1960) に引用された E. Trommsdorff (1931) の学位論文.
2) Wo. Ostwald, Die Welt der Vernachlässigten Dimensionen (Steinkopf, 1919).
3) J. C. Ghosh, J. Chem. Soc., **113**, 449, 627, 707, 790 (1918); Z. Physik. Chem., **98**, 211 (1921).
4) P. J. W. Debye and E. Hückel, Physik. Z., **24**, 185 (1923).
5) R. A. Robinson and R. H. Stokes, Electrolyte Solutions (Butterworth Scientific Publications, 1959).
6) N. Ise and T. Okubo, J. Phys. Chem., **70**, 1936 (1966).
7) R. M. Fuoss, A. Katchalsky and S. Lifson, Proc. Natl. Acad. Sci. USA, **37**, 579 (1951).
8) T. Alfrey, P. W. Berg and H. Morawetz, J. Polym. Sci., **7**, 543 (1951).
9) S. Lifson and A. Katchalsky, J. Polym. Sci., **13**, 43 (1954).
10) Z. Alexandrowicz and A. Katchalsky, J. Polym. Sci., **A1**, 3231 (1963).
11) G. S. Manning, J. Chem. Phys., **51**, 924 (1969).
12) C. S. Hirzel and R. Rajagopalan, Colloidal Phenomena, Advanced Topics (Noyes, 1985).
13) K. S. Schmitz, Macroions in Solution and Colloidal Suspension (VCH, 1993).
14) A. K. Arora and B. V. R. Tata, Ordering and Phase Transitions in Charged Colloids

(VCH, 1996).
15) R. M. Fitch, Polymer Colloids : A Comprehensive Introduction (Academic Press, 1997).
16) 戸田盛和・松田博嗣・樋渡保秋・和達三樹, 液体の構造と性質, 第5章 (岩波書店, 1976).
17) 三宅静雄, X線の回折 (朝倉書店, 1949).
18) 菊田惺志, X線回折・散乱技術 (東京大学出版会, 1992).
19) H. A. Kramers and W. Heisenberg, Z. Phyzik., **31**, 681 (1925).
20) W. Heitler (沢田克郎訳), 輻射の量子論 (吉岡書店, 1957).
21) J. J. Sakurai, Advanced Quantum Mechanics (Addison-Wesley, 1973).
22) J. D. Jackson, Classical Electrodynamics (Wiley, 1999).
23) 高橋秀俊, 電磁気学 (裳華房, 1957), 1章29節.
24) K. S. Schmitz, An Introduction to Dynamic Light Scatterting by Macromolecules (Academic Press, 1990).
25) C. Kittel (宇野良清・津屋 昇・森田 章・山下次郎訳), 固体物理学入門 (丸善, 1998).
26) R. W. James, The Optical Principles of the Diffraction of X-rays (G. Bell and Sons, 1967).
27) S. Kikuchi, *Jpn. J. Phys.*, **5**, 83 (1928).
28) W. Kossel and H. Voges, *Ann. Phys. (Leipzig)*, **23**, 677 (1935).
29) T. Yoshiyama and I. S. Sogami, Ordering and Phase Transitions in Charged Colloids (ed. by A. K. Arora and B. V. R. Tata), 41-68 (VCH, 1996).
30) J. D. van der Waals, Dissertation (Univ. Leiden, 1873); English transl. by J. D. van der Waals, Physical Memoirs, Physical Society of London. Vol.1, Pt. 3 (Taylor and Francis, 1890).
31) F. London, *Z. Physik*, **63**, 245 (1930); *Trans. Faraday Soc.*, **33**, 8 (1937); *Z. Phys. Chem.*, **B11**, 222 (1930).
32) J. O. Hirschfelder, C. F. Curtiss and R. B. Bird, Molecular Theory of Gases and Liquids (John Wiley and Sons, 1954).
33) W. Heitler (久保昌二・木下達彦訳), 初等量子力学 (共立出版, 1959).
34) P. Debye and E. Hückel, *Physik. Z.*, **24**, 185, 305 (1923); P. Debye, *Physik. Z.*, **25**, 97 (1924).
35) The Collected Papers of Peter J. W. Debye (Interscience, 1954).
36) B. Chu, Molecular Forces : Based on the Baker Lectures of P. J. Debye (飯島俊郎・上平 恒訳, デバイ 分子間力 (培風館, 1969)).
37) B. V. Derjaguin and L. Landau, *Acta. Physicoehim. URSS*, **14**, 633 (1941); *J.Exptl. Theoret. Phys. URSS*, **11**, 802 (1941).
38) E. J. W. Verwey and J. Th. G. Overbeek, Theory of the Stability of Lyophobic Colloids (Elsevier, 1948).
39) S. Hachisu, Y. Kobayashi and A. Kose, *J. Colloid Interface Sci.*, **42**, 342 (1973).
40) M. Wadati and M. Toda, *J. Phys. Soc. Jpn*, **32**, 1147 (1972).
41) B. J. Alder and T. W. Wainwright, *J. Chem. Phys.*, **27**, 1208 (1957); **31**, 459 (1959).
42) T. L. Hill, Thermodynamics of Small Systems(W. A. Benjamin, 1964).

2
巨大イオンの有効相互作用1

2.1 はじめに

　イオン性溶液の理論研究の歴史は，DebyeとHückel[1,2]による**強電解質**の理論を出発点とする．その理論の核心は，溶媒を背景となる誘電媒質とし，溶質イオンを希薄な気体と見なして，その分布と平均電位を線形近似で自己無撞着に決定し，系の自由エネルギーを計算することにある．この理論の手法は，巨大イオン系の典型であるコロイド分散系に適用された．しかし，初期のLevineとDubeによる巨大イオン系の理論[3,4]では，系の熱力学的エネルギーとして電気エネルギーのみが計算された．彼らはそこで，イオン性溶液にとって本質的に重要な小イオンの熱力学的効果の一部を無視する誤りを犯していたのである．その結果，溶液中のコロイド粒子の間には，強い斥力と強い引力が作用するとの結論が導き出された．彼らは，この斥力と引力を利用して，コロイド分散系の安定性と不安定性(コロイド粒子の凝集)を説明することを試みたが失敗に終わった．

　この欠点は1940年代に，まずロシアのDerjaguinとLandau[5]によって，続いてオランダのVerweyとOverbeek[6]によって修正された．彼らは，デバイ・ヒュッケルの理論で使われた**充電法**(charging-up method)を用いて，系の電気エネルギーからヘルムホルツ自由エネルギーを求めている．その結果，小イオンの担うエントロピー効果がLevineとDubeの理論の引力項を打ち消してしまい，コロイド粒子間に働く熱的・電気的な相互作用は遮蔽された純斥力となることが示された．**コロイド分散系の安定性**は，この斥力の効果として説明される．

この斥力とともに，コロイド粒子の間に働くファンデルワールス引力[7]を考慮することによって，彼らはコロイド分散系の安定性と粒子の凝集機構を説明する体系を作ることに成功したのである．この体系は，これら4人の研究者のイニシアルをとってDLVO理論と名付けられ，コロイド化学の基礎理論となっている．DLVO理論は，きわめて簡単な体系であるにもかかわらず，多くの成果を収めてきた．とくに，コロイド粒子の**不可逆的な凝集現象** (coagulation) に関するシュルツェ・ハーディの経験法則を説明できたことは特筆すべきであろう．

この章では，まず直観的な方法で，イオン性溶液論の基礎である**平均場描像**の定式化を行う．次に，線形化された平均場描像の成功例として，デバイ・ヒュッケル理論をやや詳しく紹介する．つづいて，永くコロイド化学の標準理論と見なされてきたDLVO理論を詳細に解説する[6]．とくに，帯電した平板の間の熱的・電気的相互作用と球状の巨大イオンの間に働くロンドン・ファンデルワールス引力は基礎から導き出しておく．DLVO理論は，粒子濃度や添加イオン濃度の大きい溶液中で生じる粒子間距離の短い現象の記述には適した体系である．そのことを示すために，DLVO理論によるシュルツェ・ハーディの6乗則の導出を紹介する．その上で，粒子間距離の長い現象に対するDLVO理論の限界を論じる．

2.2 平均場描像

平均場描像では通常，溶媒は誘電率 ϵ の連続媒質を形成するものとされ，電束密度 $D(r,t)$ と電場の強さ $E(r,t)$ は関係式

$$D(r,t) = \epsilon E(r,t) \tag{2.1}$$

で結ばれていると見なされる．しかし，系の熱力学状態をギブス自由エネルギーで記述する段階で"溶液の体積 V と溶媒分子の数 N の間に $V = Nv$ なる関係が成り立つ"と要請することによって，溶媒がもつ不連続な分子の集団としての特性[*1]を理論に巧妙に取り入れることができる．ここで v は，溶媒の**分子体**

[*1] とくに重要な特性は，溶媒分子と溶質分子の混合エントロピーである．関係 $V = Nv$ は溶媒分子系の近似的な"状態方程式"と解釈することができる．

積 (molecular volume),すなわち 1 分子が平均的に占める体積である.

イオン性溶液では,各イオンの速度は光速度に比べてはるかに小さいため,ローレンツ力の磁場成分は無視することができる.溶液の中での電場に関係するマックスウェルの方程式は

$$\mathrm{div}\bm{D}(\bm{r},t) = 4\pi \sum_j z_j e f_j(\bm{r},t) \tag{2.2}$$

および

$$\mathrm{rot}\bm{E}(\bm{r},t) = 0 \tag{2.3}$$

である.式 (2.2) は**ガウスの法則**を表し,右辺の $f_j(\bm{r},t)$ は j 種の小イオンの分布関数である.

巨大イオンが共存する場合は,その電荷の寄与を分布関数によって式 (2.2) の右辺に含む方法と,巨大イオンの表面における電場の境界条件として扱う方法がある.ここでは,後者の方法を用いることにして,式 (2.2) の右辺は巨大イオンの寄与を含まないものとする.

積分条件 (2.3) は,電場の強さ $\bm{E}(\bm{r},t)$ を電位 $\Psi(\bm{r},t)$ によって

$$\bm{E}(\bm{r},t) = -\nabla \Psi(\bm{r},t) \tag{2.4}$$

のように表すことを保証してくれる.これを式 (2.2) に代入すると電位に対する**ポアソン方程式**

$$\epsilon \nabla^2 \Psi(\bm{r},t) = -4\pi \sum_j z_j e f_j(\bm{r},t) \tag{2.5}$$

が得られる.これを解き,電位 $\Psi(\bm{r},t)$ を決定すると系の各瞬間の電気エネルギーが

$$E^{\mathrm{el}}(t) = \frac{1}{8\pi} \int \bm{D}(\bm{r},t) \cdot \bm{E}(\bm{r},t) d\bm{r} = \frac{\epsilon}{8\pi} \int [\nabla \Psi(\bm{r},t)]^2 d\bm{r} \tag{2.6}$$

と求められる.したがって,溶液中のイオンの運動を反映して電位は時間に依存し,系の電気エネルギーも時間的な揺らぎをもっている.

他方,各イオンの運動はニュートンの方程式に支配されると見なすことができる.各イオンは電場に比例する力を受けるとともに,溶媒から速度に比例す

る抵抗を受ける．それに加えて，イオン間には平均的な多体効果が存在するはずである．その効果を取り入れるために熱統計力学的な手法を利用することにして，溶液のある相からの粒子の **飛び出しやすさの尺度** である **化学ポテンシャル** (chemical potential) μ_j に注目しよう．以下では，溶媒分子と j 種の溶質分子の数をそれぞれ N および N_j とし，濃度は希薄で $c_j \simeq N_j/N \ll 1$ が成り立つものとする．仮に溶質 j が中性であると，その化学ポテンシャル μ_j [9, 10] は

$$\mu_j = \mu_j^* + k_\mathrm{B} T \ln c_j \tag{2.7}$$

のように濃度 c_j の関数として表される．ここで，$k_\mathrm{B} = 1.38062 \times 10^{-23}$ J deg^{-1} はボルツマン定数であり，μ_j^* は溶媒に j 種の溶質分子を1個だけ加えた場合のギブス自由エネルギーの増分である (式 (2.22) 参照)．この表式は溶液の各相で平均的に成り立つものであるが，ここでは溶液に揺らぎがある場合にも成り立つと拡張して解釈する．そのために，溶質 j の分布が場所によって緩やかに変化している場合，その状況を **平均分布関数** $n_j(\boldsymbol{r})$ で記述する．そして，この平均分布関数で濃度 c_j を置き換えて局所的な関係

$$\mu_j(\boldsymbol{r}) = \mu_j^* + k_\mathrm{B} T \ln n_j(\boldsymbol{r}) \tag{2.8}$$

が成立すると要請するのである．化学ポテンシャルが溶質粒子の "飛び出しやすさの尺度" であることから，粒子は $\mu_j(\boldsymbol{r})$ の値が大きい所から小さい所へ移動しやすいと解釈する．すなわち，化学ポテンシャルの勾配が減少する向き $-\nabla\mu_j(\boldsymbol{r})$ に，粒子を拡散させようとする力が生じると見なすのである．この **熱力学的な拡散力** は，中性の粒子にもイオンにも作用すると考えられる．そこで，電場による駆動力と溶媒からの抵抗力に，この拡散力を加えると，イオンの運動を支配する方程式として

$$m_j \frac{d\boldsymbol{v}_j}{dt} = -z_j e \nabla \Psi(\boldsymbol{r},t) - \xi_j \boldsymbol{v}_j - k_\mathrm{B} T \nabla \ln n_j(\boldsymbol{r}) \tag{2.9}$$

を得る．ここで，速度 $\boldsymbol{v}_j(t)$ に比例する抵抗力の比例係数を ξ_j とした．

溶液中でイオンの運動が **力学的平衡状態** に達すると，イオンの加速度は消えて式 (2.9) の左辺はゼロとなる．さらに，**熱力学的平衡状態** に達すると，ある時間間隔でのイオンの速度の時間平均もゼロとなり，条件

2.2 平均場描像

$$\overline{v_j(t)} = 0 \tag{2.10}$$

が成立する．ここで導入した時間平均 $\overline{(\cdots)}$ の操作を，溶液中での電位に適用し，時間平均された平均電位

$$\psi(\boldsymbol{r}) \equiv \overline{\Psi(\boldsymbol{r},t)} \tag{2.11}$$

を定義する．同様にして，j 粒子の分布関数 $f_j(\boldsymbol{r},t)$ の時間平均を導入し，これを式 (2.8) で使った平均分布関数と解釈する．すなわち，熱平衡状態では時間的な揺らぎがならされて

$$n_j(\boldsymbol{r}) = \overline{f_j(\boldsymbol{r},t)} \tag{2.12}$$

が成り立つと要請するのである．

このようにして，熱平衡状態で方程式 (2.9) の時間平均をとると

$$0 = -z_j e \nabla \psi(\boldsymbol{r}) - k_\mathrm{B} T \nabla \ln n_j(\boldsymbol{r}) \tag{2.13}$$

を得る．これから，j 種イオンがボルツマン分布 (Boltzmann distribution)

$$n_j(\boldsymbol{r}) = n_{j0} \exp\left[-\frac{z_j e}{k_\mathrm{B} T}\psi(\boldsymbol{r})\right] \tag{2.14}$$

に従うことが示された．ただし，ここで平均電位が消える位置での分布関数の値を

$$n_{j0} = n_j(\boldsymbol{r})\Big|_{\psi=0} \tag{2.15}$$

と指定した．また，熱平衡状態にある溶液全体で積分することにより，溶液中のイオン数と分布関数の関係

$$N_j = \int_V n_j(\boldsymbol{r})\, d\boldsymbol{r} \tag{2.16}$$

が得られる．

ポアソン方程式 (2.5) の時間平均をとると，平均電位に対する方程式

$$\epsilon \nabla^2 \psi(\boldsymbol{r}) = -4\pi e \sum_j z_j n_j(\boldsymbol{r}) \tag{2.17}$$

が得られる．これが平均場描像で中心的な役割を演じる**ポアソン・ボルツマン方程式** (Poisson-Boltzmann equation) である．この非線形方程式を解くことにより，溶液中の平均電位 $\psi(\boldsymbol{r})$ と平均粒子分布関数 $n_j(\boldsymbol{r})$ が自己無撞着に決定される．溶液中に体積 V の領域をとり，その領域全体でポアソン・ボルツマン方程式を積分すると，そこでの**電気的中性条件**

$$\sum_j z_j N_j + \sum_n Z_n = 0 \qquad (2.18)$$

が求められる．第1項は価数 z_j の小イオンが担う電荷からの寄与である．第2項は，電荷 Z_n の巨大イオンからの寄与を表し，領域に含まれるすべての巨大イオンについて和をとる．この条件を導く1つの方法は，巨大イオンの表面での境界条件

$$\epsilon \boldsymbol{\nu}_n \cdot \nabla \psi(\boldsymbol{r}) = -4\pi e Z_n \sigma_n(\boldsymbol{r}) \qquad (2.19)$$

を用いることである．ここで，$\boldsymbol{\nu}_n$ は巨大イオンの表面での面法線単位ベクトルであり，$\sigma_n(\boldsymbol{r})$ は巨大イオン n の規格化された表面電荷密度である．もう1つの方法は，ポアソン・ボルツマン方程式 (2.17) の右辺に巨大イオンからの電荷分布を含ませることである．

溶液中の平均電気エネルギーは，式 (2.6) の時間平均を

$$E^{\mathrm{el}} = \frac{\epsilon}{8\pi} \int \overline{[\nabla \Psi(\boldsymbol{r},t)]^2} d\boldsymbol{r} \simeq \frac{\epsilon}{8\pi} \int [\nabla \psi(\boldsymbol{r})]^2 d\boldsymbol{r} \qquad (2.20)$$

のようにとることによって求められる．平均場理論では，この E^{el} が系の内部エネルギーの電気部分であると解釈する．6.3.6 項で示されるように，この E^{el} は系のヘルムホルツ自由エネルギーの電気部分 F^{el} と

$$e^2 \left(\frac{\partial F^{\mathrm{el}}}{\partial e^2} \right)_{T,V,N} = E^{\mathrm{el}} \qquad (2.21)$$

なる関係で結ばれている．したがって，E^{el} が電荷素量の2乗 e^2 の関数として決定されると，パラメータ積分によって F^{el} を求めることができる．これが**デバイの充電法**であり，その証明は6章で与えられる．

2.3 デバイ・ヒュッケルの強電解質の理論

デバイ・ヒュッケル理論[1,2,8,9]は低分子電解質希薄溶液の特性を矛盾なく記述し,平均場描像の有効性を実証する物理化学の基礎的理論の1つである.この理論では,線形化されたポアソン・ボルツマン方程式から平均電位を求め,充電法を用いて系のヘルムホルツの自由エネルギーが導き出される.溶液中の正イオンと負イオンは,それぞれ平均的に異符号のイオンの周辺に分布して**イオン雰囲気**を形成し,それらが作る電場を相殺させる.その結果,溶液中の平均電場は弱められるため,線形近似が成立すると見なされる.

2.3.1 浸透圧とファントホッフの法則

電気的な効果を調べる前に,まず希薄な溶液で溶質が中性分子である場合を考察しておく.溶媒の分子数と化学ポテンシャルを N および μ^0 とし,j 種の溶質の分子数を N_j とすると,溶液のギブス自由エネルギー[10]は

$$G^0 = N\mu^0 + \sum_j N_j \mu_j^* + k_B T \sum_j N_j \ln \frac{N_j}{eN} \tag{2.22}$$

と表される.ここで,第1項の μ^0 は溶媒分子1個当たりのギブス自由エネルギーである.イオン性溶液の理論では,溶媒は連続的な誘電媒質として扱われることが多い.しかし,そのような立場に立っても,溶媒分子の1個が占める体積 v を利用して溶媒分子の数 N を $N = V/v$ と評価することにより,溶媒の持つ不連続な分子的側面を理論に取り込むことができる.第2項の μ_j^* は j 種の溶質分子1個当たりのギブス自由エネルギーである.第3項は**混合エントロピー** (entropy of mixing) である.

a. 混合エントロピーの起源

分子の混じり合いによるエントロピーの増加,すなわち混合エントロピーは溶液論の重要な効果であるから,ここで詳しく考察しておく.エントロピーは,"場合の数"の対数にボルツマン定数をかけたものと定義される.したがって,等温等圧下で,ν_1 個の分子と ν_2 個の分子が混合すると,エントロピーは

$$k_{\mathrm{B}}\left[\ln(\nu_1+\nu_2)! - \ln\nu_1! - \ln\nu_2!\right] \simeq k_{\mathrm{B}}\left[\nu_1 \ln\frac{\nu_1+\nu_2}{\nu_1} + \nu_2 \ln\frac{\nu_1+\nu_2}{\nu_2}\right] \tag{2.23}$$

だけ増大する．ここで，ν_1 と ν_2 は十分大きいとして，近似公式

$$\ln\nu! \simeq \nu\ln\frac{\nu}{\mathrm{e}} \qquad (\nu \gg 1) \tag{2.24}$$

を用いた[*2]．

この式で，$\nu_1 = N$ が溶媒の分子数で $\nu_2 = N_j$ が溶質の分子数 $(N \gg N_j)$ であるとすると，溶質 j の分子と溶媒の分子の混合により増大したエントロピー S_j は

$$S_j = k_{\mathrm{B}} N_j \ln\frac{\mathrm{e}N}{N_j} \tag{2.25}$$

となる．したがって，種々の溶質分子と溶媒分子の混合エントロピーは，ギブス自由エネルギーを $T\sum_j S_j$ だけ減少させる．これが式 (2.22) の第 3 項の効果である．

この混合エントロピーは，溶質 j の N_j 個の分子を体積 V 中の理想気体と見なす見地からも導くことができる．これは，拡散とエントロピーの増加の関係を理解するうえで，教訓的な方法である．溶質分子は体積 V の任意の位置を同じ確率で占めるから，その"場合の数"は V に比例する．互いに独立な N_j 個の同種分子の系では，その"場合の数"は $V^{N_j}/N_j!$ に比例する．ここで，分母の因子 $N_j!$ は，同種分子の系では配列を変えても状態は変化しないことを表す．こうして，溶質 j のエントロピーは，付加的な定数の不定性を除いて $k_{\mathrm{B}} \ln(V^{N_j}/N_j!)$ と評価される．ここでいう不定性は古典物理学の限界を示すものであり，量子統計力学で相空間の量子的体積要素を導入することによって，取り除くことができる (6.4.3 項参照)．

この段階で，溶媒 (分子数 N，分子体積 v) が体積 $V = Nv$ を占めていると解釈すると，エントロピーは

[*2] ν が大きい場合には，和を積分で近似することにより，以下の評価式を得る．

$$\ln\nu! = \sum_{n=1}^{\nu} \ln n \simeq \int_0^{\nu} \ln x\, dx = \nu\ln\frac{\nu}{\mathrm{e}} \qquad (\nu \gg 1)$$

2.3 デバイ・ヒュッケルの強電解質の理論

$$S_j = k_B \ln \frac{(Nv)^{N_j}}{N_j!} \simeq k_B N_j \ln \frac{Ne}{N_j} + k_B N_j \ln v \tag{2.26}$$

と評価される．ここで，右辺の第2項に，溶質の分子数 N_j に比例した付加項が現れる．この項は，式 (2.22) の1分子のギブス自由エネルギーがもっている不定性を利用して，μ_j^* に繰り込むことができる．

b. ファントホッフの法則

式 (2.22) から，溶媒分子の化学ポテンシャルは

$$\mu = \frac{\partial G^0}{\partial N} = \mu^0 - k_B T \frac{1}{N} \sum_j N_j \tag{2.27}$$

となり，溶質分子の化学ポテンシャルは

$$\mu_j = \frac{\partial G^0}{\partial N_j} = \mu_j^* + k_B T \ln \frac{N_j}{N} \tag{2.28}$$

となる．溶液の圧力は，純溶媒の圧力 P_0 よりも，溶質の**浸透圧**(osmotic pressure) P だけ高くなる．浸透圧は，図 2.1 のように，溶液が**半透膜** (semipermeable membrane) を通して純粋な溶媒と平衡状態にある状態で測定することができる．

その場合，半透膜の両側で溶媒分子の化学ポテンシャルが等しいという条件は式 (2.27) を利用して

$$\mu^0(T, P_0) = \mu(T, P_0 + P) = \mu^0(T, P_0 + P) - k_B T \frac{1}{N} \sum_j N_j \tag{2.29}$$

と表される．ここで，$P \ll P_0$ に留意して右辺の第1項を展開し，熱力学の関係式

$$\left(\frac{\partial G^0}{\partial P}\right)_{N,T} = N \left(\frac{\partial \mu^0}{\partial P}\right)_{N,T} = V \tag{2.30}$$

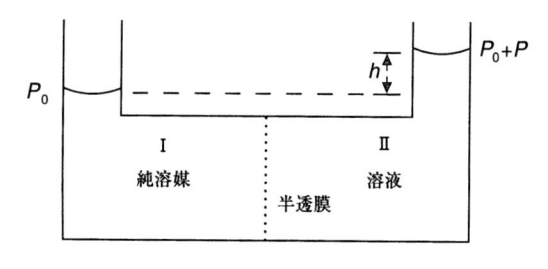

図 2.1 半透膜と浸透圧
半透膜 (点線) で隔てられた容器の左部分 I に純溶媒が，右部分 II に溶液が入っている．I と II の液体表面の差 h から，浸透圧が $P = \rho g h$ と測定される．ρ は溶液の密度で，g は重力加速度である．

を適用する．$(\partial \mu^0/\partial P)_T$ が純溶媒の 1 分子当たりの体積 $v = V/N$ に等しいことを用いて

$$P = \frac{k_B T}{V} \sum_j N_j \tag{2.31}$$

が求められる．これがファントホッフの浸透圧の法則 (van't Hoff law of osmotic pressure) であり，溶質が電気的に中性である場合，浸透圧と溶質の数に対して，理想気体と同じ状態方程式が成り立つことを示している．この導出過程から明らかなように，浸透圧の起源は，溶質分子と溶媒分子の混合エントロピーにある．

2.3.2 デバイ・ヒュッケル理論：点状イオン

j 種の小イオンの電荷を $z_j e$ とすると，溶液が全体として中性であるためには条件

$$\sum_j z_j N_j = 0 \tag{2.32}$$

が成り立たなければならない．非線形性の高いポアソン・ボルツマン方程式を解析的に厳密に解くことができるのは，1 次元の場合に限られる．そのため 1 次元以外の問題では，溶液中での平均電気エネルギーは熱エネルギーより十分小さいと仮定して

$$n_j(\boldsymbol{r}) = n_{j0}\left[1 - \frac{z_j e}{k_B T}\psi(\boldsymbol{r})\right] \tag{2.33}$$

のように，ボルツマン分布 (2.14) を線形近似する方法が採用される．その結果，ポアソン・ボルツマン方程式は

$$\nabla^2 \psi(\boldsymbol{r}) = \kappa^2 \psi(\boldsymbol{r}) \tag{2.34}$$

となる．ここで $n_{j0} \simeq N_j/V$ と近似して，電気的中性条件 (2.32) を利用し

$$\kappa^2 = \frac{4\pi e^2}{\epsilon k_B T V} \sum_j z_j^2 N_j \tag{2.35}$$

によって，長さの逆次元をもつデバイの遮蔽因子 (Debye's screening factor) κ を導入した．

溶液中の1個のイオンを任意に選び，その位置を原点とする．熱平衡状態にある溶液は一様でかつ等方的であるから，原点の近くでの平均電位は球対称性をもち $\psi(\boldsymbol{r}) = \psi(r)$ であると仮定することができる．その結果，線形化されたポアソン・ボルツマン方程式は

$$\frac{1}{r}\frac{d^2}{dr^2}r\psi(r) = \kappa^2 \psi(r) \tag{2.36}$$

となり，この方程式の一般解は

$$\psi(r) = A\frac{e^{-\kappa r}}{r} + B\frac{e^{\kappa r}}{r} \tag{2.37}$$

と求められる．ここでの積分定数 A と B は，境界条件から定まる．すなわち，遠方 $r \to \infty$ で $\psi(r) \to 0$ となり，注目する電荷 $z_j e$ のイオンの近く $r \to 0$ で $\psi(r) \to z_j e/\epsilon r$ となる解は

$$\psi(r) = \frac{z_j e}{\epsilon r}\, e^{-\kappa r} \tag{2.38}$$

である．この解は，原点にあるイオンの電荷がイオン雲によって遮蔽されている効果を表しており，その遮蔽の距離はデバイの遮蔽因子 κ の逆数で特徴付けられる．

このようにして求められた注目するイオンの近傍での平均電位 $\psi(r)$ を用いて，強電解質系の熱力学的諸量を計算することができる．

a. 電気エネルギー E^{el}

式 (2.38) の解の指数関数部分を展開すると

$$\psi(r) = \frac{z_j e}{\epsilon r} - \frac{z_j e \kappa}{\epsilon} + \cdots \tag{2.39}$$

となる．第1項は原点にあるイオンの電荷 $z_j e$ による電位であり，第2項はイオン雲がその中心イオンの位置に作る電位差 $\delta\psi$ である．したがって，注目する j-電荷はイオン雲により生じた電位差 $\delta\psi$ の中にあることになり，静電エネルギー $z_j e \delta\psi = -z_j^2 e^2 \kappa/\epsilon$ をもつことがわかる．この議論をすべてのイオンに適用すると，溶液中の全イオンがもつ静電エネルギーは

$$E^{\text{el}} = -\frac{1}{2}\frac{e^2\kappa}{\epsilon}\sum_j z_j^2 N_j = -\frac{1}{2}k_{\text{B}}TV\frac{\kappa^3}{4\pi} \tag{2.40}$$

と求められる．ここで，1/2 は相互作用を 2 重に数えないために必要な因子である．

b. ヘルムホルツ自由エネルギー F

ヘルムホルツ自由エネルギーの電気相互作用部分 F^{el} を求めるには，充電法の関係式 (2.21) を積分するか，熱力学の公式

$$\frac{\partial}{\partial T}\left(\frac{F}{T}\right)_{V,N} = -\frac{E}{T^2} \tag{2.41}$$

を利用すればよい．これらのいずれの方法からも，同じ結果

$$F = F^0 + F^{el} = F^0 - \frac{1}{12\pi}k_B TV\kappa^3 \tag{2.42}$$

が得られる．ここで，F^0 は電気的相互作用がないとした場合のヘルムホルツ自由エネルギーである．これを体積 V で微分することにより，浸透圧が

$$P = k_B T\left(\frac{1}{V}\sum_j N_j - \frac{\kappa^3}{24\pi}\right) \tag{2.43}$$

と求められる．この結果をファントホッフの法則と比較すると，**電解質中のイオンの相互作用は浸透圧を減少させる**ことが分かる．これは，イオン間の相互作用が全体としてみると引力的に働き，イオンの熱運動によるファントホッフの浸透圧を低下させることを示している．

c. ギブス自由エネルギー G

系のギブス自由エネルギー G はヘルムホルツ自由エネルギー F から，2 つの方法で求めることができる．1 つは，熱力学の関係式

$$G = F - V\left(\frac{\partial F}{\partial V}\right)_T \tag{2.44}$$

を利用する方法である．この計算には紛れがない．まず，G を

$$G = G^0 + G^{el} \tag{2.45}$$

のように，中性の溶質に対する式 (2.22) の G^0 と電気的なギブス自由エネルギー

G^{el} の和に分割する．この G^0 と中性の溶質に対するヘルムホルツ自由エネルギー F^0 は，関係式

$$G^0 = F^0 - V\left(\frac{\partial F^0}{\partial V}\right)_T \tag{2.46}$$

で結ばれている．統計物理学で熱力学量を計算する場合，通常ヘルムホルツ自由エネルギーがまず計算され，それからギブス自由エネルギーが求められる．しかし本書では，溶液論で広く受け入れられている式 (2.22) のギブス自由エネルギー G^0 を出発点として選び，それから (圧力)×(体積) 項を差し引いたものをヘルムホルツ自由エネルギー F^0 とする．すなわち

$$F^0 = G^0 - \left(P_0 V + k_{\mathrm{B}} T \sum_j N_j\right). \tag{2.47}$$

ここで P_0 は溶媒の圧力，$k_{\mathrm{B}} T \sum_j N_j$ はファントホッフ項である．ギブス自由エネルギーの電気的部分 G^{el} は，F^{el} から

$$G^{\mathrm{el}} = \left[F^{\mathrm{el}} - V\left(\frac{\partial F^{\mathrm{el}}}{\partial V}\right)_T\right]_{V=Nv} = -\frac{1}{8\pi} k_{\mathrm{B}} T N v \kappa^3(T, N, N_j) \tag{2.48}$$

と求められる．この式の右辺で，デバイの遮蔽因子は V ではなく N の関数と解釈されなければならない．

ギブス自由エネルギーの電気部分 G^{el} を求めるもう 1 つの方法では，イオン数に関する**相加性** (additivity：**加成性**) を利用する．すなわち，G^{el} は

$$\begin{aligned}
G^{\mathrm{el}} &= \left[\left(N\frac{\partial F^{\mathrm{el}}}{\partial N} + \sum_j N_j \frac{\partial F^{\mathrm{el}}}{\partial N_j}\right)_{T,V}\right]_{V=Nv} \\
&= -\left[\frac{1}{12\pi} k_{\mathrm{B}} T V \sum_j N_j \left[\frac{\partial \kappa^3}{\partial N_j}\right]_{T,V}\right]_{V=Nv} \\
&= -\frac{1}{8\pi} k_{\mathrm{B}} T N v \kappa^3(T, N, N_j)
\end{aligned} \tag{2.49}$$

と求められて，その結果は式 (2.48) と一致する．この導出過程では，溶媒分子の G^{el} への寄与 $(\partial F^{\mathrm{el}}/\partial N)$ は存在しないことに留意しなければならない．何故なら，F^{el} の溶媒分子数に関する微分と "**置き換え** $V = Nv$" の順序を入れ替

えない限り，$\partial F^{\mathrm{el}}(T,V,N_j)/\partial N = 0$ となるからである．

式 (2.49) の計算で，F^{el} を溶媒分子数で微分する前に "置き換え $V = Nv$" を行うと，どうなるであろうか．デバイの遮蔽因子の2乗 κ^2 が変数 N と N_j に関して，それぞれ，-1 次と 1 次の同次関数となるため

$$N\frac{\partial \kappa^2}{\partial N} = -\kappa^2, \qquad \sum_j N_j \frac{\partial \kappa^2}{\partial N_j} = \kappa^2 \tag{2.50}$$

となり，式 (2.49) で κ を経由して生じる溶媒分子と溶質分子の効果は相殺することになる*3)．その結果，G^{el} と F^{el} は同じになり，浸透圧に対する式 (2.43) は，中性の溶質に対するファントホッフの法則 (2.31) に逆戻りしてしまう．

このように，小イオンのみが存在する強電解質溶液では，ヘルムホルツ自由エネルギーからギブス自由エネルギーへ移行する2つの方法は等価である．これは強電解質溶液が熱力学的に一様な系であること，イオン雰囲気の衣をまとった "有効イオン" が粒子としての相加性を保持することからの自然な帰結である．その結果，この強電解系の一様性と相加性の反映として，等温等圧下で，**ギブス・デュエムの関係** (Gibbs-Duhem relation)

$$N\,d\mu + \sum_j N_j\,d\mu_j = 0 \tag{2.51}$$

が電気的な寄与を含めて厳密に成立する．まず，電気的に中性と見なされた溶媒分子と溶質分子に対して求められた式 (2.27) と (2.28) の化学ポテンシャルが，この関係を満たすことは容易に確かめられる．次に，溶媒と溶質分子に対する化学ポテンシャルの電気部分は，上で求めたギブス自由エネルギーの電気部分 G^{el} から

$$\mu^{\mathrm{el}} = \frac{\partial G^{\mathrm{el}}}{\partial N} = \frac{1}{16\pi} k_{\mathrm{B}} T v \kappa^3 \tag{2.52}$$

および

$$\mu_j^{\mathrm{el}} = \frac{\partial G^{\mathrm{el}}}{\partial N_j} = -\frac{3e^2}{4\epsilon} \kappa z_j^2 \tag{2.53}$$

---

*3) DLVO 理論の提唱者の 1 人である Overbeek は，6 章で紹介される巨大イオンの相互作用に関する論文を批判する際，この溶媒分子数に関する微分と "置き換え $V = Nv$" の順序で致命的な誤りを犯した[11]．Overbeek の主張する計算を忠実に行うと，溶媒分子と溶質分子からの寄与が打ち消し合って $G^{\mathrm{el}} = F^{\mathrm{el}}$ となり，デバイ・ヒュッケル理論の成果がすべて失われてしまう．

と計算される．これらの化学ポテンシャルの成分も，ギブス・デュエムの関係を満たす．

このように，強電解質に対するデバイ・ヒュッケルの理論は，矛盾のない熱力学体系であり，そのためイオン性溶液の研究の基礎となる．とくに，ヘルムホルツ自由エネルギーからギブス自由エネルギーへの 2 つの移行方法が等価であることは，ギブス・デュエムの関係とともに，デバイ・ヒュッケル理論の著しい成果である．しかし，本書の主題である巨大イオン溶液系では，これらの結果は成り立たない．類似の効果が，**小さな系の熱力学**の分析で，Hill[12]によって見出された．小さな系では，揺らぎが系の一様性を破ってしまうのである．当然のことながら，**非一様な外部環境の中に置かれた系**も，熱力学の前提である一様性を破り標準的な熱力学の限界を越えてしまう．

巨大イオン分散系ではギブス・デュエムの関係式は成立しない．そこで後に見るように，巨大イオン溶液系では，通常の熱力学に制限を課して小イオン気体を記述することにより，非一様な外部環境を形成する巨大イオンの効果が取り込まれる．その結果として，一体の相関に還元できない巨大イオン間の相互作用が求められる．斥力であれ引力であれ，そのような**巨大イオン間の相互作用は非相加的な効果の現れ**と解釈しなければならない．

d. 中性条件と粒子数微分

この項を締め括るに当たって，イオン数 N_j に関する微分と電気的中性条件 (2.32) の関係について分析をしておく．イオン数 N_j は，式 (2.32) で互いに結び付けられているため，独立に変化することができない．そのため，式 (2.49) でのイオン数に関する微分に矛盾がないか，吟味する必要があるのである．任意に k-種の小イオンを選び，その数 N_k が中性条件式によって，他のイオンの数に従属していると考えよう．中性条件はイオン数の 1 次関数であるから，N_k はイオン数 N_j $(j \neq k)$ に関して 1 次の同次式であり，関係式

$$\sum_{j \neq k} N_j \frac{\partial N_k}{\partial N_j} = N_k \tag{2.54}$$

が成立する．この関係を利用して，中性条件の下で，粒子数に依存する任意の関数 f を独立な変数 N_j $(j \neq k)$ で微分すると

$$\left(\sum_{j\neq k} N_j \frac{\partial f}{\partial N_j}\right)_{\text{中性条件}} = \sum_j N_j \frac{\partial N_k}{\partial N_j}\frac{\partial f}{\partial N_k} + \sum_{j\neq k} N_j \frac{\partial f}{\partial N_j}$$
$$= \sum_j N_j \frac{\partial f}{\partial N_j} \quad (2.55)$$

となる．この式の最後で，すべてのイオン数を独立変数として扱って，微分演算がなされていることに注意しよう．式 (2.49) で，イオン数をすべて独立な変数として微分したのは，このためである．ここでの分析は，6 章の巨大イオン系の考察の準備として，重要な意味をもっている．

2.3.3 デバイ・ヒュッケル理論：広がりをもつイオン

ここまでの議論では，イオンは点状の粒子として扱った．巨大イオン溶液を研究する前段階として，小イオンが小さいながら有限の大きさをもつ場合を考察しよう[1, 2, 8, 9]．そこで，小イオンを半径 a の球体と見なし，"球体の内部の誘電率が ϵ で球体の中心に $z_j e$ の電荷が存在する" とモデル化する．ポアソン・ボルツマン方程式の一般解 (2.37) で，遠方でゼロになり，この球状イオンの表面 ($r \to a$) で $\psi(r) \to \psi_a$ となる解は

$$\psi(r) = \psi_a \frac{a}{r} e^{-\kappa(r-a)} \quad (2.56)$$

と表されることに注目しよう．さらに，表面電位 ψ_a を決定するために電場の連続性を用いる．すなわち，球の外部の電位 $\psi(r)$ の勾配と球の内部の電位 $z_j e/\epsilon r$ の勾配が $r = a$ で等しいとすると，表面電位として

$$\psi_a = \frac{z_j e}{\epsilon a(1+\kappa a)} \quad (2.57)$$

を得る．その結果，小イオンの周辺の平均電位は

$$\psi(r) = \frac{z_j e}{\epsilon r}\frac{e^{-\kappa(r-a)}}{1+\kappa a} = \frac{z_j e}{\epsilon r} e^{-\kappa(r-a)}\left(1 - \frac{\kappa a}{1+\kappa a}\right) \quad (2.58)$$

となる．

a. 電気エネルギー E^{el}

注目する半径 a の小イオン球 j の表面で，イオン雰囲気によって作られる電

位と中心電荷による電位の差は

$$\delta\psi = \psi_a - \frac{z_j e}{\epsilon a} = -\frac{z_j e \kappa}{\epsilon(1+\kappa a)} \tag{2.59}$$

である．つまり，イオン球 j は電気エネルギー $z_j e \delta\psi = (-z_j^2 e^2 \kappa)/\epsilon(1+\kappa a)$ をもつ．ゆえに，溶液の全イオンがもつ静電エネルギーは

$$E^{\text{el}} = -\frac{1}{2}\frac{e^2\kappa}{\epsilon}\frac{1}{1+\kappa a}\sum_j z_j^2 N_j = -\frac{1}{2}k_{\text{B}}TV\frac{1}{4\pi}\frac{\kappa^3}{1+\kappa a} \tag{2.60}$$

と求められる．

b. ヘルムホルツ自由エネルギー F

点状粒子と半径 a の球状粒子のまわりの平均電位は，それぞれ式 (2.38) と (2.58) で与えられる．両者を比較すれば，個々のイオンの広がりの効果を理解することができる．さらに，式 (2.40) と (2.60) を比べると，溶液の電気エネルギーに対する広がりの効果は因子 $1/(1+\kappa a)$ で表されていることがわかる．これから，自由エネルギーに対するイオンの広がりの影響はただちに計算することができる．充電法を利用すると初等的な積分によって，ヘルムホルツ自由エネルギーが

$$F = F^0 + F^{\text{el}} = F^0 - \frac{1}{12\pi}k_{\text{B}}TV\kappa^3\tau(\kappa a) \tag{2.61}$$

と定められる．ここで，広がりの効果は関数

$$\tau(\kappa a) = \frac{3}{(\kappa a)^3}\int_0^{\kappa a}\frac{t^2}{1+t}dt = \frac{3}{(\kappa a)^3}\left\{\ln(1+\kappa a) - \kappa a + \frac{1}{2}(\kappa a)^2\right\} \tag{2.62}$$

にまとめられている．この関数は，κa が小さい場合，級数展開すると

$$\tau(\kappa a) \simeq 1 - \frac{3}{4}\kappa a + \frac{3}{5}(\kappa a)^2 + \cdots \tag{2.63}$$

となる．

c. ギブス自由エネルギー G

ヘルムホルツ自由エネルギー $F(T, V, N_j, \cdots)$ から，T と V を独立変数とする"化学ポテンシャル"が

$$\left(\frac{\partial F^{\text{el}}}{\partial N_j}\right)_{T,V} = -\frac{\kappa e^2}{2\epsilon(1+\kappa a)}z_j^2, \quad \left(\frac{\partial F^{\text{el}}}{\partial N}\right)_{T,V} = 0 \tag{2.64}$$

と計算される.これらに分子数をかけて足し上げ $V = Nv$ とおくことにより,ギブス自由エネルギーが

$$G = G^0 - \frac{1}{8\pi} k_B T N v \frac{\kappa^3}{1+\kappa a} \tag{2.65}$$

と定められる.この結果は,熱力学公式 (2.44) を用いて求めることもできる.

このようにして求められたギブス自由エネルギーでは,デバイの遮蔽因子 $\kappa(T, Nv, \cdots)$ は,溶媒の分子数の関数と解釈しなければならない.そのことに注意して,溶媒分子と溶質分子の化学ポテンシャルの電気部分が

$$\mu^{\text{el}} = \left(\frac{\partial G^{\text{el}}}{\partial N_j}\right)_{T, N_j} = \frac{1}{16\pi} k_B T v \frac{\kappa^3}{(1+\kappa a)^2} \tag{2.66}$$

および

$$\mu_j^{\text{el}} = \left(\frac{\partial G^{\text{el}}}{\partial N_j}\right)_{T, N} = -\frac{e^2}{4\epsilon} \frac{\kappa(3+2\kappa a)}{(1+\kappa a)^2} z_j^2 \tag{2.67}$$

と求められる.これらがギブス・デュエムの関係 (2.51) を満たすことも,容易に確かめることができる.

こうして,ギブス自由エネルギーとヘルムホルツ自由エネルギーの差から,広がりをもった小イオン気体の浸透圧として

$$P = k_B T \left[\frac{1}{V}\sum_j N_j - \frac{\kappa^3}{24\pi}\sigma(\kappa a)\right] \tag{2.68}$$

を得る.ここで, $\sigma(\kappa a)$ は

$$\sigma(\kappa a) = \frac{3}{(\kappa a)^3}\left[1 + \kappa a - \frac{1}{1+\kappa a} - 2\ln(1+\kappa a)\right] \tag{2.69}$$

であり, κa が小さい場合

$$\sigma(\kappa a) \simeq 1 - \frac{3}{2}\kappa a + \frac{9}{5}(\kappa a)^2 + \cdots \tag{2.70}$$

となる.

イオンの広がりを無視する極限 ($\kappa a \to 0$) では, $\tau(\kappa a) \to 1$ かつ $\sigma(\kappa a) \to 1$ である.この極限で,広がりをもったイオン気体の熱力学的量に対するすべての表現式は,前項で求めた点状イオン気体の結果に帰着する.

イオン気体の浸透圧に対する状態方程式で，電気的相互作用の効果は関数 $\sigma(\kappa a)$ に集約されている．この関数が積分表示

$$\sigma(\kappa a) = \frac{3}{(\kappa a)^3} \int_0^{\kappa a} \left(\frac{t}{t+1}\right)^2 dt \geq 0 \qquad (2.71)$$

をもつことは，容易に確かめることができる．この表示は，κa のあらゆる物理的な値に対して，関数 $\sigma(\kappa a)$ が負にならないことを端的に示している．したがって，点状イオン気体と同様に，広がりをもつイオン気体の場合も，電気相互作用は浸透圧を低下させる．

このように，異符号のイオンが互いに引き付け合い，同符号のイオンが排斥し合う効果の総合的な結果として，電解質溶液の浸透圧は減少する．この現象は，小イオンのみを含む電解質溶液に固有のものであろうか．Langmuir[13]は，イオンの大きさに関わらず，電気相互作用がイオン間に引力効果をもたらすと解釈し，コロイドのような巨大イオンを含む溶液中でも同様の効果が発現すると推論した．これはきわめて興味深い着想である．ただし，Langmuir はデバイ・ヒュッケル理論を，ほとんどそのままの形で，巨大イオン溶液系に適用している．その方法が妥当であるか否かは，十分に検討しなければならない．

2.4 DLVO 理論

DLVO 理論は，中距離の遮蔽されたクーロン斥力と近距離の強いファンデルワールス引力の線形結合によって，コロイド懸濁液の安定性と構造を記述する体系である．

前節で明らかにされたように，デバイ・ヒュッケル理論が成功を収めた電解質溶液では，正イオンと負イオンの間に対称性があった．巨大イオン系，とくにコロイド系では，その対称性はほぼ完全に破られる．つまり，小イオンに比べて巨大イオンの質量，粒径および電荷数は桁違いに大きく，運動スケールも極端に長い．そのため，巨大イオンは断熱的に静止していると見なし，それらが作る環境中で小イオンはすみやかに熱平衡状態に達するものと仮定する．DLVO の体系では，まず電解質中に静止した 1 体と 2 体の板状コロイド (巨大イオン) を考察し，その結果を球状の巨大イオンに拡張する．コロイド粒子の位置は溶

液中に固定されており，その溶液中で小イオンはすみやかに熱平衡状態に達すると仮定する．つまり，コロイド粒子の配位は外部の環境と見なされ，その中で熱平衡状態にある小イオン気体のヘルムホルツ自由エネルギーが計算されたのである．その結果，2体のコロイド粒子の間には，遮蔽されたクーロン斥力が作用することが見出された．

コロイド系の安定性とともに，粒子の凝集のような不安定性を説明するためには，この斥力に加えて，短距離で作用する強い引力の存在が不可欠である．その引力をファンデルワールス引力と同定することは，きわめて自然な考えであろう．その意味で，DLVO 理論はコロイド現象を記述する自然な体系であるといえる．

ここではまず，遮蔽されたクーロン斥力の導出を，DLVO 理論の歴史的な手法に従って紹介する．続いて，振動子模型を利用してロンドン・ファンデルワールス引力を導出し，それから2個の球体の間に作用する引力のポテンシャルを計算する．DLVO 理論の応用として，シュルツェ・ハーディ則について解説する．

2.4.1 遮蔽されたクーロン型斥力ポテンシャル

コロイド化学の考え方と用語を理解してゆく第1歩として，1枚の帯電した平板が価数 $\pm z$ の電解質 (z-z 電解質) に浸されている場合を考察する．次に，2枚の平板状イオンの相互作用を調べ，つづいて，2つの球状イオンの相互作用を考察する．

a. グーイ・チャップマンの拡散2重層[14, 15]

電解質中に浸された1枚の帯電した平板を考察する．平板に垂直に x 軸をとると，ポアソン・ボルツマン方程式は

$$\epsilon \frac{d^2\psi}{dx^2} = 8\pi z e n_0 \sinh(\beta z e \psi) \tag{2.72}$$

となる．記号を簡略化するために，無次元の平均電位を

$$\Phi(x) = z e \beta \psi(x)$$

と定義し，遮蔽パラメータ $\kappa = \sqrt{8\pi n_0 z^2 e^2 \beta / \epsilon}$ を用いると，この式は

2.4 DLVO 理論

$$\frac{d^2\Phi}{dx^2} = \kappa^2 \sinh \Phi \tag{2.73}$$

と表される．両辺に $d\Phi/dx$ をかけると，この式は容易に積分することができる．そこで，平板の表面を原点 $x=0$ に選び，表面から十分遠方 $x \to \infty$ で境界条件 $\Phi = 0$ および $d\Phi/dx = 0$ を課すと，1 階の微分方程式

$$\left(\frac{d\Phi}{dx}\right)^2 - 2\kappa^2 \cosh \Phi = -2\kappa^2 \tag{2.74}$$

を得る．この式は

$$\left(\frac{d\Phi}{dx} + 2\kappa \sinh \frac{1}{2}\Phi\right)\left(\frac{d\Phi}{dx} - 2\kappa \sinh \frac{1}{2}\Phi\right) = 0 \tag{2.75}$$

と因数分解される．遠方での境界条件を満たすためには，$\Phi > 0\,(\Phi < 0)$ ならば $d\Phi/dx < 0\,(d\Phi/dx > 0)$ であることを用いると，これは

$$\frac{d\Phi}{dx} + 2\kappa \sinh \frac{1}{2}\Phi = 0 \tag{2.76}$$

に帰着する．この微分方程式は，積分されて

$$\Phi(x) = 2\ln \frac{1 + \gamma \exp(-\kappa x)}{1 - \gamma \exp(-\kappa x)} \tag{2.77}$$

を得る．ここで，γ は平板の表面電位 $\Phi(0) = ze\beta\psi_0$ によって

$$\gamma = \frac{\exp[\Phi(0)/2] - 1}{\exp[\Phi(0)/2] + 1} = \frac{\exp(ze\beta\psi_0/2) - 1}{\exp(ze\beta\psi_0/2) + 1} \tag{2.78}$$

と与えられる．Stern は小イオンの大きさを考慮し，境界値から (平板と逆符号の電荷をもつ) 対イオンの半径だけ離れた境界面での電位を境界値とした．そのような境界面と平板表面に挟まれた領域は**スターン層** (Stern layer) と呼ばれる．本書の主たる目的は，熱平衡状態にある分散系中での巨大イオン間の関係を研究することであり，個々の巨大イオンの微細な表面構造は考察の対象としない．そこで，平板表面とスターン境界面を区別しないことにする．

式 (2.77) の解は，遠方では指数関数的に減少する関数である．その減少の割合は，遮蔽因子 κ に逆比例する．Gouy と Chapman は，このような平板の近くでの平均電位に支配されるイオン分布を**電気 2 重層** (electric double layer)

と名付けた．電気2重層は，厚み $1/\kappa$ をもつ．

b. 2重層の重なりによる斥力ポテンシャル

次に，同様の方法で，帯電した2枚の平板に働く電気力を計算する．図2.2のように，溶液中に平行に置かれた平板に垂直に x 軸をとる．原点を2枚の平板の中心点に取り，左の平板の座標を $x = -l$ とし，右に平板の座標を $x = l$ とする．平板が1枚の場合と区別するために，ここでの平均電位を $\tilde{\Phi}(x) = ze\beta\tilde{\psi}(x)$ と書くことにする．

平板が十分離れて $l \to \infty$ である場合，z-z 電解質の密度は一様になると見なせるので，その値を n_0 とする．領域 R $= [-l, l]$ の中心点 $x = 0$ での小イオン密度は，そこでの平均電位 $\tilde{\Phi}(0) = ze\beta\tilde{\psi}(0)$ によって

$$n_\pm = n_0 \exp[\mp\tilde{\Phi}(0)] \tag{2.79}$$

と定まる．したがって，$l = \infty$ の場合と比較して，中心点での小イオン密度の増加分は

$$\Delta n = (n_+ - n_0) + (n_- - n_0) = 2n_0[\cosh\tilde{\Phi}(0) - 1] \tag{2.80}$$

となる．このイオン密度の増加に伴う浸透圧の増加 P は，ファントホッフの法則から

$$P(l) = k_\mathrm{B}T\Delta n = 2n_0 k_\mathrm{B}T[\cosh\tilde{\Phi}(0) - 1] \tag{2.81}$$

$$\simeq n_0 k_\mathrm{B}T\tilde{\Phi}(0)^2 \qquad (\tilde{\Phi}(0)^2 \ll 1) \tag{2.82}$$

と評価される．この浸透圧は，中点での平均電位 $\tilde{\Phi}(0)$ を介して平板の間隔 $2l$ や平板の表面電位にも依存することに注意しなければならない．

DLVO 理論の要点は，この浸透圧の引き起こす斥力が板の間に働く電気的作用のすべてであると断定するところにある．浸透圧を生むポテンシャル $U_\mathrm{R}(l)$ は，この圧力に抗して2枚の板を $\pm\infty$ から $\pm l$ まで移動させるのに要する仕事として

$$U_\mathrm{R}(l) = -2\int_\infty^l P(l)\,dl \tag{2.83}$$

と与えられる．

2.4 DLVO 理論

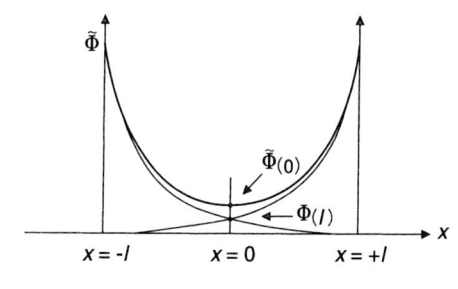

図 2.2 2 枚の平板間の平均電位 $\tilde{\Phi}(x)$
平板は溶液中に平行に置かれている.平板に垂直に x 軸を選び,2 枚の平板の中央に原点を取り,それぞれの平板の位置を $x = -l$ および $x = l$ とする.$\tilde{\Phi}$ は 2 枚の平板がある場合の平均電位であり(太線),Φ は平板が 1 枚の場合の平均電位(細線)である.

2 枚の板に挟まれた領域 R でも,ポアソン・ボルツマン方程式の第 1 積分は容易に求められる.すなわち,領域の中点 $x = 0$ において $d\tilde{\Phi}/dx = 0$ であることを用いると,式 (2.74) に代わり

$$\left(\frac{d\tilde{\Phi}}{dx}\right)^2 - 2\kappa^2 \cosh\tilde{\Phi} = -2\kappa^2 \cosh\tilde{\Phi}(0) \tag{2.84}$$

を得る.図 2.2 の対称性から,この式は区間 $[0, l]$ で解けばよい.そこで,この区間での電位 $\tilde{\Phi}(x)$ の勾配に注意して符号を定めると,式 (2.84) は因数分解されて 1 階の微分方程式

$$\frac{d\tilde{\Phi}}{dx} = \kappa\sqrt{2\cosh\tilde{\Phi} - 2\cosh\tilde{\Phi}(0)} \tag{2.85}$$

に帰着する.この方程式を区間 $[0, l]$ 上で積分すると

$$\kappa l = \int_0^l \kappa\, dx = \int_{\tilde{\Phi}(0)}^{\tilde{\Phi}(l)} \frac{d\tilde{\Phi}}{\sqrt{2\cosh\tilde{\Phi} - 2\cosh\tilde{\Phi}(0)}} \tag{2.86}$$

となる.この積分を実行するには,楕円関数の知識が必要となる.その詳しい分析は 6.4 節に譲り,ここでは板の間の平均電位の絶対値が小さくて $2\cosh\tilde{\Phi} \approx 2 + \tilde{\Phi}^2$ が成り立つ場合を考察する.その場合,この積分は初等関数を用いて

$$\kappa l = \int_{\tilde{\Phi}(0)}^{\tilde{\Phi}(l)} \frac{d\tilde{\Phi}}{\sqrt{\tilde{\Phi}^2 - \tilde{\Phi}(0)^2}} = \ln\frac{\tilde{\Phi}(l) + \sqrt{\tilde{\Phi}(l)^2 - \tilde{\Phi}(0)^2}}{\tilde{\Phi}(0)} \tag{2.87}$$

と実行され,平板の表面電位 $\tilde{\Phi}(l)$ と領域 R の中点での電位 $\tilde{\Phi}(0)$ をつなぐ関係式

$$\tilde{\Phi}(l) = \tilde{\Phi}(0) \cosh\kappa l \tag{2.88}$$

が求められる．こうして，平板の特性として表面電位 $\tilde{\Phi}(l)$ が一定値をとるとすると，$\Phi(0)$ の l 依存性が決定される．また，平板が 1 枚の場合も 2 枚の場合も表面電位は変わらないとして，$\tilde{\Phi}(l) = \Phi(0)$ と見なすことは自然な仮定である．

これらの結果を式 (2.82) に代入することにより，平板の単位面積当たりに働く浸透圧は

$$P(l) = n_0 k_B T \Phi(0)^2 \frac{1}{\cosh^2 \kappa l} \tag{2.89}$$

となることがわかる．次に，式 (2.83) の積分により，板に働く斥力のポテンシャルが

$$U_R(l) = 2n_0 k_B T \Phi(0)^2 \int_l^\infty \frac{dl}{\cosh^2 \kappa l} = \frac{2n_0 k_B T}{\kappa} \Phi(0)^2 (1 - \tanh \kappa l) \tag{2.90}$$

と決定される．

ここで，DLVO 理論で採用される直観的な近似について述べておく．それは領域 R の中点での電気 2 重層を，1 つの平板の 2 重層の和で近似することである．まず，1 つの平板が表面からの距離 l の位置で作る平均電位 $\Phi(l)$ は，式 (2.77) のグーイ・チャップマン理論の解で求められているので，$\kappa l \gg 1$ の場合は

$$\Phi(l) = 2 \ln \frac{1 + \gamma \exp(-\kappa l)}{1 - \gamma \exp(-\kappa l)} \simeq 4\gamma \exp(-\kappa l) \tag{2.91}$$

となる．そこで，領域の中央での平均電位 $\tilde{\Phi}(0)$ を，左右の平板からの寄与の和によって，$\tilde{\Phi}(0) \approx 2\Phi(l)$ と近似する (図 2.2 参照)．これを式 (2.82) に代入することにより，板の界面 1cm^2 に働く浸透圧は

$$P(l) = 64 n_0 k_B T \gamma^2 \exp(-2\kappa l) \tag{2.92}$$

と評価される．その結果，式 (2.83) の積分を実行することにより，**浸透圧による斥力のポテンシャル**が

$$U_R(l) = 64 n_0 k_B T \kappa^{-1} \gamma^2 \exp(-2\kappa l) \tag{2.93}$$

と決定される．平板の間の距離が増すと，このポテンシャルは遮蔽因子 κ で定まる割合で指数関数的に減少する．したがって，このポテンシャルの振舞は電

解質の濃度に敏感に依存することがわかる．係数 γ は式 (2.78) を介して平板の表面電位 $\Phi(0) = ze\beta\psi_0$ と結び付けられている．相互作用の弱い場合は，γ は ψ_0 に比例し，斥力ポテンシャルは ψ_0 の 2 乗に比例する．

コロイド化学では，"電気 2 重層の重なりによる反発" という表現がしばしば用いられる．これは，イオン密度の増加に伴う浸透圧の上昇を表す巧みな表現である．しかし，この表現は，平板の中心部のイオンが両側の平板に共有されているという物理的状況を無視することも意味している．実際，6 章の理論で示されるように，2 枚の平板が共有する小イオンは平板の間に長距離の引力を誘導する効果をもつ．

c. 近接した球状コロイド間の浸透圧的な斥力

ここまでの考察は，帯電した平板間に作用する浸透圧的な斥力に限定されていた．球状コロイドの間に働く斥力を求めることは容易ではない．ここでは，十分に接近した半径 a の同種の球状コロイドについて，電気 2 重層が薄い場合 $(1/\kappa \ll a)$ に，両者の間に働く浸透圧的な斥力のポテンシャルを求める．2 つの球の中心 O_1 と O_2 の間の距離を R，それらの表面の最近接距離を $S = R - 2a$ とする．

Derjaguin[16]は，十分に接近した 2 つの球体の間に最も有効に働く力の "力線" は，球の中心を結ぶ線分 $\overline{O_1O_2}$ に平行であることに注目した．図 2.3 のように，1 つの球の表面の 1 点から直線 O_1O_2 までの垂直距離を h とし，その点を通り $\overline{O_1O_2}$ に平行な直線から 2 つの球面が切り出す線分の長さを s とする．距離 h が大きくなると，球の表面は平板からずれ，そこに働く力の "力線" は外側にずれる．しかし，そのような "ずれ" は，対称性から相殺することに注意しよう．そこで，直線 O_1O_2 を軸として球面を幅 dh の微小な帯状のリングに分割し，左右の球の相対するリングの間の斥力を足し上げる．その際，リングを平板の一部分と見なし，リング間に作用する斥力のポテンシャルとして平板間のポテンシャル (2.90) を採用するのである．すなわち，式 (2.90) の $U_R(l)$ で $l = s/2$ とおき積分によって各リングからの寄与を計算すると，2 つの球状コロイド間の斥力ポテンシャルは

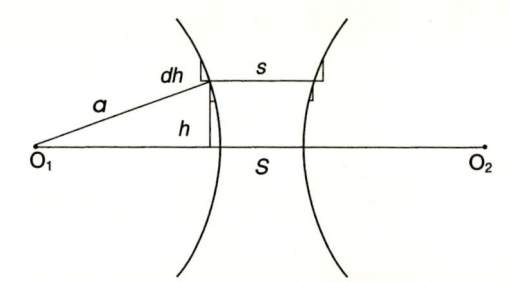

図 2.3 球状コロイドの斥力ポテンシャルを求める Derjaguin の方法
球面を半径 h で幅 dh の微小な帯状のリングに分割して，リング間の相互作用を平板の斥力のポテンシャルで近似し，それらを足し上げる．

$$U_{\rm R} = \int_0^\infty U_{\rm R}\left(\frac{s}{2}\right) 2\pi h dh = \frac{2n_0 k_{\rm B} T}{\kappa} \Phi(0)^2 \int_S^\infty \left(1 - \tanh\frac{\kappa s}{2}\right) \pi a ds \tag{2.94}$$

と評価される．ここで，球が十分接近している場合には，h が大きい力の成分は効かないとして積分の上限を無限大とした．また，ピタゴラスの定理から $a - \sqrt{a^2 - h^2} = (s - S)/2$ であり，$2hdh = \sqrt{a^2 - h^2}\, ds \approx ads$ となることを利用した．積分は容易に実行されて

$$U_{\rm R}(S) = \frac{1}{2}\epsilon a \psi_0^2 \ln\left[1 + \exp(-\kappa S)\right] \tag{2.95}$$

となる．これが十分に接近した球状コロイドの間に働く斥力のポテンシャルである．このデリャーギン近似は，電気2重層が薄い場合 ($\kappa a \gg 1$) に成り立つ．

d. 球状コロイドの間の弱い斥力ポテンシャル

平均場の描像の枠内においても，球状の巨大イオンの相互作用を一般的に論じることは困難である．この困難は，溶液中に球状の巨大イオンが複数存在する系に対して，ポアソン・ボルツマン方程式の厳密解が求められないことに起因する．ここでは，平均場描像で線形近似が成り立つ場合に限定して，Verwey と Overbeek によって求められた結果を紹介し，物理的な意味を簡単に述べるに止め，その導出の詳細は彼らの著書[6]に譲ることにする．その理由は，Levine と Dube の研究を発展させた彼らの計算が煩雑であること，そして 6.2 節の一般論において，彼らの結果が自然な形で求められて物理的な意味が明らかにされるからである．

中心間の距離が R である球状コロイド (半径 a, 表面電位 ψ_a または表面電荷 Z) の間に働く浸透圧的な斥力のポテンシャルとして，Verwey と Overbeek は

2.4 DLVO 理論

$$U_\mathrm{R}(R) = \epsilon a^2 \psi_a^2 \frac{1}{R} \exp[-\kappa(R-2a)]\vartheta \tag{2.96}$$

を得た．ここで，ϑ は，"表面電位 ψ_a 一定"の条件または"表面電荷 Z 一定"の条件によって異なる値をとり，一般的には R 依存性をもつ．多くの論文や著書では，$\vartheta = 1$ とする近似的表現

$$U_\mathrm{R}(R) = \epsilon a^2 \psi_a^2 \frac{1}{R} \exp[-\kappa(R-2a)] \tag{2.97}$$

が使われ，これを **DLVO** の斥力ポテンシャルと呼ぶことが通例になっている．

この結果に至る要点を簡単に論じておこう．コロイド粒子が接近して，粒子のまわりの場が重なり合うことにより，電位が増大する．その際，表面電位 ψ_a と表面電荷 Z のどちらが一定であるかによって，粒子の相互作用も異なったものになる．ここでは，表面電荷が一定である場合を考察する．一方の粒子は静止しており，その中心は原点にあるとする．もう 1 つの粒子が無限の彼方から距離 $R(R \geq 2a)$ まで近づくと，静止していた粒子の表面電荷は

$$U_\mathrm{R}(R) = Ze[\psi(R) - \psi(\infty)] \tag{2.98}$$

のエネルギー変化を"感知する"ことになる．この粗い評価では，表面電荷は静止した球の中心にあるとしている．この導出に当たって，$U_\mathrm{R}(R)$ の起源が本質的に電気的である事実を利用している．つまり，2 つの粒子が互いに有限の距離 R にある場合と無限に離れた場合との電位差に起因する電気エネルギーを $U_\mathrm{R}(R)$ と見なすのである．

相互作用エネルギー (2.98) の評価を，さらに進めるために，平均電位としてデバイ・ヒュッケル理論で求めた広がりをもつイオンに対する解を利用する．つまり，式 (2.56) より

$$\psi(R) = \psi_a \left(\frac{a}{R}\right) e^{-\kappa(R-a)} \tag{2.99}$$

であり，ψ_a と Z は，式 (2.57) によって

$$\psi_a = \frac{Ze}{\epsilon a(1+\kappa a)} \tag{2.100}$$

の関係にある．これらを式 (2.98) に代入すると，表面電荷 Z と半径 a をもつ

球状粒子の相互作用ポテンシャルとして

$$U_{\mathrm{R}}(R) = \frac{Z^2 e^2}{\epsilon} \frac{e^{\kappa a}}{1+\kappa a} \frac{e^{-\kappa R}}{R} \tag{2.101}$$

が求められる．

近年の実験技術の進歩によって，イオン濃度が低く κa の値が小さい溶液系の研究が飛躍的に進んだ．そのような系の分析では，このポテンシャル (2.101) を使うことが多い．この式は，**デバイ・ヒュッケルのポテンシャル**と呼ばれることがある．また，$\kappa a \ll 1$ のような十分薄い溶液では，幾何因子 $e^{\kappa a}/(1+\kappa a)$ のない

$$U_{\mathrm{R}}^{\mathrm{Y}}(R) = \frac{Z^2 e^2}{\epsilon} \frac{e^{-\kappa R}}{R} \tag{2.102}$$

もしばしば使われ，これは**湯川ポテンシャル**と呼ばれる．

表面電荷で表された式 (2.101) のポテンシャルを表面電位で表すには，再度式 (2.100) を利用すればよい．その結果，式 (2.101) から

$$U_{\mathrm{R}}(R) = \epsilon a^2 \psi_a^2 \frac{1}{R} \exp[-\kappa(R-a)](1+\kappa a) \tag{2.103}$$

が得られる．これは，式 (2.96) で，$\vartheta = (1+\kappa a)\exp(-\kappa a)$ とおいたものに他ならない．

2.4.2 ロンドン・ファンデルワールス引力

1.3 節で述べたように，ファンデルワールス引力は中性の巨大分子の相互作用として主要な役割を演じる．この短距離の強い引力は，巨大イオン溶液中でも凝集などの現象を引き起こす．この引力は，London[17]が示したように，量子論的な揺らぎによって電気的に中性の原子や小さな分子がもつ (以下では原子と呼ぶ) 電気双極子間の相互作用である．ここではまず，原子に生じる電気双極子的な揺らぎを調和振動子の量子効果としてモデル化し，距離の逆6乗に比例するというロンドン・ファンデルワールス引力の特徴を初等的な量子力学の計算によって導出する[18,19]．次に，球状の巨大分子を例に取り上げ，この分子間相互作用を適用する．すなわち，巨大分子を構成するすべての原子対にわたって，ロンドン・ファンデルワールス相互作用の総和 (積分) をとることに

2.4 DLVO 理論

よって，巨大分子間の相互作用を求める．

a. 2個の調和振動子間のロンドン力

原子の分極を，質量が m で角振動数が ω の3次元調和振動子によって記述する．原子 a と b の分極による変位を，それぞれ $\boldsymbol{r}_a$ および $\boldsymbol{r}_b$ とし，それらに共役な運動量演算子を $\boldsymbol{p}_a$ および $\boldsymbol{p}_b$ とする．これらの2個の振動子の間に相互作用がない場合，系のハミルトニアンは

$$H_0 = \frac{1}{2m}\boldsymbol{p}_a^2 + \frac{1}{2}m\omega^2\boldsymbol{r}_a^2 + \frac{1}{2m}\boldsymbol{p}_b^2 + \frac{1}{2}m\omega^2\boldsymbol{r}_b^2$$

で与えられ，基底状態のエネルギー固有値は，$E_0 = 2 \times 3 \times \frac{1}{2}\hbar\omega = 3\hbar\omega$ となる．ここで，$\hbar$ はプランク定数 $h = 6.62620 \times 10^{-34}(\mathrm{Js})$ を 2π で割ったものである．

分極によって誘起される電気双極子間の相互作用は，図2.4のようにクーロン相互作用の和として

$$\begin{aligned}U &= q^2\left(\frac{1}{R} - \frac{1}{|\boldsymbol{R}-\boldsymbol{r}_a|} - \frac{1}{|\boldsymbol{R}+\boldsymbol{r}_b|} + \frac{1}{|\boldsymbol{R}-\boldsymbol{r}_a+\boldsymbol{r}_b|}\right) \\ &\simeq q^2\frac{\boldsymbol{r}_a\cdot\boldsymbol{r}_b - 3(\hat{\boldsymbol{R}}\cdot\boldsymbol{r}_a)(\hat{\boldsymbol{R}}\cdot\boldsymbol{r}_a)}{R^3}\end{aligned} \tag{2.104}$$

と求められる．ここで，$\boldsymbol{R}$ は原子間の相対位置ベクトルであり，原子間の距離 $R = |\boldsymbol{R}|$ は双極子の広がりに比べて十分大きく $\boldsymbol{R}^2 \gg \boldsymbol{r}_a^2, \boldsymbol{r}_b^2$ が成り立つとした．また，$\boldsymbol{R}$ の向きの単位ベクトルを $\hat{\boldsymbol{R}} = \boldsymbol{R}/R$ としている．こうして，双極子相互作用をする振動子系の全ハミルトニアンは

$$H = H_0 + U \tag{2.105}$$

となる．

単位ベクトル $\hat{\boldsymbol{R}}$ によって z 軸の正の向きを定めて，全ハミルトニアンをデカルト座標成分で

$$H = H_x + H_y + H_z \tag{2.106}$$

と表すと，各成分のハミルトニアンは

$$H_x = \frac{1}{2m}(p_{ax}^2 + p_{bx}^2) + \frac{1}{2}m\omega(x_a^2 + x_b^2) + \frac{q^2}{R^3}x_a x_b, \tag{2.107}$$

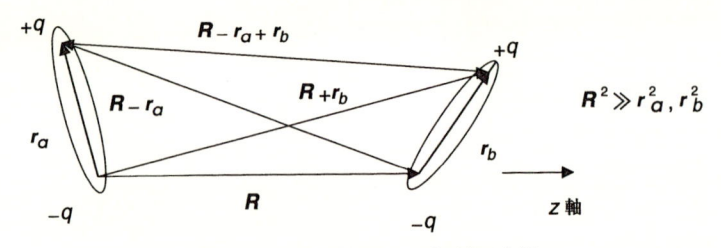

図 2.4 2個の電気双極子の静電相互作用

2つの双極子は同じ電荷 $\pm q$ をもち,互いに R だけ隔たっているとする.双極子 a と b の変位ベクトルを,それぞれ r_a および r_b とする.わかりやすくするために,この図では双極子が大きく描かれているが,双極子間の距離は十分大きく, $R^2 \gg r_a^2, r_b^2$ が成り立つ.

$$H_y = \frac{1}{2m}(p_{ay}^2 + p_{by}^2) + \frac{1}{2}m\omega^2(y_a^2 + y_b^2) + \frac{q^2}{R^3}y_a y_b, \tag{2.108}$$

$$H_z = \frac{1}{2m}(p_{az}^2 + p_{bz}^2) + \frac{1}{2}m\omega^2(z_a^2 + z_b^2) - \frac{2q^2}{R^3}z_a z_b \tag{2.109}$$

となる.これらは,直交変換

$$x_\pm = \frac{1}{\sqrt{2}}(x_a \pm x_b), \quad y_\pm = \frac{1}{\sqrt{2}}(y_a \pm y_b), \quad z_\pm = \frac{1}{\sqrt{2}}(z_a \pm z_b) \tag{2.110}$$

によって

$$H_x = \left(\frac{1}{2m}p_{x+}^2 + \frac{1}{2}m\omega_{x+}^2 x_+^2\right) + \left(\frac{1}{2m}p_{x-}^2 + \frac{1}{2}m\omega_{x-}^2 x_-^2\right), \tag{2.111}$$

$$H_y = \left(\frac{1}{2m}p_{y+}^2 + \frac{1}{2}m\omega_{y+}^2 y_+^2\right) + \left(\frac{1}{2m}p_{y-}^2 + \frac{1}{2}m\omega_{y-}^2 y_-^2\right), \tag{2.112}$$

$$H_z = \left(\frac{1}{2m}p_{z+}^2 + \frac{1}{2}m\omega_{z+}^2 z_+^2\right) + \left(\frac{1}{2m}p_{z-}^2 + \frac{1}{2}m\omega_{z-}^2 z_-^2\right) \tag{2.113}$$

と対角化される.ここで, $p_{x\pm}, p_{y\pm}, p_{z\pm}$ はそれぞれ $x_\pm, y_\pm, z_\pm$ に共役な運動量演算子である.また,変換されたモードの角振動数は

$$\omega_{x\pm} = \omega_{y\pm} = \sqrt{\omega^2 \pm \frac{q^2}{mR^3}}, \quad \omega_{z\pm} = \sqrt{\omega^2 \mp \frac{2q^2}{mR^3}} \tag{2.114}$$

である.

このように対角化された全ハミルトニアン H の基底状態の固有値は,新しいモードの零点振動の総和によって

$$E(R) = \frac{1}{2}\hbar(\omega_{x+} + \omega_{x-} + \omega_{y+} + \omega_{y-} + \omega_{z+} + \omega_{z-}) \tag{2.115}$$

と与えられる．この全ハミルトニアン H の固有値 $E(R)$ と相互作用を含まないハミルトニアン H_0 の固有値 E_0 の差

$$U(R) = E(R) - E_0 \tag{2.116}$$

は，電気双極子的な量子揺らぎによって誘起された原子の間の相互作用と解釈することができる．ここで，$1/R^3$ に関してテイラー展開をとり2次の項まで残すことにより，距離の逆6乗に比例する引力ポテンシャル

$$U(R) = -\frac{3}{4}\hbar\omega \left(\frac{q^2}{m\omega^2}\right)^2 \frac{1}{R^6} \tag{2.117}$$

に到達する．これが電気的に中性の原子や小さい分子の間に働くロンドン・ファンデルワールス引力であり，プランク定数が示すように，純粋に量子論的な効果である．

このように，初等量子力学の計算によって[18, 19]，中性分子の間に作用する近距離引力の存在が示された．この計算では，分子間に作用が伝わる際の遅延効果は考慮されていない．場の量子論を用いて計算を行うと，遅延効果によりロンドン・ファンデルワールス引力は分子間距離の逆7乗に比例する[20, 21]ことがわかる．しかし，コロイド分散系の分析では，この効果は通常無視される．ここでも，ロンドン・ファンデルワールス引力は距離の逆6乗に比例するポテンシャルをもつものとして，考察を進める．

b. 球状粒子のロンドン・ファンデルワールス相互作用

中性の物体間に働く力は，物体を構成する中性の原子の間に作用するロンドン・ファンデルワールス引力を物体の組成や形状に応じて足し上げることによって求められる，と考えることができる．したがって，単位体積当たり n 個の原子を含んでいる物体1と物体2に働くロンドン・ファンデルワールス引力による相互作用エネルギーは

$$U_{\mathrm{BB}} = -\int dV_1 \int dV_2\, n^2 \frac{\Lambda}{r^6} \tag{2.118}$$

と評価される．ここで，式 (2.117) の変数 R を r とし，$\Lambda = (3/4)\hbar\omega\alpha^2$ とおいた．$\hbar\omega$ は原子や分子の励起エネルギーに関係する量，$\alpha = q^2/m\omega^2$ は分極

率である．原子や分子は連続的に分布しているものとし，dV_1 と dV_2 はそれぞれ物体 1 と物体 2 の全体にわたって積分することを表している．

半径 a_1 および a_2 の 2 つの球状粒子を考察しよう．両者の中心間距離が $R\,(R \geq a_1 + a_2)$ である場合に，式 (2.118) の積分を実行する．図 2.5 のように半径 a_1 の球体 1 の中心 O から距離 $\rho\,(\rho \geq a_1)$ の位置に点 P がある．点 P を中心とする半径 r の球面を描き，球体 1 によって制限される円錐 APC に注目する．図のように円錐の開口角を APC $= 2\theta_0$ とすると，$a_1^2 = \rho^2 + r^2 - 2r\rho\cos\theta_0$ であるから，円錐の張る立体角は

$$\Omega_{a_1}(r) = 2\pi \int_0^{\theta_0} \sin\theta\, d\theta = \frac{\pi}{\rho r}\left[a_1^2 - (\rho - r)^2\right] \tag{2.119}$$

と求められる．この立体角を用いて球体 1 の体積要素を $dV_1 = \Omega_{a_1}(r)r^2\,dr$ と表すと，球体 1 を占める全原子による点 P でのロンドン・ファンデルワールスの相互作用ポテンシャルは

$$U_{\mathrm{BP}}(\rho) = -\int_{\rho-a_1}^{\rho+a_1} \frac{n\Lambda}{r^6}\frac{\pi r}{\rho}\left[a_1^2 - (\rho - r)^2\right] dr \tag{2.120}$$

となる．次に，球体 2 の体積要素を $dV_2 = \Omega_{a_2}(\rho)\rho^2\,d\rho$ と表し，球体 2 を占める原子全体にわたって，ポテンシャル U_{BP} を積分する．その結果，距離 R 離れた球状粒子 1 と球状粒子 2 の相互作用エネルギーは

$$U_{\mathrm{BB}}(R) = \int_{R-a_2}^{R+a_2} U_{\mathrm{BP}}(\rho)n\frac{\pi\rho}{R}\left[a_2^2 - (R - \rho)^2\right] d\rho \tag{2.121}$$

となる．こうして，初等的な積分により，2 つの球状粒子の間のロンドン・ファンデルワールスの相互作用ポテンシャルが

$$\begin{aligned}U_{\mathrm{BB}}(R) = &-\frac{\pi^2}{6}n^2\Lambda \\ &\times \left[\frac{2a_1 a_2}{R^2 - (a_1 + a_2)^2} + \frac{2a_1 a_2}{R^2 - (a_1 - a_2)^2} + \ln\frac{R^2 - (a_1 + a_2)^2}{R^2 - (a_1 - a_2)^2}\right]\end{aligned} \tag{2.122}$$

と計算される．

単分散系の場合，2 つの球体の半径を a とすれば，ロンドン・ファンデルワールス引力の相互作用ポテンシャルは

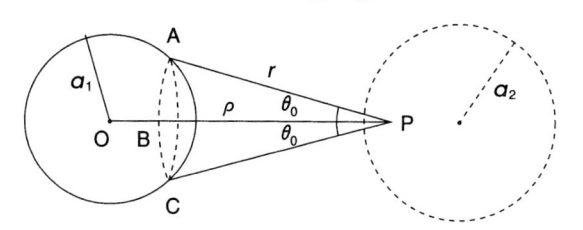

図 2.5 球状粒子間のロンドン・ファンデルワールス相互作用の導出
右の球体中の点 P に存在する 1 原子と左の球状粒子全体の相互作用ポテンシャルを計算し,その結果を右の球状粒子全体にわたって足し上げる.

$$U_A(R) = -\frac{1}{6}A\left[\frac{2a^2}{R^2-4a^2} + \frac{2a^2}{R^2} + \ln\left(1-\frac{4a^2}{R^2}\right)\right] \quad (2.123)$$

と表される[18].ここで,A は真空中の**ハマッカー定数** (Hamaker constant)[22] と呼ばれる物理量であり,DLVO 理論で中心的な役割を演じる.上の導出では,この定数は,$A = \pi^2 n^2 \Lambda \simeq (3/4)\pi^2 \hbar \omega \alpha^2 n^2$ と評価される.これは,球体を構成する原子や分子の励起エネルギーや分極率に依存する.

2 つの球状粒子の最近接表面距離を $S = R - 2a$ と表そう.それらが接近して S が十分小さい場合には,U_A は

$$U_A(S) = -\frac{1}{12}A\frac{a}{S} \quad (2.124)$$

となり,それらが十分離れ S が十分大きい場合には,U_A は

$$U_A(S) = -\frac{16}{9}A\frac{a^6}{S^6} \quad (2.125)$$

となる.

c. ハマッカー定数への媒質効果

これまでは,媒質の効果は考慮していなかった.分散媒質の効果は,次のようにして取り入れることができる.図 2.6 のように,球体 B と B' が接近した状態 (a) と離れていた状態 (b) を比較すると,それらは球体 B' と同体積の媒質球 S' を置き換えたことに等しい.これから媒質中では,真空中での値 A_{BB} を

$$A = A_{BB} + A_{SS} - 2A_{BS} \quad (2.126)$$

で置き換えなければならないことがわかる.ただし,A_{SS} は,半径 a の分散媒

(a) 接近した球 BとB'

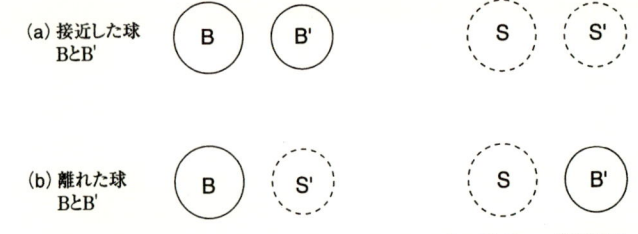

(b) 離れた球 BとB'

図 2.6 球状粒子のロンドン・ファンデルワールス相互作用への媒質効果
(a) は 2 個の球状粒子 B と B' が接近している場合, (b) は両者が十分離れた場合を表す. 球状粒子 B および B' と同じ体積を占める媒質の球を S および S' とする. (a) と (b) の違いは, B' と S' の入れ替えに帰着する.

質球の真空中でのハマッカー定数であり, A_{BS} は注目する球体と分散媒質球の間の真空中でのハマッカー定数である. コロイド化学では, $A_{\mathrm{BS}} = \sqrt{A_{\mathrm{BB}} A_{\mathrm{SS}}}$ であると仮定して

$$A = \left(\sqrt{A_{\mathrm{BB}}} - \sqrt{A_{\mathrm{SS}}}\right)^2 \qquad (2.127)$$

とおく場合がある. しかし, この仮定は, 物質と溶媒の原子や分子の励起エネルギーや分極率が等しい特殊な場合にしか成り立たない.

実際, Parsegian と Ninham[23)]によれば, 凝縮物質中でのハマッカー定数の決定は, 式 (2.127) で仮定されるほど簡単ではない. 彼らは, 誘電率に関するリフシッツ (Lifshitz) の理論を適用して, ハマッカー"定数"が定数ではなく物体間の距離に依存する関数であることを示した. しかし, コロイド化学では, 通常ハマッカー"定数"は一定のパラメータとして扱われ, 観測データが説明可能なように, その値を調整する手法が広く採用されている.

2.4.3 DLVO ポテンシャル

こうして, 巨大イオンに対する相互作用ポテンシャルは, 前の 2 つの項で求めた斥力ポテンシャル U_{R} とロンドン・ファンデルワールスの引力ポテンシャル U_{A} の和によって

$$U = U_{\mathrm{R}} + U_{\mathrm{A}} \qquad (2.128)$$

と定義される. これが DLVO ポテンシャルである. ただし, 巨大イオンが最接近して表面間距離が数 Å になる現象を分析する場合には, この表式に短距離の強い斥力項を加えなければならない. 通常, DLVO 理論では, U_{A} が式 (1.68)

2.4 DLVO 理論

のレナード・ジョーンズ型ポテンシャルのように強い短距離斥力項を含んでいるものと暗黙裡に仮定している．

1.3 節で論じたように，イオン性溶液が安定であるためには，イオンの運動が不可欠である．強電解質では，溶媒分子とイオンの熱運動によって，その安定性は自然に保たれている．したがって，デバイ・ヒュッケル理論では，強電解質の安定性は論じるまでもない．ところが DLVO 理論に見られるように巨大イオン溶液系の記述では，準静的な配位をとる巨大イオンの環境中で媒質分子や小イオンが熱平衡分布をとることを前提として仮定する．小イオン気体の熱平衡分布は，運動を止めた巨大イオンの配位ごとに，求められているのである．

しかし，アーンショーの定理が主張するように，"動きを止めた巨大イオンの配位は不安定である"．系が安定であるためには，巨大イオンも動的な挙動を示さなければならない．それが，巨大イオン溶液中で観測される**ブラウン運動**である．ブラウン運動は，媒質分子や小イオンの熱運動によって引き起こされる粒子のランダムな運動で，通常，粒子間の相互作用は問題にされない．しかし，巨大イオン溶液系では，粒子は DLVO の有効ポテンシャル U のような相互作用の下で運動をする．したがって，巨大イオンは単純なブラウン運動を越えた多様な振舞を示すことになる．

斥力ポテンシャル U_R は，遮蔽因子 κ を介して塩濃度や粒子濃度への強い依存性をもっている．それに対して，ロンドン・ファンデルワールス引力のポテンシャル U_A は，塩濃度には敏感でない．そのため，巨大イオン溶液系は塩濃度や粒子濃度に依存して多彩な現象を示すこととなる．

中・長距離では，塩濃度や粒子濃度が極端に大きくない場合，巨大イオンの間に斥力が働く．ブラウン運動をするコロイド粒子のような巨大イオンは，斥力ポテンシャルの障壁を越えることができない．その結果，巨大イオンは溶液中に安定に分散する．これが DLVO 理論の著しい特徴である．塩濃度を増加させると遮蔽因子 κ は増加する．

図 2.7[6)]は，表面電位 ψ_a が一定値 25.6 mV をとる場合に，異なる遮蔽因子 κ の値に対して，コロイド粒子の間に作用する DLVO ポテンシャル U がどのように振る舞うかを示している．$\kappa \leq 3 \times 10^7 \mathrm{m}^{-1}$ では，粒子は斥力の障壁を熱運動によって乗り越えることができない．

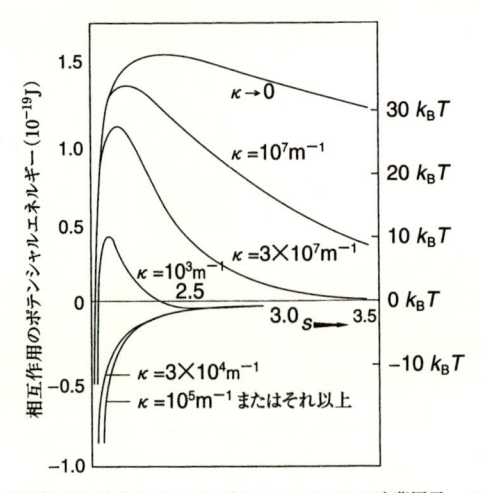

図 2.7 球状粒子に対する DLVO ポテンシャル U の遮蔽因子 κ による変化
半径 $a = 100$ nm, 表面電位 $\psi_a = 25.6$ mV, ハマッカー定数 $A = 10^{-19}$ J, 温度 $T = 298$ K, 横軸 $s = R/a$.

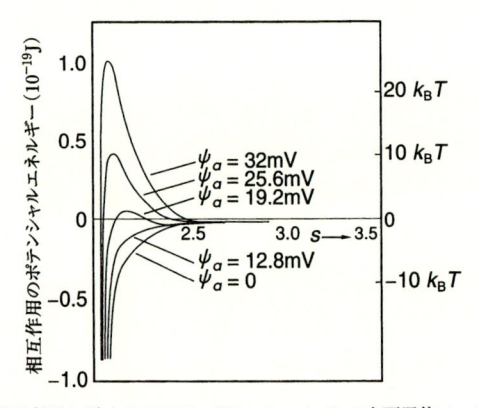

図 2.8 球状粒子に対する DLVO ポテンシャル U の表面電位 ψ_a による変化
半径 $a = 100$ nm, 遮蔽因子 $\kappa = 10^8 \mathrm{m}^{-1}$, ハマッカー定数 $A = 10^{-19}$ J, 温度 $T = 298$ K, 横軸 $s = R/a$.

図 2.8[6)]は,遮蔽因子が一定 ($\kappa = 10^8 \mathrm{m}^{-1}$) の場合に,異なる表面電位の値に対する DLVO ポテンシャル U の変化を表している. $\psi_a \geq 25.6$ mV では,粒子は斥力の障壁を熱運動によって乗り越えることができない.

2.4 DLVO 理論

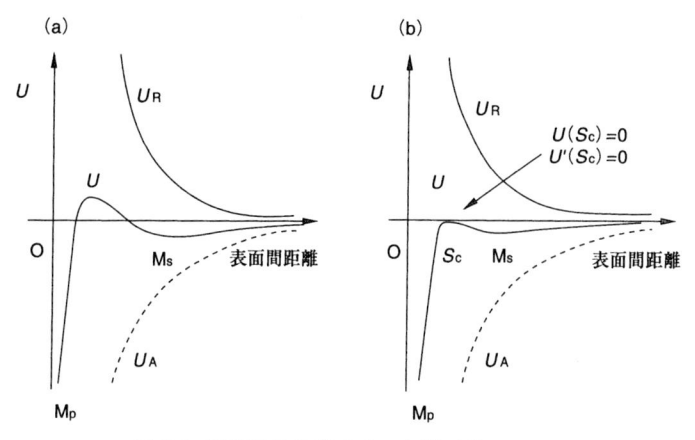

図 2.9 DLVO の対ポテンシャル $U = U_R + U_A$
(a) 第 2 極小点 M_S でのポテンシャル値が熱エネルギーより深いと，コロイド粒子は結合 (flocculation) して結晶化し，浅いと結晶は溶融する．第 1 極小点 M_P と第 2 極小点 M_S の間には，ポテンシャルが極大値をとる点があり，斥力が弱くなると極大値は小さくなる．(b) その極大値が 0 となる場合の粒子表面間距離を S_c とする．臨界点の位置 S_c は，U とその勾配がともに 0 となる条件から決定される．

a. DLVO ポテンシャルの第 2 極小と第 1 極小

塩濃度を上げて κ を $10^8 \mathrm{m}^{-1}$ のオーダーに近づけるか ψ_a を 19.2 mV に近づけると，斥力の障壁が低くなるとともに DLVO ポテンシャル U が $R \simeq 2.5\,a$ で極小値をとることが数値計算で確かめられている．これは，DLVO ポテンシャルの**第 2 極小** (secondary minimum) M_S と呼ばれる．図 2.9 では，第 2 極小の位置を M_S と表している．もし第 2 極小でのポテンシャルが熱エネルギー ($\sim k_B T$) より深くなれば，コロイド粒子はゆるやかに**可逆的な結合状態** (flocculation) をつくり，秩序構造すなわちコロイド結晶を形成すると解釈されてきた．そして，この第 2 極小によるコロイド結晶の形成は，DLVO 理論の大きい成果の 1 つと考えられてきたのである．

塩濃度をさらに上げて遮蔽因子 κ を増加させるか，あるいは表面電位 ψ_a を低下させると，斥力ポテンシャルの障壁の高さは熱エネルギー $k_B T$ より低くなる．すると，粒子は障壁を越え，ロンドン・ファンデルワールス力によって互いに引きつけられる．それは，レナード・ジョーンズ型ポテンシャルの極小点に落ち込むことを意味する．それを DLVO ポテンシャルの**第 1 極小** (primary minimum) と呼ぶ．図 2.9 では，第 1 極小の位置を M_P と記している．第 1 極小では，ポテンシャルは熱エネルギーとは桁違いに深く，粒子は強く結び付けられて**凝集** (coagulation) する．これは，第 2 極小でのゆるやかな準可逆的な結合とは異なり，**不可逆的な反応**である．その結果，分散系の安定性が破られてしまう．

b. シュルツェ・ハーディの法則の導出[6)]

濁った水を澄ませるには，Na^+ や K^+ のような 1 価のイオンよりも，Ca^{2+} などの 2 価のイオンの方が，さらに Al^{3+} や Fe^{3+} などの 3 価のイオンの方が，より効果的に懸濁した粒子を沈降させる．経験的に**コロイド粒子の凝集効果は添加するイオンの価数の 6 乗に比例する**ことが知られており，これは**シュルツェ・ハーディの法則**と呼ばれている．この法則は，"遮蔽されたクーロン斥力の障壁を越えた粒子が，ファンデルワールス引力によって凝集するとする" とする DLVO の機構で説明できると考えられてきた．以下で，DLVO ポテンシャルから Schulze-Hardy による価数の 6 乗則を導出する．その導出過程は，6 章で求められるギブス対ポテンシャルに対しても適用することができる．

凝集を調べるためには，半径 a の球状コロイドが接近し 2 つの球面の最近接距離 $S = R - 2a$ が小さい場合を考察すればよい．そこで，式 (2.128) のポテンシャルを用い，変数は S とする．すなわち

$$U(S) = U_R(S) + U_A(S) \tag{2.129}$$

である．ここで，$U_R(S)$ としては式 (2.97) の分母で $R = 2a$ とおいた近似式

$$U_R(S) = \frac{1}{2}\epsilon a\psi_a^2 \exp(-\kappa S) \tag{2.130}$$

を利用する．これは，接近した粒子に対する Derjaguin のポテンシャル (2.95) で $\psi_0 = \psi_a$ とおき，対数部分を展開して得たものに一致する．また，これは式 (2.96) で $\vartheta = 1/2$ としたものと解釈してもよい．$U_A(S)$ としては近距離の近似式である (2.124)

$$U_A(S) = -\frac{1}{12}A\frac{a}{S} \tag{2.131}$$

を用いる．

ポテンシャル $U(S)$ の障壁の高さが極大値をとる粒子間距離を $S=S_c$ とする. 図 2.9(b) のように, その極大値 $U(S_c)$ がゼロになると, コロイド粒子は凝集し始めると解釈することができる. したがって, 凝集の始まる臨界距離 S_c は, 2 つの条件

$$U_R(S_c) + U_A(S_c) = \frac{1}{2}\epsilon a \psi_a^2 \exp(-\kappa S_c) - \frac{1}{12}A\frac{a}{S_c} = 0 \qquad (2.132)$$

および

$$\left.\frac{dU_R}{dS}\right|_{S_c} + \left.\frac{dU_A}{dS}\right|_{S_c} = -\kappa U_R(S_c) - \frac{1}{S_c}U_A(S_c) = 0 \qquad (2.133)$$

を満たさなければならない. これらから, S_c は

$$S_c = \frac{1}{\kappa} \qquad (2.134)$$

と定まり, 条件

$$\frac{1}{2}\epsilon a \psi_a^2 \exp(-1) = \frac{1}{12}A\kappa a \qquad (2.135)$$

が求められる. 凝集は近接した粒子の間で起こるから, グーイ・チャップマン理論の式 (2.78) で平板の表面電位 ψ_0 を球の表面電位 ψ_a で置き換えて, $\gamma = ze\psi_a/(4k_BT)$ が成り立つとする. この関係式と遮蔽因子 κ の定義式より

$$n_0 = \frac{1152}{\pi\exp(2)}\frac{\epsilon^3(k_BT)^5\gamma^4}{A^2(ze)^6} \propto \frac{1}{z^6} \qquad (2.136)$$

を得る. これが, DLVO 理論によるシュルツェ・ハーディの法則の証明である.

2.4.4 DLVO 理論の成果と欠点

DLVO 理論は, 多様で複雑なメソスコピック領域の化学現象を, 物理学的な基本原理から解明することに成功したはじめての理論体系である. とくに, シュルツェ・ハーディの法則をファンデルワールス引力と遮蔽されたクーロン斥力の競合の結果として証明したことは, 経験則に頼ってきたコロイド化学に物理学的基礎を与える画期的な業績であった. 以来, 半世紀以上にわたり, コロイド分散系で生じる現象は, DLVO 理論の枠内でもっぱらハマッカー定数を調整することにより説明されることになった.

DLVO理論は，粒子の凝縮のような塩濃度の高い濃厚な巨大イオン溶液系の記述に適している．しかしながら，4章と5章の分析で明らかにされるように，塩濃度の低い希薄なコロイド分散系中での結晶形成に関しては，有効性を発揮することはできない．希薄なポリスチレンラテックス溶液では，結晶中の粒子間距離は粒径の5倍から10倍になる場合が観測される．このような長距離秩序を，遮蔽されたクーロン型斥力とファンデルワールス引力から生じる第2極小で説明することはむずかしい．

さらに本質的な問題として，コロイド結晶の形成と塩濃度の関係がある．**コロイド結晶が形成されるためには塩濃度は低くなければならない．**この実験的によく知られた重要な事実を，DLVO理論は説明することができない．DLVOポテンシャルには，塩濃度が増加すると引力効果が増大するという特徴がある．これは塩濃度の変化が，ファンデルワールス引力にはあまり影響を与えないのに，クーロン型斥力には強い遮蔽効果を与えるためである．塩濃度が増加するとDLVOの斥力ポテンシャルの障壁は低くなり，引力効果が相対的に増加して第2極小でのポテンシャルは深くなるのである．

このコロイド結晶の形成条件の問題は，**添加塩の濃度とコロイド結晶の溶融**の関係を分析すれば，より鮮明になる．蓮ら[24]は，ポリスチレンラテックス溶液の粒子濃度と電解質濃度を変化させてラテックス溶液の状態を観察した．その結果が図2.10の相図に示されている．粒子濃度が高く添加KCl濃度が低い領域では，分散液は虹彩色を発してコロイド結晶の形成が確認される．粒子濃度が低い場合も，塩濃度が十分に小さければコロイド結晶は形成される．そのような結晶状態で，溶液の添加塩濃度を増加させると，相図に示されているように，共存領域を経由してコロイド結晶は溶融する．この**添加塩によるコロイド結晶の溶融現象**は，多くの実験によって確認されている．

図2.11は，コロイド化学の領域で永く聖典と見なされてきたVerwey-Overbeekの著書[6]から引用したものである．そこには，比較的大きい球状粒子(半径 $a = 1000$ nm，ハマッカー定数 $A = 5 \times 10^{-13}$) の場合に，遮蔽因子 κ と無次元の表面電位 $z = ve\psi_a/k_\mathrm{B}T$ ($v = v_+ = v_-$ は対称な電解質の価数) の変化に対するDLVOポテンシャルの第2極小付近での振舞が描かれている．

グラフ中に引かれた $6k_\mathrm{B}T$ の直線は，第2極小による緩やかな結合の目安を

2.4 DLVO 理論

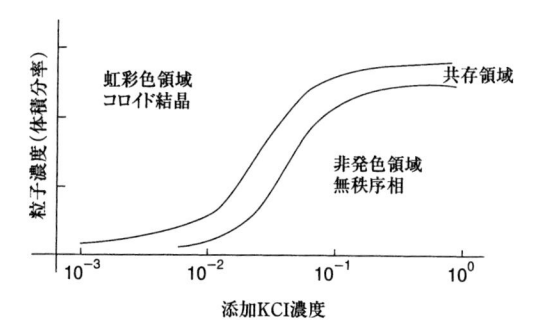

図 2.10 蓮の相図[24)]

蓮らは,粒子濃度と添加塩濃度を変化させてポリスチレンラテックス溶液の虹彩色を調べた.粒子濃度が高く塩濃度が低いとラテックス粒子は結晶を作り,ブラッグ回折による虹彩色を放つ.塩濃度を上げると結晶は溶融して,虹彩色は失われる.

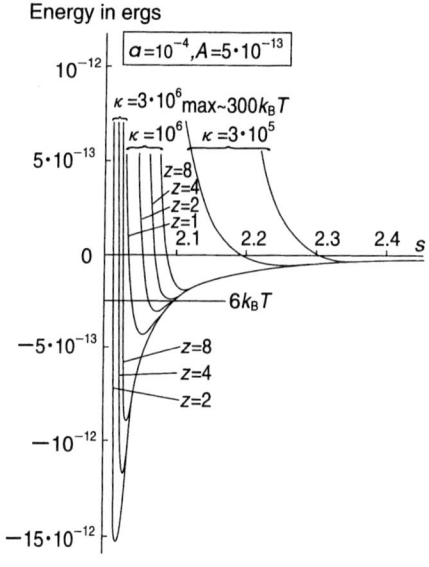

図 2.11 球状粒子に対する DLVO ポテンシャルの第 2 極小付近での振舞[6)]

遮蔽因子 κ と無次元の表面電位 $z = ve\psi_a/k_BT$ をパラメータとして,ポテンシャルの深さの変化を図示している.半径 $a = 1000$ nm,遮蔽因子 $\kappa = 3\times 10^5 \sim 3\times 10^6 \mathrm{m}^{-1}$, $z = 1\sim 8$,ハマッカー定数 $A = 5\times 10^{-13}$ J,温度 $T = 298$ K,横軸 $s = R/a$.グラフ中に引かれた $6k_BT$ の直線は,第 2 極小によるゆるやかな結合 (flocculation) の目安を示す.塩濃度が上がり遮蔽因子 κ が 10^6 から 3×10^6 へ増加すると,第 2 極小でのポテンシャルは深さを増し,粒子の結合が強くなる.

示す.塩濃度が上がり遮蔽因子 κ の値が 3×10^5 から 3×10^6 へ増加するに伴い,DLVO ポテンシャルの第 2 極小は深さを増し,粒子の結合は強くなる.つまり,DLVO 理論によれば,電解質の濃度を高めて κ を増加させると,コロイドは安定化するはずである.この DLVO 理論の予言は,明らかに,蓮らが観測した"塩濃度とコロイド結晶の安定性"に関する実験事実に反する.

2.5 ま と め

　デバイ・ヒュッケル理論の登場によって，強電解質溶液は理論物理学の研究対象の1つとなった．とくに，多成分溶液中の電場とイオン分布を自己無撞着に決定する方法は，平均場描像の原型であり，理論物理学に広範な影響を及ぼした．この理論で導入された**イオン雰囲気**や**遮蔽因子**は，イオン性溶液の研究に不可欠な基礎概念となっている．また，この理論が"電気的相互作用がヘルムホルツ自由エネルギー F とギブス自由エネルギー G に異なる寄与を与える"こと，その結果として，"電気的相互作用が浸透圧を減少させる"ことを示したことは，イオン性溶液の研究に重要な指針を与えるものである．

　デバイ・ヒュッケル理論の成功は，強電解質溶液中の正イオンと負イオンの近似的な対称性(または平等性)によるところが大きい．それに対して，巨大イオン系とくにコロイド系では，その対称性はほぼ完全に破られる．つまり，小イオンに比べて巨大イオンの質量，粒径および電荷数は桁違いに大きく，運動スケールも極端に長い．そのため，巨大イオンは断熱的に静止しており，それらが作る環境中で小イオンはすみやかに熱平衡状態に達する，と見なすことが必要となる．そのような見方とデバイ・ヒュッケル理論の手法を折衷させる方向に，巨大イオン溶液系の研究は発展した．DLVO理論は，その一例であり，シュルツェ・ハーディ則の導出に成功したことから今もなおコロイド化学の基礎理論と見なされている．

　しかし，DLVO理論は，コロイド結晶の特性を説明することができない．この破綻の原因は，DLVO理論が粒子の強い凝集過程とゆるやかな結合過程を，ともに，クーロン型斥力の遮蔽に伴うファンデルワールス引力の発現の結果と見なしたことにある．粒子の凝集をレナード・ジョーンズ型ポテンシャルの第1極小への粒子の落ち込みと解釈することは，この過程の**非可逆的な特性**からも自然である．しかし，コロイド結晶の形成と溶融は，"塩濃度に敏感な**可逆的過程**"であり，その起源を強い短距離相互作用であるファンデルワールス引力に求めることは妥当ではない．

　それでは，ファンデルワールス引力に頼らずに巨大イオンをゆるやかに結合

2.5 まとめ

させる機構は存在するであろうか？ そのような問題意識をもって，デバイ・ヒュッケル理論の式 (2.43) と (2.68) に注目してみよう．これらの式がともに浸透圧の低下を示していることから，イオンの大きさに関わらず，電気相互作用はイオン間に引力効果をもたらすことがわかる．Langmuir[13]は，このことに着目して，巨大イオンを含む溶液でも同様の効果が発現すると推論した．彼は，巨大イオン系でも式 (2.68) が状態方程式として成立するとし，系の相転移を考察したのである．

しかし，Langmuir はデバイ・ヒュッケル理論の結果をそのまま利用したため，彼の体系は巨大イオン系を記述する理論としては不完全であった．また，ファンデルワールス引力の効果を無視したことは，彼の失敗であった．そのため，Verwey と Overbeek[6]によって厳しく批判され，彼の着想は DLVO 理論の成功の陰に隠れて忘れ去られることになってしまった．

巨大イオン系を記述する新しい平均場理論の定式化には，熱力学の諸概念の注意深い吟味が必要となる．とくに，系のヘルムホルツ自由エネルギー F とギブス自由エネルギー G の差異が重要な役割を演じる．**DLVO 理論では，その差 $(G - F = PV)$ は無視され，自由エネルギーとはヘルムホルツ自由エネルギーのみであると信じられてきた．**新しい理論では，その差が重要な役割を演じる．それは，浸透圧項 PV への電気相互作用効果を取り入れることであり，Langmuir が素朴な形で部分的に着目した機構を正しく評価することである．新しい理論は，DLVO 理論と同様にシュルツェ・ハーディ則を導出し，かつ3章から5章で詳しく述べられるコロイド結晶の特性を説明し得るものでなければならない．

参考文献

1) P. Debye and E. Hückel, *Physik. Z.*, **24**, 185, 305 (1923); P. Debye, *Physik. Z.*, **25**, 97 (1924).
2) The Collected Papers of Peter J. W. Debye (Interscience, 1954).
3) S. Levine, *Proc. Roy. Soc., London*, **A170**, 145, 165 (1939) ; *J. Chem. Phys.*, **7**, 831 (1939).
4) S. Levine and G. P. Dube, *Trans. Faraday Soc.*, **35**, 1125, 1141 (1939); *Phil. Mag.*, **29**, 105 (1940); *J. Phys. Chem.*, **46**, 239 (1942).

5) B. V. Derjaguin and L. Landau, *Acta Physicochim. URSS*, **14**, 633 (1941); *J.Exptl. Theoret. Phys. URSS*, **11**, 802 (1941).
6) E. J. W. Verwey and J. Th. G. Overbeek, Theory of the Stability of Lyophobic Colloids (Elsevier, 1948).
7) J. D. van der Waals, Dissertation (Univ. Leiden, 1873); English transl. by J. D. van der Waals, Physical Memoirs, Physical Society of London. Vol.1, Pt. 3 (Taylor and Francis, 1890).
8) R. H. Fowler and E. A. Guggenheim, Statistical Thermodynamics, Chap.9 (Cambridge Univ. Press, 1956).
9) D. A. McQuarrie, Statistical Mechanics, Chap.15 (Harper Collins Publishers, 1973).
10) L. D. Landau and E. M. Lifshitz, Statistical Physics (Pergamon Press); 小林秋男ほか訳, 統計物理学 (岩波書店, 1957).
11) J. T. G. Overbeek, *J. Chem. Phys.*, **87**, 4406 (1987).
12) T. L. Hill, Thermodynamics of Small Systems, (W. A. Benjamin, 1964).
13) I. Langmuir, *J. Chem. Phys.*, **6**, 873 (1938).
14) G. Gouy, *J. Physique*, **9**, 457 (1910); *Ann. D. Phys.*, **7**, 129 (1917).
15) D. L. Chapman, *Philos. Mag.*, **25**, 475 (1913).
16) B. V. Derjaguin, *Kolloif-Z.*, **69**, 155 (1934); *Acta Physicochim. URSS*, **10**, 333 (1939).
17) F. London, *Z. Physik*, **63**, 245 (1930); *Trans. Faraday Soc.*, **33**, 8 (1937); *Z. Phys. Chem.*, **B11**, 222 (1930).
18) B. Chu, Molecular Forces : Based on the Baker Lectures of P. J. W. Debye; 飯島俊郎・上平 恒訳, デバイ 分子間力 (培風館, 1969).
19) 戸田盛和, 振動論, 第5章 (培風館, 1968).
20) G. Feinberg and J. Sucher, *Phys. Rev. A*, **2**, 2395 (1970).
21) C. Itzykson and J. B. Zuber, Quantum Field Theory (McGraw-Hill, 1980).
22) H. C. Hamaker, *Rec. Trav. Chim.*, **55**, 1015 (1936); **56**, 727 (1937); *Physica*, **4**, 1058 (1937).
23) V. A. Parsegian and B. W. Ninham, *J. Colloid Interface Sci,*, **37**, 332 (1969).
24) S. Hachisu and Y. Kobayashi, *J. Colloid Interface Sci.*, **46**, 470 (1974).

3

屈曲性および球状イオン性高分子の希薄溶液

3.1 はじめに

　この章では屈曲性イオン性高分子の希薄溶液について,とくに溶質高分子がつくる規則構造について議論する.すでに述べたように高分子イオンは非常に多くの電荷をもち,この結果特徴的な物性を示す[1].それは非イオン性高分子や低分子イオン系[2]の物性と大きく違っている.

　合成イオン性高分子は単純な構造をもち,はるかに複雑な構造と機能をもつ生体起源のイオン性高分子のモデルとなる.1章で挙げたポリアクリル酸 (PAA), ポリスチレンスルホン酸 (PSS), ポリアリルアミン (PAAm) のような炭素−炭素の一重結合を主鎖にもつ分子は,そのまわりの自由回転が許されるため,溶液中でさまざまな形態をもつことができる.したがって屈曲性イオン性高分子と呼ばれる.合成イオン性高分子の分子量には分布があり,このことがその溶液挙動の詳細な理解を妨げる一因であった.最近リビング重合と呼ばれる手法によって一部の試料 (たとえば PSS) についてはこの障害が取り除かれつつあり,その組織的研究により溶液物性の理解が深くなっている.

　電解質溶液における相互作用の主役は,長距離に及ぶ静電的相互作用である.低分子量の電解質 (たとえば NaCl) 溶液は無限大に希釈すると,イオン間距離は無限大になり,系内の相互作用は消失する.他方イオン性高分子では,1個の分子内部にイオン性解離基が化学結合によって近距離に位置している.PAA, PSS, PAAm の場合,この距離はビニル基 ($CH_2 = CH-$) の長さ (0.25 nm) のオーダーである.化学結合によるため,高分子濃度を無限大希釈にしても,こ

の距離は維持され，相互作用は消失しない．つまり決して理想状態にはならない．これがイオン性高分子溶液の特徴である．

図 3.1 に示すように，イオン性高分子の溶液においては，次の静電的相互作用が働いている．1 個の高分子イオン内部については ① 解離基 (PAA の場合，カルボキシル基) どうしの間，② 解離基と対イオンとの間，さらに ③ 対イオンどうしの間に働く．さらに高分子イオンの領域外では ④ 高分子イオン間の相互作用，⑤ 高分子イオンと対イオンとの間，最後に ⑥ 対イオンどうしの間に働く．

この結果，理論的取り扱いや実験結果の解釈に，低分子塩や非イオン性高分子の場合に考えられないような大きな困難が持ち込まれる．しかし，これらの寄与を残らず考慮することは簡単ではない．多くの場合，いくつかの相互作用のみを取り上げて議論が進んでいる．その一例が，屈曲性イオン性高分子が棒状に伸張しているという考えである．これについては 7 章で述べるが，高分子の領域内部に解離基電荷だけが存在する場合，つまり上記の ① のみを考慮する場合，解離基は同符号電荷をもつため，その間には静電的斥力が作用する．この結果，高分子鎖は引き伸ばされるであろう．しかし，多数の対イオンが高分

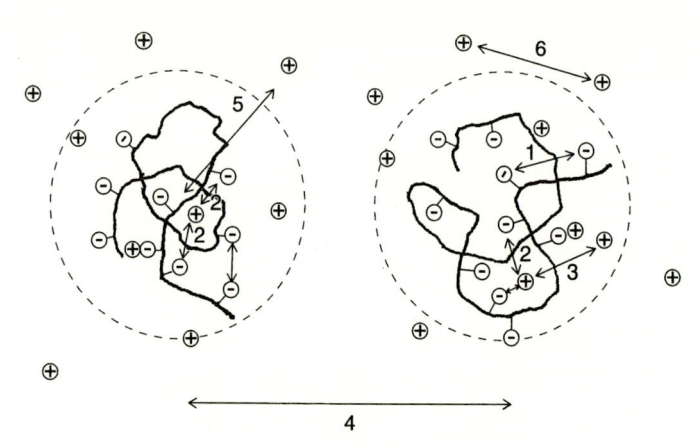

図 3.1 高分子イオン溶液における静電的相互作用
高分子イオンの領域内では (1) 解離基 (マイナス) 電荷間の相互作用，(2) 解離基電荷と近傍の対イオンとの相互作用，(3) 対イオン間の相互作用が働く．領域外では，(4) 2 つの高分子イオン間の相互作用，(5) 高分子イオンと自由な対イオンとの間の相互作用，(6) 自由な対イオンの間の相互作用が挙げられる．実線：高分子鎖，⊖：解離基，⊕：対イオン，破線の円：高分子領域，↔：相互作用．

子領域の内部にあることが実験的に確かめられている．したがってこれらの対イオンが解離基電荷と相互作用していることは確かであろう．これを無視することは1つの仮定であり，それが許されるかどうかは今一度考える必要があると思われる．この課題をはじめとしてイオン性高分子溶液に見られる溶質間相互作用全般の問題を，モデルに依存することなく，実験事実に注目して考察するのが，本章の目的である．

3.1.1　イオン性高分子の解離状態 (電荷数)

NaClを解離性溶媒 (たとえば水) に溶解すると，デバイ・ヒュッケル理論が成立するような希薄溶液 (1-1型の電解質では 10^{-3}M 以下) では，電荷数1のカチオンとアニオンとに完全に解離していると考えられる．これより高い濃度や誘電率の低い溶媒中では，イオン間相互作用が強くなり，完全解離は起こりにくくなり，イオンとイオン会合体が共存する[3~5]．イオン性高分子は多数の解離基をもつ結果，つまり分析的電荷数が高いため，対イオンの多くが高分子イオンに束縛され，デバイ・ヒュッケル理論の仮定のような完全解離は起こらない．PAAを例にとると，1.1節に示したように，m 個の対イオンが生成し，PAAイオンは m 価 (これを分析的電荷数 Z_a と呼ぶ) のアニオンとなるはずであるが，m 個のうちかなりの数の対イオンが高分子イオンの領域内部あるいは近傍に閉じ込められ，その一部は解離基電荷を中和する．ここでは便宜的に次のように考える．分率 f の対イオンが，溶液中で運動の自由度をもち，溶液の電気伝導性に寄与できるのに対し，$(1-f)$ は高分子イオンに束縛されているとする．つまり溶液中における粒子の電荷数は，Z_a より小さい Z_n (これを実効電荷数と呼ぶ) となる．この現象は，イオン性高分子溶液の浸透圧が大きな非理想性を示す[6]ことから推定され，対イオン会合 (Wall)[7]，対イオン固定 (大沢, 今井, 香川)[8]，あるいは対イオン凝縮 (今井, 大沢)[9] と呼ばれ，活発な理論的[10]，実験的研究の対象となっている．

高分子イオンの Z_n を直接決定するため，Wallら[7]はヒットルフ (Hittorf) の輸率測定法[11]を採用した．彼らはPAAのNa塩の水溶液に通電して，これによって陽極室および陰極室のPAAイオンおよび Na^+ の濃度が変化することを利用して，伝導度に寄与した自由な対イオンの量を決定した．また，PAAイ

表 3.1 輸率実験から得られた PAA イオンの輸率 t_{2p}, 当量電気伝導率 Λ_{2p} および実効電荷分率 Z_n/m^*

中和度	対イオン会合度 $(1-f)$	t_{2p}	Λ_{2p} (S cm^2 equiv^{-1})	Z_n/m
0		0.047		
9.6	0.102	0.358	30.2	0.092
24.0	0.267	0.459	41.1	0.176
41.4	0.421	0.500	47.9	0.239
61.7	0.547	0.518	51.2	0.280
81.6	0.619	0.513	49.9	0.311
97.9	0.623	0.503	48.2	0.369

* Na^{22}PAA 水溶液 (濃度 $= 0.0151N, m = 250$), 室温.

オンにより運ばれる電気量と全電気量の比, すなわち輸率 t_{2p} を決定した. 測定精度を高めるため, 放射性の Na^{22} を用いている. 実験結果の一部を表 3.1 に示すが, 多数の対イオン (分率: $(1-f)$) が PAA イオンとともに陽極室に移動していることは明らかであり, 25%の中和度で $(1-f)$ は 0.27, 100%では 0.66 に達する. PAA 濃度一定の条件では, f は中和度 α_d の増加に伴い単調に減少する. α_d 一定では, PAA 濃度が 6 倍程度変化しても, f はわずかに増加するに過ぎない. 25~100%の中和度範囲では, PAA イオンの t_{2p} は 0.4~0.5 でほぼ一定である. PAA イオンの実効電荷数 Z_n, また繰り返し単位当たりの実効電荷分率 (Z_n/m) は, α_d の増加に伴い大きくなる.

この対イオン固定の結果, 100%中和の PAA イオンは水溶液中では $Z_a (= m = 250)$ 価のアニオンではなく[*1], Z_n 価として作用する. 表 3.1 の中和度 97.9%での結果を利用すると, Z_n は $250 \times 0.377 = 94$ となる. また, 高分子濃度が大きくなると $(0.04~0.12N)$, f は大きくなり, t_{2p} は減少傾向を示す. 0~42°C の範囲では温度に依存しないし, Na$^+$ と K$^+$ とでは, 以上の特性に差異はみられない[12]. 中性塩の添加によって f は大きくなり, その傾向は Na$^+$ より Sr^{2+} の方が顕著である[13]. PAA の分子量 (重量平均分子量 M_W 215,000 と 107,000) が大きくなると, f はやや小さくなる.

PAA の四級アンモニウム塩は, Na 塩よりも大きい f 値をもつ. $(CH_3)_4N^+$

[*1] PAA のように, 繰り返し単位内に 1 個の解離性の基をもつ場合, すなわち単独重合体では, 分析的電荷数と重合度は等しいが, 一般に異種の単量体からなるいわゆる共重合体ではこのことは成り立たない.

では 0.4, $(C_4H_9)_4N^+$ では 0.6〜0.8 が観測されている．対イオンの排除体積によるものであろう[14]．PSS の Na 塩では，0.45〜0.55 であるのに対し[14〜16]，H^+ を対イオンとする場合 0.38, $(CH_3)_4N^+$ 塩は 0.5, $(C_4H_9)_4N^+$ 塩では 0.3 程度になる[17]．有機塩の場合，対イオンと高分子イオンの間の疎水性相互作用が関与しているものと思われる．

最近，大島[18]らは球状の高分子電解質であるイオン性デンドリマーについて，その解離状態を明らかにした．電気的中性の原理によりデンドリマーイオンの実効電荷数 Z_{nd} と系中の自由な対イオンの全電荷数との間には，次の式が成立する．

$$Z_{nd} = \frac{Z_c C_c}{C_d} \tag{3.1}$$

ここに，Z_c, C_c はそれぞれ対イオンの電荷数とモル濃度であり，C_d はデンドリマーのモル濃度である．溶液の比伝導率 κ (S cm^{-1}) は

$$\kappa = \frac{1}{10^3}(\lambda_c C_c + \lambda_d C_d) + \kappa_b \tag{3.2}$$

となる．ここに，λ はモル伝導率 (molar conductivity, S cm^2 mol^{-1})，κ_b は溶媒の伝導率，添字 c, d は対イオンとデンドリマーイオンを表す．Nernst の関係により，イオンの拡散係数 D はファラデー定数 F，気体定数 R，温度 T，イオンの電荷数 Z により次の式で与えられる．

$$D = \left(\frac{RT}{F^2}\right)\left(\frac{\lambda}{Z^2}\right) \tag{3.3}$$

したがって，

$$C_c = \frac{-\lambda_c + [(\lambda_c)^2 + 4(10^3)D_d F^2 (Z_c)^2 (\kappa - \kappa_b)/RT C_d]^{\frac{1}{2}}}{[2D_d F^2 (Z_c)^2 / RT C_d]} \tag{3.4}$$

D_d を決定すれば，式 (3.3), (3.4) から C_c が，式 (3.1) から Z_{nd}，したがってデンドリマーの実効電荷密度 σ_n が求められる．

この方法により，ポリ (アミドアミン) デンドリマーの第 4，第 7，第 10 世代 (それぞれ G4, G7, G10 と表示する) の塩酸塩，臭素酸塩，ヨウ素酸塩，過塩素酸塩，硫酸塩の Z_{nd} と σ_n が決定された．図 3.2, 表 3.2 に結果の一部を示すが，1 価の対イオンに関する限り，σ_n は対イオンの種類によらないし，中和

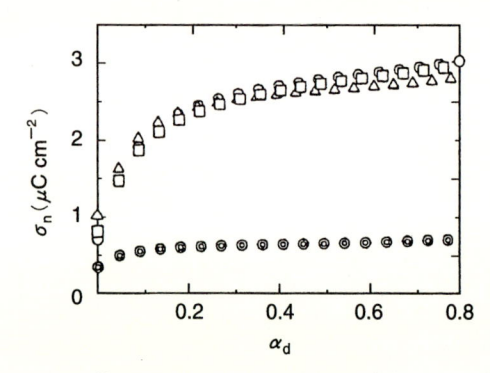

図 3.2 カチオン性デンドリマー (G7) の実効電荷密度の中和度依存性 [18]
デンドリマー重量分率：0.0012, 対イオンは○：Cl^-, □：Br^-, △：IO_3^-, ◎：SO_4^{2-}.

表 3.2 $\alpha_d = 0.6$ におけるカチオン性デンドリマーの電荷数

	a (nm)		Z_{nd}		σ_n ($\mu C\,cm^{-2}$)		σ_a ($\mu C\,cm^{-2}$)	σ_n/σ_a	
	水	酸	Cl^-	SO_4^{2-}	Cl^-	SO_4^{2-}		Cl^-	SO_4^{2-}
G4	2.1	2.3	18	5	4.4	1.1	9.5	0.46	0.12
G7	4.3	4.5	44	11	2.7	0.6_6	19	0.14	0.04_4
G10	7.0	7.1	134	31	3.4	0.7_9	62	0.05_4	0.01_2

a：半径，水：$\alpha_d = 0$, 酸：$\alpha_d = 1.0$, Z_{nd}：実効電荷数, σ_n：実効電荷密度, σ_a：分析的電荷密度.

度 α_d が 0.4 近辺では α_d によっても大きく変化しない．また 2 価の硫酸イオンは，デンドリマーイオンとの相互作用が強いため，対イオン固定の程度が高く，σ_n は 1 価の場合より大きく落ち込んでいる．

山中らはコロイド粒子およびデンドリマーの電荷数の実験データを整理し，一定の分析的電荷密度 σ_a においては，粒径が減少するにしたがって粒子の σ_n が大きくなることを見出した (図 4.5)[19]．小さい粒径の低分子塩では $\sigma_n = \sigma_a$ となり，デバイ・ヒュッケル理論[2]の完全解離に対応する．この挙動は表 3.2 にも現れており，第 9, 10 列に示すように，粒径が大きくなると，σ_n/σ_a は減少する．これは次のように理解できる．粒径が大きくなると，粒子当たりの電荷数は大きくなり，σ_a も大きくなる．この結果対イオンとの相互作用は強くなり，より多数の対イオンが粒子に固定され，粒子の σ_n が低下し，その結果 σ_n/σ_a

が低下する．

　このように，イオン性高分子による対イオンの固定現象は著しく，低分子イオン系とは大きく異なる．静電的相互作用は電荷数の2乗に比例するので，イオン性高分子溶液物性を正しく理解するためには，電荷数が最も重要な特性の1つである．しかも分析的電荷数よりは実効電荷数が決定的影響をもつことにに留意しなければならない．以下の章においてこれについての多くの事例を議論することになる[*2]．

3.1.2　屈曲性イオン性高分子の形態と広がり

　ビニル基が結合して生成する高分子，すなわちビニル系高分子は，C–C結合のまわりでの内部回転の結果，溶液中でいろいろな形態をとり，その決定が高分子化学の1つの中心的課題であった．PAAやPSSのように電離基をもつ場合，高分子内(電離基間)，および高分子間に静電的相互作用が作用するため，事態は複雑である．従来の多くの議論では，無限大希釈においては，第2の因子は無視できるとして，第1の因子のみが考慮されている．解離基は互いに斥力を及ぼし，この結果イオン性高分子の鎖は，解離基をもたない非イオン性高分子鎖よりも伸張するものと理解された．7章で議論するが，イオン性高分子の固有粘度–分子量の関係が棒状モデルを示唆していると考えられたことも手伝って，棒状もしくはそれに近い状態にまで伸張しているとされてきたのである．しかし，これまで考えられていなかった因子として，高分子領域内に束縛された多数の対イオンと解離基の電荷との静電的な相互作用を挙げなければならない．Wallらの実験が示すように，多数の対イオンが高分子イオンに束縛されているのは事実であり，この結果，解離基間には単純に斥力のみが働き，高分子鎖が伸張するとは考えにくい．単量体が共有結合によって高分子を形成している結果，たとえ高分子濃度が非常に低くとも，局所的な単量体濃度は著しく高い．PAAの場合，COO^-間の距離は，0.25 nmのオーダーのものである．

[*2)] ここでは輸率あるいは伝導率によってこの現象を議論したわけであるが，それ以外の物性を選ぶこともできよう．簡便さや仮定の少なさという点から，電気伝導度法による決定が有利である．なお，本書の実験に関する章では分析的電荷数 Z_a，有効電荷数 Z_n(添字 n はローマン体) を取り上げているが，2章，6章では，n 番目の粒子の電荷数を Z_n(n はイタリック体) で表している．

他方 NaCl のような 1-1 型の電解質の 10 M 水溶液では，アニオン間の平均距離は fcc 型の分布を仮定すると 0.62 nm である．したがって，PAA 鎖近傍の COO^- の濃度は 1-1 型電解質の $10 \times (0.62/0.25)^3 (= 152)$ M 程度となる．これは非現実的な値である．もちろん，この議論はずいぶん大雑把であるが，完全解離が実現するデバイ・ヒュッケル領域 (10^{-3}M 以下) よりもはるかに高い濃度であることは理解できよう．

このような濃厚系で，低分子イオンが，イオン対，3 重イオンなどの会合体を形成することはよく知られている [4,5]．このイオン会合が，高分子鎖の解離基と近傍の対イオンの間に起これば，たとえその数が少なくとも，高分子鎖の広がりは棒状モデルより小さいものになろう．最近のコンピュータシミュレーションはこの予想を支持する結果を与えている [20]．

高分子の領域内でこのようなイオン会合体がどれ程形成されるかについて，実験的情報は現在のところ皆無であるが，鎖の広がりを縮小する方向に作用することは確実である．この効果と解離基間の斥力がバランスして高分子鎖の広がりが決まる．会合体の数が大きく，解離基間の斥力の寄与が小さければ，イオン性高分子鎖は対応する非イオン性高分子よりも縮んでいるかもしれない．拮抗するこれら 2 つの因子の寄与の大きさが不明であるため，実際の状態は推測の域を出ない．ある程度重合度が高いとき，屈曲性の鎖を伸張，あるいは縮小する力は等方的に作用するであろうから，高分子イオンはかなり球形に近い形態を維持しているのではないかと筆者らは推察している．

以下の考察では，イオン性高分子の形態や広がりが関与する議論はできるだけ避けている．散乱データの解析において，高分子イオン間の距離を算出するが，これは球状の高分子領域の重心間距離を意識している．溶液内で高分子イオンが規則的に分布していることを示す事実は以下の節で詳しく説明するが，それは屈曲性高分子に限って観察されるものではなく，球状タンパク質，イオン性ラテックス球，イオン性デンドリマー，球状ミクロゲルなどにも共通して見出されている．したがって球状の屈曲性イオン性高分子を想定することは，著しくは不合理ではないと信ずる．

3.2 散乱法による希薄溶液の研究

イオン性高分子溶液の研究に際しても,散乱法は有力な実験手段であり,X線,光,中性子線が盛んに利用されている.歴史的に著名なのは,Bernal と Funkuchen[21]によるタバコモザイクウイルス (TMV) のゲルと溶液に関する X 線散乱実験である.比較的高い濃度においてブラッグ・ピークが観察され,TMV 粒子が溶液中でも規則的な構造を形成していると結論された.その後の技術的進歩により,低い角度,低い濃度で測定ができるようになり,小角 X 線散乱 (SAXS) による解析が行われている.この実験で多くのイオン性合成高分子や生体高分子の 2 成分 (高分子電解質-溶媒) 系の SAXS 曲線に単一の幅広い散乱ピークが発見されている.このピークは溶質イオンが規則構造を作っていることを示している.

1940 年代,高分子溶液の光散乱強度がイオン化に伴い大きく低下することが報告された.この低下は高分子イオン間の相互作用によって溶液中に規則性が作り出されるためであると指摘された[22].2 成分系では散乱強度が小さいこと,また溶液中のちりを取り除くことが技術的に非常に困難で,これが実験結果の再現性に大きな影響を与えるなどの問題がある.さらに,2 成分系では溶質間に長距離の相互作用が働くため,散乱光の強度について厳密な理論的取り扱いができない.その結果添加塩を 10^{-3}M 以上含む 3 成分系が研究の対象となった.このような条件では,イオン性高分子は非イオン性高分子と見かけ上類似の挙動を示し,高分子が電荷をもつことに基づく特徴は現れない.その後,ゆらぎの時間変化を取り扱う動的光散乱 (DLS) 法が導入され[23,24],2 成分系も含めて広い範囲におけるイオン性高分子溶液の特性,とくに構造形成の諸問題が明らかになりつつある.

中性子散乱 (SANS) 実験は 1970 年代の後半頃から活発に行われ,2 成分系で単一の幅広い散乱ピークが報告され,高分子イオンの構造形成が示唆された[25].その後,これに代わり,いわゆる等方性モデル (isotropic model) が提唱されたが,このモデルとは別に散乱データは引き続き組織的に集積された.

3.2.1 静 的 光 散 乱

a. 理 論 的 考 察

強度 I_0 の入射光に対し,散乱角 $\theta = 0$ の方向で,散乱体から距離 r_d における,溶液の単位体積当たりの過剰散乱光強度 (溶液と溶媒からの散乱光強度の差) を $I_\mathrm{s}(0)$ とする.これを規準化して $I(0)$ を次のように定義する.

$$I(0) = \frac{r_d^2 I_\mathrm{s}(0)}{I_0} \tag{3.5}$$

濃度の揺らぎによる分極率,したがって誘電率の変化を考慮し,自由エネルギーと浸透圧 P の関係から,$\theta = 0$ において次の関係が導かれる[26].

$$\frac{K'c}{I(0)} = \left(\frac{1}{RT}\right)\left(\frac{\partial P}{\partial c}\right) \tag{3.6}$$

なお,

$$K' = \frac{2\pi^2 n_\mathrm{o}^2 \left(\frac{dn}{dc}\right)^2}{\lambda_0^4 N_A} \tag{3.7}$$

であり,n_o と n は溶媒と溶液の屈折率,λ_0 は真空中の入射光の波長,c は溶質濃度 ($\mathrm{g\,dm^{-3}}$),N_A はアボガドロ定数である.

散乱体積 V_s を小さな体積要素 ΔV に分けるとき,ΔV が波長に比して小さく,その中の各部からの散乱光の位相差が無視できること,さらに ΔV は十分大きくて,ΔV 中での濃度揺らぎが近くの体積要素における揺らぎから独立であること,が以上の議論の前提になっている.散乱体積を厚さ d の薄片に分けるとき,$2d\sin(\theta/2)\lambda \ll 1$ であれば,第 1 の条件は満足される.さらに,粒子のサイズあるいは相互作用の及ぶ範囲 r が $r \ll d$ ならば,第 2 の条件も満たされる.すなわち $r \ll d \ll \lambda/2\sin(\theta/2)$ である.

$\theta \neq 0$,$c \neq 0$ の場合,粒子内および粒子間の干渉効果,粒子間の相関により散乱強度は $1/p(\theta, c)$ になる.すなわち,

$$\frac{K'c}{I(\theta)} = \left(\frac{1}{RT}\right)\left(\frac{1}{p(\theta,c)}\right)\left(\frac{\partial P}{\partial c}\right) \tag{3.8}$$

となる.$c = 0$ において,

$$p(\theta, c) = p(\theta) = \frac{I(\theta)}{I(0)} \leq 1 \tag{3.9}$$

また，均質な球の $p(\theta)$ は，形状因子 $f_M(\theta)$ および溶液の構造因子 $F(\theta)$ により次のように表すことができる．

$$p(\theta) = f_M(\theta) F(\theta) \tag{3.10}$$

浸透圧のビリアル展開により，

$$\frac{K'c}{I(\theta)} = \left(\frac{1}{f_M(\theta)}\right)\left[\left(\frac{1}{M_W}\right) + 2A_2 c + \cdots\right] \tag{3.11}$$

ここに，A_2 は第 2 ビリアル係数である．

以上の議論は 2 成分系について成立する．1 種の高分子電解質と単一の溶媒からなる溶液は，ギブス (Gibbs) の定義によれば 2 成分系であるが，高分子イオンと対イオンの両者が散乱体となり，両者の揺らぎが必ずしも強く相関し合っていないため (すなわち，揺らぎが電気的中性条件を満たさないため)，式 (3.5) から式 (3.11) はそのままでは使えない．また，静電相互作用は遠達力であり，NaCl などの中性塩を添加するなどして r を小さくしないと，$r \ll \lambda/2\sin(\theta/2)$ が成り立たないし，揺らぎの理論そのものが ($\theta = 0$ を除いて) 適用できないことになる．デバイ半径 ($1/\kappa$) の長さの散乱体積ではこの中性条件が成り立つと考えられるが，このとき $2\sin(\theta/2) \ll \lambda\kappa$ となる．あるいは散乱ベクトル $K(= (4\pi/\lambda)\sin(\theta/2))$ を用いれば，目安として $1/\kappa \ll 1/K$ となる．1-1 型の中性塩の水溶液の場合，塩濃度 C_s が 10^{-3}M 以上でこの条件が満たされると判断されている [27]．このような塩濃度では，3 成分系高分子電解質溶液に対しては，溶液からの散乱強度と，その溶液とドナン平衡にある塩溶液からの散乱強度との差 (これを過剰散乱強度と呼ぶ) は，中性条件を満たすイオン性高分子と対イオンの濃度ゆらぎによって与えられる [28]．すなわち，

$$\frac{K^* c}{I(0)} = \left(\frac{1}{RT}\right)\left(\frac{\partial P}{\partial c}\right)_{\mu_s} \tag{3.12}$$

ここに，μ_s は微分演算に用いられる以外のすべての溶質の化学ポテンシャルが一定であることを示し，K^* は次の式によって与えられる．

$$K^* = \frac{2\pi^2 n_0^2 \left[\sum \left(\frac{\partial n}{\partial c_i}\right)_{P_i c_j} \left(\frac{\partial c_i}{\partial c}\right)_{\mu_s}\right]^2}{\lambda_0^4 N_A} \tag{3.13}$$

ただし, P は圧力, $\sum$ は $i=0$ (溶媒), 1 (高分子イオン), 2 (添加塩) について実行されるが, この [ ] 内は $(dn/dc)_{\mu_s}$ に等しいと近似できる[29]. この結果,

$$K^* = \frac{2\pi^2 n_0^2 (\frac{dn}{dc})_{\mu_s}^2}{\lambda_0^4 N_A} \tag{3.14}$$

この関係は濃度一定ではなく, 化学ポテンシャル一定において成立するが, 形式的には 2 成分系に対する式 (3.7) と同じである. 式 (3.12) から浸透圧のビリアル展開により,

$$\frac{K^*c}{I(0)} = \frac{1}{M_W} + 2A_2^* c + \cdots \tag{3.15}$$

が得られる.

$C_s > 10^{-3}$M のとき, また $c=0$ の場合, $p(\theta)$ は $f_M(\theta)$ に等しい. K が小さいとき, $f_M(\theta)$ は散乱体の回転半径の 2 乗の z-平均 $\langle R_g^2 \rangle_z$ と次の関係にある.

$$f_M(\theta)^{-1} = 1 + \frac{\langle R_g^2 \rangle_z K^2}{3} + \cdots \tag{3.16}$$

$C_s = 0$, すなわち 2 成分系の高分子電解質–溶媒系の光散乱は以上のようには取り扱えない. $\theta = 0$ においても, 定性的な議論で満足しなければならない. その一例を挙げる. 溶液の浸透圧 P は理想状態のそれを P_i, 浸透圧係数を g とすると,

$$P = g P_i = \frac{gRTc(1+\alpha_d m)}{M} \tag{3.17}$$

これと式 (3.12) とから,

$$\frac{K^*c}{I(0)} = \left[\frac{(1+\alpha_d m)}{m M_m} \right] g + \frac{c}{M_m} \left(\frac{dg}{dc} \right) \tag{3.18}$$

を得る. ここに M_m は単量体の分子量で, $m M_m$ は高分子の分子量 M である. dg/dc が小さく, $\alpha_d m \gg 1$ ならば, $K^*c/I(0) = \alpha_d g / M_m$ となる. すなわち, 2 成分系の高分子電解質溶液の光散乱実験からは, 高分子成分の M ではなく, M_m が求められるということである. 非イオン性高分子の場合には M が決定されるので, イオン性と非イオン性との違いに注意しなければならない. さらに, 式 (3.18) から, α_d を大きくして高分子の電荷数を大きくすると, 散乱強度が小さくなることがわかる. すなわち, 対応する非イオン性高分子に比較し

て，イオン性高分子の光散乱は弱いのである．

$C_s = 0, \theta \neq 0$ の場合，散乱強度やその濃度依存性を議論することは困難であるが，散乱強度の角度依存性，つまり $p(\theta) = I(\theta, c)/I(0, c)$ は重要な情報を与える．この量から，$f_M(\theta)$ により溶質の形態や，次式により定義される動径分布関数 $g(r)$ によって溶液中での分布状態が議論される．

$$F(\theta) = 1 + 4\pi\rho \int_0^\infty [g(r) - 1] \left[\frac{\sin(Kr)}{Kr}\right] r^2 dr \tag{3.19}$$

ここに，ρ は粒子の数密度である．

C_s が大きいとき，屈曲性イオン性高分子の光散乱挙動は，非イオン性高分子の場合と形式的には同じになり，いわゆる Zimm プロットにより式 (3.11) および (3.16) を用いて分子量 M，第2ビリアル係数，回転半径が決定される．詳細については，文献[26]を，またイオン性高分子に関連する諸問題については総説[30]を参照されたい．

b. 無添加塩系での光散乱

C_s が低いとき，イオン性高分子に独特な諸性質が観測されるが，厳密な散乱理論は構築されていないので，正確な解析は困難である．したがって本書では実験事実の紹介と定性的な解釈に重点を置く．なお，"無添加塩系"というのは，中性塩を添加していない系を意味し，水を溶媒とする場合，その解離により 10^{-7}M の H^+，OH^- の混入は避けられないことに注意する必要がある．

最近の技術的進展により，$10^{-4}\,\mathrm{g\,dm^{-3}}$ 程度の低い高分子濃度における測定ができるようになった．高分子濃度を小さくして散乱強度が K 依存性を示さなくなる条件で過剰散乱強度を測定し，図 3.3 に示す[31]．この条件では散乱強度は $f_M(K)$ のみで決まると仮定できるが，測定値を剛直な棒 ($f_M(K) \propto 1/K$) とガウス鎖 ($f_M(K) \propto 1/K^2$) についての理論値と比較すると，明らかに棒モデルは実測結果から大きく食い違っている．このことから Krause らは，PSS イオンが棒状ではなくランダムコイル状と結論しており，3.1.2 項での議論と首尾一貫している[*3]．

[*3] 最近 Amis らは中性子散乱法により，PSS イオンの回転半径がランダムコイルと棒状モデルの中間にあることを報告している．詳細については 3.3 節を参照．

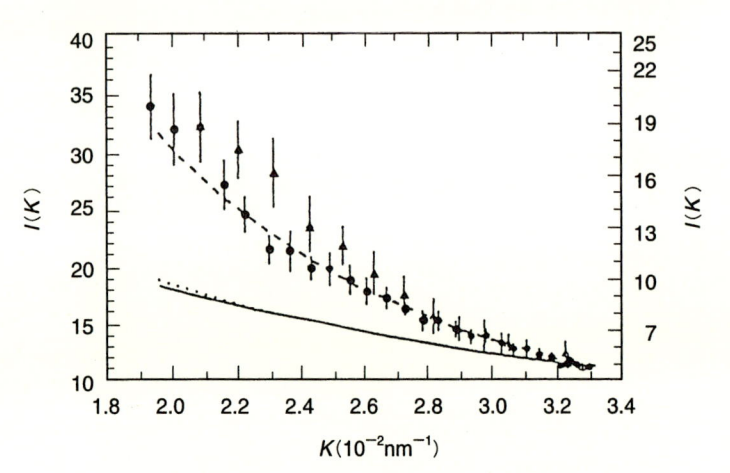

図 3.3 ポリスチレンスルホン酸ナトリウム塩の希薄溶液の
過剰散乱強度の角度依存性 [31]
● : $M_{W1} = 3.5 \times 10^5$, $c = 2.7 \times 10^{-4}$ g dm^{-3}, ▲ : $M_{W2} = 1.06 \times 10^6$,
$c = 3.46 \times 10^{-4}$ g dm^{-3}. 左縦軸は M_{W1}, 右縦軸は M_{W2} の散乱強度を与える. —, … はそれぞれ 429.6 nm, 128.6 nm の長さの棒の形状因子, 破線はランダムコイルに対する形状因子.

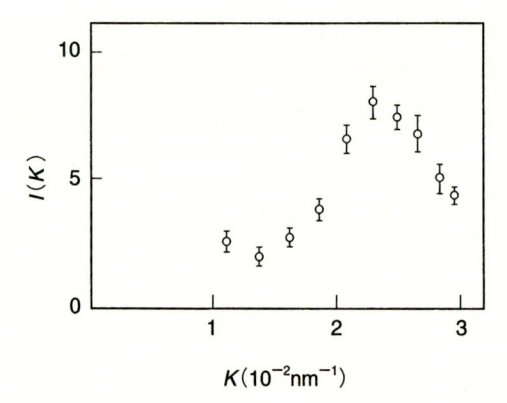

図 3.4 ポリスチレンスルホン酸ナトリウム塩水溶液の光散乱強度の
角度依存性 [32]
$M_W : 7.8 \times 10^5$, $M_W/M_N < 1.1$, $c : 2.5 \times 10^{-2}$ g dm^{-3}.

高分子濃度が 10^{-3} g dm^{-3} より大きいと,散乱強度 $I(K)$-散乱ベクトル K プロットに幅広い単一のピークが認められている.図 3.4 に NaPSS についての一例を示す [32].

散乱ピークについての解釈に立ち入る前に，同様のピークが半屈曲性のイオン性多糖類や棒状の TMV の溶液についても観察されていることに注意しよう．また後の項でも議論するように，SAXS 法や SANS 法によっても，多くの合成イオン性高分子，球状タンパク質や核酸，球状の高分子電解質ゲル，イオン性デンドリマーの水溶液についてもピークが確認されている．したがって，この散乱ピークは高分子イオンの形態と直接には関係しないと考えることが適当であろう．

1980 年ごろに屈曲性イオン性高分子の散乱ピークが等方性モデルによって説明できるという提案が行われた[33~35]．これによると，高分子イオンは分子内の解離基間の反発力により伸張し，これが溶液内にほぼ均一に分布し，高分子鎖が互いに排除し合って鎖周辺に空孔 (hole) が形成されるというのである．詳細は原報[34]に譲るが，この理論によると，構造因子 $F(K)$ は K の単調な増加関数であり，他方形状因子 $f_M(K)$ は減少関数である結果，散乱強度 $I(K)$ に極大が出現すると説明された．Krause ら[31]は 2 つのモデル (剛直な棒とガウス鎖) に対する $f_M(K)$ の計算値と，ポリスチレンスルホン酸ナトリウム (NaPSS) の無塩水溶液の $I(K)$ の実測値とから $F(K)$ を求め，いずれのモデルについても $F(K)$ そのものがピークを示すことを報告している．定性的な議論ではあるが，この結果は等方性モデルと一致しない．またこのモデルは伸張した高分子イオンが前提になっているので，球状タンパク質やデンドリマー溶液においても観察されたピークの説明にならないことは明らかであり，散乱ピークの解釈として一般的な妥当性をもたないことがわかる．

他方，このピークが高分子イオンの空間的な配置，つまり規則構造に基づくという考えがある．静的光散乱 (SLS) に限らず，SAXS, SANS にもピークが観察されること，さらに，このピークは屈曲性高分子だけでなく，イオン性ラテックス粒子分散系その他についても認められ，荷電粒子全般に共通した普遍的現象ではないかと考えられる．とくに十分巨大なコロイド粒子系は，可視光を用いて粒子の構造形成が観察できるという利点があり，散乱挙動を理解する上で貴重な情報を与えるが，これについては 4 章に譲る．

図 3.5 にさらに高い濃度における NaPSS 無添加塩水溶液の過剰散乱強度の逆数の角度依存性を示す[36]．$I(0)/I(\theta)$ は直線的に変化し，高い高分子濃度に

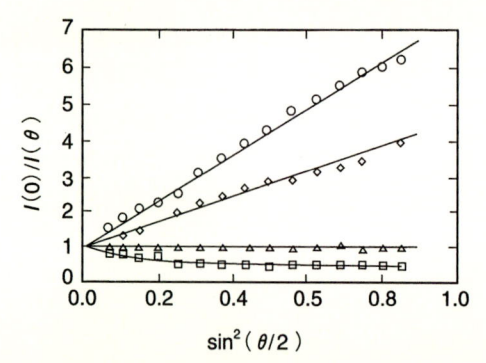

図 3.5 ポリスチレンスルホン酸ナトリウムの無添加塩水溶液の過剰散乱強度の逆数の角度依存性 [36]
$C_s = 0$, $M_W = 1.2 \times 10^6$. 高分子濃度 $c = 45.6\,\mathrm{g\,dm^{-3}}$(○), 11.6(◇), 0.4(△), 0.01(□).

おいて正の，低濃度で負の傾斜を示す．式 (3.9) と (3.16) とから，Sedlák と Amis[37,38] は正の傾斜が，高分子のゆるやかな集合体の大きさ $R_{G,app}$ に関係すると考えている．詳細は 3.2.2 項に譲るが，多くのイオン性高分子の溶液について [39~41]，特に C_s が低い条件で少なくとも 2 つの拡散係数 D_f と D_s が見出されている．また，Sedlák らは動的光散乱 (DLS) から見かけの拡散係数 D_{app} を決定し，その K 依存性から Burchard の式 (後述) により $R_{G,app}$ を求めている．その結果を表 3.3 に示す．SLS と DLS からの結果は比較的よい一致を示し，また分子量に大きくは依存していない．$R_{G,app}$ が高分子濃度によって変化することは，図 3.5 から明らかである．

ゆるやかな集合体の形成は高分子イオン間の静電的相互作用の結果である．このことは，ポリメタクリル酸 (PMA) や PAA の中和度が低い場合，つまり電荷数が小さいとき，上に述べたピークが散乱強度に現れないことから明らかである [37]．また，添加塩濃度を高くすると，集合体は消失する．なお高分子鎖の間の疎水性相互作用によって集合体が生成する可能性は否定されている [42]．集合体形成については，次項および 4 章で再び議論する．

図 3.6 は Sedlák らによって報告された NaPSS の散乱強度の濃度依存性である．全散乱強度 $I_t(0), I(0), I(0)/c$ の濃度依存性が $c = 0.5\,\mathrm{g\,dm^{-3}}$ において変化している．$I(0)/c$ の場合，とくに明瞭である．M_W が 5000〜1.2×10^6 の範

表 3.3 ポリスチレンスルホン酸ナトリウム無添加塩水溶液中の集合体の大きさ ($c = 45.6\,\mathrm{g\,dm^{-3}}$)

$M_\mathrm{W} \times 10^3$	$R_{\mathrm{G,app}}(\mathrm{nm})^{\dagger 1}$	$R_{\mathrm{G,app}}(\mathrm{nm})^{\dagger 2}$	
		$c^* = 0.2$	$c^* = 0.098$
5	62	35	57
8	57	39	65
38.2	56	37	61
100	85	40	67
400	70	46	77
780	91	54	90
1200	135	65	109

†1 静的光散乱, †2 動的光散乱.
c^*: Burchard 式のパラメータで,粒子の構造によって決まる. 0.2 は最確分布に従う鎖長をもつ多分散性の高分子鎖, 0.098 は無限大の長さの腕をもつ星型高分子.

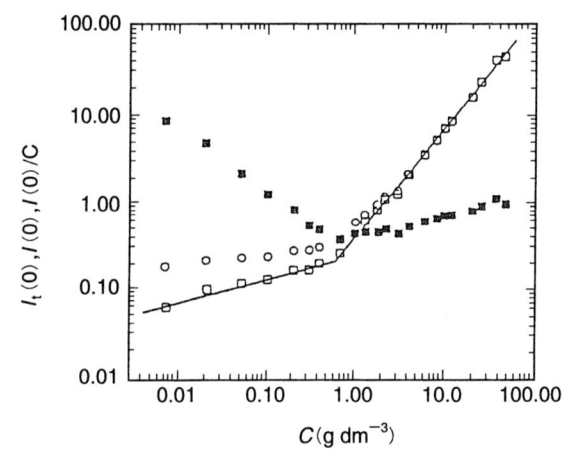

図 3.6 ポリスチレンスルホン酸ナトリウム塩の無添加塩水溶液の散乱強度の高分子濃度依存性 [36)]
○:全散乱強度 $I_\mathrm{t}(0)$, □:過剰散乱強度 $I(0)$, ■:還元散乱強度 $I(0)/c$, $M_\mathrm{W} = 1.2 \times 10^6$, 散乱強度はベンゼンに対して較正.

囲で同様の不連続的な変化が認められているが,NaPSS 固有のものかどうかは明らかではなく,不連続性が現れる理由もわかっていない.DLS から決定される D_f が,$0.5\,\mathrm{g\,dm^{-3}}$ 以上で高分子濃度によらずに一定値を示すことに留意しておく必要はあろう.

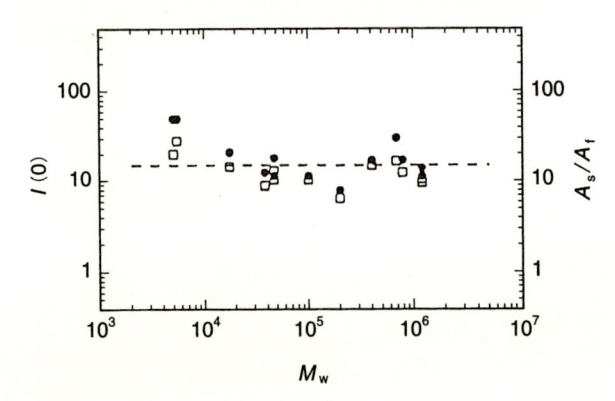

図 **3.7** ポリスチレンスルホン酸ナトリウムの無添加塩水溶液の過剰散乱強度の分子量依存性 [30)]
□: $I(0)$, ●: A_s/A_f, $c = 45.6\,\mathrm{g\,dm^{-3}}$.

図3.7は，$\theta = 0$における散乱強度と，2つの拡散モードの散乱振幅の比 (A_s/A_f) を，分子量に対してプロットしたものである．$I(0)$ に分子量依存性がないことは分子量が SLS から決定できないことに関係する (式 (3.17) 参照)．このことは $R_{G,\mathrm{app}}$ が分子量によってあまり変化しない結果 (表 3.3) と関連があると思われる．さらに Sedlák [30)] は $I(0)$ と A_s/A_f との相関を指摘している．

c. 添加塩系での光散乱

C_s を大きくすると，散乱ピークは消失する．ピークの位置と高さは試料や実験条件によって変化する．ピークの高さと幅は (1) 集合体の大きさ，(2) その構造の乱れ，(3) 格子点での高分子イオンの熱振動 (デバイ・ワラー (Debye-Waller) 効果) などによって決まる．これら3つの因子が添加塩によりどのように影響されるかによって，散乱ピークの塩濃度依存性が決まる．屈曲性イオン性高分子の場合，鎖の広がりの塩濃度による変化も重要な因子である．現在確実と思われるのは，たとえば，TMV のように高分子が剛体の場合，C_s の増加にしたがってピーク位置は広角側に移動することである．溶質間の静電的相互作用が塩添加により遮蔽される結果である．この傾向は DLVO 理論や曽我見理論のいずれによっても，再現されていることに注意したい (図 2.11, 図 6.3 参照).

高分子濃度が $10^2 \sim 10^{-2}\,\mathrm{g\,dm^{-3}}$ において C_s を大きくすると，いわゆる ordinary 相-extraordinary 相 (通常相–異常相) の間の転移が観察される (3.2.2項

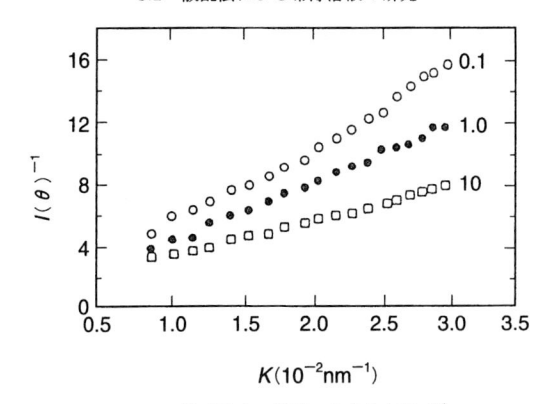

図 3.8 散乱強度の逆数の角度依存性 [43]
試料：ポリヌクレオソーム．塩濃度は□：10mM，●：1.0mM，○：0.1mM．

参照)．図 3.8 に示すように C_s が大きくなると，散乱強度の角度依存性はゆるやかになる．これは式 (3.16) により，集合体が小さくなっているためと解釈される．これに呼応して，DLS によって観察される遅いモードの振幅が減少するが，詳細は次項に譲る．

C_s のさらに高い塩溶液は，イオン性高分子にとって貧溶媒となる．たとえば，4.17M の NaCl 水溶液は，25°C において NaPSS の θ 溶媒である[*4]．すでに述べたように，このような C_s の高い領域では，イオン性高分子は非イオン性高分子溶液と形式的に類似の挙動を示すが，ここではこれ以上立ち入らない．

3.2.2 動的光散乱

SLS においては散乱強度の時間平均を取り扱った．これに対し，動的光散乱 (dynamic light scattering; DLS) では散乱強度の時間的揺らぎを考える．これによって，溶質の動き，すなわち拡散係数に関する情報を得ることができる．詳しいことは専門書[23,24,44,45]に譲り，以下では本書での考察に関係する点のみを議論する．

N 個の高分子を含む溶液に振動数 ω_0 の光を照射するとき，時刻 t における散乱光の電場 $E_s(\boldsymbol{K}, t)$ は次の式により与えられる．

[*4] 第 2 ビリアル係数 (式 (3.15)) が 0 になる溶媒で，分子間相互作用，したがって分子内排除体積効果が見かけ上消失する．詳細は，高分子化学の教科書，たとえば，文献[26]を参照．

$$E_s(\boldsymbol{K}, t) = \sum_{j=1}^{N} A_j(t) \exp\{i[\omega_0 t - \boldsymbol{K} \cdot \boldsymbol{r}_j(t)]\} \tag{3.20}$$

ここに j 分子は $\boldsymbol{r}_j(t)$ に位置し，その散乱振幅は $A_j(t)$ である．$\overline{}$ によって時間平均を表すと，散乱光の平均強度 $\bar{I}$ は $\bar{I} = \overline{|E_s|^2}$ である．散乱光電場の時間相関関数 $g^{(1)}(K, \tau)$ は，

$$g^{(1)}(K, \tau) = \frac{\overline{E_s^*(t) E_s(t+\tau)}}{\bar{I}} \tag{3.21}$$

により与えられる．Pusey と Tough[24)] によれば，$g^{(1)}(K, \tau)$ の初期減衰速度は，

$$\frac{dg^{(1)}(K, \tau)}{dt} = -D_{\text{eff}} K^2 \tag{3.22}$$

となる．ここに $D_{\text{eff}} = D_0/F(K)$ であり，D_0 は非相互作用系での拡散係数である．

a. 通常相–異常相 (O-E) 相転移

Schurr ら[46)] は DLS によって，C_s を減少させるとある臨界値近辺でイオン性高分子の拡散定数 D が急激に低下することを発見した．これを O-E 転移と呼ぶが，その後さらに詳細に検討され，臨界値以下の C_s 領域において，巨視的に均一な溶液から，2つの緩和速度 $\Gamma(=K^2 D)$，したがって2つの拡散係数 (D_f と D_s) が見出された[39)]．重合度 2500 のポリ-L-リシン (PLL_{2500}) の場合 $C_s = 10^{-3}\text{M(KCl)}$ において D_f は $\sim 10^{-6}\,\text{cm}^2\,\text{s}^{-1}$ の大きさをもち，高分子イオンの拡散係数と解釈される．大きな拡散係数をもつ対イオン (Na^+ の場合，$2 \times 10^{-5}\,\text{cm}^2\,\text{s}^{-1}$) の動きに引きずられる結果，非イオン性高分子の拡散定数 (たとえば，ポリメチルメタクリレート/アセトン系で $\sim 10^{-7}\,\text{cm}^2\,\text{s}^{-1}$) より大きい．他方 D_s は $4 \times 10^{-8}\,\text{cm}^2\,\text{s}^{-1}$ であり，D_f と D_s の差は明瞭である．代表的な実験結果を図 3.9 に示す．明らかに，O-E 転移はカチオン性，アニオン性のいずれのイオン性高分子についても観測される．データは省略するが，t-RNA，DNA，ウシ血清アルブミン (BSA) のような生体高分子，PMMA，PAA などの合成高分子の溶液についても2つの拡散モードが観測され，イオン性高分子溶液の一般的特性と考えられる．

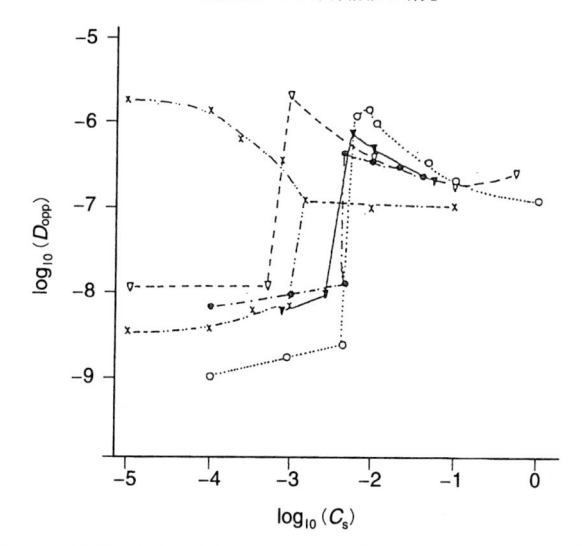

図 3.9 水溶液におけるイオン性高分子の拡散係数の添加塩濃度依存性 [44]
×：ポリ-2-ビニルピリジン (P2VP) の臭化ベンジル (BzBr) による四級化物 [41],
○：NaPSS[40], ▼：PLL$_{955}$(ポリ-L-リシン, 重合度 = 955)[46], 3 g dm^{-3}, ●：
PLL$_{946}$[47], 2-3g dm^{-3}, ▽：PLL$_{3800}$[48], 1 g dm^{-3}.

O-E 転移は可逆的である．また C_s を小さくすると，拡散係数が急激に低下するとともに，散乱強度そのものも低下する．しかし，これら以外の物理量の変化はあるとしてもわずかである．

Drifford と Dalbiez[40] は転移点における高分子濃度 C_m^{oe} (単量体のモル濃度) と (1-1 型) 添加塩濃度 C_s が次の式によって与えられることを経験的に見出した．すなわち，

$$\rho = \frac{C_m^{oe}\langle b \rangle}{2C_s Q} \tag{3.23}$$

において，$\rho = 1$ が O-E 転移点であり，$\rho < 1$, $\rho > 1$ においてそれぞれ通常相，異常相が観察される．ここに，Q はビェラム半径[*5], $\langle b \rangle$ は解離基の間の距離

[*5] 1-1 型の電解質では $Q = e^2/2\varepsilon k_B T$ (e：素電荷, ε：溶媒の誘電率, k_B：ボルツマン定数, T：温度) により定義される．完全解離を仮定して導かれたデバイ・ヒュッケルの強電解質溶液論を修正するため，ビエラムは不完全解離を考え，中心イオンから距離 Q 以内にある対イオンは，中心イオンとイオン対を形成するとみなした (*Kgl. Danske Vid. Seisk. Math-fys.Medd.*, **7**, 1 (1926)). この Q において，電気的相互作用エネルギー $e\psi$ が運動エネルギー $k_B T$ に等しくなり，Q より内側では，デバイ近似 ($e\psi/k_B T \ll 1$) は成り立たない．

である．この関係は最初 PSS-添加塩水溶液について見出されたが，他の屈曲性イオン性高分子に対しても近似的には成立する．しかし，NaDNA や CaDNA の O-E 転移は，式 (3.23) の予想より低い DNA 濃度で起こることが指摘されている[49]．

O-E 転移の原因について，当初はまず高分子イオンのランダムコイルと棒の間の転移が考えられた．しかし，これらの形態について算出された拡散係数は実測値と大きく相違し，また，屈曲性高分子以外の BSA その他に対しても遅い拡散モードが観察されたことから，形態因子による説明は除外された．現在受け入れられているのは，多数の高分子イオンが形成する構造に基づくという解釈である．研究者によって，"局所的規則構造" (localized ordered structure)(筆者ら[50])，"一時的な凝集体" (temporal aggregate) (Schmitz[45])，"高分子鎖集合領域" (multi-chain domain)(Sedlák[38])，のように呼び方が違うが，要するに多数の高分子イオンのゆるやかな集合体である．この集合体に取り込まれることにより，高分子イオンの運動性が，自由な場合よりも低下するものと考えられる．また均一溶液内部に，集合体と自由な分子とが共存するために (筆者ら[50] はこれを 2 状態構造と呼んでいる)，D_s と D_f の 2 個の拡散定数が観測されると理解できる．

以上の議論では，イオン性高分子溶液における 2 状態構造が明瞭に証明されたとはいえない．粒径 0.5 μm 程度のイオン性コロイド粒子の場合，光学顕微鏡により 2 状態構造が確認されていて，事態は明快である．次章で詳しく考察する．

集合体形成の原因については諸説が提案されている．筆者らは反対符号の電荷をもつ対イオンがイオン性高分子間に静電的引力を発生すると主張する．これを "対イオンの媒介による引力" (counterion-mediated attraction)[50] と呼ぶ．要するに，対イオンが複数の高分子イオンに "共有" される結果，高分子イオン間の斥力は，高分子イオン–対イオン間の引力に圧倒されることになる．これは，デバイ・ヒュッケル領域より高い濃度の低分子塩溶液で，3 重イオンやもっと高次のイオン会合体[4,5] が生成する機構と同じである．Schmitz[45] は対イオンの揺らぎにより双極子が生まれ，これにより高分子間に引力が発生すると考えている．Förster ら[41] は等方性モデル[33] によって高分子鎖が絡み合

うことにより，"一時的な領域"(temporal domain) が形成されるとしている．彼らは $100\,\mathrm{g\,dm^{-3}}$ という高い濃度を対象にしており，たしかに絡み合いの可能性は大きい．しかし等方性モデルでは説明できない実験事実が報告されていることでもあり，また後に述べるように絡み合いが起こらないほどの低い重合度の試料についても異常相が観察されているので，絡み合いによる説明には無理があると考えられる．

その解釈は別にして，Förster らが報告した添加塩濃度依存性は興味深い．彼らは四級化ポリ-2-ビニルピリジン (P2VP) 水溶液の光散乱実験を行った．図 3.10 では，D_f および D_s が高分子濃度 c と C_s との比に対してプロットされている．c/C_s が小さい領域では単一の D が観測され (通常相)，この比が 1 近辺で 2 個の拡散定数 (D_f と D_s) が出現する (異常相)．D_f は比較的高い濃度ではほぼ一定である．この傾向は他の高分子系でも観察されている．

D_s の高分子濃度依存性は $c^{-1\sim-0.1}$ 程度である．いわゆる reptation model[51] によると c^{-3} になるので，Förster らはこのモデルが妥当ではないとしている．また，最も分子量の小さい試料について，$I(0)/I(\theta) - K^2$ プロットから求めた $\langle R_\mathrm{g}^2 \rangle$ は，高分子イオンが棒状に伸び切った場合の長さよりはるかに大きい．このことから，$\langle R_\mathrm{g}^2 \rangle$ が単独の高分子鎖の大きさではなく，ゆるやかな集合体の大きさ $R_\mathrm{G,app}$ を与え，D_s がその動きを反映していると結論している．

Sedlák ら[36,38] は広い濃度範囲 ($0.01\sim45.6\,\mathrm{g\,dm^{-3}}$) で PSS の分子量を大きく変化させ ($5\times10^3\sim1.2\times10^6$)，水溶液系について SLS と DLS 実験を行った．相関関数は 2 つの指数関数で表され，D_f と D_s が得られている．図 3.11 にそれらの分子量依存性を示す．M_W が非常に大きく変化しているにもかかわらず，D_f はほぼ一定であり，その緩和速度 Γ_f は $\Gamma_\mathrm{f} = K^2 D_\mathrm{f}$ の関係を満足する．高分子濃度 $c = 45.6\,\mathrm{g\,dm^{-3}}$ においても，最小の $M_\mathrm{W}(5.3\times10^3)$ の高分子鎖は統計的に絡み合いを起こさないから，その D_f は単一の鎖の動きを意味するはずである．彼らは，高分子量の D_f の場合は，対イオンと連動した絡み合った鎖のセグメントの動きと解釈している．遅い拡散モードの緩和速度 Γ_s から $\Gamma_\mathrm{s} = K^2 D_\mathrm{s}$ を仮定して算出した D_s は K^2 に関して直線的に増大する．図 3.11 に示すように，このように決定された D_s は M_W が大きくなると減少している．

すでに述べたように，Sedlák らは遅い拡散モードを高分子イオンのゆるやかな

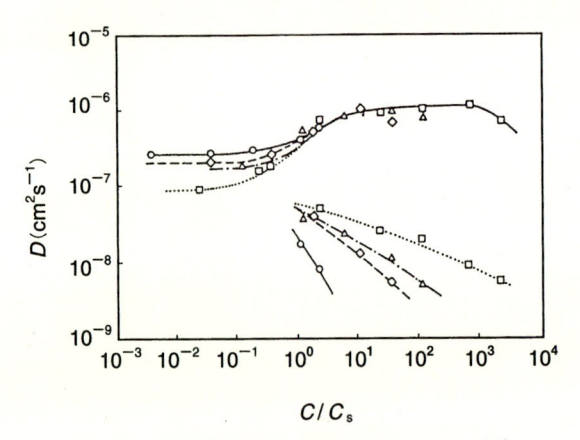

図 3.10 高分子電解質-添加塩水溶液の拡散定数 [41]
試料：臭化ベンジルで四級化したポリビニル-2-ピリジン ($M_W = 2 \times 10^5$, $M_W/M_N = 1.10$, 四級化度：98 mol%, 高分子鎖の長さ：0.18 μm, 近接解離基間の距離 ($\langle b \rangle$)：0.26 nm, 高分子濃度：0.33 g dm^{-3}, 塩濃度は□："無添加", △：0.001, ◇：0.01, ○：0.1M.

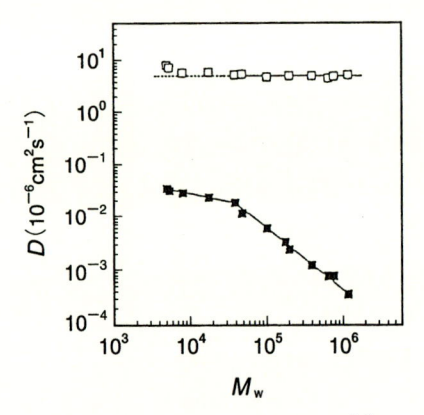

図 3.11 拡散定数の分子量依存性 [54]
□：D_f, ■：D_s, $c = 45.6$ g dm^{-3}, $\theta = 90°$.

集合体の運動に関連づけ，集合体の大きさを Burchard[52] の理論より評価した．この理論によれば，集合体の拡散定数 D_app と大きさ $R_\text{G,app}$ は，$R_\text{G,app}K \leq 1$ のとき，次の式で与えられる．

$$D_\text{app} = D_0(1 + C^* R_\text{G,app} K^2) \tag{3.24}$$

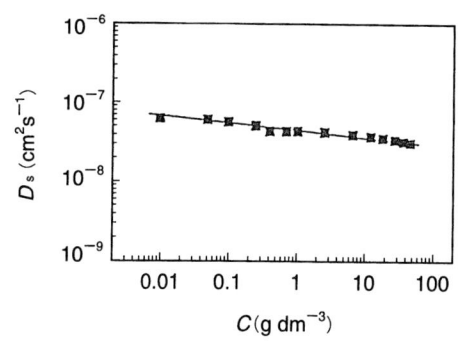

図 3.12 遅い拡散定数の高分子濃度依存性 [54)]
$M_W : 5 \times 10^3$, $\theta : 90°$

ここで，D_0 は $K \to 0$ での拡散定数，C^* は粒子の構造により決まる定数である．最確分布に従う鎖長をもつ多分散性の高分子鎖と，無限長の腕をもつ星型高分子という 2 つの極端なケースを仮定して得られた結果は前出の表 3.3 に示しておいた．SLS 測定から式 (3.16) を用いて得た結果と DLS により式 (3.24) から得られた結果は比較的よい一致を示しているとみることができるが，両式は本来相互作用のない球に対するもので，高分子集合体に用いるのは問題であろう．したがって，$R_{G,app}$ はあくまで目安である．

表 3.3 の試料のなかで最も小さい分子量の場合，分子を十分に伸張したとしても両端間距離はたかだか 6 nm であり，その $R_{G,app}$ 値 (約 50 nm) に比較してはるかに小さい．Förster らと同様，Sedlák らも $R_{G,app}$ が多数の高分子鎖からなるゆるやかな集合体の大きさを表すものと解釈している．D_s が M_W に大きく依存するのに対し，$R_{G,app}$ はほとんど変化しないことは，遅い拡散が高分子の鎖が強固に結合してできた凝集体のブラウン運動ではないことを意味している．

図 3.12〜3.14 は拡散定数の高分子濃度依存性である．低分子量では，D_f の正確な決定が困難であるため，D_s のみが示されている．D_s と D_f は 0.01 g dm^{-3} で一致するが，c が大きくなると D_s は減少し，他方 D_f は最初大きくなりその後 $c = 0.5$ と 45 g dm^{-3} の間で一定となる．Sedlák らはこの事実から D_f をゲルモードに由来するものとは考えず，対イオンに引きずられた (高い分子量，高い濃度では絡み合った高分子鎖の) セグメントの動きに対応させている．また，

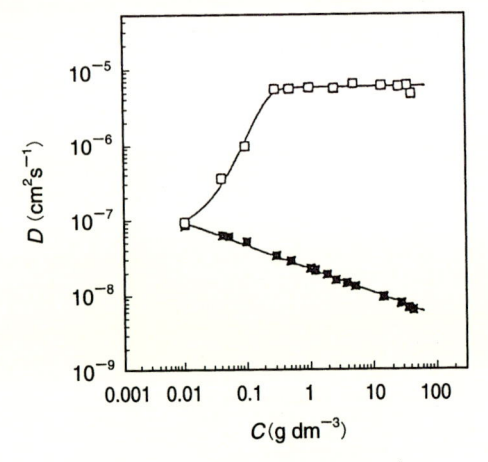

図 3.13 拡散定数の濃度依存性 [54)]
$M_W = 10^5$, $\theta : 90°$, □: D_f, ■: D_s.

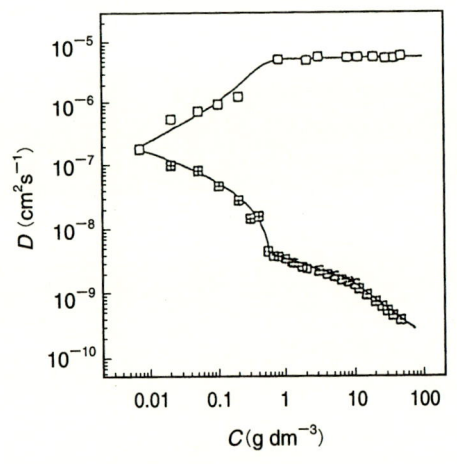

図 3.14 拡散定数の濃度依存性 [54)]
$M_W = 1.2 \times 10^6$, $\theta : 90°$, □: D_f, ⊞: D_s.

彼らの実験結果が Odijk の等方性モデル [53)] とも一致しないと指摘している.

Sedlák らも指摘するように, 高分子イオンが重なり合う濃度 c^* (overlap concentration) という考えはあまり明確ではない. その根拠は c^* を次の式によっ

て算出する際に,

$$c^* = \frac{M_\mathrm{W}}{[\frac{4}{3}\pi N_\mathrm{A}(\langle R_\mathrm{g}^2\rangle^{\frac{1}{2}})^3]} \tag{3.25}$$

にしたがって高分子鎖の回転半径 $\langle R_\mathrm{g}^2\rangle^{1/2}$ が必要であるが,イオン性高分子–無添加塩水溶液では相互作用が強いために式 (3.16) が成立しないので,その評価が困難なのである.また,この条件では構造形成のため散乱強度が影響を受け,単独鎖の性質が正確に評価できないという事情もある.さらに,3.1.2 項でも述べたように,高分子イオンの溶液中の形態が明確でないこともあって,c^* の議論は有意義ではない.しばしば屈曲性イオン性高分子が棒状に伸張すると仮定し,c^* を用いて溶液構造の相図が作成されているが [45],物理的に意義があるとは考えにくい.

D_s は c の増加とともに減少する.$c > 10\,\mathrm{g\,dm^{-3}}$ の実験データは次の経験式に従う.

$$\ln D_\mathrm{s} = -0.0061\,M_\mathrm{W}^{0.35}\ln c \tag{3.26}$$

等方性モデル [33,53] によれば D_s には M_W 依存性がないはずであるが,この実験事実と一致していない.これに関し,次項で議論する SAXS 曲線像も M_W 依存性を示すことを注意したい.M_W が高いとき (図 3.14),$c = 10\,\mathrm{g\,dm^{-3}}$ と $0.5\,\mathrm{g\,dm^{-3}}$ において不連続的な変化がみられる.$0.5\,\mathrm{g\,dm^{-3}}$ での変化は明らかに図 3.5 と 3.6 の散乱強度の変化に対応している.この濃度以上では $I(0)/I(\theta) - \sin^2(\theta/2)$ のプロットは正の勾配を示し,高分子の集合体の大きさ $R_\mathrm{G,app}$ が決定できる領域,すなわち 2 状態構造領域である.なお,後に述べる SAXS による PSS 溶液の研究によっても,この濃度領域において散乱ピークが観察され,2 状態が結論されたことは興味深い.

3.2.3 小角 X 線散乱

X 線のトムスン散乱による溶液構造の研究は,溶質と溶媒の電子密度差が十分大きいとき,添加塩の濃度に関係なしに実施できる.この点は光散乱法に比較して有利であり,小角 X 線散乱 (small-angle X-ray scattering;SAXS) 実験は最近広く利用されている.X 線の透過性が高いために,光散乱で検討できないような白濁試料も研究することができる.波長が可視光に比較して短いた

め，対象となる散乱体の大きさが光散乱法よりも限定されていたが，この難点は非常に低い散乱角における測定法 (超小角 X 線散乱，ultra-small-angle X-ray scattering; USAXS) の開発によって解決され，現在では μm 程度の大きさの電子密度揺らぎの検討ができるようになった．

本項では，主として SAXS 法によるイオン性高分子溶液の研究について考える．この分野における最初の研究は Bernal ら[21]の TMV 濃厚溶液に関するものである．屈曲性高分子の分類には入らないが，重要な歴史的意義をもつので紹介する．図 3.15 はその X 線散乱像であり，これから図 3.16 に示すような TMV 粒子の分布が結論された．要するに，溶液中 (濃度：5~50%) ではあるが，TMV 粒子は結晶のような規則的な分布を示すのである．粒子間の距離 $R(Å)$ は，溶液 100 cm^3 中の乾燥重量 $N(g)$ に対して，$R = 1650/N^{1/2}$ となることが指摘され，これから，"粒子は利用できる空間を均一に満たすように分布している" と結論された．筆者らの言い方によれば "1 状態構造" である．これは，3.2.2 項に述べた比較的低い濃度条件における "2 状態構造" と違ってはいるが，これほどの高い濃度では当然であろう．また，興味深いのは，比較的低い濃度でも棒状粒子が平行に配列した集合体 (タクトイドと呼ばれる) が観察されることで，しかも，"正" および "負" の 2 種のタクトイドが確認されている[*6](図 3.17)．Bernal らはこのような結晶様の構造が，"粒子間に明確な力が作用することによってのみ維持される" と主張し，高い濃度ではこの力は実質的に斥力であるのに対し，低濃度においては引力と釣り合っているに違いないと述べている．さらに粒子間距離が大きいためファンデルワールス力は問題にならず，静電的な相互作用が重要であると指摘している．最近の希薄溶液の研究からも，Bernal らのこれらの主張と本質的に同じ結論が導かれていることは非常に興味深い．

Bernal らの結果の意外性に刺激されて，BSA やヘモグロビンなどのタンパク質や核酸の濃厚溶液が X 線解析によって研究された[55]．33~51% の BSA 水溶液のブラッグ距離は濃度の $-1/2$ 乗，ヘモグロビンでは $-1/3$ 乗に従って減

[*6)] 負のタクトイドでは，高い濃度の溶液中に低い濃度の溶液が共存するとされているが，内部濃度が決定されたわけでない．それがゼロの場合，ボイドに対応するが，この可能性は排除されていない．4 章においてコロイド粒子系についてこのボイドが確認されている．

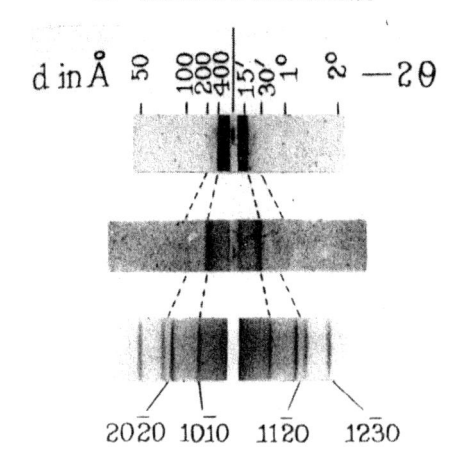

図 3.15 タバコモザイクウイルスの 13%水溶液 (上), 湿潤ゲル (中), 乾燥ゲル (下) の X 線散乱像 [21]

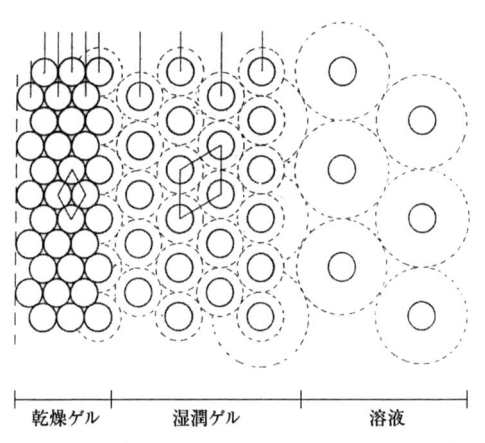

図 3.16 タバコモザイクウイルスの分布の横断面 [21]

少している.

a. イオン性高分子希薄溶液の小角 X 線散乱

合成高分子化学の発展に伴って，化学組成の単純なイオン性高分子が入手できるようになり，生体高分子の複雑な性質を避けることができるようになった．同時に技術的進展によって低い角度領域の測定が容易になり，また測定感度も

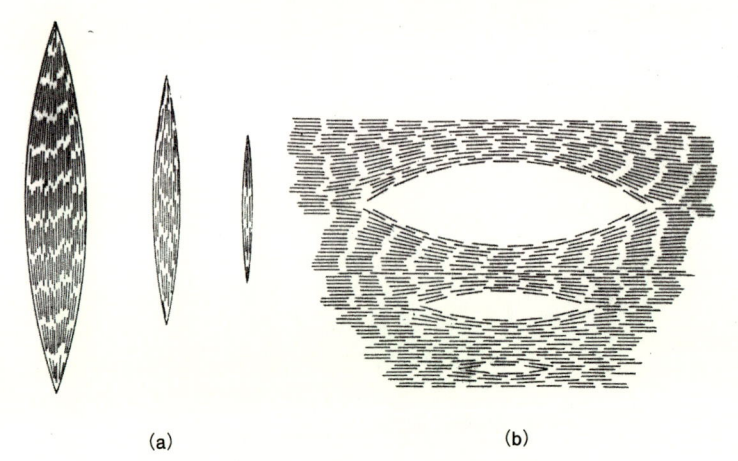

図 3.17 種々の大きさのタクトイド [21)]
(a) 正のタクトイドの中の棒状粒子の配向, (b) 負のタクトイド.

大きく改善され,SAXS 法は高分子化合物の構造研究の最重要な手段の 1 つとなりつつある.本節では,主としてイオン性合成高分子の希薄溶液の SAXS 法による研究を中心に議論する.なお詳細は総説 [56)] を参照されたい.

ほぼ同時期に Dusek[57)] と筆者ら [58)] はそれぞれ PMA, PAA の中和物の希薄溶液を研究し,中和によりイオン化させると SAXS 曲線に単一の幅広いピークが現れることを見出した.PMMA の場合,中和度 α_d が 0.05 においてすでにピークが観測され,静電的相互作用の強さを反映している.筆者らはこのピークが高分子イオンが溶液中において形成している規則的な格子状の分布によるものと判断し,ピーク位置 K_m が格子面間の距離に対応すると考えている.

図 3.18 に NaPSS 溶液について得られた散乱曲線 [59)] の例を示す.いずれの濃度でも単一のピークが認められ,K_m は濃度が大きくなると広角側 (短距離側) に移動する.中性塩を添加すると,K_m は低角側に移動し,さらに塩濃度を上げるとピークは消失する.低角側への移動は,屈曲性高分子 (PAA, ポリ-L-リシン (PLL), PAAm),コンドロイチン硫酸 A と C (ChS-A, ChS-C)[60)],BSA[60)],リゾチームや tRNA[61)] においても観察された.図 3.19 に,$C_s = 0.1M$ に固定して,添加塩のカチオン電荷を変化したときの散乱結果を示すが,価数が高くなると,ピークを消失させる効果が大きい.このことは,ピークが静電的相互

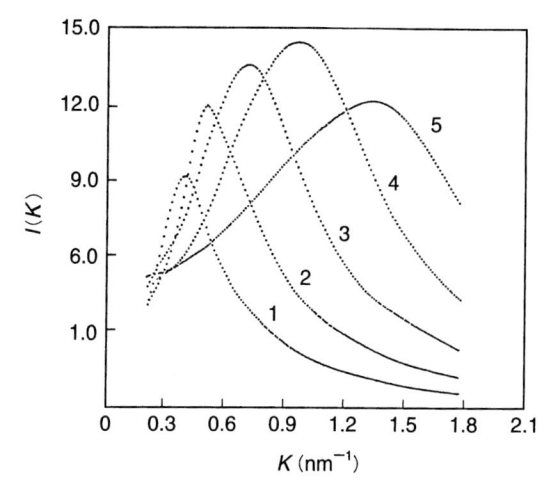

図 3.18 ポリスチレンスルホン酸ナトリウム塩水溶液の X 線散乱曲線 [59)]
$M_W = 7.4 \times 10^4$, $M_W/M_N = 1.17$, [NaPSS] はそれぞれ, $1:10.0\,\mathrm{g\,dm^{-3}}$, $2:20.0$, $3:40.0$, $4:80.0$, $5:160.0$.

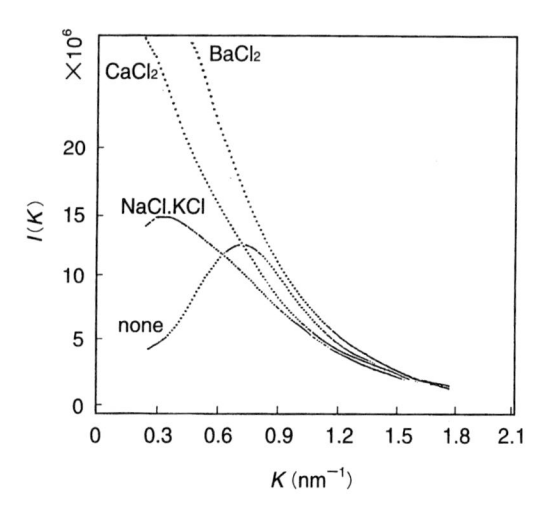

図 3.19 ポリスチレンスルホン酸ナトリウム塩水溶液の SAXS 曲線に対する添加塩の影響 [59)]
$M_W = 7.4 \times 10^3$, [NaPSS] $= 40\,\mathrm{g\,dm^{-3}}$, $C_s = 0.1\mathrm{M}$.

作用によって出現することを強く示唆している．

図 3.20 は重合度の異なる 2 種の NaPSS の単独系と両者の混合物の SAXS 曲

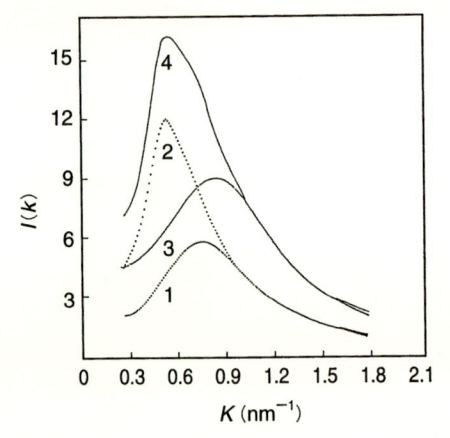

図 3.20 2つの分子量のポリスチレンスルホン酸ナトリウム塩水溶液の SAXS 曲線と混合実験 [59)]
1：$M_W = 4600$, [NaPSS] $= 20 \, \text{g dm}^{-3}$, 2：$M_W = 7.4 \times 10^4$, $20 \, \text{g dm}^{-3}$,
3：混合系 $(20 + 20 \, \text{g dm}^{-3})$ の実測曲線, 4：1, 2 の合成曲線.

線である [59)]. K_m は明らかに重合度に依存する．同量を混合した溶液の曲線3の K_m は $0.83 \, \text{nm}^{-1}$ であり，単独系の値 (0.52 と $0.74 \, \text{nm}^{-1}$) と異なる．もしそれぞれの試料が独立にピークの成因をつくるのならば，たとえば，ピークがそれぞれの高分子鎖の性質の反映であるとすれば，曲線4が期待され，曲線3が観測されたことは理解しにくい．この結果は単一の幅広いピークが高分子鎖の規則的分布によると考える筆者らの解釈を支持している．それぞれの重合度の鎖が独立に規則構造をつくっているとすれば，混合系には2個のピークが現れてもよいはずである．事実はそうではない．したがって，観測された単一ピークは2種の高分子鎖が混合し合って，1種の構造を形成していることを示していると推定される．なお，K_m が重合度によって変化することは，いわゆる等方性モデルと矛盾することを指摘しておきたい．

図 3.21 に水溶性の非イオン性高分子の1つであるポリビニルピロリドン (PVP) の SAXS 曲線を示す [59)]．K が大きくなると，散乱強度は単調に減少し，ピークは認められない．タンパク質の場合でも，正，負の電荷量が等しくなる等電点ではピークは観察されない [60)]．ピークの原因，すなわち構造形成が高分子イオン間の静電的相互作用にあることは明らかである．PVP と NaPSS を

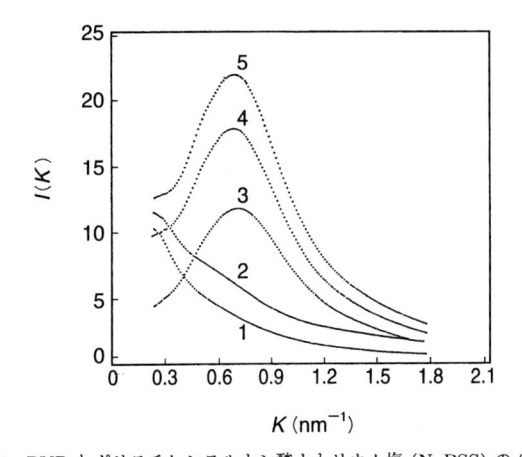

図 3.21 PVP とポリスチレンスルホン酸ナトリウム塩 (NaPSS) の SAXS 曲線[59)]
1 : PVP($M_W = 4 \times 10^4$), $c = 40\,\mathrm{g\,dm^{-3}}$, 2 : PVP, $c = 80\,\mathrm{g\,dm^{-3}}$,
3 : NaPSS($M_W = 7.4 \times 10^4$), $c = 40\,\mathrm{g\,dm^{-3}}$, 4 : NaPSS($40\,\mathrm{g\,dm^{-3}}$) + PVP($20\,\mathrm{g\,dm^{-3}}$), 5 : NaPSS($40\,\mathrm{g\,dm^{-3}}$) + PVP($40\,\mathrm{g\,dm^{-3}}$).

混合しても，後者のピーク位置は PVP の影響を受けていない[59)]．この事実は少なくともこの実験条件では，局所構造の形成がいわゆる**枯渇力** (depletion force)[10)] によるものでないことを物語る．

詳細は原報[59)]に譲るが，NaPSS 水溶液の散乱強度は温度が上がる (13～40°C) とともにやや低下する．高温側で熱運動が活発になって規則的分布が維持しにくくなるためであろう．K_m は広角側にわずかに移動する．すなわち格子面間隔が小さくなっている．熱膨張のためこの間隔は大きくなると期待されるが，溶媒の水の誘電率が温度上昇により低下し，これが粒子間の静電的相互作用に顕著な効果をもたらしていると考えられる．この相互作用に粒子間の斥力と引力を考えると，面間隔の減少を説明するためには，斥力よりも引力がより強い影響をもっていると結論しなければならない．以上は高分子イオン間の相互作用についてであるが，高分子イオン内部においても類似の傾向が認められている．Jönsson ら[62)] によると，DNA の単独鎖の広がり (全長 57 μm) は，水溶液で約 3 μm，ブタノール-水 (40 : 1) において 1 μm と実測され，誘電率が低下すると小さくなっている．溶媒-高分子間の特異な相互作用が考慮されていないので，断定的なことはいえないが，この場合も静電的引力が主役を演じ

ているように思われる．

Chu[61]は1980年にtRNA溶液について単一の幅広いSAXSピークを観察した．松岡らはBSA，リゾチーム，コンドロイチン硫酸(ChS)，t-RNA[60]などの生体高分子の希薄溶液を調査した．これらの生体高分子の場合における高分子濃度，添加塩濃度，電荷数，温度によるK_mの変化は，屈曲性高分子の場合と定性的に同じである．この事実は溶質の形状や大きさ，鎖の性質が散乱ピーク出現の決定的要因でないことを物語る．すべての溶液に共通しているのは，溶質間に作用する静電的相互作用であり，これが，ピーク出現の基本因子と考えることは適当である．

b. 単一ピークの解釈，イオン性高分子間のブラッグ距離と平均距離の比較，局所的規則構造

以上のように，イオン性高分子の希薄溶液に単一の幅広いSAXSピークが出現することが実験的に確認された．後にも述べるが，SANS実験でも同様なピークが観察されている．その原因は別にして，現段階では，このピークは高分子イオンが形成する規則構造に由来するというのが多くの研究者の解釈である．ただし，溶液中に形成される規則構造であり，固体の結晶から連想されるような硬い構造を考えることは誤りである．事実，1次の散乱ピークしか観察されていない*[7]．相当に乱れた構造を考える必要がある．さらに，結晶系が決定できていない．また固体結晶との大きな相違点は，格子定数が溶液の性質，たとえばイオン強度によって変化することである．

このような曖昧さを考えに入れて，許される範囲で実験事実を解析すると，イオン性高分子溶液の興味ある特質が明らかにされる．K_mからブラッグの式により格子面間距離，したがって最近接の溶質間距離$2D_{exp}$が算出される．表3.4にNaPSSについての結果を示す．また，高分子濃度から単純立方格子(sc)を仮定して溶質間の平均距離$2D_0$が求められるが，低い重合度と添加塩系を除

---

*[7] 4.3.4項で述べるように，最近シリカ粒子(粒径：約$0.11\ \mu m$)の形成する単結晶から，22個の散乱スポット(3次の回折ピーク)が観測された．また，Antoniettiら[63]は粒径$0.096\ \mu m$のミクロゲル粒子の分散液から，光散乱により3次までのピークを見つけている．これよりさらに小さい高分子イオンについて単一のピークしか観測されないことを考え合わせると，粒子あるいは分子のブラウン運動性がピークの数を決める1つの重要な因子であることがわかる．

3.2 散乱法による希薄溶液の研究

表 3.4 NaPSS 水溶液の小角 X 線散乱データ

実験	M_W	c (g dm^{-3})	[NaCl] (M)	K_m (nm^{-1})	$2D_{\exp}$ (nm)	$2D_0$ (nm)	温度 (°C)
1	1.8×10^4	10	0	0.46	13.6	14.4	25
2	〃	20	〃	0.53	11.9	11.4	〃
3	〃	40	〃	0.78	8.1	9.1	〃
4	〃	80	〃	1.04	6.0	7.2	〃
5	7.4×10^4	10	〃	0.40	15.7	23.1	25
6	〃	20	〃	0.52	12.2	18.3	〃
7	〃	40	〃	0.73	8.7	14.5	〃
8	〃	80	〃	0.96	6.5	11.5	〃
9	〃	160	〃	1.34	4.7	9.2	〃
10	4.6×10^3	40	〃	0.91	6.9	5.8	〃
11	7.8×10^5	40	〃	0.73	8.7	31.9	〃
12	1.8×10^4	40	0.05	0.67	9.4	9.1	〃
13	〃	〃	0.10	0.51	(12.3)*	〃	〃
14	7.4×10^4	40	0	0.71	8.8	14.5	13
15	〃	〃	〃	0.77	8.2	〃	40
16	4.6×10^3	20	0	0.74	8.5	7.3	25
17	1.8×10^4	7.8	〃	1.02	6.2	〃	〃
18	$\left.\begin{array}{l}4.6 \times 10^3 \\ +7.4 \times 10^4\end{array}\right\}$	40	〃	0.83	7.6	7.1	〃

K_m:散乱が極大を示す散乱ベクトル,$2D_{\exp}$:規則構造の内部における最近接溶質イオン間の距離,$2D_0$:均一分布を仮定して濃度から算出された平均粒子間距離.
* 添加塩濃度が高いため,この値は大きな誤差を含む.

き,$2D_{\exp}$ は $2D_0$ より小さく,3.6 倍の差がある場合もある (実験 11). また同一の数濃度においては,重合度,したがって高分子イオン 1 個当たりの電荷数が大きいほど,$2D_{\exp}$ は小さくなる (実験 16 と 17, あるいは実験 2 と 8 を比較). この結果は,高分子イオン間に働くのは単純な静電的斥力だけでないことを示している.

$2D_{\exp} < 2D_0$ および $2D_{\exp}$ の電荷数依存性は NaPSS 以外の試料についても確認されている. この不等関係は,規則構造が局所的に成立し,自由な高分子と共存していることを物語る. このような状態を筆者らは "2 状態構造" と呼んでいる[64]. その模式図が図 3.22 である. 後に述べるように,コロイド粒子分散系については顕微鏡観察によりこの 2 状態構造が肉眼で確認されているが,要するに,巨視的には均一に見える溶液が,微視的には必ずしも均一では

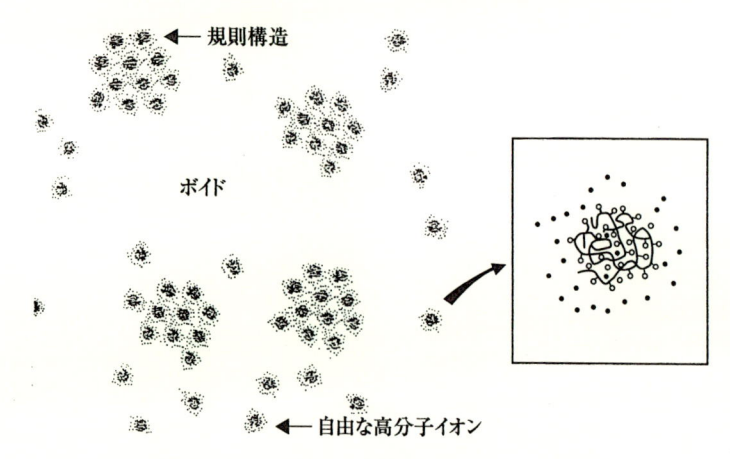

図 3.22 イオン性高分子希薄溶液における 2 状態構造
ここでは屈曲性高分子イオンはランダムコイル状の形態をとっているとして模式図を描いた．高分子濃度が高くなると，溶液全体積が規則構造により覆われ，1 状態構造となる．

ないことを意味する．

2 状態構造を説明する最も単純な解釈として，筆者らは対イオンの媒介による引力を提案している．この問題については，後に詳しく議論する．

c. コロイド性シリカ粒子，イオン性デンドリマー，イオン性ミセル希薄溶液の小角 X 線散乱

屈曲性イオン性高分子の場合，溶液中での形態が固定していないので，形状因子 $f_M(K)$ や構造因子 $F(K)$ などの立ち入った議論が困難である．一方，球状の単分散コロイド性シリカ粒子では，SAXS 測定から式 (3.10) により $F(K)$ が評価できる[65]．図 3.23 に結果の一部を示す．$F(K)$ に単一の幅広いピークが認められ，規則構造の存在を示す．またこの分散系では，$F(K)$ と $I(K)$ のピーク位置はほぼ一致し，また $F(K)$ の粒子濃度，添加塩濃度依存性は前節に議論した屈曲性高分子と同じである．$F(K)$ から算出した $2D_{\exp}$ は，単純立方 (sc)，面心立方 (fcc)，体心立方 (bcc) のいずれを仮定しても，$2D_0$ より小さい（たとえば，濃度 3.93 vol%において，$2D_{\exp}$ は 25.5，27.5，27.5 nm に対し，$2D_0$ は 28.8，32.4，31.5 nm である）．この事実はこのシリカ粒子分散系でも 2 状態構造が成立していることを示す．図 3.23 には松岡ら[66]のパラクリスタル

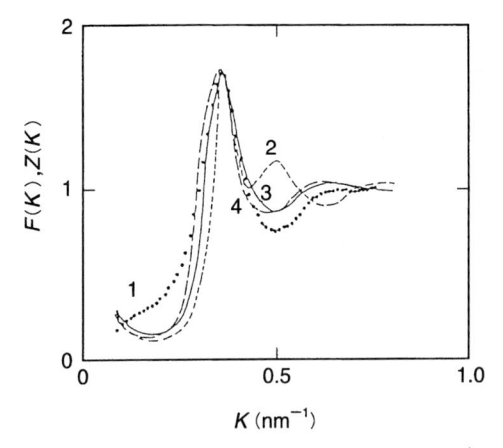

図 3.23 コロイド性シリカ粒子分散系の構造因子 [65]
$a = 3.0$ nm, 濃度：8.57 vol%. (1) 実測の $F(K)$, (2) sc, 格子定数 $a_0 = 18.0$ nm, パラクリスタル乱れのパラメータ $g = 0.163$ としたときの理論的構造 $Z(K)$, (3) $a_0 = 31.0$ nm, $g = 0.161$, fcc に対する $Z(K)$, (4) $a_0 = 26.0$ nm, $g = 0.160$, bcc に対する $Z(K)$.

理論によって評価した理論的構造因子 $Z(K)$ を示した．sc を仮定すると，実測の $F(K)$ とは一致しないことは明瞭である．しかし fcc か bcc かの判定は，1 次の散乱ピークしか観測できない現状では困難である．

大島ら [18] は，1 価および 2 価の対イオンを対象に，ポリ (アミドアミン) デンドリマーの希薄溶液について SAXS による構造研究を行っている．図 3.24 に第 7 世代デンドリマー (G7) の散乱強度 $I(K)$ (重量分率 w と中和度 α_d を一定) を示す．ここで中和度とは，デンドリマーの末端第一級アミノ基の当量数と加えた酸の当量数の比を意味する．明らかに形状因子に重なって単一の回折ピークが観測される．2 つの点が興味深い．第 1 に 1 価の場合，ピーク位置は対イオンの種類によらないことである．このことは粒子の電荷数が対イオンによらないという図 3.2 の結果に対応している．第 2 に，2 価の硫酸イオン系の散乱は水そのものの散乱とほとんど区別できないこと，つまり規則構造は形成されていないことである．これはデンドリマー硫酸塩の電荷数が 1 価の場合より小さいため (図 3.2, 表 3.2)，粒子間の相互作用が構造をつくるほどに強くないことを意味するのであろう．同様の結果は G4, G10 についても確認される．結果は図示しないが，1 価の塩の場合 α_d を 0.5〜1.9 で変化させても，散乱ピー

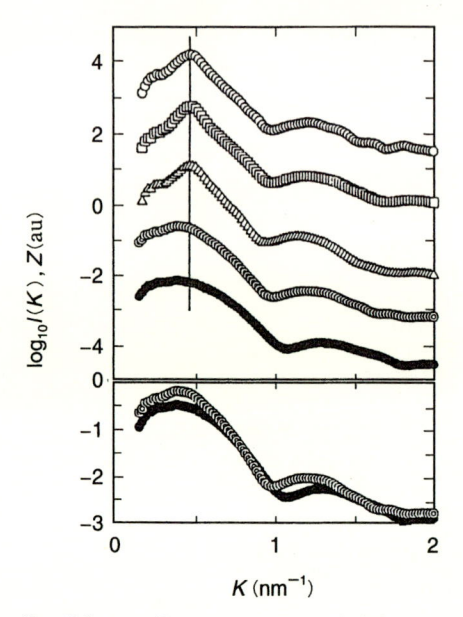

図 3.24 第 7 世代イオン性デンドリマー (G7) 水溶液の SAXS 曲線 [18]
○：塩酸塩（重量分率 $w = 0.050$, 中和度 $\alpha_d = 1.0$），□：臭素酸塩（$w = 0.049$, $\alpha_d = 1.0$），△：ヨウ素酸塩（$w = 0.050$, $\alpha_d = 1.1$），◎：硫酸塩（$w = 0.050$, $\alpha_d = 1.0$），●：水（$w = 0.050$, $\alpha_d = 0$）．散乱曲線は垂直方向に移動してプロットされ，垂直の線は第 1 ピーク位置を示す．下部の挿入図は硫酸塩と水の散乱曲線を同一スケールで再現したもので両者はほぼ重なりあい，硫酸塩溶液には構造が形成されていないことを示す．

ク位置はほぼ同じであった．このことは，$\alpha_d > 0.5$ のとき実効電荷数が α_d を変化させてもほぼ一定であること (図 3.2) によるものである．

均質な球に対する $f_M(K)$ の理論値を用いて，$I(K)$ から $F(K)$ を求め，その一例を図 3.25 に示す．単一の回折ピークが観測され，濃度の上昇に伴いピーク位置は広角側に移動し，$2D_{exp}$ は小さくなる．これは屈曲性高分子イオン溶液の $I(K)$ について認められた傾向（たとえば，図 3.18）や 4 章で議論するラテックス粒子系の顕微鏡観察（表 4.3），USAXS によって得られている結果（表 4.6）と同じである．

α_d が大きくなると $F(K)$ のピークは高くなる．この傾向は SANS によるアンモニア核の G8[67] や G5[68] の研究においても認められ，構造形成が電荷によって支配されていることを物語る．$1.5 < \alpha_d < 1.9$ の範囲では過剰の酸によ

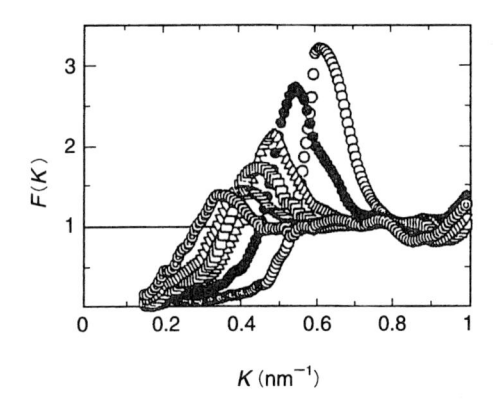

図 3.25 G7 デンドリマー水溶液の構造因子のデンドリマー濃度依存性 [18]
$\alpha_d = 1.0$, ○ : $w = 0.100$, ● : $w = 0.070$, △ : $w = 0.050$, □ : $w = 0.040$,
▽ : $w = 0.030$, ◎ : $w = 0.020$.

る遮蔽効果によってピークは再び低くなる.

大島らは fcc 構造を仮定して, ピーク位置から $2D_{\exp}$ を算出し, $2D_0$ と比較している. 図 3.26 に両対数プロットを示すが, $2D_{\exp}$ はほぼ -0.34 の傾斜で濃度の増加とともに減少する. この傾斜値は SANS の結果 [67,68] とほぼ一致する. また G10 の場合 $2D_{\exp} < 2D_0$ が認められ, G4 では $2D_{\exp} \approx 2D_0$ である. G10 では対イオンの媒介による引力が強く, 系が微視的に不均一になり, 2 状態構造が形成されていることを物語る. これを裏書きするのが表 3.2 に示した電荷数である. 明らかに Z_{nd} は世代数が高くなると大きくなり, 引力が強くなっている.

しかし Z_{nd} のみでは別の実験事実を説明できないことも確かである. すなわち, G10 の硫酸塩は G4 の塩酸塩より大きい Z_{nd} をもつが, 前者は構造形成を示さない. この事実は硫酸塩の σ_{n} が塩酸塩のそれより小さいことと対応している. これに関し興味あるのは, 4 章で議論するコロイド系の場合である. コロイド粒子間の相互作用は粒子の σ_{n} により決定されている (たとえば, 表 4.3 参照). 他方, デンドリマーの σ_{n} は 3 世代にわたりほぼ一定であるから, コロイド系と同じ尺度で考えられないことになる. 一方, 低分子イオンの場合, たとえばデバイ・ヒュッケル理論で重要なのは, 電荷数 Z であって σ_{n} ではない. コロイド, デンドリマー, 低分子イオンによってこのような差が現れるのは, こ

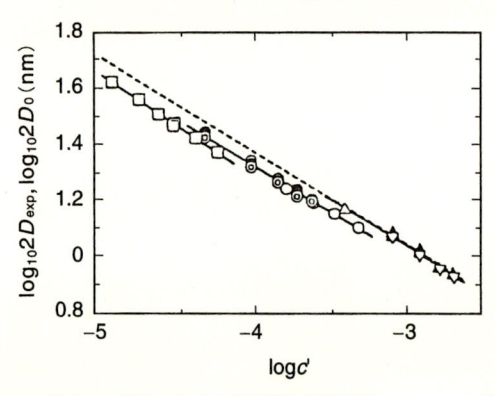

図 3.26 デンドリマー溶液における最近接溶質間距離 $2D_{\text{exp}}$ と平均距離 $2D_0$ の比較[18]
c': デンドリマー数濃度 (nm^{-3}). △: G4(塩酸塩), ▲: G4(過塩素酸塩), ▽: G4(ヨウ素酸塩), ○: G7(塩酸塩), ●: G7(臭素酸塩), ◎: G7(ヨウ素酸塩), □: G10(塩酸塩). 破線: $2D_0$ (fcc).

れら溶質のサイズの違いによる．数密度を一定の条件で考えると，コロイド粒子では粒子中心間距離 R と粒子半径 a との比 a/R は大きく，2 つの粒子が及ぼす相互作用は，相対する表面上の電荷によってほぼ決定され，球の反対側の電荷の役割は重要ではない．したがってこの場合，向かい合う面の表面電荷密度が重要である．これに対し，低分子イオンでは a/R は非常に小さい．そのサイズは R に対して無視することができ，イオン上の総電荷数が相互作用において主役を演ずる．デンドリマーはこれら 2 つのケースの中間にあり，表面電荷密度および電荷数の両者が相互作用の強さに関係をもつのであろう．

デンドリマーより小さい粒径の溶質の場合でも，たとえばイオン性ミセル水溶液は，単一で幅の広い SAXS 曲線を示す[69]．ドデシルトリメチルアンモニウム塩酸塩 (DTAC) の場合，会合数 (したがって分析的電荷数) は約 50 で，球状ミセル半径は 1.6 nm であるが，濃度 $100\,\text{g dm}^{-3}$ において $2D_{\text{exp}}$ はほぼ 7 nm, 他方 $2D_0$ は 6.5 nm であり，粒径の多分散性が高いので $2D_{\text{exp}} \simeq 2D_0$ とみてもよいと思われる．筆者らはこの SAXS ピークが球状ミセルの規則的分布の反映と考え，ミセルの電荷数が小さいため，ミセル間の相互作用が弱く，(デンドリマー G4 と同様に) 1 状態構造をとっていると考えている．

3.2.4 小角中性子散乱

中性子は原子核と相互作用して散乱され,構造情報を提供する.核の散乱能を表すのが中性子散乱長 b であり, i という核状態の核種の散乱長を b_i とする.この量は,X 線の原子形状因子に相当する.均一媒体に分散した粒子 (体積: V) を構成する原子の散乱長を局所体積 v について積分した量 $\rho(r)$ を局所散乱長密度と呼ぶが,

$$\rho(r) = \frac{1}{V}\int_v b_i(r)\,dv \tag{3.27}$$

これにより,散乱強度 $I(K)$ は次の式により与えられる.ここに ρ_s は媒体の散乱長密度である.

$$I(K) = \langle |\int_v (\rho(r) - \rho_s)\exp(i\boldsymbol{K}\cdot\boldsymbol{r})\,dv|^2 \rangle \tag{3.28}$$

$I(K)$ の測定から溶液中の構造に関する情報が得られることは X 線回折法と基本的に変わらない.1970 年代に小角中性子散乱 (small-angle neutron scattering; SANS) は主としてフランスのグループによってイオン性高分子溶液の研究に利用され,SAXS と同様,散乱像に単一の幅広い散乱ピークが検出された.Cotton ら[25]は,ポリメチルメタクリル酸 (PMMA) の中和物について,ピーク位置 K_m の高分子濃度,添加塩濃度依存性を報告しているが,その傾向は SAXS の節で述べたものと同じである (図 3.18, 3.19).表 3.5 に彼らの PMMA のデータを示す.濃度から一様分布を仮定して高分子イオン (重心) 間の平均距離 $2D_0$ を算出すると,明らかに $2D_{\text{exp}} < 2D_0$ が成立しており,2 状態構造の存在を示している.

SANS は NaPSS, α-L-グルタミン酸塩などについても実行された.その結果は,SAXS の場合と定性的に同じであるので詳しく述べることは避ける.原著者は指摘していないが,その散乱データは明らかに $2D_{\text{exp}} < 2D_0$ の成立を示している.表 3.6 に Nierlich ら[70]のデータを用いて得られた結果を示す.

Cotton はまた $K = 10^{-1}$ nm^{-1} 近辺の低角領域で,K が減少するにつれて $I(K)$ が大きくなるという逆転現象を報告している.Nierlich ら[70]は,$10^{-1} < K < 4\times 10^{-1}$ nm^{-1} の範囲で NaPSS の重水溶液では逆転現象を観測したが,重水素化ポリスチレンスルホン酸 (D-PSS) の "ultra pure" な軽水の溶液ではこの現象がみられないことから,逆転現象を重水中のイオン性不純物によると

表 3.5 ポリメチルメタクリル酸塩 *–D_2O 系の中性子散乱実験 [25]

c (g dm^{-3})	K_m (nm^{-1})	$2D_{exp}$ (nm)	$2D_0^{**}$ (nm)
36.5	1.12	5.6	8.4
24.5	1.02	6.2	10.0
15.5	0.835	7.5	11.7
8.13	0.55	11.4	14.5

* 中和度：0.6.
** NaOH により中和されたと仮定して算出.

表 3.6 NaPSS–D_2O 溶液のブラッグ距離と平均距離の比較 *

c (g dm^{-3})	K_m (nm^{-1})	$2D_{exp}$ (nm)	$2D_0$ (nm)
5	0.33	19.0	28.8
10	0.45	13.9	22.8
29.1	0.68	9.2	16.0
47.6	0.97	6.5	13.6
90.9	1.26	5.0	10.9

* $M_W = 7.2 \times 10^4$ の試料の SANS データ[70]から算出.

している.

2 状態構造のような巨大な不均一構造が存在すれば，それが逆転現象を起こすはずである．実際，光の過剰散乱強度は K の減少にしたがって大きくなっている (図 3.5 参照)．この点について，松岡ら[71]はさらに低い角度領域 ($3 \times 10^{-2} \sim 2 \times 10^{-1}$ nm^{-1}) で NaPSS-重水系の SANS を研究し，散乱ピークを観察し，また $K < 10^{-1}$ nm^{-1} において明確な逆転現象を見出した．ピーク位置 K_m は軽水溶液の SAXS とほぼ同じ値であり，測定方法や溶媒の違いに左右されない現象が観察されていることを示唆する.

また，松岡らは逆転現象を起こしている構造体 (筆者らの解釈では局所的規則構造) の回転半径 $R_{G,app}$ を，次のギニエ則

$$I(K) = I(0) \exp\left[-\frac{1}{3} R_{G,app} K^2\right] \tag{3.29}$$

によって評価し，さらに球を仮定した場合の半径 a_{app} を求めた．結果を表 3.7 に示す．また，散乱ピークから規則構造の内部の粒子間距離 $2D_{exp}$ を求め，1

3.2 散乱法による希薄溶液の研究

表 3.7 NaPSS–D_2O の低角領域での SANS データ [71]

c (g dm^{-3})	$R_{G,app}$ (nm)	a_{app} (nm)	$2D_{exp}$ (nm)	$2D_0$ (nm)	n
10	40.7	52.5	16.6	25.5	130
20	51.6	66.6	10.3	20.2	1100
30	68.6	88.6	8.5	16.0	4700

[NaCl] = 0, $M_W = 10^5$, $R_{G,app}$, a_{app}：局所的規則構造の回転半径, 球と仮定した時の半径, $2D_{exp}$：ピーク位置からの粒子間のブラッグ距離, $2D_0$：高分子濃度から求めた粒子間平均距離, n：$2D_{exp}$ と a_{app} から算出した, 1 つの高分子集合体中に含まれる高分子イオンの数.

つの構造内部に含まれる高分子イオンの数 n を決定した．ギニエ則は本来均質な構造体に対して成り立つ．いま問題にしている局所構造は高分子イオンと溶媒とから成り立っているので，このプロットを適用することができるかどうかは疑問である．また K の範囲が十分に小さいかどうかの疑問も残る．また小西ら[72]がコロイド粒子について示したように，粒子間の相互作用は非常に強い．体積分率 0.0137, 添加塩濃度 5×10^{-4}M の条件でさえも，粒子濃度零に外挿した散乱強度を用いなければ，正確な粒子径が決定できないほどである．以上の理由から，ここに得られた $R_{G,app}$ は近似的な値であることを認める必要があろう．今後この近似が改善されることが望まれるが，SLS により得られた表 3.3 の結果と SANS から得られた表 3.7 を，同じ分子量と濃度で比較すると，ほぼ同じオーダーの $R_{G,app}$ を与えることは興味深い．また, n の値は現在比較できる対象がないが，c が大きくなると増大する傾向をもち，また別報[73]によれば添加塩濃度が大きくなると n は小さくなる傾向を示す．いずれも物理的に受け入れやすい．

SANS や SAXS の測定では，系内の散乱長密度差あるいは電子密度差が正か負かの区別はつけられない (バビネの原理). 今の場合，筆者らは逆転現象は局所的規則構造によるものと解釈しているが，逆にボイドによるのかもしれない．4 章で述べるように，ボイドは巨視的に均一なコロイド粒子分散系の内部で光学的に確認されているが，屈曲性イオン性高分子溶液でも $2D_{exp} < 2D_0$ が観測されている限り，ボイドの可能性は否定できない．松岡ら[73]はボイドと規則構造とが共存しているモデルについて計算を行い，高分子濃度が大きくなるとボイドの数が減少すること，またその添加塩濃度依存性は小さいという結果

を得た．今後，定量的な検討が望まれる．

　逆転現象がイオン性不純物もしくはちり，あるいは高分子の凝集物によるという解釈が提案されたが，これについて筆者ら[73]は批判的である．仮にちりが原因であったのならば，それを除去して逆転現象が観察されないことを示さなければならない．その後の報告[74]によると，この解釈は撤回されたように判断される．Nierlich ら[70]が重水素化ポリスチレンスルホン酸(D-PSS)-軽水系で逆転現象を観測しなかったのは，局所規則構造の大きさに対応した低い角度までの測定が行われなかったためであって，不純物の影響ではない．

　イオン性界面活性剤ミセル溶液の SANS による検討[75]について簡単にふれておきたい．ミセル溶液の SANS 曲線に，SAXS や SANS によってイオン性高分子やコロイド系に認められたものと同様の単一で幅広いピークが，観測される[76]．Hayter ら[77]は対イオンを点電荷と見なして巨大イオンに対する1成分オルンシュタイン・ゼルニケ式を求め，巨大イオン間の有効対ポテンシャルがDLVO型の斥力であると主張している．Blum ら[78]，Klein ら[79]，Chen ら[80]は mean spherical approximation (MSA) あるいは rescaled MSA (RMSA) によって DLVO ポテンシャルを使って解析を行った．Chen ら[81]はこの解析と実験結果とが良好な一致を示したことから，DLVO型の斥力がミセル間に作用していると結論している．これに対し筆者ら[60]は，SANS ピークは規則的分布によるブラッグ・ピークと解釈し，ミセル間最近接距離 $2D_{\mathrm{exp}}$ を求め，平均距離 $2D_0$ と比較し両者がほぼ一致することを指摘した．ドデシル硫酸リチウム塩について Chen らが測定した SANS 曲線から，それぞれ 6.5 nm と 6.6 nm の値が算出される．電荷数が低いこの種の溶質では，対イオンを媒介とする引力がたまたま弱く，系全体に溶質が均一に分布し，1状態構造が形成されている．このような分布状況では，DLVO型の斥力のみを考えて解析しても実験との見かけ上の一致が得られることは確かである．しかしこの一致は引力を否定する根拠にはならない．これと類似のケースについては8章で詳しく議論する．

3.3　最近の進歩とまとめ

　以上の項の執筆終了後，関連する研究が2, 3報告されたので，これについ

て簡単に議論する.これまで主としてビニル系イオン性高分子について述べた
が,Cooper ら[82,83]はイオノマー (ionomer)[*8]の非水溶液について,粘性測
定,SLS,および DLS を実行している.この化合物では比較的少数のイオン基
が高分子鎖に結合している (図 3.27).ポリウレタン系のイオノマーを,N-メ
チルホルムアミド (誘電率 $\varepsilon = 182$) やジメチルアセトアミド ($\varepsilon = 37$) に溶解
すると,ビニル系イオン性高分子–水系と同じように,還元粘度が濃度の低下に
伴って大きくなる現象 (図 7.1,曲線 1 を参照) が観察されている.その DLS 測
定から 2 つの拡散定数が確認され,原著者らは複数の高分子鎖が集合してゆる
やかな集合体 (loose aggregate) を形成していると結論している.これは 3.2.2
項において議論した 2 状態構造に他ならない.なお溶媒と高分子鎖との間の相
互作用が溶媒によって変化するため,イオノマー溶液の性質は本章での議論ほ
どに単純ではないことに注意しなければならない.またこの種の有機溶媒の中
でのイオン伝導度のデータが十分でないため,現時点ではイオノマーイオンの
実効電荷数の決定が困難であり,静電的相互作用の寄与を評価することは難し
い.ただこの相互作用が重要であることを定性的に物語る結果であることは確
かであろう.今後の詳細な検討が待たれる.

Zhang ら[84]は SLS,SANS によって PSS の 1 価,および 2 価の対イオン水
溶液を詳しく検討した.原著者らは述べていないが,Na^+ の場合,$40\,\mathrm{g\,dm^{-3}}$
における散乱ピーク位置から算出されるブラッグ距離 $2D_{\mathrm{exp}}$ は 8 nm,濃度か
ら求められる平均距離 $2D_0$ は 17 nm である.$2D_{\mathrm{exp}}/2D_0$ は 0.47 であって非
常に小さい.この不等関係は,分子量の高い試料についてこの比が大きくなる
という筆者らの SAXS の結果 (表 3.4) と定性的に一致している.Zhang らの試

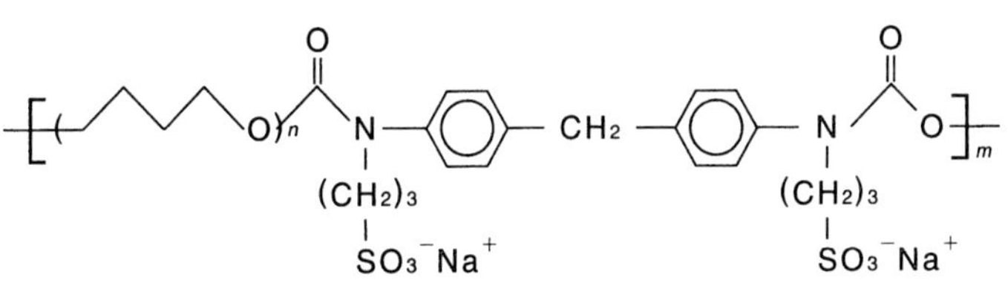

図 3.27 ポリウレタン系イオノマー

[*8] イオノマー溶液の研究については Polyelectrolytes: Science and Technology (ed. by
M. Hara) (Marcel Dekker, 1993) 参照.

料の分子量が 1.24×10^5 であり，ほぼすべての SAXS 試料の分子量がこれより小さいこと，また高分子濃度にも違いがあって，両者の直接の比較は困難であるが，Zhang らの $2D_{\mathrm{exp}}/2D_0$ は定性的には SAXS の結果とつじつまが合っている．また SANS のピーク位置は，同一価数では対イオンの種類（H^+，Na^+，K^+，あるいは Mg^{2+}，Ca^{2+}，Cu^{2+}）によって変化しない．この傾向はポリ（アミドアミン）デンドリマーの 1 価の塩（図 3.24）についても認められた．これはイオンの大きさではなく静電的相互作用が支配的であるためと理解される．また，このことは KPSS 溶液に環状化合物クラウンエーテルを加えて，K^+ に量論的な配位化合物をつくらせても，ピーク位置が変化しなかったこととも対応している．また同一条件で対イオンの価数を 1 価から 2 価にすると，SANS のピーク位置は低角側に移動し，$2D_{\mathrm{exp}}$ は（8 nm から）16 nm となり，$2D_{\mathrm{exp}} \simeq 2D_0$ となる．同様の変化はデンドリマーの 1 価塩と 2 価塩について認められた．デンドリマーについて図 3.2，表 3.2 に示したように，2 価の方が 1 価より高分子イオンに強く固定されるため，2 価の場合の実効電荷数 Z_{n} が低くなり，高分子イオン間の引力が小さくなるからである．Zhang らは PSS の Z_{n} を測定していないので断定はできないが，Z_{n} のこの傾向は Wall ら[7,13,85]のポリアクリル酸についての実験によって支持されている．

Zhang らはさらに光散乱強度の角度依存性から，式 (3.16) によって高分子集合体の大きさ R_{g} を決定し，数平均分子量 6.06×10^4 の PSS 試料の Na 塩と Mg 塩に対して，$40\,\mathrm{g\,dm}^{-3}$ において 48 nm，21 nm という値を得ている．Mg 塩の場合 PSS の実効電荷数が低いため，巨大な構造が維持できなくなっていると考えることができる．ただ，式 (3.16) は高分子濃度が低く，添加塩濃度が高いときに成立し，Zhang らの実験条件（無添加塩系，$40\,\mathrm{g\,dm}^{-3}$）で適用できるのかどうかは疑問である．最善がないための次善の選択であり，上記の値は近似的なものと考えるほうがよい．今後の検討が期待される課題である．

さらに，Zhang らは軽水と重水の混合率を調節して，重水素化および軽水素化 PSS 塩の散乱長密度が消し合う条件を探し，その条件で両者の当量混合物の SANS 測定を行った．このとき，高分子鎖の間の相互作用を見かけ上消去し，単独の分子鎖からの散乱を観測できるとしている．これより分子鎖の回転半径 $R_{\mathrm{g,c}}$ が決定された．Na^+ を Mg^{2+} に変えると $R_{\mathrm{g,c}}$ は大きく減少する．電荷数

が減少するにしたがって高分子内電荷間の反発が弱くなったためか，あるいは高分子内部での解離基電荷–対イオンの間の相互作用の増大によるものかは，今のところ不明である．理由はともかく，$R_{g,c}$ は伸張した棒状モデルによる計算値より小さい．このことは Krause ら[31)] によってもすでに報告されているが (図 3.3)，2 つのグループが採用した高分子濃度がそれぞれ $10\sim60\,\mathrm{g\,dm^{-3}}$ と $10^{-4}\,\mathrm{g\,dm^{-3}}$ であり，結果の定量的比較はむずかしい．後者の方がイオン間相互作用が低い条件であることは確かであろう．

また DLS によって 2 つの拡散モード (D_f, D_s) が確認されている．Na^+ から Mg^{2+} に移ると，D_f は減少し，D_s は大きくなる．Mg^{2+} の拡散定数が小さいため，これに引きずられて D_f は減少する．また D_s の変化は Mg^{2+} の場合の $R_{g,c}$ が小さいこと，また溶液粘度が低いことに帰せられている．

Sedlák[86)] は 2 状態構造における高分子イオンの集合体について SLS, DLS によって詳細な検討を行った．彼は，この集合体が濃度の揺らぎの結果ではないと結論している．筆者らはコロイド分散系のビデオ観察に基づきこの結論に同意する．さらにこの集合体は溶液のろ過処理が引き金になって形成されるのではなく，均一に分散したイオン性高分子から自発的に形成されることを確認している．この観察は屈曲性高分子については最初のものであるが，コロイド分散系では広く認められている．たとえば，図 4.6 に示す分散系は透析開始当初は白濁して粒子が均一分布をしていることを示すが，透析が進行すると透析チューブ内は虹彩色 (内部に形成される粒子の規則構造による可視光のブラッグ回折) を呈するようになり，筆者らが局所的規則構造と呼ぶ構造 (Sedlák の表現ではゆるやかな集合体) が形成される．Sedlák は溶液のろ過に用いられるろ紙のポアサイズ (D_{pore})，ろ過の回数や順番，静置時間などを変化させても，2 つの拡散過程 (D_f と D_s) が観察できること，さらに D_{pore} が小さくなるとともに D_s は大きくなり，集合体が小さくなっていることを見出した．このことは，集合体がそれ自身のサイズより小さい孔径のろ紙を通過するとき破壊されることを示している．筆者らは屈曲性高分子溶液の散乱実験から，またコロイド粒子系について顕微鏡観察によって (4.2.3 項参照)，同じ結論を得ている．Sedlák の研究でとくに興味があるのは，集合体はろ過操作によって簡単に破壊されるほど脆弱であるが，ろ過後再生されることである．また壊れやすいにもかかわら

ず非常に長い寿命をもつことである (測定は 37 ヶ月まで行われている). 4.2.3 項で議論するように,この脆弱さはコロイド結晶については顕微鏡観察,あるいは USAXS 法によって確認されている.自発的に局所的な構造が形成されることは粒子間に引力を仮定すると容易に理解できるが,この構造の脆弱さはこの引力の谷が非常に浅いことを示している.注意しなければならないのは,この局所的な構造はろ過操作によって分離できるような性格のものではないこと,さらにこのような脆弱でありながら長寿命をもつ不均一構造は従来の溶液論,コロイド理論において想定されていなかった点であろう.

構造形成の課題に関連して最近興味あるサンプルが検討されている.第1はポリ(アルキル-p-フェニレン)スルホン酸塩 (PPPS) である.アルキル基が n-ドデシル基の場合,その疎水性のため,ドデシル基が中空部分に,主鎖が表面に位置するような中空の円筒状ミセルが形成される[87~89].その構造を図 3.28 に示す.SLS, DLS と SAXS によりミセルの直径 d,長さ L,さらに分子量 M_W が決定され,これらの情報から PPPS 分子は円筒ミセルの軸方向に平行に配列していると推定されている.また,ミセル断面積当たりの PPPS 分子の数 N_{rad},円筒軸方向における PPPS 分子の数 N_{ax} が推定されるが,興味深いのは,N_{ax} 個の PPPS 分子の末端が対をつくって連結していると考えると,これらの量の相互関係が説明できる点である.分子末端近傍のスルホン基 (アニオン) が対イオン (H^+ あるいは Na^+) を介して引き合っている,すなわち3重イオンの形成を考えると,理解ができる.分子量 24,000 の,n-ドデシル-PPPS24 のナトリウム塩の場合の測定値を挙げておくと,$M_W = 2.1 \times 10^6$, $L = 0.26$ μm, $d = 3.1$ nm, $N_{ax} = 17$, $N_{rad} = 6$ である.分子量を変化させた実験によれば,対イオンを決めると,N_{ax} は分子量によらない.つまり,ミセルは軸方向に同数の PPPS 分子をもっていることになる.このことは,上に述べた末端間の対の数がミセルの大きさの決定に重要な意味をもつことを物語る.

このような円筒状ミセルは,高分子濃度を変化させると図 3.28 に示したように,興味深い構造を形成する.10^{-2} g dm^{-3} 以下の濃度でも,単独の PPPS27 分子は存在せず,ミセルのみが観察される.つまり臨界ミセル濃度が非常に低い.10^{-2} と 1 g dm^{-3} では回転楕円体のクラスターが形成され,0.09 g dm^{-3} ではその長軸,短軸は 300, 120 nm であり,濃度上昇に伴いこれらの値は大き

3.3 最近の進歩とまとめ

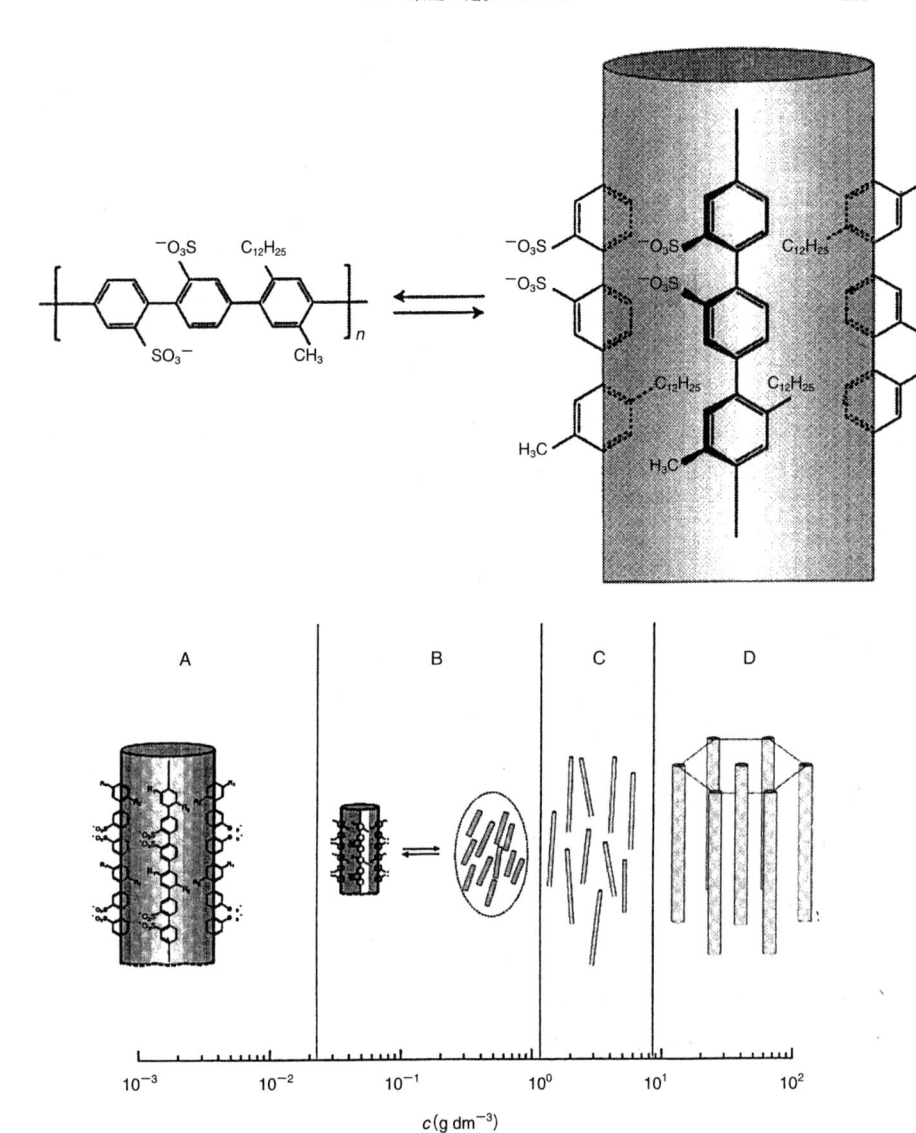

図 3.28 PPPS27(分子量：27,000) の水溶液における構造形成
濃度領域 A では，PPPS 分子は円筒状ミセルを形成する．領域 B ではこのミセルは，内部にリオトロピックな秩序をもつ回転楕円体のクラスターを形成する．濃度がさらに高くなると (C)，ネマチックな相が現れ，D では六方晶様の構造が出現する [90]．

くなる．10 g dm^{-3} 以上の領域Dでは棒状ミセルが六方晶形に配列し，その面間 (ブラッグ) 距離は 15 nm と決定されている．

PPPS27 水溶液の第 2 ビリアル係数 A_2 は -1.84×10^5 dm mol g^{-2} であり，引力の存在を暗示するのに対し，低分子量の PPPS12 (分子量：12,000) の A_2 は $+7.7 \times 10^5$ である．Wegner らは 1 価の対イオンの場合でも同符号の電荷をもつミセルに引力が作用し，長いミセルほど引力の寄与が顕著になると考えている．

この考えは 3.2.3 項に述べた屈曲性高分子についての観測結果と一致している．すなわち，表 3.4 に示したように，同じ数密度で比較すると分子量の大きい試料ほど，したがって実効電荷数が大きいほど，ブラッグ距離 ($2D_{\exp}$) は小さく，引力が強くなっていることがわかる．また，4 章においては，球状のコロイド粒子系に対して，粒子の電荷数が増大するとともに，引力が強くなることが示される．以上の観測結果を総合すると，問題の引力は球状粒子だけでなく，棒状のミセルに対しても存在していると結論できそうである．

Liu らはポリオキソモリブデン酸塩 (POM) の水溶液を研究した．たとえば Na$_{15}$[Mo(IV)$_{126}$Mo(V)$_{28}$O$_{462}$H$_{14}$(H$_2$O)$_{70}$]·～400H$_2$O，{Mo$_{154}$} は車輪様の形 (直径 3.6 nm) をもつ親水性のアニオンであるが，これが会合して中空の球状ベシクルを形成する[91〜94]．その構造を図 3.29 (a) と (b) に示す．この系の新しい点は，通常のミセル形成能をもつ界面活性剤分子と異なり，疎水性のグループがまったく存在しないことである．したがって，ベシクル形成にあたって疎水性相互作用は作用しない．{Mo$_{154}$} の場合，DLS および SLS によって，ベシクルの分子量 M_W は 2.54×10^7，流体力学的半径 R_H は 45 nm と求められた．この M_W は 1165 個の {Mo$_{154}$} に対応する．また Zimm プロットによると，回転半径 R_G は 45 nm で，R_H とほぼ等しい．一様な球に対しては，$R_G = 0.77 R_H$ が成り立つはずなので，このベシクルは中空の球殻と結論される．一様な球であればそれに含まれる分子数は 14,000 となるはずであるが，実測値は 1165 であり，球殻構造を支持している．以上の結果，このベシクルはその表面に 1165 個の車輪状分子を含み，内部は水分子によって占められていると結論される．六方晶型に分布していると仮定すると，隣接する車輪状分子の中心間距離は約 5 nm となる．これを分子直径と比較すると，車輪状分子は接触

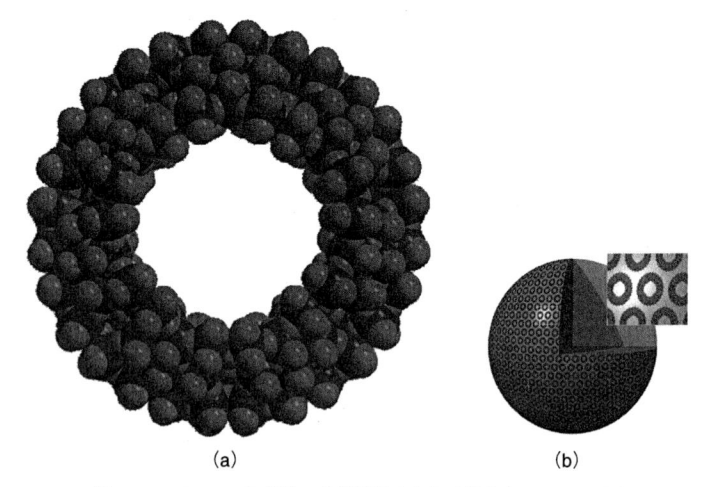

図 3.29 {Mo_{154}} 錯体の分子構造 (a) と球状中空ベシクル (b)

はしていないと結論される．POM の実験濃度が 0.01 mg cm^{-3} のとき，分子が溶液内に均一に分散しているならば，隣接する分子間の距離は 150 nm となる．したがって，ベシクルは同符号に荷電している {Mo_{154}} アニオンが著しく濃縮された結果なのである．疎水基は関与していないので，アニオン間の (対イオンを媒介とする) 長距離引力と短距離斥力のバランスによって 5 nm の距離が維持されていると考えることができる．

さらに実験事実の集積を必要とはするが，対イオンを媒介とする巨大イオン間の引力は，球状の溶質や粒子のみに出現するものではなく，平板状，あるいは円筒状のような非球形の場合についても認められると結論できそうである．この引力の発生が系の電気的中性の原理に基づくことから考えて，これは当然であろう．

本章では屈曲性イオン性高分子を中心に，まずその溶液中での広がりや形態について広く受け入れられている棒状モデルについて疑問を投げかけた．解離基間の静電的相互作用によって高分子鎖が伸張して棒状になるという従来の解釈では，高分子の領域内の (多数の) 対イオンが無視されている．この領域内は非常に高い濃度の電解質溶液に対応する．このような高い濃度では電解質の完

全解離は考えにくく,イオン対,3重イオン,さらに高度のイオン会合体が形成されることは低分子電解質の分野でよく知られている事実である.同様の会合体は解離基と対イオンについても生成するものと考えられる.というよりも解離基間の距離が小さい PAA 塩のようなビニル系では～0.25 nm のオーダーのため,低分子塩の希薄溶液よりも容易に集合体が生成しやすい.仮に1つの高分子の領域内に1つの3重イオン(解離基–対イオン–解離基)が,1つの高分子の両末端に近い2個の解離基について形成されれば,高分子イオンは棒状ではなく,リング状になる.棒状モデルが結論されたのは $[\eta]$ が分子量の2乗に比例するという観察からであった.この比例関係(7章)は,電荷をもたない非イオン性高分子溶液について流体力学的な相互作用のみを考慮して導かれたもので,静電的相互作用は考慮されていない.$[\eta]$ の実験的決定に当たっての問題は差し置くとしても,このような比例関係をイオン性高分子に適用することは適当なのだろうか.しかし問題の解決は容易ではなく,今後詳細な研究が望まれる.

屈曲性イオン性高分子の非常に希薄な溶液の SLS 強度の角度依存性は棒状モデルと食い違いを示す.散乱強度–散乱ベクトル曲線には単一の幅広いピークが見出される.過剰散乱強度の逆数の角度依存性は,高い濃度において正の,低い濃度において負の傾斜を示す.正の傾斜から遅い拡散モードに関連する高分子の集合体の大きさが推定できる.DLS によると,添加塩濃度が低いとき巨視的に均一な溶液から,2つの拡散モードが見出される.大きい拡散定数は試料の分子量には依存しない.非常に低い分子量でも観測されるので,この拡散は単一の高分子鎖の動きに対応すると思われる.小さい拡散定数から高分子の集合体の大きさが算出され,SLS からの値とほぼ一致する.

屈曲性イオン性高分子および球状タンパク質,イオン性ミセル,デンドリマー溶液の SAXS 曲線にも共通して単一の幅広いピークがみられる.このピークは添加塩濃度が高いとき,また電荷数をゼロにすると,すなわち非イオン性高分子では,出現しない.したがって,このピークはイオン性溶質に共通したものであり,これらの溶質が共通してもっている特性によって解釈する必要がある.この理由から,ピークは静電的相互作用による溶質の規則的分布を反映していると考えられる.ピーク位置から規則構造内部における溶質間距離が算出され

るが，この値は濃度から算出される平均距離より小さい．重合度の高い試料では，両者の差は大きく，その比は0.47にも及ぶ．これは，巨視的には均一に見える溶液が必ずしも均一ではなく，規則構造を形成する溶質と自由に動く溶質とが共存し，2状態構造が維持されていることを示している．

中性子散乱法によっても単一のピークが観察される．溶質間距離についてはX線散乱法の場合と同じ傾向が見られる．低い角度では散乱強度は逆転現象を示し，溶液中に大きな密度揺らぎがあることを示唆する．このことはSLS, DLS, X線散乱法からも結論される．

凝縮系の従来の理解では，系の均一性が前提となっている．このことは，濃厚な溶液では受け入れやすい．濃度が低い場合にもこの前提はほぼ正しいものとされてきた．しかし2状態構造が実験的に確認されたことから，この前提は部分的に修正する必要があると思われる．この意外な結論をさらに確かめるために，筆者らは次章においてコロイド分散系を対象に選ぶ．コロイド粒子は高分子よりはるかに大きく，その結果光学的手段によって粒子の分布状態が目でみられるという利点をもつ．要するに，散乱法によるフーリエ空間での観測を実空間での実験によって確かめようとするわけである．

なお本章では構造形成に直接関連する物性に限って議論を進めた．低分子電解質についての広範な組織的研究とは比較にならないが，イオン性高分子溶液の研究はその平均活量，希釈熱，モル体積(それぞれ溶質の化学ポテンシャルの濃度，温度，圧力依存性)などについても展開されている．詳細は総説[95]を参照されたい．

参考文献

1) H. Staudinger, Die Hochmolekularen Organichen Verbindungen–Kautschuk und Cellulose, p.333-377 (Springer, 1960) に引用された E. Trommsdorff (1930) の学位論文.
2) P. J. W. Debye and E.Hückel, *Physik. Z.*, **24**, 185 (1923).
3) R. H. Fowler and E. A. Guggenheim, Statistical Thermodynamics, Chap. 9 (Cambridge University Press, 1939).
4) H. S. Harned and B. B. Owen, The Physical Chemistry of Electrolytic Solutions (Reinhold Publishing, 1958).

5) R. A. Robinson and R. H. Stokes, Electrolyte Solutions (Butterworths Publications, 1959).
6) W. Kern, *Z.Physik. Chem.*, **A181**, 249 (1938); **A184**, 197 (1939).
7) J. R. Huizenga, P. F. Grieger and F. T. Wall, *J. Am. Chem. Soc.*, **72**, 2636 (1950).
8) F. Oosawa, N. Imai and I. Kagawa, *J. Polymer Sci.*, **13**, 93 (1954).
9) N. Imai and T. Onishi, *J. Chem. Phys.*, **30**, 1115 (1959); T. Onishi, N. Imai and F. Oosawa, *J. Phys. Soc. Jpn.*, **15**, 896 (1960).
10) F. Oosawa, Polyelectrolytes (Marcel Dekker, 1971).
11) 文献4), p.220.
12) F. T. Wall and R. H. Doremus, *J. Am. Chem. Soc.*, **76**, 1557 (1954).
13) F. T. Wall and M. J. Eitel, *J. Am. Chem. Soc.*, **79**, 1556 (1957).
14) K. Mita, T. Okubo and N. Ise, *Faraday Trans. I*, **72**, 504; 1627 (1976).
15) J. Skerjanc, D. Dolar and D. Leskovsek, *Z. Physik. Chem.(Frankfurt)*, **56**, 207, 218 (1967); **70**, 31 (1970).
16) E. Baumgartner, S. Lieberman and A. Lagos, *Z. Physik. Chem.(Frankfurt)*, **61**, 211 (1968).
17) D. Dolar, J. Span and A. Pretnar, *J. Polymer Sci., Polymer Symposia*, **16**, 3557 (1968).
18) A. Ohshima, T. Konishi, J. Yamanaka and N. Ise, *Phys. Rev. E*, **64**, 51808 (2001).
19) J. Yamanaka, S. Hibi, S. Ikeda and M. Yonese, 発表準備中.
20) M. J. Stevens and K. Kremer, *J. Chem. Phys.*, **103**, 1669 (1995).
21) J. D. Bernal and I. Funkuchen, *J. Gen. Physiol.*, **25**, 111 (1941).
22) S. Guinand, F. Boyer-Kawenoki, A. Dobry and J. Tonnelat, *C. R. Hebd. Seances Acad. Sci.*, **229**, 143 (1949); P. Doty and R. F. Steiner, *J. Chem. Phys.*, **17**, 743 (1949).
23) B. J. Berne and R. Pecora, Dynamic Light Scattering (John Wiley, 1976).
24) P. N. Pusey and R. J. A. Tough, Dynamic Light Scattering (ed. by R. Pecora) (Plenum, 1985).
25) J. P. Cotton and M. Moan, *J. Phys. Paris, Letters*, **37**, L-75 (1976).
26) 倉田道夫, 高分子工業化学 III (近代工業化学 18) (朝倉書店, 1975).
27) J. J. Hermans, *Rec. Trav. Chim.* **68**, 859 (1949).
28) A. Vrij and J. Th. G. Overbeek, *J. Coll. Sci.*, **17**, 570 (1962).
29) E. F. Casassa and H. Eisenberg, *J. Phys. Chem.* **64**, 753 (1960).
30) M. Sedlák, Light Scattering. Principles and Development (ed. by W. Brown), Chap.4 (Clarendon Press, 1996).
31) R. Krause, E. E. Maier, M. Deggelmann, H. Hagenbüchle, S. F. Schulz and R. Weber, *Physica A*, **160**, 135 (1989).
32) M. Drifford and J. P. Dalbiez, *J. Phys. Chem.*, **88**, 5368 (1984).
33) P. G. deGennes, P. Pincus, R. M. Velasco and F. Brochard, *J. Phys. (Paris)*, **37**, 1461 (1976).
34) J. Hayter, G. Jannink, W. F. Brochard and P. G. deGennes, *J. Phys. Lett. (Paris)*, **41**, L-451 (1980).

35) M. Benmouna, G. Weill, H. Benoit and Z. Akcasu, *J. Phys. (Paris)*, **43**, 1679 (1982).
36) M. Sedlák and E. J. Amis, *J. Chem. Phys.*, **96**, 826 (1992).
37) M. Sedlák, C. Konak, P. Stepanek and J. Jakes, *Polymer*, **28**, 873 (1987).
38) M. Sedlák and E. J. Amis, *J. Chem. Phys.*, **96**, 817 (1992).
39) K. S. Schmnitz, M. Lu, N. Singh and D. J. Ramsay, *Biopolymers*, **23**, 1637 (1984).
40) M. Drifford and J. P. Dalbiez, *Biopolymers*, **24**, 1501 (1985).
41) S. Förster, M. Schmidt and M. Antonietti, *Polymer*, **31**, 781 (1990).
42) B. D. Ermi and E. J. Amis, *Macromolecules*, **31**, 7378 (1998).
43) K. S. Schmitz, M. Lu and J. Gauntt, *J. Chem. Phys.*, **78**, 5059 (9183).
44) K. S. Schmitz, An Introduction to Dynamic Light Scattering by Macromolecules (Academic Press, 1990).
45) K. S. Schmitz, Macroions in Solution and Colloidal Suspension (VCH Publishers, 1993).
46) W. I. Lee and J. M. Schurr, *Biopolymers*, **13**, 903 (1974).
47) J. P. Wilcoxon and J. M. Schurr, *J. Chem. Phys.*, **78**, 3354 (1983).
48) D. J. Ramsay and K. S. Schmitz, *Macromolecules*, **18**, 2422 (1985).
49) M. E. Ferrari and V. A. Bloomfield, *Macromolecules*, **25**, 5266 (1992).
50) N. Ise and T. Okubo, *Acc. Chem. Res.*, **13**, 303 (1980).
51) R. S. Koene and M. Mandel, *Macromolecules*, **16**, 973(1983).
52) W. Burchard, *Adv. Polym. Sci.*, **48**, 1 (1983).
53) T. Odijk, *Macromolecules*, **12**, 688 (1979).
54) E. J. Amis, D. E. Valachovic and M. Sedlák, Macro–ion Characterization from Dilute Solutions to Complex Fluids (ed. by K. S. Schmitz), Chap.25 (American Chemical Society Symposium Series 548, 1994).
55) D. P. Riley and G. Oster, *Discuss. Faraday Soc.*, **11**, 107 (1951).
56) H. Matsuoka and N. Ise, *Adv. Polym. Sci.*, **114**, 187 (1994).
57) J. Plestil, J. Mikes and K. Dusek, *Acta Polym.*, **30**, 29 (1979).
58) N. Ise, T. Okubo, Y. Hiragi, H.Kawai, T. Hashimoto, M. Fujimura, A. Nakajima and H. Hayashi, *J. Am. Chem. Soc.*, **101**, 5836 (1979).
59) N. Ise, T. Okubo, S. Kunugi, H. Matsuoka, K. Yamamoto and Y. Ishii, *J. Chem. Phys.*, **81**, 3294 (1984).
60) H. Matsuoka, N. Ise, T. Okubo, S. Kunugi, H. Tomiyama and Y. Yoshikawa, *J. Chem. Phys.*, **83**, 378 (1985).
61) A. Patkowski, E. Gulari and B. Chu, *J. Chem. Phys.*, **73**, 4187 (1980).
62) S. Mel'nikov, M. Khan, B. Lindman and B. Jönsson, *J. Am. Chem. Soc.*, **121**, 1130 (1999).
63) F. Gröhn and M. Antonietti, *Macromolecules*, **33**, 5938 (2000).
64) N. Ise, T. Okubo, K. Yamamoto, H. Kawai, T. Hashimoto, M. Fujimura and Y. Hiragi, *J. Am. Chem. Soc.*, **102**, 7901 (1980).
65) H. Matsuoka, H. Murai and N. Ise, *Phys. Rev.*, **B 37**, 1368 (1988).
66) H. Matsuoka, H. Tanaka, T. Hashimoto and N. Ise, *Phys. Rev. B*, **36**, 1754 (1987);

H. Matsuoka, H. Tanaka, N. Iizuka, T. Hashimoto and N. Ise, *Phys. Rev. B*, **41**, 3854 (1990).
67) D. E. Valachovic, Ph. D. thesis (1997).
68) G. Nisato, R. Ivkov and E. J. Amis, *Macromolecules*, **32**, 5895 (1999).
69) Y. Ishii, H. Matsuoka and N. Ise, *Ber. Bunsenges. Phys. Chem.*, **90**, 50 (1986).
70) M. Nierlich, C. E. Williams, F. Boue, J. P. Cotton, M. Daoud, B. Farnoux, G. Jannink, C. Picot, M. Moan, C. Wolff, M. Rinaudo and P. G. deGennes, *J. Phys. Paris*, **40**, 701 (1979).
71) H. Matsuoka, D. Schwahn and N. Ise, *Macromolecules*, **24**, 4227 (1991).
72) T. Konishi, E. Yamahara and N. Ise, *Langmuir*, **12**, 2608 (1996).
73) H. Matsuoka, D. Schwahn and N. Ise, Macro-ion Characterization (ed. by K. S. Schmitz), Chap. 27 (American Chemical Society Series No. 548, 1994).
74) J. R. C. van der Maarel, L. C. A. Groot, J. G. Hollander, W. Jesse, M. E. Kuil, J. C. Leyte, L. H. Leyte-Zuiderweg, M. Mandel, J. P. Cotton, G. Jannink, A. Lapp and B. Farago, *Macromolecules*, **26**, 7295 (1993).
75) このトピックスについての総説は S. H. Chen, *Ann.Rev.Phys.Chem.*, **37**, 351 (1986).
76) L. J. Magid, *Colloid Surface*, **19**, 129 (1986).
77) J. B. Hayter and J. Penfold, *Mol. Phys.*, **42**, 109 (1981); J. P. Hansen, J. B. Hayter, *Mol. Phys.*, **46**, 651 (1982).
78) G. Senatore and L. Blum, *J. Phys. Chem.*, **89**, 2676 (1985).
79) G. Nagele, R. Klein and M. Medina-Nayola, *J. Chem. Phys.*, **83**, 2560 (1985).
80) E. Y. Sheu, C.-F. Wu and S.-H. Chen and *J. Phys. Chem.*, **90**, 4179 (1986).
81) D. Bendedouch, S.-H. Chen and W. C. Koehler, *J. Phys. Chem.*, **87**, 2621 (1983).
82) S. Nomula and S. L. Cooper, *J. Phys. Chem.*, **B104**, 6963 (2000).
83) S. Nomula and S. L. Cooper, *Macromolecules*, **34**, 925 (2001).
84) Y. B. Zhang, J. F. Douglas, B. D. Ermi and E. J. Amis, *J. Chem. Phys.*, **114**, 3299 (2001).
85) F. T. Wall and M. J. Eitel, *J. Am. Chem. Soc.*, **79**, 1550 (1957).
86) M. Sedlák, *J. Chem. Phys.*, **116**, 5236; 5246; 5256 (2002).
87) T. Liu, R. Rulken, G. Wegner and B. Chu, *Macromolecules*, **31**, 6119(1998).
88) R. Rulken, G. Wegner and T. Thurn-Albrecht, *Langmuir*, **15**, 4022(1999).
89) Y. D. Zaroslov, V. I. Gordeliy, A. I. Kuklin, A. H. Islamov, O. E. Philippova, A. R. Khokhlov and G. Wegner, *Macromolecules*, **35**, 4466(2002).
90) M. Bockstaller, W. Köhler, G. Wegner, D. Vlassopoulos and G. Fytas, Macromolecules, **34**, 6359(2001).
91) T. Liu, *J. Am. Chem. Soc.*, **124**, 10942(2002).
92) T. Liu, *J. Am. Chem. Soc.*, **125**, 312(2003).
93) T. Liu, E. Diemann, H. Li, A. W. M. Dress and A. Müller, *Nature*, **426**, 59(2003).
94) T. Liu, E. Diemann and A. Müller, *J. Chem. Edu.*, in press.
95) N. Ise, *Adv. Polymer Sci.*, **7**, 536 (1970).

4
コロイド粒子の希薄分散系

4.1 は じ め に

　$1\sim10^3$ nm 程度の直径の粒子が媒体に分散したコロイド分散系は, 20世紀の初めまで実験的, 理論的に取り扱いが困難な対象であった. 最近, 高分子ラテックスやシリカ粒子などについて, その粒径や, 粒径分布, さらに表面の電荷数などを制御することができるようになった. また, 精製法が進歩した結果, 興味深い現象が発見され広い分野の研究者の注目を集めている. とりわけ原子・分子系で観察される結晶とよく似た構造が, 分散系の中で形成されることは重要である. コロイド粒子のこの構造をコロイド結晶と呼ぶ. 粒子密度$\sim10^{13}$ cm^{-3}のコロイド結晶の弾性率は~10 dyne cm^{-2}であるのに対し, 密度$\sim10^{22}$ cm^{-3}の原子結晶の弾性率は$\sim10^{10}$dyne cm^{-2}であって, 密度に関して良好なスケーリングが成り立つ. このような事実から, コロイド系を凝縮系のモデルと見なし, 原子系で直接観測できない現象を別の時間スケールで研究しようという試みが盛んである.

　ここで注意しなければならないのは, 原子系とコロイド系の間の基本的違いである. 原子核と電子の組み合わせは, コロイド粒子とその対イオンとのそれに対応するが, 電子の動きは量子力学的な起源をもつ. コロイド系の粒子と対イオンの運動は媒体の粘性に支配され, この結果, ブラウン運動性を示す. これらの違いを具体的に示す事実の1つが, 原子結晶の格子定数が原子濃度によらず一定値をとるのに対し, コロイド結晶の格子定数は粒子濃度, 添加塩濃度, 粒子の電荷数などとともに変化することである. これについては後に詳細に議

論する.

コロイド分散系の研究方法の特色は,個々の粒子が顕微鏡で観察できることである.この点で先駆的な役割を演じたのが Zsigmondy であり,チンダル現象を利用してコロイド粒子を観察できるようにした限外顕微鏡の発明(1903)である[1].これにより粒子は暗い視野の中に輝く点として観測される.粒子と分散媒の屈折率差が大きいとき,可視光の波長よりはるかに小さい 10 nm 程度の粒子でも観察することができる[2].もっとも,粒子の形状や表面状態についての解像力はないが,粒子の位置(後に述べる粒子の構造形成に関連して重要な情報)およびその時間的変化(ブラウン運動)を考えるには有力な研究手段であり,とくに最新のビデオ録画と画像処理の技術とを組み合わせると貴重な情報を得ることができる.

ペラン(Perrin)[3]はガンボージ粒子を注意深く分別して,粒径分布の狭い試料を調製した.その水分散系において(1)沈降平衡,(2)回転拡散,(3)ブラウン運動性を顕微鏡で調査し,アボガドロ定数 N_A を決定した.(2)と(3)についてはアインシュタインの理論を前提とすると,N_A がそれぞれ 6.88×10^{23},6.50×10^{23} と決定されたが,詳細はここでは割愛し,沈降平衡についてのみ議論する.

粒子(密度 ρ,半径 a)が分散媒(密度 ρ_0)の中で沈降平衡にあるとき,ある基準水平面から H の距離の水平面上に存在する粒子数 N_H は次の式で与えられる.

$$N_H = N_0 \exp\left[-\frac{4\pi N_A g a^3 (\rho - \rho_0) H}{3RT}\right] \quad (4.1)$$

ここに,N_0 は基準面での粒子数,g は重力の加速度,R は気体定数,T は温度である.a が知られているとき,N_H,N_0 の測定により N_A が決定される.ペランの実験では 6.82×10^{23} が得られている.現在受け入れられている値 (6.02×10^{23}) と食い違っているが,粒子サイズの分布,溶媒の精製技術,さらに式(4.1)では粒子間の相互作用が無視されていることを考慮すれば,むしろ驚くべき一致と見なすべきであろう.

本章では,コロイド分散系の 2, 3 の物性について得られている最近の研究を解説する.ここでは電荷をもつ球型粒子を対象とし,とくに断らない限り分散

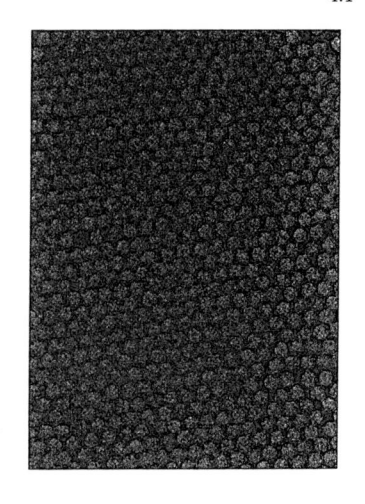

図 4.1 単分散性のコロイド粒子の電子顕微鏡写真
(撮影は富士化学 (株), 西野英哉氏, 内田文生氏による)

15kV × 3,000. 米国 PCR 社の単分散シリカ粒子, $a = 0.5$ μm. 粉末粒子を分散液とし, 精製の後, ガラス板にキャストし, 60 ℃で 1 時間程度加温した後撮影. この写真は個々の粒子の形状や大きさ, その分布の情報を与える. 同時に, 単分散性の粒子を非常に高い濃度に分散させた場合に, ほぼ均一に規則的に分布することを示している. このような高濃度条件では, 粒子間距離 $2D_{\exp}$ は, 濃度から期待される平均距離 $2D_0$ にほぼ等しく, 形成される構造は粒子間の斥力のみを考えれば十分説明ができる.

媒は軽水, 重水, あるいは両者の混合物である. 図 4.1 はコロイド状シリカ粒子の電子顕微鏡写真の一例である. なおこれらの粒子や非球形の粒子の合成法については, 最近大きな進展がみられているが, これについては本章では割愛する. 専門書[4]を参考にされたい.

最も頻繁に用いられているコロイド粒子は, ポリスチレン系のラテックス粒子である. スチレン (S) を水に分散させ重合開始剤 (たとえば, 過硫酸カリ) を用いて調製される. またイオン性のスチレンスルホン酸 (SS-H) を添加することにより, 粒子の電荷数を大きくすることもできる. スチレン系の利点は最終生成物の半径 a や実効電荷数 Z_n が比較的制御しやすく, また粒径分布が狭い (すなわち単分散性の) 試料が得やすいことである. スチレンとスチレンスルホン酸との共重合体の場合, 分散媒 (水) との親和性の違いのため, スチレンが粒子内部に, スチレンスルホン酸が粒子表面に集まり, 表面をスルホン基で覆われた粒子が得られるとされている. したがって粒子を電離性の溶媒に分散させると, 図 4.2 に示すような解離が起こる. この電荷による近距離斥力によって, 巨大な粒子が凝集することなく分散液中に安定に存在することができる.

4.1.1 荷電コロイド粒子の電荷数

屈曲性イオン性高分子の場合と同様に, 対イオンの固定現象のため, 粒子の解離基の総数を与える分析的電荷数 Z_a (したがって対応する表面電荷密度 σ_a)

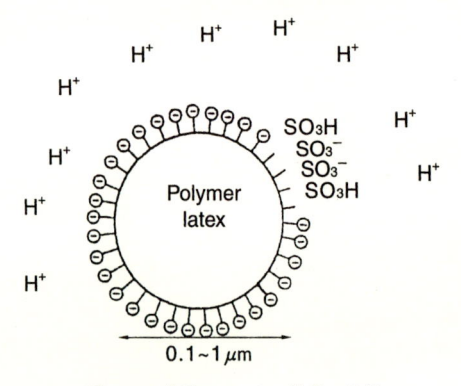

図 4.2 荷電ラテックス粒子の解離
スチレン–スチレンスルホン酸共重合体のラテックス．中心部はスチレン，球表面にスルホン酸が存在し，水中ではスルホン基が解離する．

は実効電荷数 Z_n(実効電荷密度 σ_n) と大きく相違する．伊藤ら[5)]は H^+ を対イオンとするポリスチレン系ラテックスについて，Z_a を電気伝導度滴定法により決定し，ラテックスに固定されない自由な対イオンの分率 f および Z_n を前述 (3.1.1 項) の Wall の方法によって評価した[*1)]．結果を表 4.1 に示す．ラテックス粒子の f ($= Z_n/Z_a$) 値は 0.1 以下であり，屈曲性イオン性高分子の値より小さい (表 3.1 の Z_n/m と比較)．また σ_a が大きくなると，この比は小さくなる傾向がみられる．t_{2p} は 0.1 以下で，屈曲性高分子の～0.5 よりはるかに小さく，巨大な粒子の流体力学的抵抗の大きさを反映する．

表 4.1 には Alexander らによる f の理論値を併せて記入した．この理論によれば，実効電荷数 Z_n は $15a/Q$ (a は粒子半径，Q はビェルム半径．3 章脚注 5 参照) により与えられる．電荷数の低い SS–36 では理論は実験と一致しているが，SS–39 や #1 の場合両者の食い違いは大きい．

コロイド分野で粒子の電荷数を知るため，しばしば ζ 電位が測定される．図 4.3 に示したように，この電位は粒子表面での分散媒の滑り面 (slipping plane)

[*1)] f と輸率 t_{2p} の算出には次の仮定が使われている．溶媒の速度はゼロであり，溶液と溶媒の比伝導率の差は粒子と自由な対イオンの寄与によって決定される．また比伝導率は無限大希釈におけるイオンのモルイオン伝導率によって評価される．最後の仮定は実験濃度が低いとき十分許される近似である．なお本文に述べた結果は H^+ が対イオンの場合である．t_{2p} が比較的小さいことは，その伝導機構 (グロットゥス機構) が特殊なためであって，他のイオン，たとえば，Na^+ では t_{2p} はほぼ 0.5 である．

4.1 はじめに

表 4.1 ポリスチレン系ラテックス粒子の解離状態*

ϕ	f^{**}	t_{2p}	Z_n	σ_n (μC cm^{-2})
(A) SS-36 ($a = 65$ nm, $Z_a = 1.5 \times 10^4$, $\sigma_a = 4.6$ μC cm^{-2}, $\zeta^{***} = -72 \sim -137$ mV)				
0.012	0.13[0.09]	0.09	1.95×10^3	0.58
0.028	0.12	0.10	1.80×10^3	0.54
0.055	0.14	0.13	2.10×10^3	0.64
(B) SS-39 ($a = 175$ nm, $Z_a = 2.6 \times 10^5$, $\sigma_a = 10.6$ μC cm^{-2}, $\zeta^{***} = -43 \sim -49$ mV)				
0.015	0.08[0.01]	0.05	2.08×10^4	0.85
0.049	0.07	0.07	1.82×10^4	0.74
0.075	0.08	0.06	2.08×10^4	0.85
(C) #1 ($a = 38$ nm, $Z_a = 7.2 \times 10^5$, $\sigma_a = 650$ μC cm^{-2}, $\zeta^{***} = -55 \sim -83$ mV)				
0.0011	0.04[0.001]	0.05	2.9×10^4	26
0.0018	0.04	0.07	2.9×10^4	26
0.0023	0.04	0.10	2.9×10^4	26
0.0041	0.03	0.09	2.2×10^4	20

* (A), (B) はスチレンとスチレンスルホン酸との共重合体でその電荷は球表面にあると考えられる. (C) はポリスチレン球を SO$_3$ でスルホン化したもので, 球の表面と内部に解離基をもつ. したがって, 表面当たりの電荷密度に大きな意味はない.
** [ ] 内の値は, Alexander らの理論[6] による計算値.
*** $\phi = 10^{-5}$ における電気泳動による易動度の実測値から Wiersema の理論[7] により算出.

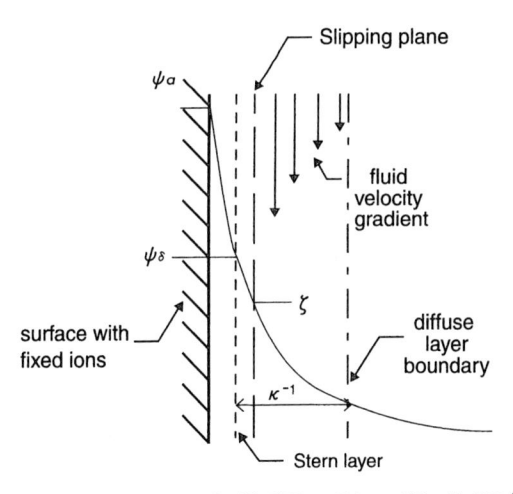

図 4.3 流動する媒体中の荷電粒子周辺の電気 2 重層の模式図[4]
粒子はその電荷により表面電位 ψ_a をもつ. 多数の対イオンが球表面の近くに集まり, その一部は粒子電荷を中和し, その他は粒子表面の電位を低下させる.

における電位と定義される．表 4.1 には電気泳動法による実測値をも示したが，この表からは Z_n と ζ との対応関係は明白ではない．たとえば，SS-39 の Z_n は SS-36 の Z_n の約 10 倍であるのに対し，両者の ζ の実測値に違いは認められない．f と t_{2p} を実験的に評価して実効電荷数を決定し，ζ と対比したのは伊藤らが最初であり，今後さらに実験を重ねる必要があるが，ζ 電位に定量的な意義を認めることは困難である．Fitch[8] も指摘するように，粒子表面でのポテンシャルの傾斜は非常に大きく，滑り面の位置のわずかの変化が ζ 値に増幅されて大きく変化するということもあり，さらに，滑り面までの距離が実験的に独立に決定できないこともあって，ζ と電荷量を直接関係づけることは難しい．

上述の結果は H^+ の場合である．他の金属イオンについての測定はほとんど行われていないが，Na^+ についてはラテックス#1 の試料について伊藤らの実験がある．粒子の体積分率 ϕ が $9 \times 10^{-4} \sim 3.3 \times 10^{-3}$ で，その f 値は $0.06 \sim 0.04$ であり H^+ の場合とほぼ同程度である．しかし t_{2p} は $0.70 \sim 0.60$ と大きく，H^+ と Na^+ の移動機構の違いを反映している．

コロイド性シリカ粒子は，酸性条件では表面の弱酸性のシラノール基の解離によって負の電荷をもつ．これを利用して，山中ら[9] は分散媒の pH を調節することにより粒子表面の電荷数を制御した．このようにして粒子径を変化することなく電荷数を制御することができる．山中らは電導度滴定と電気伝導度測定によってそれぞれ Z_a と Z_n (あるいは σ_a と σ_n) を決定している．以下にその方法について簡単に紹介する．

酸型シリカ粒子 ($a = 60$ nm, $\sigma_n = 0.08$ μC cm^{-2}) の分散系 ($\phi = 2.6 \times 10^{-3}$ 以下) に NaOH を添加すると，[NaOH] が 2.5×10^{-4} M 以下のとき，粒子の分析的電荷密度 σ_a は次の式で与えられる．

$$\sigma_a = \frac{10^{-3}}{3} \frac{N_A ea[\text{NaOH}]}{\phi} \quad (\text{C cm}^{-2}) \quad (4.2)$$

ただし e はクーロン (C) で表示した素電荷，a は cm で表した粒子の半径である．分散系の比伝導率 κ は (自由な 1 価の) 対イオン，粒子と溶媒 (過剰イオンを含む) の寄与からなるので，

$$\kappa = 10^{-3}(\lambda_c C_c + \lambda_p C_p) + \kappa_b \quad (4.3)$$

が成立する．ここに，λ はモル伝導率 (S cm^2 mol^{-1})，C はモル濃度 (mol dm^{-3})，添字 c, p は対イオンと粒子，κ_b は溶媒の比伝導率である．Na$^+$ あるいは K$^+$ を対イオンとする場合，イオン固定度が同じと仮定すると，両者の比伝導率の差を測定すれば，C_c は次のように評価される．

$$\kappa_{Na^+} - \kappa_{K^+} = 10^{-3}(\lambda_{Na^+} - \lambda_{K^+})C_c \tag{4.4}$$

ここに，λ_{Na^+} と λ_{K^+} は Na$^+$ と K$^+$ のモル伝導率（それぞれ 50.1 と 73.5 S cm^2 mol^{-1}, 25°C, 水）である．これにより実効電荷密度 σ_n は，

$$\sigma_n = \frac{10^{-3}}{3} \frac{N_A e a C_c}{\phi} \tag{4.5}$$

となる．また輸率 t_{2p} $(=\lambda_p C_p / (\lambda_c C_c + \lambda_p C_p))$ も算出できるが，ϕ が 0.01～0.03 では ϕ によらずほぼ一定であり，Na 型のシリカの場合 0.50 であった．

図 4.4 では実効電荷密度 σ_n の実測値が σ_a に対してプロットされている[10]．図の (a) に示したように，$\sigma_n = \sigma_a$ の直線は実測値と大きく相違し，イオン固定現象の強さを反映する．Alexander らの理論によるいわゆる調整電荷数 (renormalized charge number) σ^* は，とくに電荷密度が高い領域で σ_n と一致しない．この理論の適用が電荷密度の低い試料に限られることは明白であろう．図 (b) に示した直線は，次の式の C_1, C_2 を 0.51, -1.0 とした場合である．

$$\ln \sigma_n = C_1 \ln \sigma_a + C_2 \tag{4.6}$$

σ_a が 0.3～8 μC cm^{-2} において σ_n/σ_a 値は約 0.7 から 0.2 へと減少する．$\sigma_a = 4.6$ μC cm^{-2} において σ_n/σ_a は 0.16 である．この結果は表 4.1 の SS-36 ($\sigma_a = 4.6$ μC cm^{-2}) の f 値（約 0.12）にかなり近い．

本方法の簡便さから考えて，さらに大きい半径や電荷密度の試料や種々の対イオンについて組織的な実験が期待される．

σ_n の粒子濃度 ϕ, 添加塩濃度 C_s 依存性は，ラテックス粒子 ($a = 60$ nm, $\sigma_a = 5.64 \mu$C cm^{-2}) について調査されたが，$\phi < 3 \times 10^{-2}$, $C_s < 8 \times 10^{-5}$M (添加塩として HCl) では依存性は観察されない[10]．

コロイド分散系に限らず，また高分子，低分子の区別なく，イオン性の溶液や分散系における溶質間相互作用は，主として静電相互作用である．したがっ

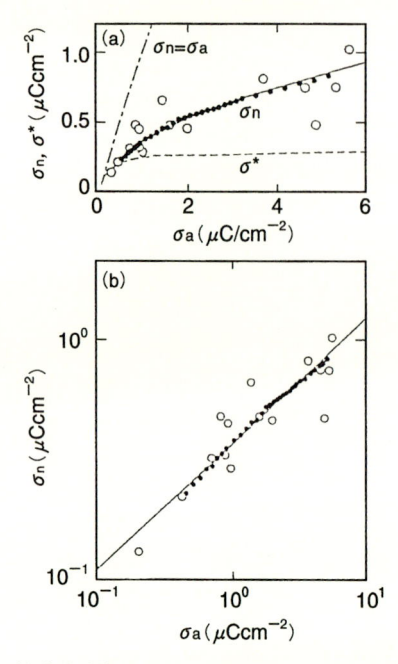

図 4.4 無添加塩水溶液における実効電荷数 σ_n と分析的電荷数 σ_a [10]
●:シリカ粒子 ($a = 60$ nm) の実測値. $\phi = 0.02$. ○:ラテックス ($a = 40\sim 300$ nm の 16 個の試料 [9]) の実測値. (a) の破線は Alexander らの理論による調整電荷数 σ^*. また $\sigma_n = \sigma_a$ を参考のため示したが,実測値との不一致は明瞭である.

て溶質の電荷数を正確に把握することが,物性の正しい理解にとって大切である.一方,コロイド分野の現状をみると,粒子の電荷数の取り扱いについて次の 3 つの流れがある.

(1) 粒子の組成から推定される分析的電荷数 Z_a によって議論する.

(2) 何らかの理論によって現象を解析し,実験との一致が得られるように調節して Z_a を決定する.

(3) 実効電荷数 Z_n を独立の実験方法により決定する.

(1) の手法では対イオン固定の現象が考慮されていないので現実的とは思われない. (2) の流れはしばしばコンピュータシミュレーションの研究で見られ,いわゆる調整電荷数という考えがこれに当たる.この発想は使われた理論が"完全"であるとの前提に立っている.多くの場合,コロイド分野では DLVO 理

論 [11,12) が"完全"な理論として議論が進められる．この前提が正しいかどうかは，得られた"有効"電荷数が独立の実験で確認されることによってはじめて判定できるが，ほとんどの場合この確認はされていない．(3) の流れは上に述べた輸率実験や伝導度測定による Z_n の決定にみられるものである．コロイド粒子の輸率や伝導度の測定例は数少ないが，合理的な少数の仮定の上に成り立っているので，その結果は信頼できると思われる．注意しなければならないのは Z_n の値が実験方法，手段に依存する可能性である．しかしながら，現状では実験的研究が少なく，測定方法による値の変化を議論できる段階ではない．今後の組織的研究が望まれる．

山中ら[13)] は種々の粒径の粒子の σ_a と σ_n を決定し，一定の σ_a においては粒径が減少するにしたがって σ_n が大きくなり，非常に粒径の小さい低分子イオンの場合の極限 $\sigma_a = \sigma_n$ に近づくとしている．その結果を図4.5に示す．一定の σ_a においては粒径減少に伴い電荷総数の減少が起こり，対イオンとの相互作用，したがってその固定度が減少するためである．

4.1.2 コロイド分散系の精製

以下の議論からわかるように，コロイド粒子間の相互作用，したがって分散系の物性は，分散媒中に残るイオン濃度に著しく敏感である．たとえば 10^{-4}M 以上の1-1型の塩が混入していると，系内の粒子はブラウン運動を示すが，それ以下では粒子が結晶様の構造を形成する．したがって信頼できる結果を得るためには，分散系からイオン性不純物をできるだけ取り除くことが重要である．本章で述べるように，コロイド分散系の光学顕微鏡による観察によって，凝縮系としては非常に意外な結果が発見されているが，その再現性，信頼性にも関係するので，本項でその精製法について述べておきたい．

その基本は透析，イオン交換[14,15)] であり，最近限外ろ過も利用される．粒子の種類，サイズなどにより若干の変動があり，また試行錯誤によってよりよい方法がたえず模索されてきたので，具体的な方法は時期とともに変化している．ここではまずラテックス粒子系について採用された方法[14~18)] を解説する．まず Amicon® Model 202 と DiafloXM300 を用い，Milli-Q®水によりラテックス分散系を限外ろ過によって精製する．なお，殺菌のため Milli-Q®水に紫外線

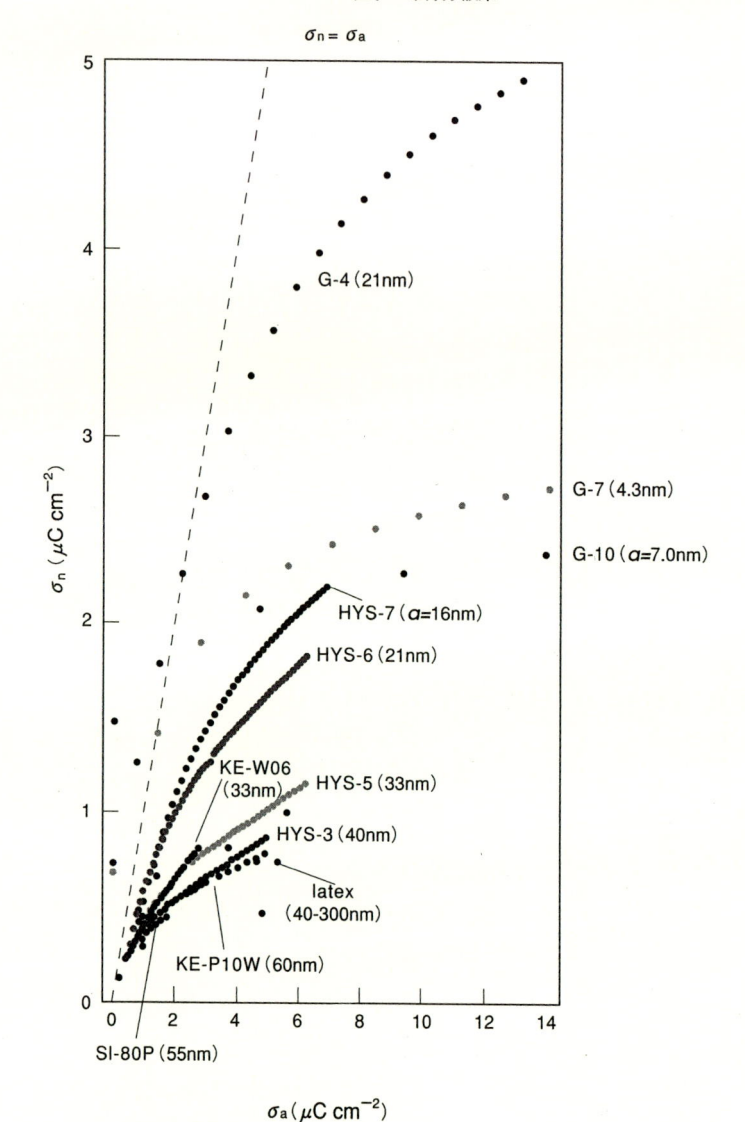

図 **4.5** 種々の粒径の巨大イオンの実効電荷数 σ_n と分析的電荷数 σ_a [13]
KE：シリカ粒子（日本触媒社製），HYS：山中らによって合成されたシリカ粒子，
G：カチオン性デンドリマー．

照射を施すこともある[19]. その電気伝導率は $0.4 \sim 0.6\ \mu\mathrm{S\ cm^{-1}}$ である. ろ液から $220 \sim 420\ \mathrm{nm}$ の紫外吸収 (未反応のスチレン) が消失するまで洗浄を続ける. 精製はろ液の伝導率が時間的に変化しなくなるまで繰り返す. 次に, 精製したイオン交換樹脂を投入しイオン性不純物をさらに除去する. 分散系を振とうしたときに投入したイオン交換樹脂 (比重 $1.2 \sim 1.4$, a は約 $0.5\mathrm{mm}$) が分散液中に"浮遊"し, 容器の底に沈降しなくなることによっても終点が判定される. これは, 精製が進むとラテックス粒子が3次元の結晶構造を形成し, 粒径の大きいイオン交換樹脂粒子がこの構造に捕捉される結果[20]である.

シリカ粒子の場合[9], 純水に対する透析を行い, イオン交換樹脂による精製を行う. 透析外液の伝導率の測定により精製の程度が判定される.

低分子量のイオン性不純物のほかに, 第3の高分子の混入を避けることが望ましい. 3章で議論した枯渇効果を避けるためである. 筆者らが用いたスチレン–スチレンスルホン酸系のラテックスの場合, これらの単量体の単独重合が仮に起こったとしても, ポリスチレンは水に不溶性であり, 系内には留まれないし, ポリスチレンスルホン酸は紫外部に吸収をもつため, その混入は容易に検知できる. またシリカ粒子の場合, 原料のモノマーはケイ酸塩またはケイ酸のアルコキシドであり, 4官能性であるから, 線状の高分子が生成する事は考えにくい. したがってこれらのコロイド粒子を使用する限り, 線状高分子の混入は検知できる. したがって精製によってこれに基づく枯渇効果の寄与を制御できよう[*2]. さらに, 限外ろ過に用いるろ紙としては, コロイド粒子径より僅か

[*2] Belloni らはスチレン (S)–ブチルアクリレート (BA) 共重合体粒子表面をアクリル酸 (AA) 成分を含む共重合体で被覆したラテックス系を選び, その水分散系が非常に高い浸透圧を示すこと, それがラテックスから溶出した高分子成分によると報告している (C. Bonnet-Gonnet, L. Belloni and B. Cabane, *Langmuir*, **10**, 4012 (1994)). さらにこの高分子成分の枯渇効果によって粒子間引力が出現したと解釈し, 筆者らの静電的引力は誤りと指摘している. AA 成分が非常に高い条件での重合であり, 単独重合を防止する方策がとられていないので, AA の単独重合体 (ポリアクリル酸 (PAA)) が生成している可能性は否定できない. そうとすれば, Belloni の主張するように, この AA の高分子が"光学的に検知できず", "光散乱に寄与もせず", しかも"透析膜を通過できなくて浸透圧に影響を与える"恐れは十分にあろう. しかし筆者らはこのような可能性を承知してスチレン–スチレンスルホン酸系を選択し, 仮に単独重合体が生成したとしても, 光学的に検知できる系を用いている. なおポリスチレンが実験中に水溶性の高分子に変化することがあれば, Belloni の指摘は正しいことになろうが, 現在の高分子化学の知識ではその可能性はゼロである.

に小さいポアーサイズのろ紙を用いて,溶媒単独の場合ほとんど瞬時にろ過される程度のものを選び,残留しているかもしれない高分子物質が通過するように配慮している.

イオン性不純物が溶け出す恐れがあるので,ガラス容器はできるだけ避け,ポリエチレンあるいはポリプロピレン容器の利用が望ましい.このように精製した分散液は測定容器(通常石英製のキュベット,毛細管)に移した後,測定の妨げにならない位置にイオン交換樹脂を投入し,測定中に混入するイオン性不純物を絶えず取り除く.

4.2 光学的観察による研究

4.2.1 自由粒子の沈降実験:有効剛体球モデルの妥当性

ペランが沈降平衡実験からアボガドロ定数を決定したことはすでに述べた.この実験は歴史的に非常に有名であるが,残念ながらその意義が必ずしも十分に認識されているとはいえない.この点は粒子間相互作用の課題とも密接に関係するので,本節では沈降平衡実験——いささか古典に属するが——について議論する.

後に述べるようにコロイドの諸現象はDLVO理論[11,12]によって理解できるという考えが一般的である.2章に述べたが,この理論によれば,荷電粒子の間には静電的斥力が作用し,これに加えて,付加的に導入されたファンデルワールス引力が働くとされている.通常問題になる粒子間距離が大きく,μm程度であるため,後者は無視できるとすると,粒子間には斥力だけを考えることになる.粒子濃度が高いとき一見妥当と思われるが,本章で述べるような希薄条件では修正を要するというのが筆者らの結論である.斥力説の根拠の1つはアルダーのシミュレーションである[21].この研究では剛体球に対する2粒子間斥力ポテンシャルにより状態方程式が求められ,粒子の体積分率ϕによって次のような相転移が認められた[22].

$$\phi < 0.5 : 液体相$$

$$0.5 < \phi < 0.55 : 結晶–液体共存状態$$

$\phi > 0.55$：結晶相

　現実のラテックス系では，相転移は塩濃度 C_s に鋭敏に依存し，C_s が $\sim 10^{-5}$M では ϕ が 0.05 付近に転移点がある [23]．この ϕ はアルダーの結果より 1 桁低い．この食い違いを説明するために，粒子（半径 a）が次の式で定義される有効半径（a_D）をもつ剛体球として振る舞うという解釈が戸田・和達らにより導入された [24]．

$$a_D = a + \kappa^{-1} \tag{4.7}$$

ここに κ^{-1} はデバイ半径である[*3]．C_s が小さいとき κ^{-1} は大きいから，実際の a より大きい a_D を仮定すると転移点の ϕ 依存性は見かけ上説明がつく．この結果，コロイド系の相転移の出現には引力は必要でなく，この相変化は斥力のみを及ぼしあう"有効剛体球"のアルダー転移と主張された．

　しかしながら，もしこの有効剛体球という考えが一般的に正しいのなら，相平衡だけでなく，他の現象についても成り立たなければならない．他方，ペランの実験で採用された粒子半径は顕微鏡で決定された a であり，これを使って合理的な N_A が得られたのである．

　もし有効半径を使えば，不自然な結果になることは明らかである．κ^{-1} という概念 [25] が提案されたのはペランより後期であり，彼の論文中には κ^{-1} を評価するのに必要な情報は報告されていない．そこで新たに再実験が行われた [26]．表 4.2 に結果の一部を示す．N_A を 6.02×10^{23} として式 (4.1) によって得られる a^* は，電子顕微鏡からの値 a よりやや小さいが，塩濃度によらず一定値となる．有効半径（$a + \kappa^{-1}$）は塩濃度の増加とともに減少し，これに呼応して見かけのアボガドロ定数 N_A^* は大きくなり，N_A に接近する．改めて指摘するまでもなく，普遍定数がこのような塩濃度依存性を示すことは物理的に受け入れられるものではない．したがって，有効剛体球という考えも不合理なのである．

　相転移以外の現象についても，有効剛体球，あるいはデバイ長（κ^{-1}）を考えることにより実験結果が説明できると主張する論文が非常に数多く報告されているが，上に述べたような物理的な問題点を含んでいることを指摘しておきた

[*3]　文献 [24] では 1 の程度の大きさの定数 α が κ^{-1} の係数として導入されているが，本書では $\alpha = 1$ として議論を進める．

表 4.2 ポリスチレン系ラテックス粒子の沈降実験

[NaCl] (M)	a^* (nm)	κ^{-1} (nm)	$a+\kappa^{-1}$ (nm)	N_A^* ($\times 10^{-23}$)
0	430	170	650	1.9
10^{-6}	430	130	610	2.3
10^{-5}	420	80	560	2.9
10^{-4}	430	30	510	3.9
10^{-3}	440	10	490	4.4

分散媒：$H_2O(25\,°C)$, $\phi=10^{-4}$, $\sigma_a=6.4\,\mu C\,cm^{-2}$, $a^*:N_A=6.02\times10^{23}$ とし沈降実験結果を式 (4.1) に代入して得られた粒径, a：電子顕微鏡により決定された粒径 (480 nm), $N_A^*:(a+\kappa^{-1})$ を粒径として式 (4.1) により求めた見かけのアボガドロ定数.

い.

アルダーらが注意して注釈しているように，単純な斥力がシミュレーションに使われたのは，"計算に際して近似を入れない"ためであり，斥力に現実性があるためではない点に注意したい．彼らはより現実的なポテンシャルの利用を考えているが，この方向での発展はコンピュータ機能の大幅な改善によってはじめて可能となった．最近の結果は松本・片岡[27]，Tata ら[28] によって報告された．これらの進展については 8 章で議論する[*4)]．

4.2.2 自由粒子のブラウン運動

この課題はすでに Perrin によって検討されたことはよく知られている．(式 (4.7) の a_D ではなく) 写真撮影で決定された半径 a を用いるときアインシュタインのブラウン運動の理論[29] が成り立つことが確認されている.

伊藤ら[17,30]はラテックス粒子を利用し，粒子の ϕ が 0.01 以下，添加塩濃度 C_s が $10^{-2}\sim10^{-4}$M で，粒子の挙動をビデオ録画し，画像処理によって根平均 2 乗変位 ($\langle \bar{x}^2 \rangle^{1/2}$) を決定した．$\phi$ が 10^{-4} ではこの範囲の C_s でアインシュタインの理論が成立し，$\langle \bar{x}^2 \rangle^{1/2}$ の温度変化，ならびに (スクロース添加による) 粘度変化もこの理論の予測と定量的に一致する．しかし ϕ がそれ以上のとき，特に低い C_s 領域では理論からのずれを示す．粒子電荷の影響である.

[*4)] 斥力のみによる相転移というアルダー・シミュレーションの結果は，"境界の効果のために圧力が有効的に引力として働いている" ためであると鈴木は指摘している．つまり濃厚系の効果である可能性は否定できないとされている (鈴木増雄，統計力学, p.161 (岩波書店，2000)).

4.2.3 分散系からのコロイド結晶

単分散性のラテックス粒子の分散系からイオン性不純物を取り除き，C_s のレベルを低くすると粒子は結晶様の構造をつくる．この構造形成そのものは Luck[31] による光の回折実験で明確にされている．また，乾燥したラテックス試料について[32]，さらに低い塩濃度のラテックス分散系について虹彩色が観察された(図 4.6)．この発色現象は粒子の形成する規則構造による可視光のブラッグ回折であることも明らかにされた．その後，蓮ら[33]は限外顕微鏡の原理により構造を直接視覚に訴えることに成功した．図 4.7 は比較的粒子濃度の低い条件で得られた規則構造の共焦点顕微鏡写真の一例である．

図 4.7 は水平な焦点面における粒子分布であるが，通常の光学顕微鏡の場合，その配置を調節して鉛直面での分布も調査することができる[16]．重要なことは水平面でも鉛直面でも，bcc では (110) 面が，fcc では (111) 面が器壁面に向き合って観察されることである．これらの面はそれぞれの構造の最密充填面であるが，鉛直面でもこれらが観察されたことは，重力による沈降によって容器の底部の粒子密度が上昇し，その結果最密充填面が出現したのではないことを物語る．

a. 格子振動，格子面振動，格子欠陥

ビデオ録画と画像処理によってコロイド結晶中の粒子の格子振動が伊藤ら[17]によって研究されている．8.3 秒間の粒子の中心位置を 1 つのフレームに再現して図 4.8 に示す．この図に対応する粒子の中心の軌跡を図 4.9 に示す．ϕ が小さくなると粒子間距離と振幅は大きくなる．固体結晶との違いは明らかである．また振動は等方的である．

1 つの格子面上の隣り合った 6 個の粒子の軌跡が図 4.10(a) に示されている[34]．この軌跡を x，y 両方向に分離すると，(b) の変位-時間曲線が得られる．粒子 1，2，3 の曲線は類似の形と位相をもち，格子面の動きがかなりの長距離(約 3 μm) まで影響をもっていることがわかる．

以上では，ほぼ完全な結晶について述べてきた．現実には，とくに希薄条件では不完全な構造になりやすい．たとえば，格子欠陥としてショットキー (Schottky) 欠陥や刃状転位などが頻繁に観察される．図 4.11 はこの点欠陥の周辺粒子の

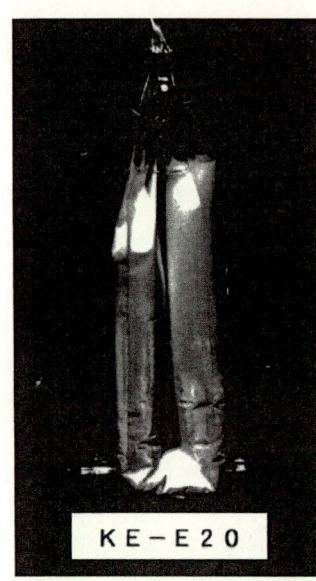

(a)

図 4.6 （口絵 1）
(a) セロファン膜による透析によって精製中のシリカ粒子分散系の虹彩色．試料：日本触媒製 KE-20, $a = 100$ nm．分散系は当初イオン性不純物を多量に含むため粒子はブラウン運動を示し，分散系は白濁するが，不純物が透析されると，粒子は自発的に規則構造を形成し，虹彩色が発現する（写真は名古屋市立大学薬学部，山中淳平博士の好意による）．
(b) シリカ粒子の柱状結晶の形成．試料：日本触媒製 KE-P10W, $a = 60$ nm．3%の分散系の外観の時間変化が 3 方向から撮影されている（容器サイズ：$10 \times 10 \times 40$ mm）．96 時間後に柱状結晶は高さ 2 cm に成長する (J. Yamanaka *et al.*, *J. Am. Chem. Soc.*, **126**, 7156 (2004))．類似の結晶は別のシリカ粒子についても確認されている (T. Shinohara *et al.*, *Langmuir*, **20**, 5141 (2004))．

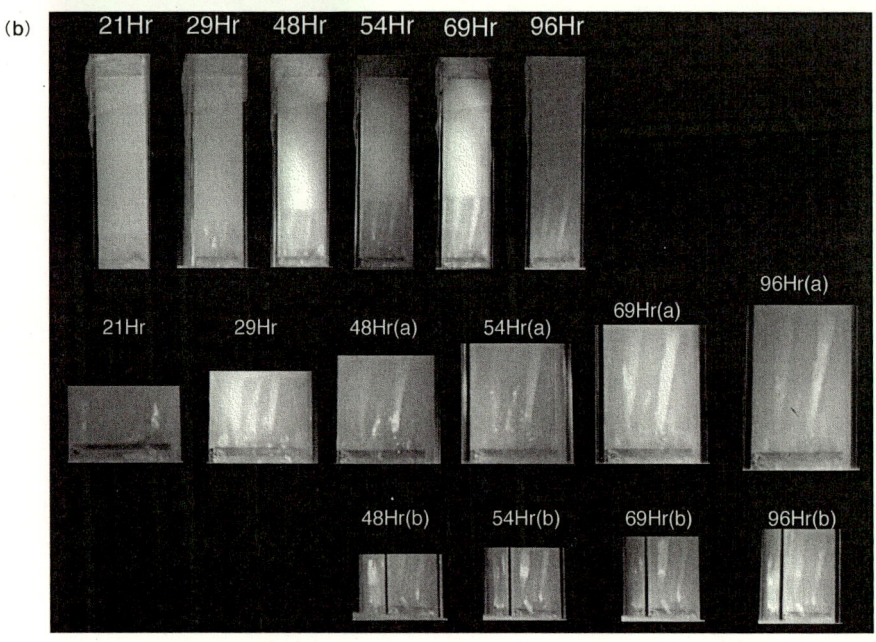

(b)

4.2 光学的観察による研究

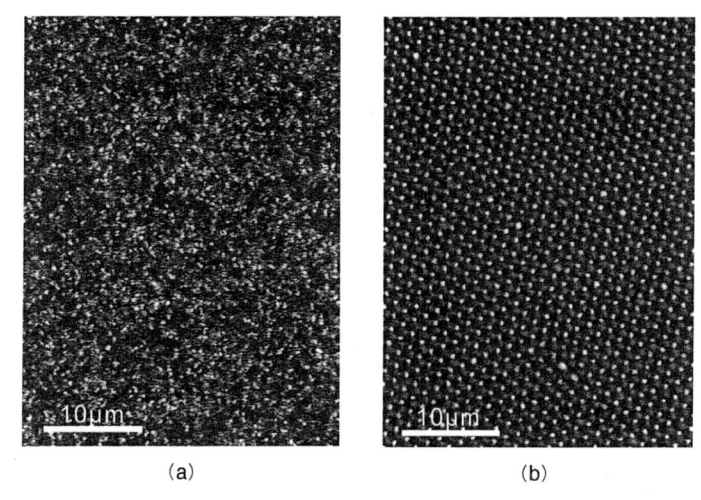

(a)　　　　　　　　　　(b)

図 4.7　ラテックス粒子の形成する規則構造の顕微鏡写真 (写真は吉田博史博士 (日立研究所) の好意による)
$a = 150$ nm, $\sigma_a = 1.3$ μC cm^{-2}, $\phi = 5 \times 10^{-3}$, $C_s = 0$. 共焦点レーザースキャン顕微鏡 (LSM410, Carl–Zeiss). (a) は振とうによって粒子を運動させた状態での写真である. (b) は粒子がつくった規則構造を示す. 刃状転移がみられる. なおこの濃度条件では系全体が写真のような規則構造によって覆われているわけではない.

ϕ=0.01　　　　　0.02　　　　　0.08

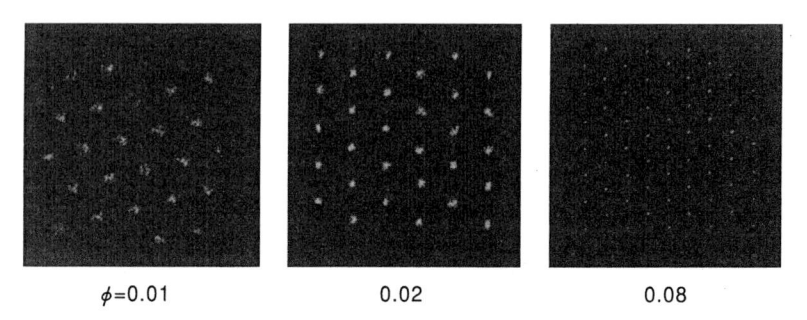

図 4.8　コロイド結晶における格子振動 [17]
ラテックス粒子 ($a = 200$ nm, $\sigma_a = 6.9$ μC cm^{-2}). 室温. 8.3 秒間の粒子運動をビデオに撮り 1/30 秒ごとの重心位置を 1 つのフレームに再現したものである. $\phi = 0.08, 0.02, 0.01$ で粒子間距離 $2D_{\exp}$ は 730, 1070, 1080 nm であるが, ϕ が小さくなるにしたがって格子振動は激しくなっていることがわかる.

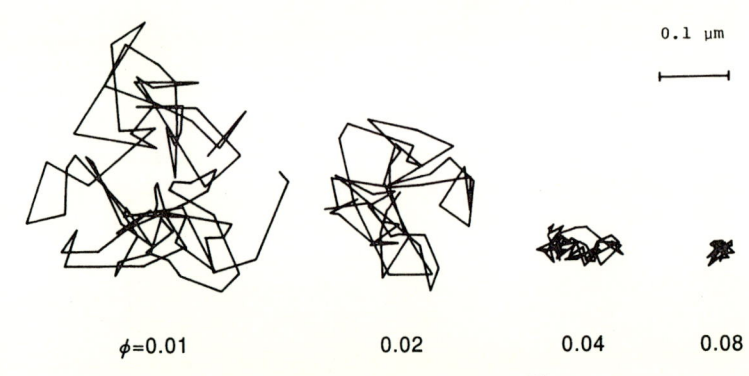

図 4.9 格子振動を示す粒子の軌跡 [17]
実験条件は図 4.8 と同じである．$\phi = 0.01$ と 0.02 では 3 秒間の 90 個の，0.08 では 2 秒間の 60 個の中心位置が直線で結ばれている．

振動を示したもので，粒子の位置の分布は非等方的で完全結晶の場合 (図 4.9) とは異なる．粒子が欠落しているため点欠陥の方向での回復力が他の方向に比べて小さいからである．格子欠陥に基づくエントロピー変化をアインシュタイン・モデルによって計算する場合，欠陥方向での振動数が他の方向より小さいと仮定されるが，この仮定がラテックス系で定性的には支持されているわけである [35]．

b. 2 状態構造：粒子間引力

ϕ が著しく大きいとき，系全体が規則構造によって覆われることは十分理解される．その極端な例が図 4.1 に示されたケースであり，規則的配列の原因は粒子間の排除体積，すなわち斥力である．ϕ が 0.02 程度に下がると局所的な規則構造と自由粒子とが共存する．これを 2 状態構造と呼ぶが，それぞれを結晶と液体状態になぞらえることができる．当初この不均一性の金属顕微鏡写真が報告されたが [36]，その後改良された方法により粒子の軌跡が決定できるようになり，この状態の特質がさらに明瞭になった [17]．図 4.12 にその結果の一部を示す．結晶粒子と液体粒子の運動性の違いは明らかである．重要な点は，2 つの領域の粒子の数密度に明瞭な違いがあることで，結晶状態のほうが高い．このことは系全体の粒子濃度から算出される粒子間平均距離 $2D_0$ に比べて規則構造内部での最近接の粒子間距離 $2D_{\exp}$ が小さいことを意味する．この $2D_{\exp} <$

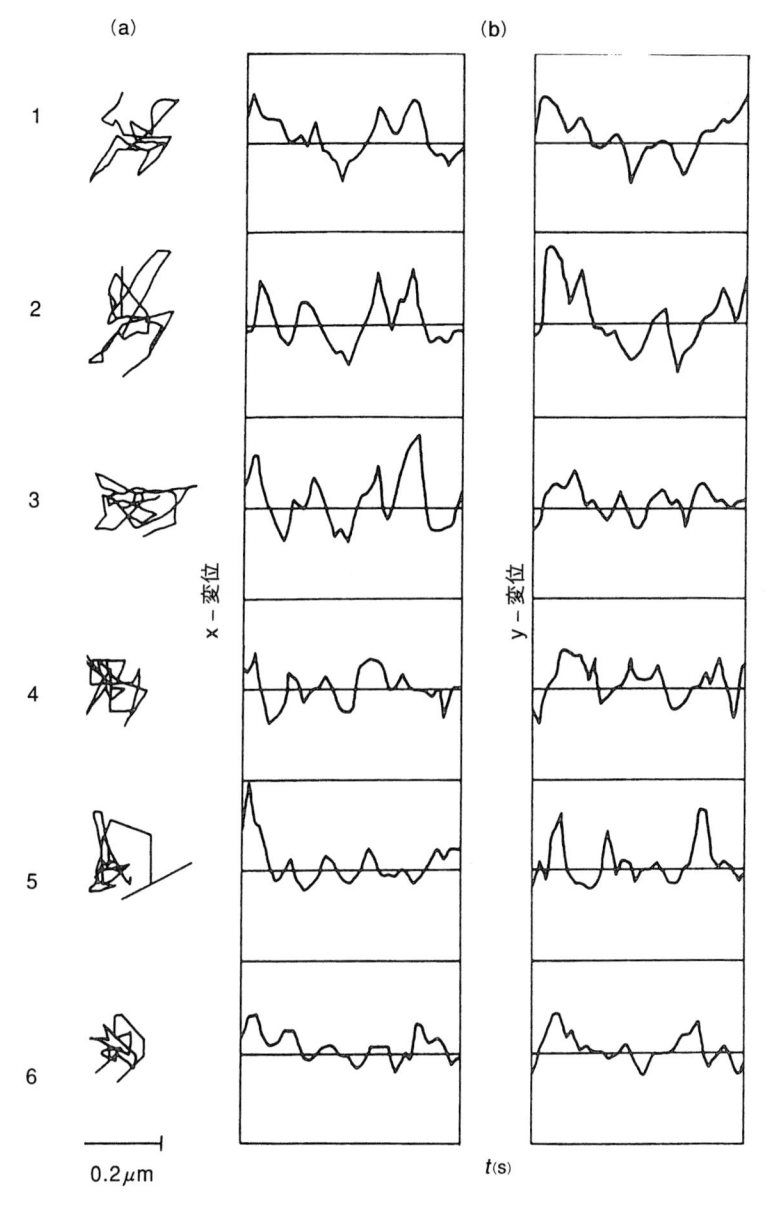

図 4.10 格子振動における相関 [34)]

ラテックス粒子 ($a = 200$ nm, $\sigma_a = 6.9 \ \mu$C cm^{-2}), $\phi = 0.005$, 室温. 最近接粒子間距離は約 1 μm. (a) 1 秒間の軌跡. (b) 直交する 2 方向での変位 (x あるいは y)–時間 (t) 曲線.

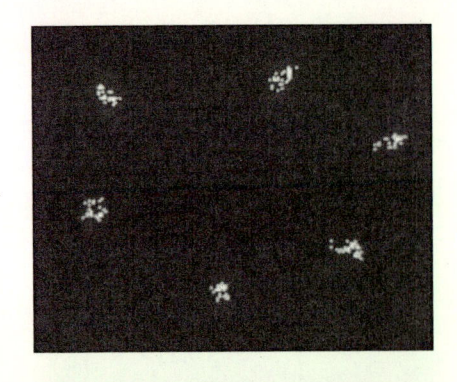

図 4.11 ショットキー欠陥の周辺粒子の格子振動 [34]
ラテックス粒子 ($a = 250$ nm, $\sigma_a = 13.3$ μC cm^{-2}), $\phi = 0.01$, 室温, $t = 1$s. 粒子間距離は約 1 μm.

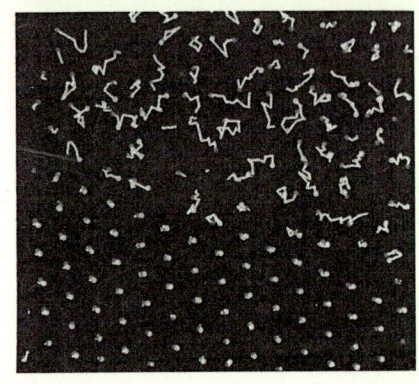

図 4.12 2状態構造における粒子の軌跡 (口絵 2) [17]
ラテックス粒子 ($a = 150$ nm, $\sigma_a = 1.3$ μC cm^{-2}), $\phi = 0.02$, 室温. 11/15 s 間の粒子中心を 1 つのフレームに再現したものである. 図の上半分は自由粒子の動き, 下半分は結晶構造 (最近接粒子間距離: 約 1 μm) である. このスケールでは, 格子振動はほとんど識別できない. 緑の末端は $t = 0$, 黄は 11/15 s 後である (口絵参照). 自由粒子は 3 次元の自由度をもつので, 焦点面外へ, あるいは面内への運動をする結果, 両末端あるいは一方の末端のない軌跡も見出される.

$2D_0$ の関係は屈曲性イオン性高分子稀薄溶液において見出された (3.2.3 項). さらに重要なのは, 2 つの領域の間に物理的な固定した境界がない事実である. 図 4.12 では不明であるが, 界面近傍の粒子は結晶相と液体相の間で, 蒸発, 凝縮を示すことがビデオ観察される. 2 つの相の間には機械的な界面が存在するわけではない. 固定界面がない条件の下で, 高密度の粒子群が局所的に維持されることは, 粒子間に何らかの引力が存在することを示す.

さらに図 4.12 は, 巨視的に等方的な系の中の粒子が, 少なくとも 2 つの拡散定数を与える可能性を示している. すなわち, ラテックス系の顕微鏡観察は, 動的光散乱 (DLS) により認められた大小 2 つの拡散定数を間接的に支持している (3.2.2 項).

その成因は別にして, この図に示すような微視的異方性が巨視的には等方的な凝縮系に見出されることは, 必ずしも容易に受け入れられるものではない.

この意外性のため 2 状態構造は実験的な artifact と受け止められていたが，最初の指摘[36)]から 14 年後の 1997 年に Grier ら[37)]が類似の顕微鏡写真と粒子の軌跡を報告した．

c. 最近接粒子間距離 ($2D_{\text{exp}}$)：粒子濃度，電荷密度，塩濃度，誘電率，温度依存性，平均距離 ($2D_0$) との比較

屈曲性イオン性高分子溶液の場合，単一の散乱ピークから Bragg の式を仮定して $2D_{\text{exp}}$ が決定された．一方コロイド粒子分散系では顕微鏡写真から直接この量が評価できる．したがってコロイド粒子系について $2D_{\text{exp}}$ と $2D_0$ の関係を調査することは，屈曲性イオン性高分子の情報を確かめるという意味で意義がある．

顕微鏡法により $2D_{\text{exp}} < 2D_0$ が最初に指摘されたのは 1983 年である[36)*5)]．"手作業" によって数組の粒子間隔を測定し平均したもので，その後の画像処理による多数の母集団からの情報と違って，その信頼性は低い．しかし重要な点を含んでいるので表 4.3 に結果の一部を示す．明らかに，ϕ の増加とともに $2D_{\text{exp}}$ は減少する．また (A) と (B) を比べると，σ_a が大きい (B) の $2D_{\text{exp}}/2D_0$ が小さい．この傾向は粒子間に作用する引力が σ_a の増大に伴って大きくなることを意味しており，それが (3 章に述べた) 対イオンを媒介とする静電引力であることを示唆している．

表 4.4 に示すように，C_s を上げると $2D_{\text{exp}}$ は減少し，10^{-4}M 近辺で結晶が融解するため測定できなくなる．DLVO 理論[11,12)]によれば，塩濃度が大きくなるとポテンシャルの極小は単調に深くなり，極小位置は短距離側に移る (図 2.11)．したがって結晶はますます安定になるはずであり，また $2D_{\text{exp}}$ は減少し続けるはずである．観測された減少傾向はこの理論と定性的に一致するが，塩濃度の高い条件において結晶が融解することはこの理論では説明できない．

図 4.13 に示すように，誘電率 ε の低下とともに $2D_{\text{exp}}$ は減少する．もし粒子間の静電的斥力により規則構造が維持されているのであれば，ε の低下に伴

[*5)] Krieger と Hiltner[38)] は比較的濃厚なラテックス分散系 ($\phi = 0.01 \sim 0.50$) について光散乱実験を行い，単一の回折ピークを観測し，そのピーク位置から $2D_{\text{exp}} < 2D_0$ の事実を認め，2 状態構造の存在を指摘している．おそらく電荷密度の低い試料が使われたために，また濃度が高かったために $2D_{\text{exp}}/2D_0$ は 0.96 程度であり注目を引かなかった．

表 4.3 最近接粒子間距離 $2D_\text{exp}$ の粒子濃度依存性と平均距離 $2D_0$

ϕ	$2D_\text{exp}$ (nm)	$2D_0$ (nm)	$2D_\text{exp}/2D_0$
(A) ラテックス* ($a = 170$ nm, $\sigma_\text{a} = 0.04\ \mu\text{C cm}^{-2}$)			
0.0040	1800	1900	0.93
0.0055	1500	1750	0.86
0.0150	1000	1250	0.80
0.0400	800	900	0.89
(B) ラテックス** ($a = 419$ nm, $\sigma_\text{a} = 7.2\ \mu\text{C cm}^{-2}$)			
0.0075	1260	1940	0.65
0.0140	1070	1570	0.68
0.0372	890	1140	0.78
0.0559	820	990	0.83
0.1120	710	790	0.90

* 文献 [33] に掲載された顕微鏡写真から筆者らが測定.
** 室温, $C_\text{s} = 0$. 文献 [36].

表 4.4 最近接粒子間距離 $2D_\text{exp}$ の添加塩濃度依存性 [30]

[NaCl] (M)	$2D_\text{exp}$ (nm)	$2D_\text{exp}/2D_0$
0	1270	0.94
1.71×10^{-5}	1130	0.84
6.84×10^{-5}	800	0.60
1.37×10^{-4}	液体状態	

ラテックス ($a = 227$ nm, $\sigma_\text{a} = 4.4\ \mu\text{C cm}^{-2}$), $\phi = 0.0020$, 室温.

い斥力は強められ, したがって $2D_\text{exp}$ は大きくなるか, あるいは一定値に留まるかするはずである. 事実はこれに反する. 他方, 静電的引力が優勢であれば, ε が小さくなると引力は強くなり, この結果 $2D_\text{exp}$ は減少する. 観測事実はこれと符合している.

温度が上昇すると $2D_\text{exp}$ の実測値は小さくなる. これは物理的に起こり得ない事態であるが, 溶媒である水の ε の温度変化を考慮して補正すると, $2D_\text{exp}$ は増加傾向を示す (図 4.14 の (a)). $2D_\text{exp}$ の見かけの温度依存性は, 固体結晶とコロイド結晶の違いを明瞭に物語っている.

d. 顕微鏡像の 2 次元フーリエ変換像

一般に散乱波の振幅 $A(b)$ は実空間における密度関数 $\rho(r)$ と次の式で結ばれる.

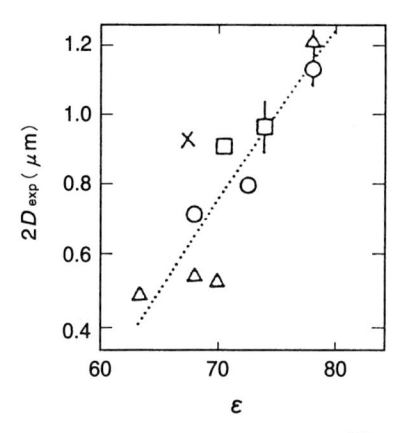

図 4.13 $2D_{\exp}$ の溶媒誘電率依存性 [30)]
ラテックス粒子 ($a = 185$ nm, $\sigma_a = 7.2$ μC cm^{-2}), $\phi = 0.013$, 室温. 2 成分溶媒系:水–エチレングリコール (○), 水–メタノール (×), 水–ジメチルホルムアミド (△), 水–ジメチルスルホキシド (□). 点線は $2D_{\exp} - \varepsilon$ の直線近似で, 図 4.14 で使われる.

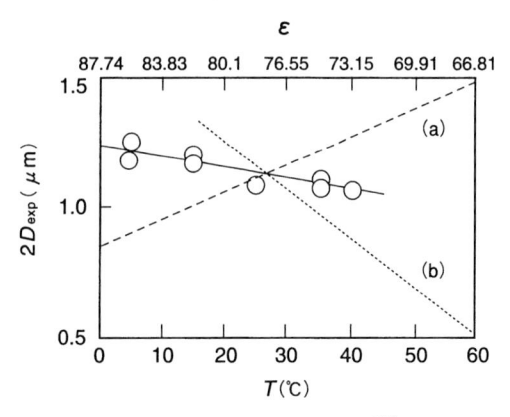

図 4.14 $2D_{\exp}$ の温度依存性 [30)]
試料:図 4.13 と同じ. $\phi = 0.02$, 溶媒:水. (b) は図 4.13 の直線に対応し, この直線により誘電率 ε の温度補正をして得られた $2D_{\exp}$ を (a) により示す.

$$A(\boldsymbol{b}) = \int \rho(\boldsymbol{r}) \exp\left[-2\pi i(\boldsymbol{b}\cdot\boldsymbol{r})\right] d\boldsymbol{r} \tag{4.8}$$

ここに, $\boldsymbol{r}$ と $\boldsymbol{b}$ はそれぞれ実空間のベクトルと逆空間ベクトルである. コロイド粒子系の場合, $\rho(\boldsymbol{r})$ は顕微鏡像として入手できるので, そのフーリエ変換によって散乱像が計算できる.

(a)   (b)

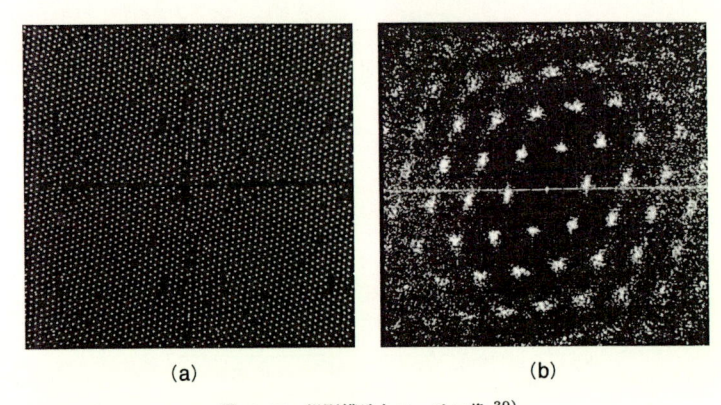

図 4.15　規則構造とフーリエ像 [39]
ラテックス粒子 ($a = 123$ nm, $\sigma_a = 1.9\ \mu C\ cm^{-2}$), $\phi = 5 \times 10^{-3}$, 室温. (a) は画像処理により顕微鏡写真の粒子を点として表示した 2 値化像で, fcc の (111) 面である. (b) は (a) からのフーリエ変換像である. 格子の不完全さ (ショットキー欠陥, 刃状転位など) のために, 散乱像はスポットにはならない. 赤道線上の直線は画像処理装置の特性による.

図 4.15(a) はほぼ完全な規則構造の顕微鏡像の 2 値化像, (b) はそれの 2 次元フーリエ変換像である [39]. 図 4.16 は不規則構造と 2 状態構造の場合である. 規則性が高い場合は明瞭な散乱像が得られるが, 自由粒子の場合フーリエ像には何も現れない. これらの中間にあるのが 2 状態構造であり, 局所的な構造が小さくなり, その乱れが大きくなれば, (d) から (b) へと散乱像は変化するのである. 図 4.15 と 4.16 の結果は, イオン性高分子溶液について見出された単一の幅広い散乱曲線が, 2 状態構造に基づくという解釈 (3 章) に定性的支持を与えている.

分子・原子系では, 散乱像から密度関数が推定される. この場合, 分子・原子の分布パターンを作図し, そのパターンから光の回折像を実験的に求め, それを現実の散乱像と比較して密度関数を推定するという手法があり [40], その意義は大きいが, 本項で述べた解析は現実の密度関数を用いて散乱像を決定しているという点で格別の意味をもっている.

e. コロイド結晶成長

ラテックス分散系での結晶成長がオストワルドの熟成則 [41] に従うことは, Luck[42] の位相差顕微鏡観察から指摘された. すなわち, 大きい結晶が小さい

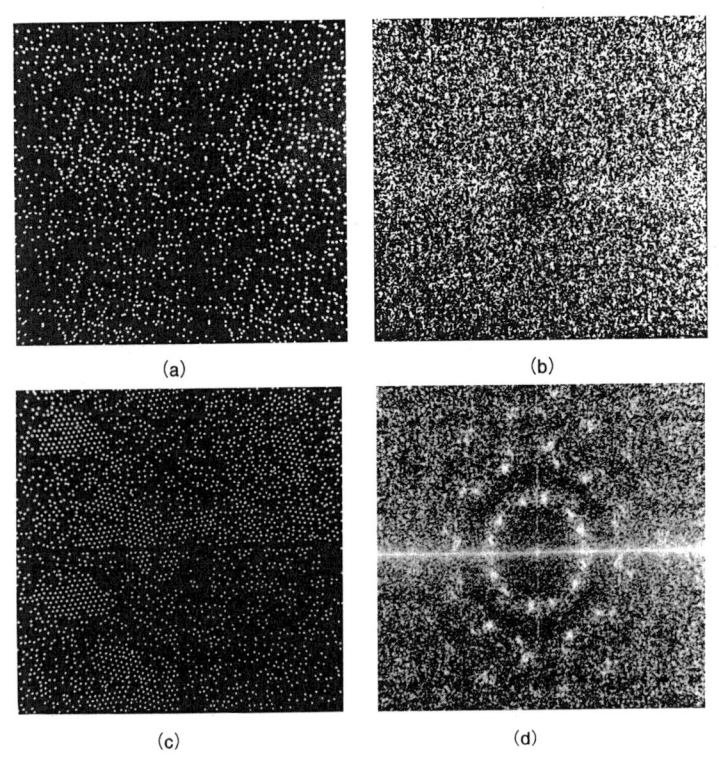

図 4.16 不規則構造と 2 状態構造のフーリエ像 [39]
ラテックス ($a = 123$ nm, $\sigma_a = 1, 9$ μC cm^{-2}), $\phi = 0.01$, 室温. (a) と (b) は 10^{-3}M の塩を添加して規則構造の生成を防ぎ, 粒子を自由運動させて撮影した写真とそのフーリエ変換像. (c) と (d) は 2 状態構造とそのフーリエ変換像.

結晶の犠牲のもとで成長する. 少数の大きい結晶が, 多数の小さい結晶よりも自由エネルギーが低いからである. 自由な界面, すなわち自形が維持されることは, 粒子間に引力が存在する結果であり, したがってオストワルド則の成立は粒子間引力に間接的支持を与えていることになる.

ここではビデオ撮影による約 20,000 の粒子を対象にした最近の結果について述べたい [43,44]. まず粒子の重心座標を決定し, これから 2D フーリエ変換によって散乱像を算出し, さらに $2D_{\exp}$ を決定する. ここで, しばしば観測されるように, fcc の (111) 面が形成されていると仮定する. この面では正六角形の頂点と中心に粒子が分布するので, $2D_{\exp}$ を 1 辺とする正三角形を形成する粒

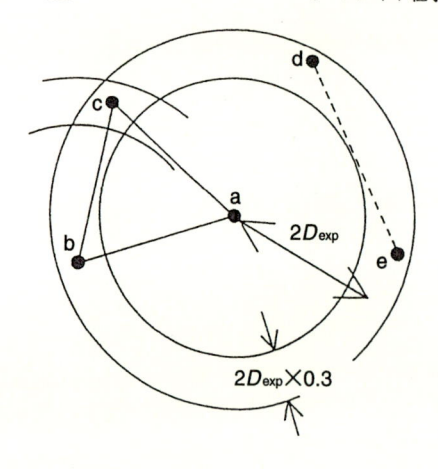

図 4.17 コンピュータによる結晶の単位構造の決定 [43]
中心粒子から $2D_{\mathrm{exp}}$ (1 ± 0.15) の距離にあるすべての粒子 (b,c,d,e) を探索し, その間の距離が $2D_{\mathrm{exp}}(1\pm 0.15)$ である対を拾いあげ (b, c), それ以外の対 (d,e) を除外する. 粒子 a, b, c は構造単位を構成するものとみなす.

子を探索する (図 4.17). これを構造単位と定義し, その数を N_{u} とする. 辺を共有する正三角形の集まりをクラスターと呼び, その数を N_{c} で表す. すべての粒子間の距離を測り動径分布関数 $g(r)$ を決定して, 最近接粒子数 N_{n} を次の式により求める.

$$N_{\mathrm{n}} = 2\pi N_{\mathrm{p}} \int g(r) r\, dr \tag{4.9}$$

積分範囲は 0 から $g(r)$ の第 1 ピークが 1 となる距離までである. なお N_{p} は粒子の数密度である.

図 4.18 は結晶化に伴う粒子分布, 構造単位とクラスターの分布の時間変化を示す. (a) から (d) に向かって, 系は無秩序状態から結晶状態へと変化する. また数少ない構造単位は集合してクラスターに成長し, 系全体を覆うに至る. この過程における N_{p}, N_{u}, N_{c} の時間変化を図 4.19 に示すが, 構造形成に伴い焦点面外から粒子が呼び込まれる結果 N_{p} は時間とともに増加する. また N_{u} も同様の傾向を示すに対し, N_{c} は極大を示す.

図 4.20 は写真像から粒子間距離を測定して決定された $g(r)$ である. (a) はほぼ完全に相互作用がない系に特有な関数であり, 系は結晶状態からはほど遠い. 時間の経過とともに, $g(r)$ に明確なピークが出現する. 最近接粒子数 N_{n} の時間変化を図 4.21 に示すが, 最初急激に増加しいったん約 4 で一定となり, 最後に 5.5(■, ▲, ●印)へと飛躍的に増加する. 6 を示さないのは格子欠陥のためである. 図 4.22 は種々の大きさのクラスターに属する粒子の分率の時間変

4.2 光学的観察による研究

(Ⅰ)　　　　　(Ⅱ)

(a)

(b)

(c)

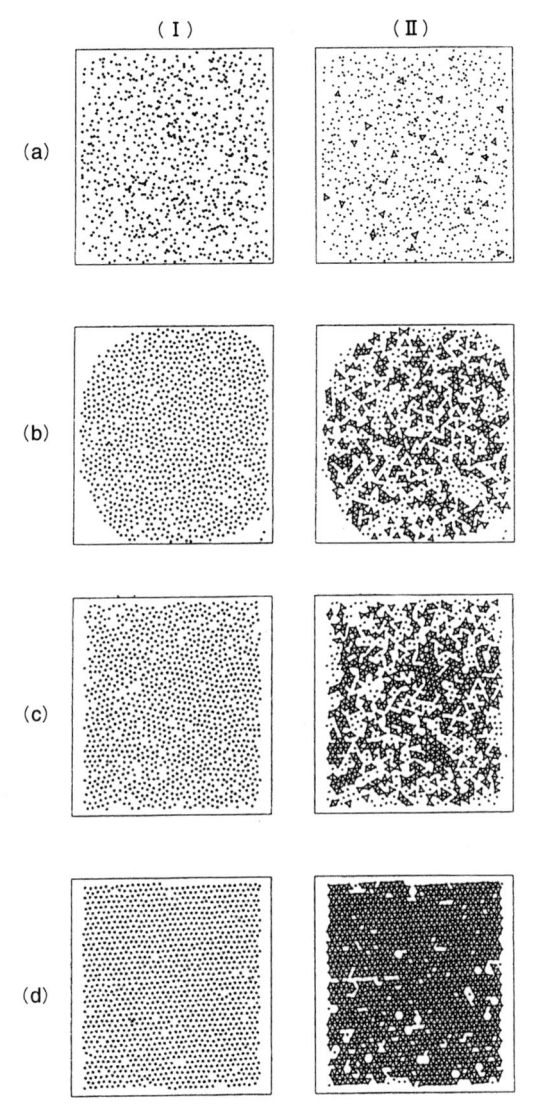

(d)

図 4.18 結晶成長に伴う粒子分布 (I) とクラスターの分布 (II) の時間変化 [44)]
ラテックス粒子 ($a = 120$ nm, $\sigma_a = 1.3$ μC cm^{-2}), $\phi = 0.01$, 温度：25 ℃.
結晶成長開始後の時間は (a) 20 分, (b) 130 分, (c) 160 分, (d) 180 分. 分散
系に NaCl を 10^{-4}M になるように加えて結晶状態を破壊し, 粒子に自由運動を
させ, 次に精製したイオン交換樹脂を投入して ($t = 0$), C_s を低下させると結晶
化が進行し始める. 分散系の伝導率は樹脂投入後 10 分で, NaCl 添加前の水準に
戻り時間変化を示さなくなる. 投入して 20 分後の顕微鏡観察が (a) に示されて
いる.

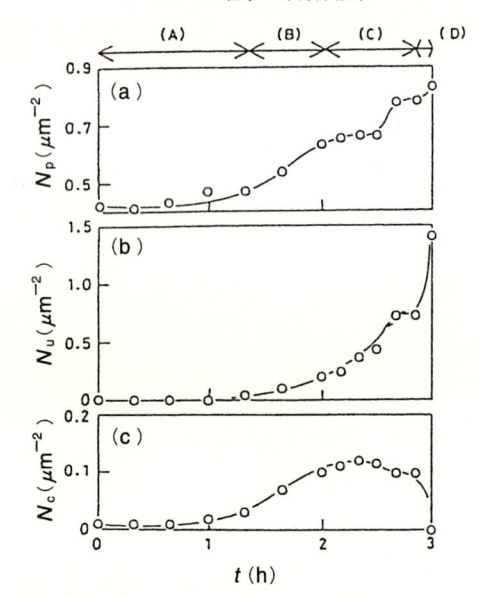

図 4.19 結晶成長に伴う粒子の数密度 N_p, 構造単位の数 N_u, クラスターの数 N_c の時間変化 [44)]
実験条件は図 4.18 と同じ.

化である．3粒子クラスターは極大を示した後減少するのに対し，21粒子のクラスターは単調に増加する．これはオストワルド則に他ならない．

なお以上の実験はポリスチレン系ラテックス (密度：$1.047\,\mathrm{g\,cm^{-3}}$)–軽水系で，倒置型顕微鏡を用いて行われた．この結果粒子が容器の底部へ沈降することによる artifact でないかとの疑問が残る．この疑問に答えるため軽水–重水混合溶媒で密度調節を行った系について同様の実験が行われたが，混合系では結晶化にやや長い時間を要する以外には，定性的に同じ結果が得られた．これにより沈降の影響は除外される．

f. コロイド結晶の脆弱さ

低イオン強度条件でコロイド粒子が結晶様の規則構造を形成することは明瞭である．注意しなければならないのは原子・分子の結晶との違いである．本章の最初に述べたように，コロイド結晶の格子定数は粒子濃度，添加塩濃度，粒子の電荷数などによって変化し，また溶媒の誘電率によっても影響される．こ

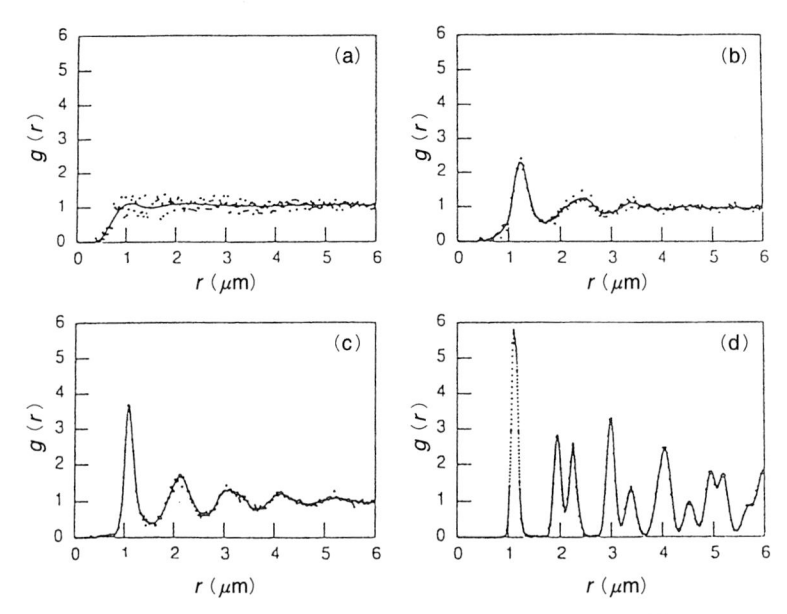

図 **4.20** 顕微鏡像から決定した動径分布関数 $g(r)$ の時間変化 [44]
(a), (b), (c), (d) はそれぞれ図 4.18 と同じく結晶化開始後 20, 130, 160, 180 分後の $g(r)$ である.

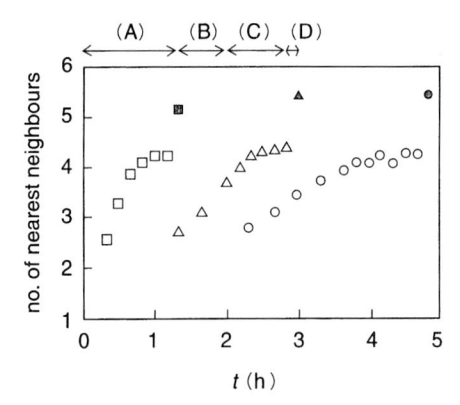

図 **4.21** 結晶化に伴う最近接粒子数の時間変化 [44]
$\phi = 5 \times 10^{-3}$ (○), 10^{-2} (△), 2×10^{-2} (□). その他の実験条件は図 4.18 に同じ. 図上部に示す時間軸の (A)〜(D) の 4 段階は $\phi = 0.01$ に関するものである.

のような特性は実在の固体結晶では観察されない. 粒子間の相互作用が, 原子 (分子) 間のそれと本質的に異なるからである. またコロイド結晶のいま 1 つの

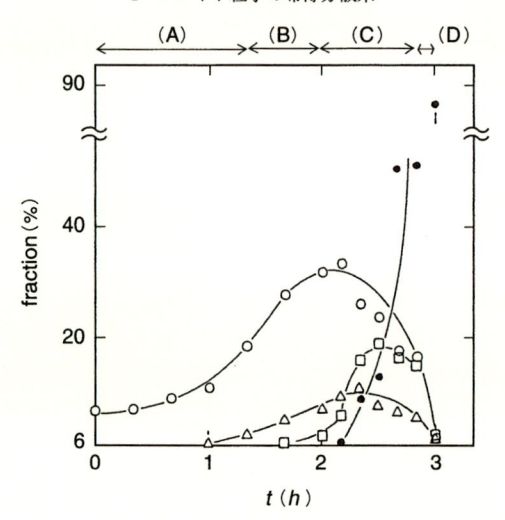

図 4.22　クラスターを構成する粒子の分率の時間変化 [44)]
クラスターをつくる粒子数は 3(○), 5(△), 10〜20 (□), >21(●). 実験条件は図 4.18 に同じ.

特徴は,その脆弱さである.その容器を振とうすると,内部のコロイド結晶は容易に破壊され,粒子はブラウン運動を示す (shear-melting).また,コロイド結晶に強い光を継続して照射すると結晶は破壊される.外部からのこれらの刺激を取り除くと,遅かれ早かれ結晶は再生するが,これらの事実は粒子間のポテンシャルの谷が非常に浅いことに由来すると考えられる.さらに実験条件による格子定数の変化は,この谷を形成する引力成分が実験条件によって敏感に影響されることを物語る.後に述べるように,筆者らは対イオンにより媒介された粒子間引力 (counterion-mediated attraction) の存在を提唱しており,その裏付けは曽我見理論 (6 章) により与えられていると考えるが,以上に述べた特質は,この理論によって少なくとも定性的には十分記述されていることを指摘しておきたい.

4.2.4　共焦点レーザースキャン顕微鏡による内部観察

以上の顕微鏡観察の大部分は倒立型金属顕微鏡によるものである.粒子と媒体の屈折率が異なる場合,分散系の濁度が高くなり,内部の粒子を観察することは困難である.ポリスチレン系粒子–水系では著しく稀薄な場合を除いてカバー

ガラス (分散系容器の底面) から 10 μm 以上内部の粒子を観察することは容易
ではない．この結果界面の影響によって観察結果が歪められている可能性があ
る．界面の影響を除去もしくはできるだけ避けるためには分散液のさらに内部
での観測が望ましい．この目的にとって好都合なのは共焦点レーザースキャン
顕微鏡 (LSM) である．LSM では，焦点面外からの光を遮断することによって，
焦点面からの像を鮮明に観察することができる．これにより器壁から 200 μm
程度の内部の粒子が観察できるようになる．この方法によって得られた結果の
大部分は金属顕微鏡により器壁の比較的近傍で得られた結果を支持し，対象と
された物性に関する限り，少なくとも定性的には，器壁の影響が無いかあるい
は無視できる程度に小さいと結論してよさそうである．しかし，2, 3 の予期し
ない結果も得られているので，以下に議論する．

a. ボイド構造と気–液相分離

$2D_{\exp} < 2D_0$ の事実から 2 状態構造が推定され，コロイド粒子系でその存在
が目で確かめられた．しかし 2 状態以外の可能性もある．粒子間引力が強力で
粒子濃度が局所的に高められ，あとに粒子を含まず溶媒のみによって満たされ
た空間，すなわちボイドが形成されても，上の不等式はやはり成立する．ボイ
ドの存在は最初，蓮ら[33)]によって指摘されたが，伊藤[45)]や Kesavamoorthy
ら[46)] は金属顕微鏡写真を撮影した．さらに LSM によって組織的な研究がで
きるようになった[47~49)]．

図 4.23 にボイドの発生，成長の LSM 像を示す．非常にゆるやかに巨大なボ
イドが生成する．$50 \times 50 \times 150$ μm^3 程度のものさえ観察される[50)]．また分散
液を静置させた直後で比較すると，カバーガラスの近傍よりも内部へ深く入っ
た場所の方がボイドが生成しやすい[48)]．ボイドがカバーガラスの界面効果によ
る artifact でないことを強く示唆している[*6)]．

蓮らはその論文[33)] 中にボイドが観察されたと報告しているが，顕微鏡写真
は発表していない．蓮らおよび筆者らの初期の顕微鏡観察ではポリスチレン系
ラテックス–軽水系が対象になったが，この系では時として，顕微鏡視野の中

[*6)] 後述するように，(負の電荷をもつ) ガラス界面の近傍では負の荷電をもつ粒子濃度が平
均の粒子濃度より高くなることが実験的に確認されている．この正の吸着の結果，界面の近
傍においてはボイドが観測されにくい可能性がある．

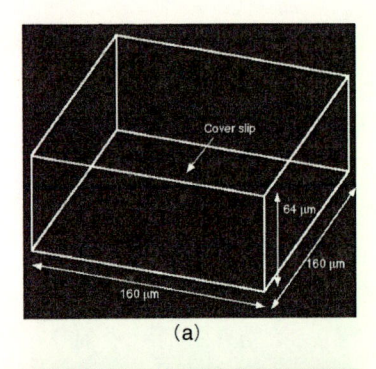

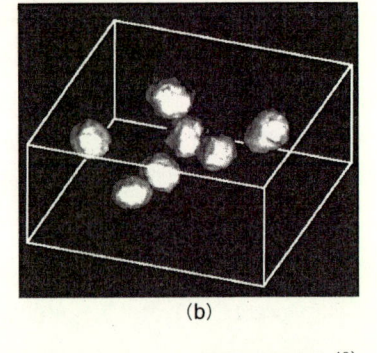

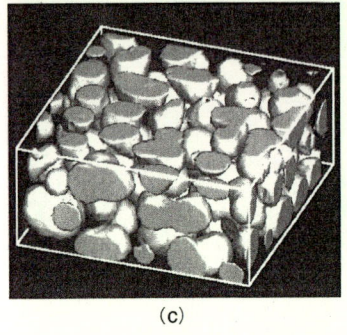

図 4.23 ボイド構造の時間変化 [49)]
ラテックス ($a = 60$ nm, $\sigma_a = 4.8$ μC cm^{-2}, $\sigma_n = 0.48$ μC cm^{-2}), $\phi = 10^{-3}$, 溶媒：H$_2$O–D$_2$O(密度：1.047 g cm^{-3}). 背景になっている黒い部分は液体状の粒子分布を表し，白く示した部分がボイドである．図に示した体積 ($160 \times 160 \times 64$ μm^3) の分散液の水平面を 1.6 μm ごとに LSM により撮影し，この 40 枚の像が 3 次元的に再構築されている．精製した分散液を観測用容器 (底面は顕微鏡用のカバーガラス) に入れ，これにイオン交換樹脂を投入し 2 週間 23 ℃の恒温室に静置，ボイドの生成を確認する．次にその分散系を激しく撹拌して液を均一にし (この時刻が図の (a) に対応)，再び恒温室に静置し，(b) 15，(c) 60 日目に LSM 撮影を行っている．

の多数の粒子が突然激しく動くことが観察される．蓮はこのような状態を分散系中で"虫が動いた"と形容した．筆者らもこれを経験している．この場合分散系内部で形成されたボイドがある程度以上の大きさに成長すると，粒子 (～1.05 g cm^{-3}) と分散媒 (～1 g cm^{-3}) の間の密度差のため，浮力に抗し切れなくなり，急浮上して周辺の粒子を"撹拌（かくはん）"したためと考えられる．図 4.23 のような最近の研究では軽水–重水混合系で密度調節を行ったため，浮上は起こらず，"虫が動く"ことは観測されない．この結果長期にわたる観測が可能であった．

ボイドの生成は凝縮系の常識からして非常に意外である．蓮の"虫が動く"という記述も手伝って，何らかの微生物が分散系中に発生してそれが集合体を形成し，視覚的にボイドに見えたという解釈を聞くことがある．しかし粒子や溶媒の精製度，容器の密閉性から判断して微生物説は受け入れがたい．さらに，次のような理由から微生物説は否定できよう．まず分散系に殺菌処理を施してもボイドが観察される．また軽水–重水混合系でもボイドは生成するが，"虫が

4.2 光学的観察による研究

表 4.5 希薄コロイド分散系分散状態の粒子濃度依存性

ϕ	H_2O–D_2O	H_2O
5.0×10^{-4}	ボイド	気–液相分離
1.0×10^{-3}	ボイド	気–液相分離
1.5×10^{-3}	均一	均一
2.0×10^{-3}	均一	均一
2.5×10^{-3}	均一	均一

ラテックス ($a = 60$ nm, $\sigma_a = 4.8$ μC cm^{-2}), $C_s = 0$, 23 ℃.

動く"現象は観察されない.さらに引力を含むポテンシャルを仮定して行われたシミュレーションでは (8 章参照),微生物発生の可能性は皆無であるにもかかわらず,ボイドが再現できることである.筆者らはボイドの生成は粒子間の引力相互作用によると考えている.

Tata ら[51]は精製したラテックス–軽水分散系において気相–液相分離を観察した.ボイド形成がこの種の熱力学的相分離かどうかに関連して,同じラテックスを使って軽水分散系と軽水–重水分散系を比較すると,興味ある事実が明らかになっている.表 4.5 に示すように,$\phi = 10^{-3} \sim 1.5 \times 10^{-3}$ に臨界濃度があり,これ以下では軽水系で巨視的な相分離が起こり,粒子濃度の高い液相と粒子をほとんど含まない上澄み相に分離する.一方,粒子と溶媒の間に密度差がない軽水–重水系ではボイドが生成する.このことから,ボイド形成は基本的には無重力下での気–液相分離現象と考えられる.

臨界濃度は当然粒子の大小,電荷密度,塩濃度によって敏感に変化すると思われるが,研究が始まったばかりで結論は出せないのが実情である.今後の研究が待たれるが,巨視的に均一な分散系内部にボイドのような不均一な構造が存在すること自身不思議である.他の系にも見つかるのかどうかは不明であるが,$2D_{\exp} < 2D_0$ が観測される限りボイドの可能性は消し去れない.今後イオン性希薄凝縮系の物性を考えるうえで見逃せない重要な因子であろう.

なお,ボイド生成に関連して次の点に注意する必要がある.溶液や分散系のいろいろな性質の濃度スケーリングを行って,その指数から,溶存状態についての情報が推定されることがある.3 章で述べた Bernal らの場合の指数から,タバコモザイクウイルス (TMV) の棒状粒子が平行に配列していることが示唆されたが,この場合は著しく高い濃度が対象であって,つまり臨界濃度以上で

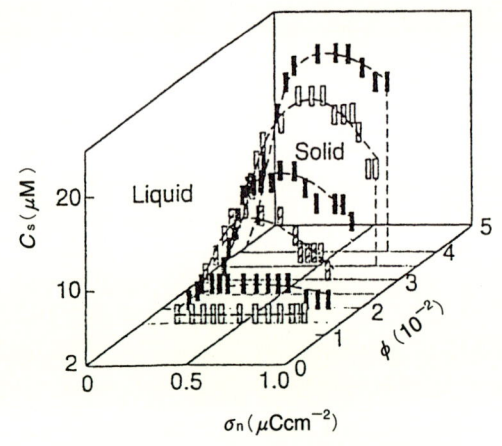

図 4.24 シリカ–水分散系の液–固相平衡 [52]
シリカ粒子 ($a = 60$ nm). 実測の液–固相の相境界が矩形により表示されている.

あり,系は均一であるから問題がない.しかしボイドが生成する臨界濃度以下の濃度では,系は微視的に不均一であり,平均濃度についてのスケーリングは疑問である.たとえば指数が 1/3 のとき立方格子様の分布,1/2 では棒状粒子の平行分布という結論は簡単には導けない.

b. 液–固相平衡の 3 次元的相図:液 ↔ 固 ↔ 液 (再帰性) 相転移

σ_n, ϕ, C_s をパラメータとしてシリカ分散系について得られた 3 次元相図が図 4.24[52] である.σ_n は 4.1.1 項に議論した方法で決定される.固相と液相の区別は規則構造による虹彩色の発現と超小角 X 線散乱 (USAXS) 曲線から判定される.図 4.25 は,σ_n の変化に伴って形成される液–固–液相における散乱像で,固相 (b) では bcc 構造の (110) 面の 3 次の回折ピークが認められる.固相領域においても固–液境界 (図 4.24 中の点線) から離れた場合には図 4.26 のような粉末パターンが観測される [18].ϕ と C_s を一定に保ち,σ_n を大きくすると液→固→液相の転移が起こる.σ_n が高いとき,再び液相が出現することは興味深い[*7].広く受け入れられているように単純な静電斥力が粒子間に作用してい

---

*7) この再帰性 (re-entrant) 相分離は最近沢田らによってポリスチレン系ラテックス粒子についても観察されている (A. Toyotama, T. Sawada, J. Yamanaka and K. Kitamura, *Langmuir*, **19**, 3236(2003)).この場合,試料の粒径の標準偏差は 2% で,シリカ粒子より小さい.その 3 次元相図の山の頂点は $\sigma_n = 0.5$ μC cm^{-2} に位置し,シリカの場合とほぼ

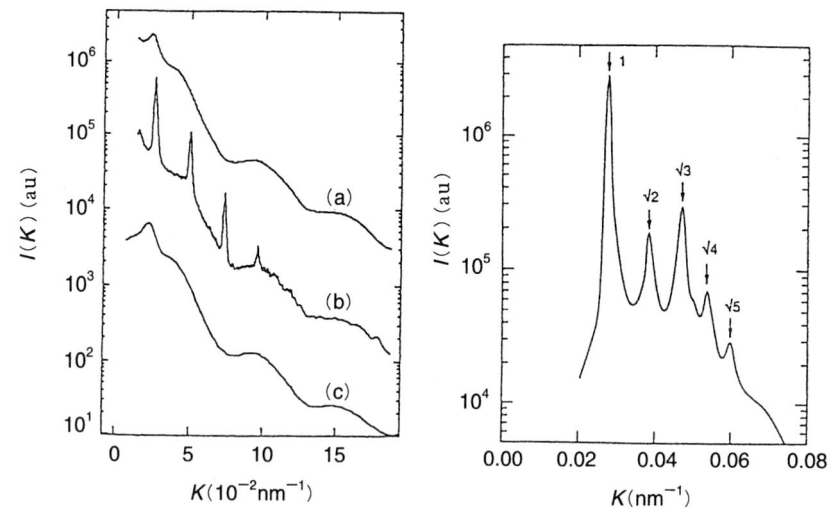

図 4.25 液–固–液相における超小角 X 線散乱像 [52]
シリカ粒子 ($a = 60$ nm). σ_n : (a)0.07, (b)0.36, (c)0.72 μC cm^{-2}, $C_s = 10\ \mu$M, $\phi = 3 \times 10^{-2}$.

図 4.26 シリカ粒子分散系の固相領域での粉末パターン [18]
シリカ粒子 ($a = 60$ nm). $\sigma_n = 0.23$ μC cm^{-2}, $C_s = \sim 3\ \mu$M.

るならば,このような再帰性の相平衡は起こることができない.

c. 構造の時間変化

電荷数の比較的少ない試料を用いると,対イオンを媒介とする引力が弱くなるため結晶成長がゆるやかになり,LSM によってその初期段階の検討ができる [18].図 4.27 に結晶化開始後第 1 日目における粒子分布の LSM 像を示す.明らかに 2 状態構造が観察される.図 4.28 は構造の時間変化を示す.分散液を攪拌した後静置 (このときを $t = 0$ とする) すると結晶化が進行するが,$t = 10$ s では不規則状態の中に規則相が出現する.40 s では系全体が規則構造によって覆われる (1 状態).8 分後には規則構造内部に不規則構造が出現し (2 状態),これが成長して大きくなるとともにその数が減少する.規則構造の周辺部の不規則構造は押し出されて隙間を形成する.

穴あきチーズ状の構造は結晶成長理論で提案されている核形成-成長機構では

同じであるが,ラテックスの山の形ははるかに鋭い.再帰性相分離がシリカ粒子の多分散性によるものでないことを意味する.

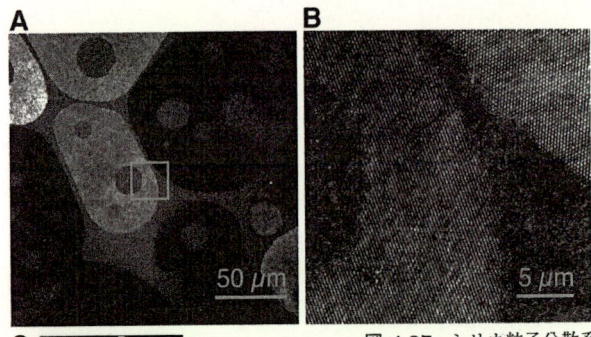

図 4.27 シリカ粒子分散系における 2 状態構造の LSM 像 (口絵 3)[18]

シリカ粒子 ($a = 53$ nm, $\sigma_n = 0.23$ μC cm^{-2}). $\phi = 0.0183$. Carl–Zeiss LSM 410. カバーガラスからの距離 $z = 200$ μm. 結晶化開始後の時間 t は 1 日. A の中央の四角で囲った部分の拡大図が B である. 焦点面の厚さは 0.50(A), 0.35 μm (B) である. C は理解を助けるための模式図である. 規則相では粒子 (白点) は規則的配列を示し (拡大図 B), 不規則相では粒子は熱運動のため観測できない. A において規則相の明るさが異なるのは, 結晶の向きの違いによる. これに反し, 不規則相の明るさは一様である.

説明ができない興味深い現象である. これに対応して, USAXS の鋭いピークから算出された $2D_{\exp}$ が 0.35 μm から 0.33 μm に減少し, 結晶が収縮したことを示す. この収縮は粒子間に引力が作用していると考えると次のように説明される. コロイド結晶が振動や強い光の連続照射によって簡単に崩壊することからわかるように, 粒子間の引力は弱く, ポテンシャルの谷は浅い. 攪拌直後の粒子の運動エネルギーは大きく, その結果粒子はポテンシャルの谷を"感知"せず, 粒子間にはあたかも斥力のみが作用しているように挙動する. したがって, 攪拌直後の無秩序な状態からやや"冷却"されると (今の場合 40 s 前後), 斥力のみで系全体が (1 状態) 規則構造で覆われ, $2D_{\exp} \sim 2D_0$ となる. さらに時間とともに冷却が進むと, 粒子はポテンシャルの谷に落ち込む. 希薄条件では谷の位置が $2D_0$ より小さいため, 結晶の収縮が起こり, 穴あきチーズ状の構造となる.

d. 電荷数, 体積分率の変化と構造

上に述べた構造変化は LSM によっても確認できる[18]. 図 4.29, 4.30 はそれ

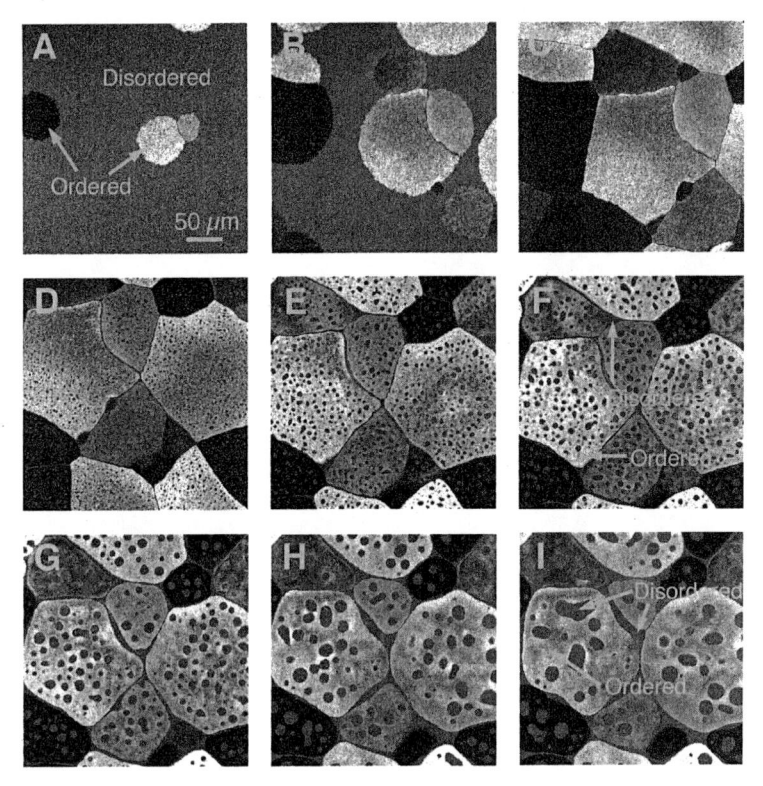

図 4.28 結晶化に伴う分散系内部構造の時間変化 (口絵 4)[18]
シリカ粒子 ($a = 53$ nm, $\sigma_n = 0.23$ μC cm^{-2}). $z = 200$ μm. t はそれぞれ, A：10 s, B：20 s, C：40 s, D：8 min, E：30 min, F：1 h, G：3 h, H：6 h, I：9 h. $t = 10 \sim 20$ s では 2 状態, 40 秒で系全体が規則構造で覆われ (1 状態), 8 分では規則構造内部に不規則構造が現れ (2 状態), 穴あきチーズ様の構造となる. 不規則構造は時間とともに大きくなり, その数は減少する. 40 秒での 1 状態構造は, LSM 観察により 14,000 個の格子点のうち, わずか 2%のみが欠陥であったことからも結論できる. この欠陥数を考慮すると粒子間距離 ($2D_{\exp}$) は 0.35 μm と計算されるが, 濃度から期待される平均距離 ($2D_0$) は 0.36 μm であり 1 状態構造を説明している. また, 8 分では USAXS によると, $2D_{\exp}$ が 0.33 μm となり, 穴あきチーズ状構造と対応している.

ぞれ Z_n と n_p(μm^{-3} 当たりの粒子数) を変化させたときの LSM 像である. Z_n が低いと, ブラウン運動のため粒子は撮影できないが (図 4.24 の液相), $Z_n = 720, 1100$ では液–固共存領域に入り, 粒子の配列が観察される (拡大写真). さらに Z_n が大きくなると (d), 再び液相に転移する. USAXS 測定によると規則

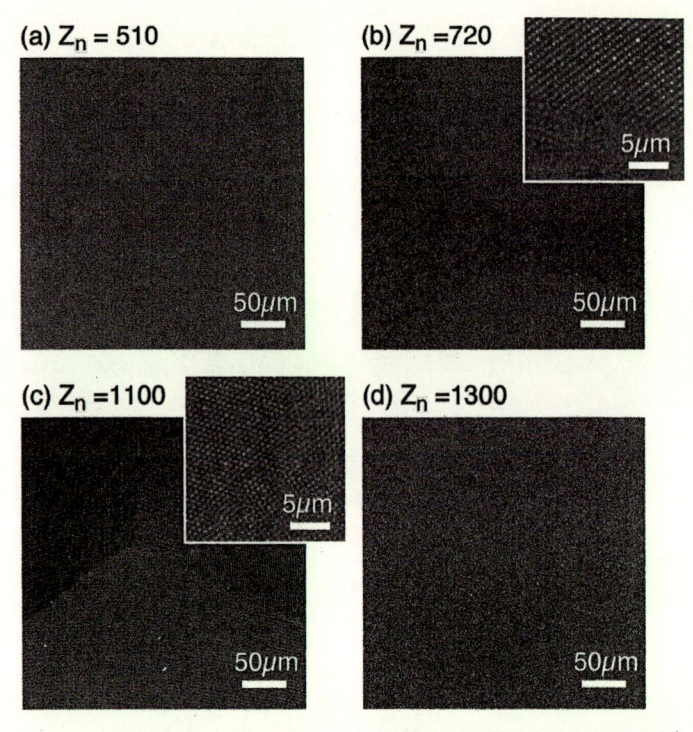

図 4.29 電荷数の変化に伴う希薄コロイド分散系の内部構造の変化 (口絵 5)[18] LSM：Carl–Zeiss 410, $z = 200$ μm, $n_p = 2$ μm^{-3}, $C_s = \sim 2$ μM. (a)：シリカ粒子 ([NaOH] = 0), (b)～(d)：ラテックス．これら 4 種の粒子の a は 0.11～0.12 μm.

構造は bcc である．Z_n を 510, C_s を～2 μM に保ち, n_p を 2 から 80 μm^{-3} に増加すると, LSM 像は液相 (a), 液–固共存状態 (b, c) を経て, 微小な結晶が系全体を覆うようになる (d). この場合も構造は bcc である．

e. 界面と粒子間の相互作用：荷電界面への同符号粒子の正の吸着

電気 2 重層の理論によれば [12], 正の荷電をもつ界面のポテンシャル ψ は, 図 4.3 に示したように距離 r とともに単調に減少する．溶液中の小イオン (点電荷と仮定) の分布はポアソンの式により決定される ψ とボルツマン分布とによって決まる．すなわち,

$$\Delta\psi = -\frac{4\pi\rho}{\varepsilon} \tag{4.10}$$

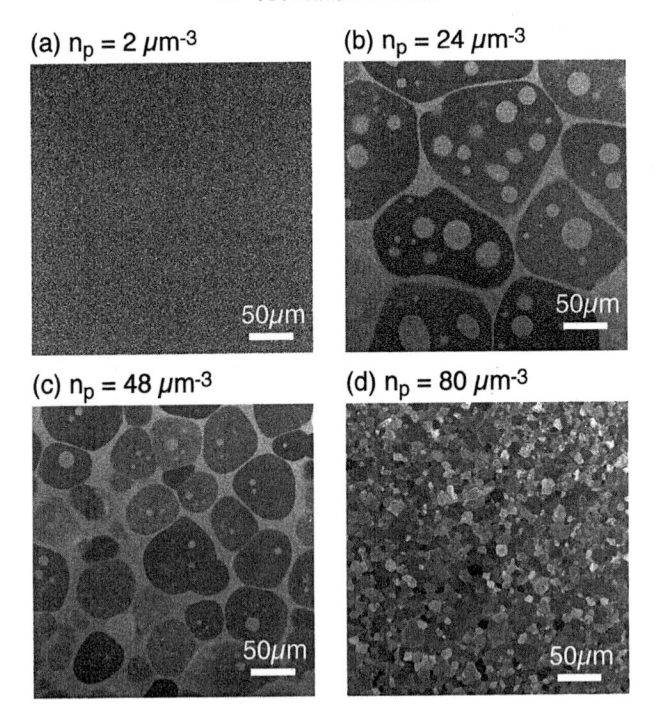

図 4.30 粒子濃度の変化による内部構造の LSM 像 (口絵 6)[18]
$z = 200\ \mu m$, シリカ粒子 ($a = 55$ nm), $Z_n = 510$, $C_s = \sim 2\ \mu M$. n_p : (a) 2, (b) 24, (c) 48, (d) 80 μm^{-3}.

$$n_j = n\exp(-\frac{e\psi}{k_B T}) \tag{4.11}$$

平均濃度 $n\ (\psi = 0)$ は 1-1 型塩に対するもので, n_i は i 種イオンの局所濃度である. さらに, 界面の表面電荷 σ は,

$$\sigma = -\int_0^\infty \rho\, dr \tag{4.12}$$

により決定されると考えられている. 以上の関係は一応合理的なものと判断され, 界面と同符号の荷電をもつイオンは界面の近くでは濃度が低く界面から離れると濃度が高くなり, 他方反対符号のイオンの濃度は距離とともに単調に減少するものとされてきた.

最近になりこれらの基本的関係と食い違う実験事実が見出されている. ここではガラス表面とラテックス粒子系についての LSM 観察[53~56], および中性

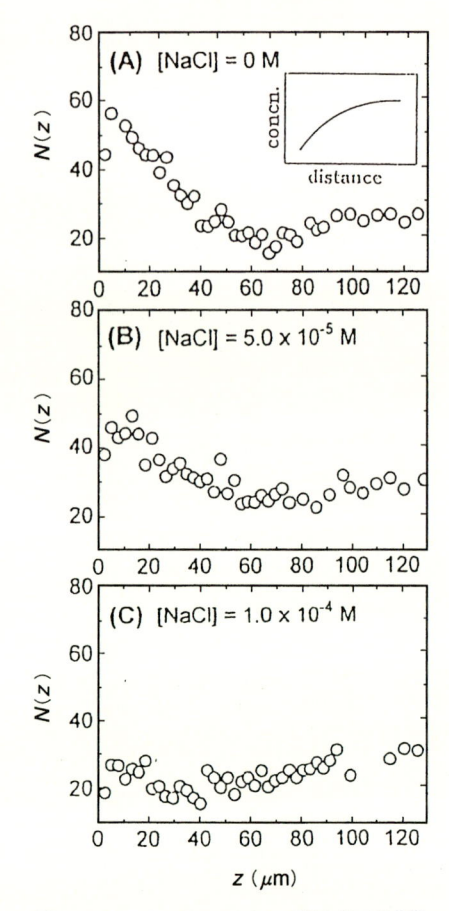

図 4.31 カバーガラスからの距離と粒子数 [53]

ラテックス ($a = 280$ nm, $\sigma_a = -5.5$ μC cm^{-2}), $\phi = 6.5 \times 10^{-4}$, カバーガラス (分散液容器の底面) の ξ-電位: $-70 \sim -90$ mV($10^{-4} \sim 10^{-6}$M の NaCl 水溶液). 顕微鏡は倒置型 LSM410(Carl–Zeiss). 縦軸: 37×31 μm^2 の水平面内の粒子数 (N). 焦点深度: $2 \sim 3$ μm. ϕ から計算される平均粒子数 (N_b): 20 $\sim$30. [NaCl] = (A) 0, (B) 5.0×10^{-5}, (C) 10^{-3}M.

子散乱法による界面活性剤の気液界面とミセルとの相互作用 [57] を考察する.

　一般にガラスは水と接触すると, 表面のシラノール基 (−SiOH) が解離して −SiO$^-$ となり負の電荷をもつ. このようなガラス容器を十分に洗浄し, 注意して精製した (負の電荷をもつ) ラテックス粒子の分散液を入れると, 式 (4.11) によれば, 分散液中の (37×31 μm^2 あたりの) 粒子数 $N(z)$ は器壁からの距離

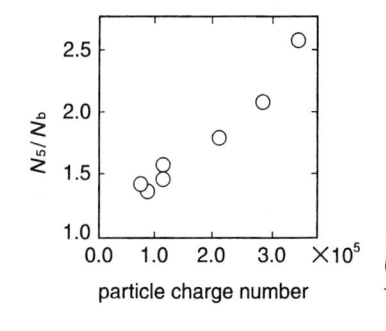

図 4.32 粒子の電荷数と粒子の吸着 [55)]
カバーガラスは未処理 (図 4.31 と同じ). z が約 5 μm における粒子数 N_5 と N_b の比 (N_5/N_b) により吸着の強さを表す. ポリスチレン系ラテックス粒子 ($a = 110 \sim 300$ nm).

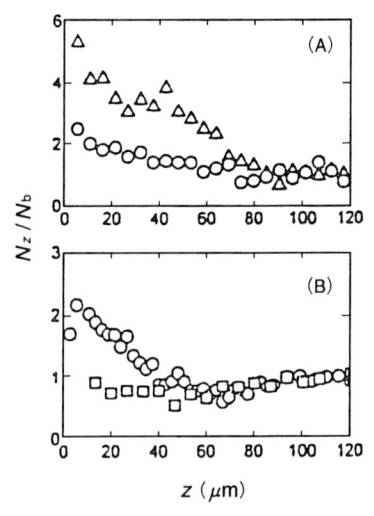

図 4.33 粒子分布に及ぼすガラス表面電荷の影響 [55)]
(A) シラノール基にポリスチレンスルホン酸鎖を結合させ負電荷数を増加させたガラス表面 (△) と未処理ガラス (○). ζ 電位はそれぞれ -94, -70 mV(10^{-4}M NaCl 水溶液). ラテックス ($a = 300$ nm, $\sigma_a = 6.5$ μC cm^{-2}), $\phi = 8 \times 10^{-4}$. (B) 中性のポリアクリルアミド鎖をシラノール基に結合させ負電荷数を減少させたガラス表面 (□) と未処理ガラス (○). ζ 電位はそれぞれ -4, -24 mV(10^{-2}M NaCl 水溶液). ラテックス ($a = 270$ nm, $\sigma_a = 5.9$ μC cm^{-2}, $\phi = 7 \times 10^{-4}$.

(z) の増加とともに単調に増加するはずである. しかし実際に LSM によって粒子数を測定した結果は, 図 4.31 に示すように, z が 10〜60 μm で減少し, すなわち同符号であるにもかかわらず正の吸着を示し, 100 μm 近傍ではじめて平均粒子濃度から期待される数 (N_b) に等しくなる. 添加塩 (NaCl) を加えると減少の傾きは小さくなり, 10^{-4}M で正の吸着は消失する. この塩濃度依存性は吸着の主原因が静電的相互作用であることを示唆する. 以上の結果は密度調節した分散媒 (H_2O–D_2O) についても認められ, 重力による沈降が吸着の要因でないことを示す.

a をほぼ一定に保ち, 粒子上のアニオン電荷数を大きくすると, 正の吸着はさらに顕著になる (図 4.32). またガラス表面の –SiOH を化学修飾して表面電

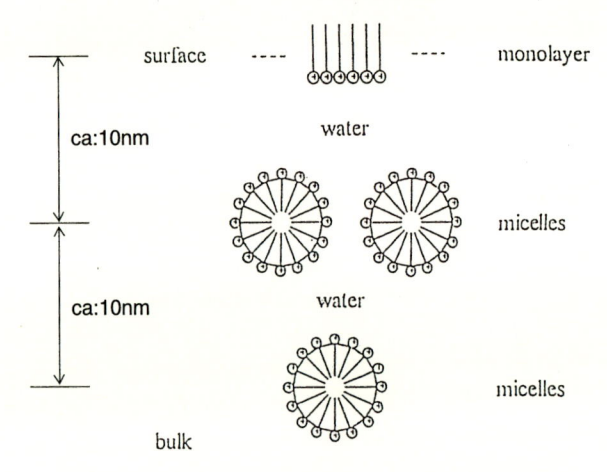

図 4.34 カチオン性界面活性剤ミセルの正の吸着の模式図
対イオンは省略．気−液界面とミセルの双方とも正の電荷をもつ．Thomas らの
実験では，$C_{14}D_{29}N(CD_3)_3Br–H_2O$ が用いられた．

荷の量を調節すると，図 4.33 に示すように，(A), (B) のいずれにおいても，アニオン電荷数の高い界面の方が大きな正の吸着を示す．正の吸着の解釈として，粒子間の斥力が強くて，粒子が界面に押し付けられたためという考えがある．もしこれが正しいとすれば，界面電荷数が高くなれば，粒子に対する界面からの斥力が強くなるため，表面近傍の粒子数は小さくなる，つまり正の吸着は弱くなるはずである．これは図 4.33 の事実に反する．つまり粒子間の斥力説は正しくない．この図は，むしろ界面と粒子間に対イオンを媒介にした引力が発生していることを示唆している．この引力は界面と粒子上の電荷数が高いほど強力である．つまりコロイド粒子間あるいは高分子イオン間について観察されたものと本質的に同じ機構で，荷電界面−粒子間に引力が作用していると推定される．

図 4.34 に示すように，界面活性剤イオンは高濃度下で球状ミセルを形成する．またその溶液の気−液界面はその単分子膜構造のため電荷をもつ．Thomas ら[57] はこの界面近傍の中性子反射実験を行い，活性剤分子の ϕ を z の関数として決定した．界面での ϕ は 0.6 程度，z が 10 nm, 20 nm 近傍で 0.1, 0.07 であり，いずれも平均濃度に対応する ϕ 値 0.05 より高く，カチオン性界面にお

けるカチオン性界面活性剤の正の吸着が起こっていることを示す．

　以上の実験結果から，ラテックス，ミセルを問わず，またカチオン，アニオンのいずれを問わず，荷電した界面と同符号のイオン種の間に，長距離静電引力が存在していることを示している．さらに多数の系についてこの正の吸着現象の定量的な確認が望まれる．なおこの正の吸着の距離範囲は，ラテックスの場合，5～80 μm である．これより近距離での測定は解像度の関係で困難である．式 (4.11) はおそらく 5 μm 以内においては成立しているのであろう．この推定が正しいとしても，界面の表面電荷を求める式 (4.12) の積分範囲を 0～∞ とすることが適当でないことを，以上の実験結果は明白に示している．したがって電気 2 重層の理論を正しいと仮定して決定された表面電荷数や相互作用エネルギーの値は十分注意して評価されなければならない．

4.3　超小角 X 線散乱による研究

　しばしば構造解析に用いられる小角 X 線散乱 (SAXS) は 50 nm 程度の大きさが上限であり，コロイド領域では小粒径の粒子 (たとえば，図 3.22) を除いて利用が困難である．コロイド結晶を研究するには測定範囲を SAXS 法より低い角度まで拡張する必要がある．Bonse と Hart[58] は 1966 年に図 4.35 に示す原理によって，入射 X 線を高度に単色化し，また平行化して超小角領域での構造解析を可能とした．SAXS と区別するために，この方法は超小角 X 線散乱 (ultra small angle X-ray scattering ; USAXS) と呼ばれ，コロイド系の研究に応用されている[59~62]．この光学系によって入射 X 線が 1 平面 (たとえば水平面) のみで平行化される場合を 1 次元 (1D-)USAXS，互いに垂直な 2 平面上 (たとえば水平面と鉛直面) で平行化される場合を 2 次元 (2D-)USAXS と呼ぶ．4.3.1～4.3.3 項では 1D-USAXS について，4.3.4 項以下において 2D-USAXS による研究成果について議論する．

4.3.1　格子構造，格子定数，結晶方位の決定

　松岡ら[59] の 1D-USAXS 装置では，図 4.35 の光学系は回転陰極型 X 線発生装置と組み合わせて使用された．入射 X 線の強度−角度曲線の半値全幅 (full width

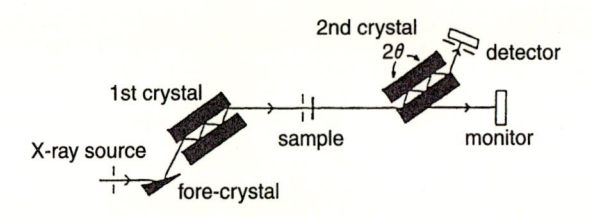

図 4.35 1D–USAXS の光学系 (ふかん図)[59]

入射 X 線は Si の単結晶につくられた (220) に平行な溝でブラッグ回折により水平面上で平行化される．これが試料によって散乱され，散乱 X 線は第 2 の Si の単結晶に入る．第 2 結晶を水平面上で回転させることによりブラッグ回折条件を満足する散乱 X 線のみが検出できる．Si の代わりに Ge を用いることもある．

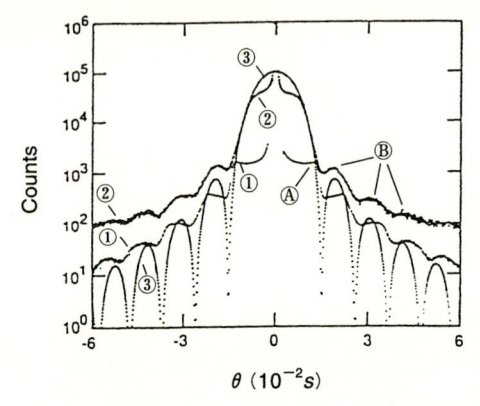

図 4.36 ラテックス系の USAXS 曲線[59]

ポリスチレン–スチレンスルホン酸ラテックス ($a = 145$ nm)．①粉末，②エタノール分散液 ($\phi = 0.12$)，③半径 150 nm の孤立球の理論散乱曲線．②のピーク Ⓐ は最密充填された粒子間の干渉による．

at half maximum ; FWHM) は約 4 秒で，小角分解能は 8 μm となる．図 4.36 はラテックス粒子の粉末およびエタノール分散液の USAXS 曲線 (それぞれ曲線①と②) である．曲線①のピークと曲線②のピーク B の位置は，同粒径の孤立球 ($a = 150$ nm) の理論散乱曲線③のピークとよく一致する．この比較から，分散液中の粒子の大きさが，また粒子分布を考慮した理論曲線との比較によって多分散度が決定できる．スチレン系ラテックス粒子 (分散媒：H_2O–C_2H_5OH 混合系) あるいはポリメチルメタクリレート系粒子 (分散媒：H_2O)[63] の希薄分散系では fcc 構造の粉末パターンが観察され，微小な結晶がランダムに分散していることが判明している．

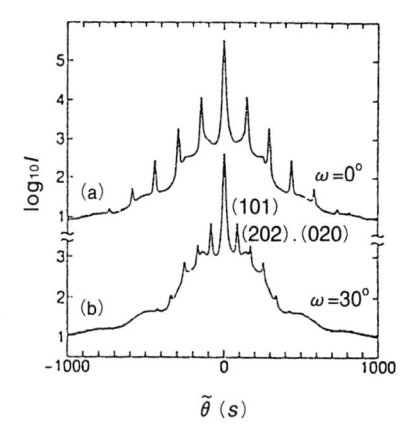

図 4.37 シリカ粒子水分散系の USAXS 曲線 [64] シリカ粒子 ($a = 56$ nm, $\sigma_a = 0.24$ μC cm^{-2}, $\sigma_n = 0.06$ μC cm^{-2}). $\phi = 0.0376$. 温度：25 ± 1 ℃. ここでは散乱 X 線の 1 秒当たりのカウント数が $\tilde{\theta}$ に対してプロットされている. 精製したシリカ分散系を内径 2 mm, 長さ 70 mm の毛細管に導入し, 管の底部と (ナイロンメッシュにより) 上部にイオン交換樹脂粒子を置く. USAXS 測定は分散液を導入して 84 日間静置後に行われた. X 線 (長さ 15mm, 幅 1mm) は水平面内に平行化され, 垂直に保たれた毛細管中央部に入射する. (a) は垂直軸のまわりの毛細管の回転角 $\omega = 0°$ の場合であり, (b) は $\omega = 30°$ で観測された.

小西ら [64] はシリカ粒子分散系中で"巨大な"コロイド単結晶の生成に成功し, USAXS 法により数次に上る回折ピークを観察した. 図 4.37 はその一例である. 曲線 (a) (b) はいずれも 6 回対称で, m を整数とするとき, それぞれ $\omega = (60 \times m)°$, $(30 + 60 \times m)°$ において同一のプロファイルが観察されている. これらの結果は次のように解釈される. すなわち, この条件では bcc の巨大な結晶が形成され, その $[1\bar{1}1]$ が毛細管の軸に平行に維持され, その (110) 面からの回折ピークが (a) である. また入射 X 線が線状であるため, (110) 面以外に (020) 面からの回折も観察され[*8], それが (b) の第 2 ピークと考えられる. $[1\bar{1}1]$ が鉛直であると, (110) からの散乱は水平面で起こるので, $\theta = \tilde{\theta}$ となり, ブラッグ式

$$\sin\left(\frac{\theta}{2}\right) = \frac{n\lambda}{2d} \quad (4.13)$$

によって面間隔 (d_{110}) が 210 nm と決定される. ここに, n は次数, λ は X 線の波長 (0.154 nm) である. 格子定数 a_0 は

$$d_{hkl} = \frac{a_0}{(h^2 + k^2 + l^2)^{\frac{1}{2}}} \quad (4.14)$$

により 300 nm となる. 独立に曽我見らによって行われたコッセル回折の結果 $(a_0 = 314$ nm$)$ とよい一致を示す. 最近接粒子間の距離 $2D_{\exp}$ は $[= (3^{1/2}/2) \times$

[*8] 本光学系の特徴として, 垂直方向に smearing 効果があるので, 真の散乱角 θ は, 水平面上で実験的に決定される $\tilde{\theta}$ とは一致せず, ϕ' を入射, 散乱 X 線の方向によって決まる面と水平面のなす角とするとき, $\tilde{\theta} = \theta \cos\phi'$ となる.

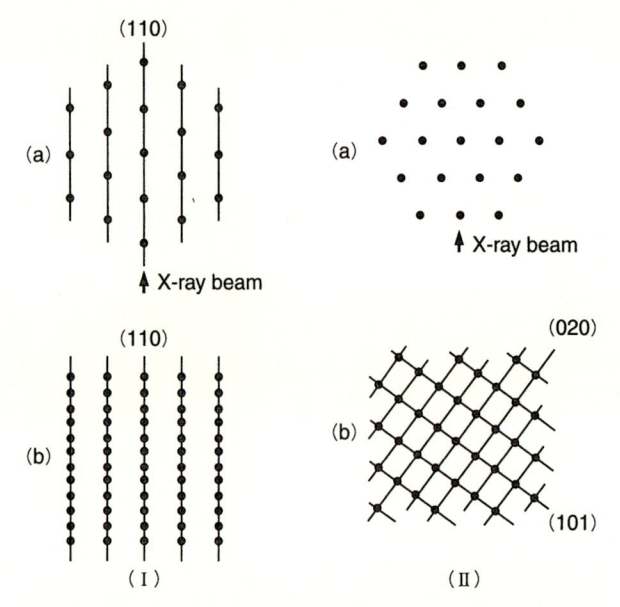

図 4.38 6回対称の回折像を示す bcc 構造の模式図 [64]
●:格子点. ―:格子面. (a) ふかん図. (b) 側面図. (I) [1$\bar{1}$1] が毛細管軸に平行で $\omega = 0°$ の場合. (II) $\omega = 30°$.

a_0] によって 260 nm, 体積分率 $\phi = 0.0376$, 半径 $a = 56$ nm のとき, $2D_0$ は [$= (3^{1/2}/2) \times (8\pi/3\phi)^{1/3} \times a_0$] により 290 nm となる. 明らかに $2D_{\mathrm{exp}} < 2D_0$ であり, 結晶は分散液の全体積の $(260/290)^{1/3} = 0.72$ を占め, 残りの 0.28 はボイドか自由粒子が占めることになる. このことは結晶化の過程で収縮が起こっていることを示す. なお, 結晶は Hosemann のプロット [65] や Scherrer の式 [66] が適用できないほど大きいことを指摘しておく.

同一のシリカ分散液で4回対称の散乱プロファイルが観測されることもある [67]. 格子構造, 格子定数は同じであるが, 結晶の方向が異なり, [001] 方向が毛細管の軸に平行になっていると理解される. 6回対称, 4回対称のいずれでも, (110) が毛細管の器壁に平行に向き合っていることには変わりがないが, 図 4.38, 4.39 に示すように前者では3組, 後者では2組の (110) 面が器壁に平行である. 次項で述べるように, これらの結晶は振とうすると破壊され, その後静置すると多数の微結晶が再生するが, 4回, 6回対称のいずれの場合から出発しても, 再生微結晶は必ず6回対称の散乱パターンを示すことは興味があ

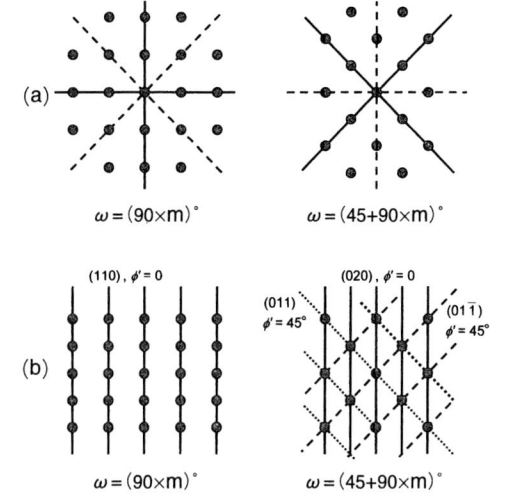

図 4.39 4 回対称を示す bcc 構造の模式図[67]
(a) [001] が毛細管軸に平行で $\omega = (90 \times m)°$ あるいは $(45 + 90 \times m)°$ の場合のふかん図. (b) 側面図. 実線, 破線, 点線はミラー指数と ϕ' によって示した格子面.

る．このことは 4 回対称に比較して 6 回対称が安定であることを物語る．4.2.4 項に議論したアニオン性のガラス表面へのアニオン性のコロイド粒子の正の吸着によって表面の近傍における粒子濃度が高くなり，これにより最密充填面が形成されやすくなるのであろう．表面と"接する"粒子数の多い 6 回対称がより強く安定化されていると解釈できる．要するに荷電界面と粒子間の引力に由来している．次の疑問は 4 回，6 回対称の選択がどのようにして起こるかという点である．結晶化の初期段階では，誕生直後の微小な結晶の方向は無秩序であり，またこれらの結晶は回転拡散を行っていると思われる．これらは同時に成長するが，オストワルド熟成則によって，4 回か 6 回のいずれか一方の対称性のみが残ることになる．また，[1$\bar{1}$1] か [001] かのいずれが毛細管軸に平行になるのかは，この軸方向以外では管壁がもつ曲率のため結晶が成長できなくなり，軸方向での結晶成長のみが許されるという事情からであろう．事実，実験的にはこれら 2 つの対称性しか見出されていない．

4.3.2 コロイド結晶の破壊と再生に伴う構造変化

コロイド結晶は脆弱であり，強い振とうや強い光の照射により破壊されるほどである．ここでは振とうによってシリカ粒子の巨大な単結晶を破壊し，その

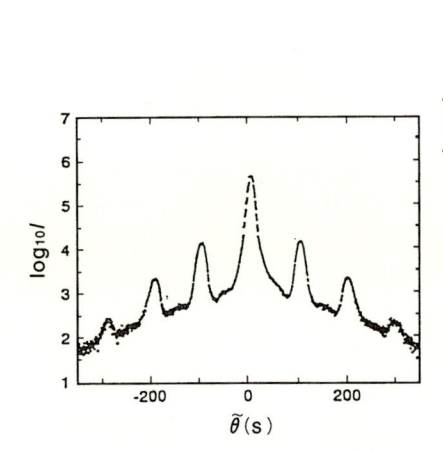

図 4.40 振とう前の USAXS 像 [68]
シリカ粒子 ($a = 560$ nm, $\sigma_n = 0.06$ μC cm^{-2}), $\phi = 0.0153$, $\omega = 0°$, $\tilde{\phi} = 0°$.

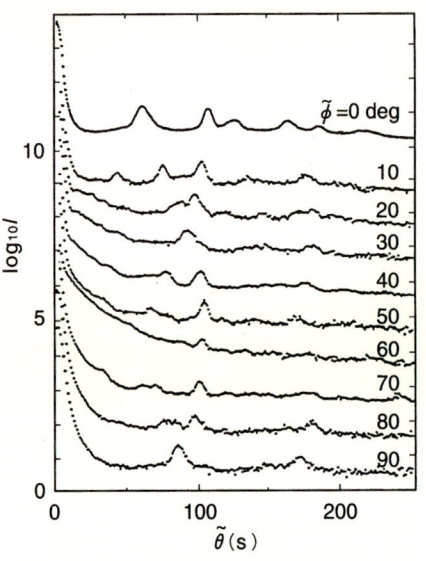

図 4.41 振とう後の USAXS 像 [68]
曲線は縦方向に 10 の単位で移動させてある．これら曲線は ω に関係なく観測された．

後再び形成される結晶の構造について議論する [68]．

図 4.40 は振とう前の単結晶の USAXS 散乱強度を $\tilde{\theta}\,(=\theta\cos\phi')$ に対してプロットしたものである．この散乱像は 4 回対称性であり，格子定数 440 nm の bcc 構造を意味している．この結晶を激しく振とうし，1〜4 日放置後 USAXS 測定を行うと図 4.41 が得られる．入射 X 線に対し垂直な面内における毛細管の回転角を $\tilde{\phi}$ によって表し (毛細管が鉛直のとき 0)[*9]，ω によって毛細管の軸を中心にした回転角を表すとき，散乱曲線は ω に依存せず，$\tilde{\phi}$ によって変化している．この事実は振とう後に再生する結晶は単結晶ではなく，また粉末状でもないことを示す．

このような構造は格子定数 430 nm の微結晶 (bcc) がその [1$\bar{1}$1] 方向を毛細管軸に平行になるように配向していると仮定すると次のように説明ができる．回折面と毛細管軸とのなす角を ϕ_0 と表すとき，ϕ' は次の式で定義される．

[*9] 文献 [68]，図 3 における $\tilde{\phi}$ の定義は誤解を招く．正しい定義は上記本文中，あるいは同論文の実験の項に与えられている．

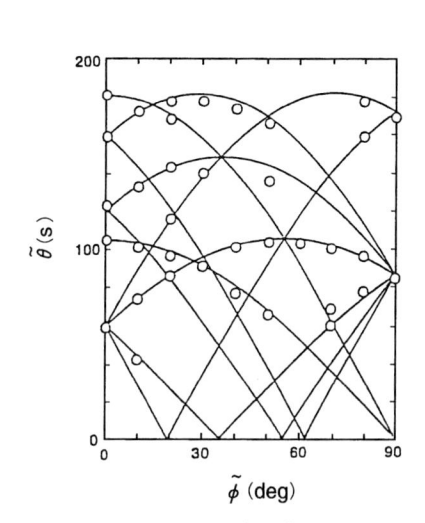

図 **4.42** 毛細管の回転角 $\tilde{\phi}$ と $\tilde{\theta}$ との関係[68]
○：実測，実線：計算値.

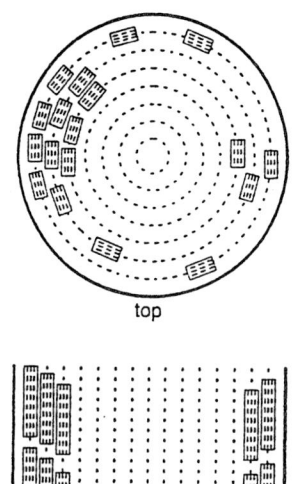

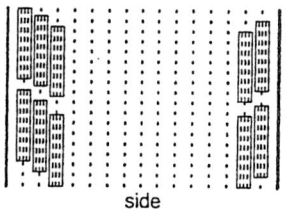

図 **4.43** 振とう後に生成した微結晶の分布の模式図[68]
毛細管の壁を太い実線で，微結晶を矩形で示す．破線は (110) 面を表す.

$$\phi' = \phi_0 + \tilde{\phi} \tag{4.15}$$

格子構造と結晶の配向が決まると ϕ_0 が決定されるが，bcc の (110) では 0 および $\pm54.7°$，(200) に対し $35.3°$，(211) では 0, $\pm28.1°$, $\pm70.5°$ である．以上の情報と式 (4.13), (4.14) とから，$\tilde{\theta}$ と $\tilde{\phi}$ との関係が導かれるが，その計算結果を図 4.42 に実線で示す．実測 (○) との一致は良好である．このことから bcc の微結晶が $[1\bar{1}1]$ を毛細管軸に平行に配列していると結論される.

振とう前後で結晶のサイズは変化するが結晶系，格子定数には変化がない．振とうによりいったん結晶が破壊された後，$54.7°$ ($[001]$ と $[1\bar{1}1]$ がなす角) だけ異なる方位をもつより安定な微結晶が生成し，これが 6 回対称性のパターンを与える．この事実，さらに USAXS 像が ω に依存しないことから，振とう後は多数の微結晶が毛細管の軸方向に並び，$[1\bar{1}1]$ 方向のまわりにランダムに配列していると結論できよう．図 4.43 はこのような構造の模式図である.

本条件下でも，$2D_{\text{exp}}$ と $2D_0$ はそれぞれ 370 nm と 390 nm であり USAXS

法の誤差を超えて有意義である．したがって，粒子-器壁間の静電引力と粒子-粒子間の静電引力により，最密充塡面の (110) 面が系の自由エネルギーを一段と低下させるように配向し，さらに内部にまで影響が及んでいると考えられる．

前項および本項で述べた実験事実や解釈は，他の実験事実とも符合しており，現在のところ合理的と考えられるが，今後の組織的研究が期待される．たとえば毛細管ではなく平板状のガラス界面，界面の電荷の符号とその量，粒子の電荷密度や粒径，温度，溶媒の誘電率，粘度の影響などの検討が必要であろう．

4.3.3　粒子径とその分布の決定

コロイド粒子の大きさは電子顕微鏡写真により決定されることが多かったが，この方法では乾燥状態の値しか得られない．分散系内部において分散液の濁りに煩わされずにコロイド次元の粒径が決定できることは USAXS 法の利点の 1 つである．

図 4.36 に示したような理論と観測値との比較によって粒径が決定されるが，粒子濃度 ϕ が高いとき散乱ベクトル K の小さい領域では粒子間干渉の影響は避けられない．これを避けるため，小西ら[69]はシリカ分散系の散乱強度 $I(K)$ を濃度 0 へ外挿し，この外挿値を次の式で与えられる回転楕円体 (軸長：$2R, 2R, 2vR$) の理論式と比較した．この結果，$v = 0.9 \sim 1.2$ の範囲でよい一致が得られた．

$$I(K) = C \int_0^\infty p(R) v^2 R^6 \Phi_e^2 (KR, v) \, dR \tag{4.16}$$

ここに，C は装置ならびに電子密度差に関係する定数，$p(R)$ は $(1/2\pi\sigma^2)^{1/2} \exp[-(R-R_n)^2/2\sigma^2]$，$\sigma$ は標準偏差，R_n は数平均半径，Φ_e^2 は粒子散乱関数である．これよりシリカ粒子 (図 4.37 に用いられている試料) は球にかなり近い回転楕円体と結論される．$v = 1$ のとき，次の式で定義される z 平均 2 乗半径の平方根 R_z は 56 nm，σ は 8% となる．

$$R_z = \left[\frac{\int_0^\infty p(R) R^8 \, dR}{\int_0^\infty p(R) R^6 \, dR} \right]^{1/2} \tag{4.17}$$

粒子間干渉が無視できる場合，次式で示すギニエ則が成立する．

$$I(K) = I(K=0)\exp\left(\frac{-R_g^2 K^2}{3}\right) \tag{4.18}$$

R_g は粒子の回転半径である．このプロットを行うには K と ϕ の小さい領域における測定が要求される．特に荷電したコロイド粒子ではなおさらである．前出のシリカ粒子についての $\phi=0$ への外挿値のプロットを図 4.44(a) に示す．良好な直線性が認められ，その初期勾配から R_g として 47 nm が求められる．球状粒子の場合

$$R_z^2 = \frac{5R_g^2}{3} \tag{4.19}$$

が成立するので $R_z = 60$ nm となり，フィティングの値と 8% の差で一致する．

図 4.44(b) は，$\phi=0$ への外挿なしに $\phi=0.0137$ での測定値をそのままプロットした場合を示すが，明らかに直線性から外れる．また，Vrij ら[70]の求めた構造因子 $F(K)$ を用いて得られた $I(K)/F(K)$ も同様である．σ_n が $0.06\ \mu\text{C cm}^{-2}$ と小さく，また $\phi=0.0137$ という希薄条件であるにもかかわらず，粒子間干渉が残っていることを示すものと解釈することができる．イオン性粒子の場合のギニエ・プロットに際して，濃度 0 への外挿が必要であることを物語る．

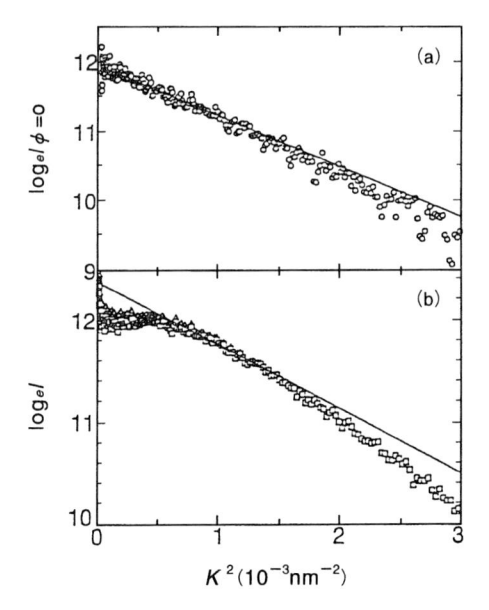

図 4.44 シリカ粒子分散系のギニエ・プロット[69]
(a) ○：実測 ($K^2 = 4.93 \times 10^{-5} \sim 8.86 \times 10^{-4}\ \text{nm}^{-2}$ における測定値の $\phi=0$ への外挿値), ─：最小2乗法による初期勾配. (b) 実測の散乱強度 $I(K)$ (□) と $I(K)/F(K)$ (△) のギニエ・プロット. $\phi=0.0137$, ─：$R_z = 56$ nm に対応する勾配. 直線性からのずれのため，勾配の決定には大きなあいまいさを伴うことがわかる.

4.3.4　2D-USAXSによる構造解析

以上に述べてきた 1D-USAXS では，X 線が 1 平面でのみ平行化されている結果 smearing effect が残る．その結果，方向性をもつ系の解析は不可能でないにしても容易ではない．この困難を解決するために，Bonse-Hart の方法によって，垂直に交わる 2 平面で X 線を平行化する 2D-USAXS 装置がつくられている[58,71,72]．これにより，散乱強度 $I(\boldsymbol{K})$ が散乱ベクトル $\boldsymbol{K}$ の関数として直接測定できる．その光学系を図 4.45 に示す．2 平面での平行化の結果，小西らの 2D-USAXS の入射 X 線の断面積は $1 \times 1 \mathrm{mm}^2$，その強度分布はほぼ点対称であって smearing effect は無視できる．また強度分布の半値全幅は約 17 秒であり，実空間での 2 μm の密度揺らぎに対応する．

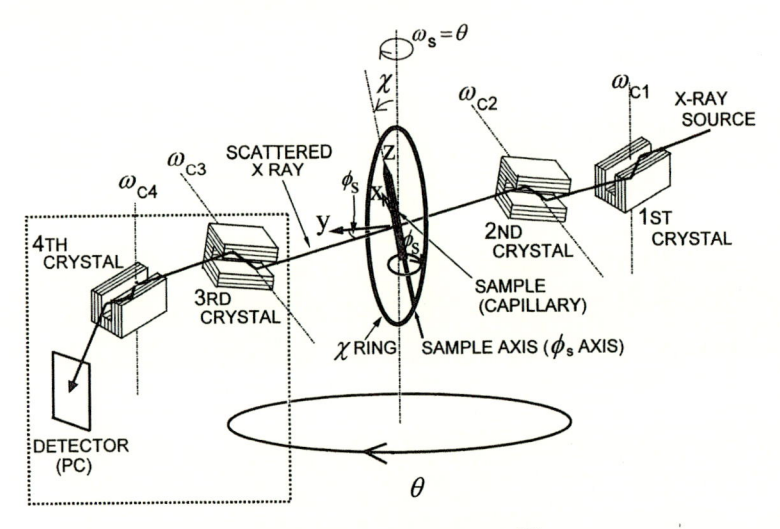

図 4.45　2D-USAXS の光学系[72]

2 組 4 個の Ge 単結晶には (111) 面に平行に溝が作られ，第 1 と第 2 結晶におけるブラッグ回折により入射 X 線は水平，鉛直両方向で平行化される．試料 (毛細管) は χ ring に固定され，第 3，および第 4 結晶によってブラッグ回折される散乱 X 線のみが検出器に到達する．χ ring は鉛直軸まわりに回転ができ，その角度を ω_s とし，χ ring の軸が X 線に平行なときを 0 とする．試料を χ ring 面内と (角度 χ)，試料軸まわりに回転させる (角度 ϕ_s) ことにより，散乱ベクトルの方向が変化できる．ただし試料が鉛直のとき，$\chi = 0$ とする．また試料の座標軸 x が χ ring の平面内にあるとき $\phi_s = 0$ とする．散乱ベクトルの大きさを変化させるには，$\omega_{C3} = \omega_{C4} = 0$ に保ち，ω_s を $\theta/2$ に等しく保って，第 3，第 4 結晶と検出器 (破線で囲んだ部分) を試料の鉛直軸のまわりに θ 回転させる．この光学系は回転陰極型 X 線発生装置と組み合わせ使用されている．また，第 2，第 3 の結晶を取り外すことにより，1D-USAXS に転換される．

4.3 超小角X線散乱による研究

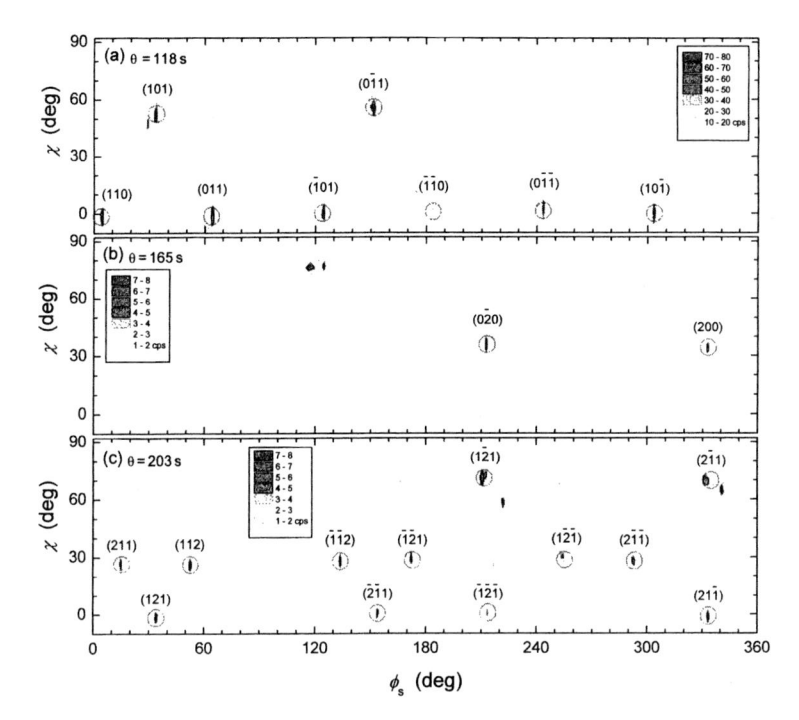

図 4.46 シリカ粒子希薄分散系の 2D-USAXS 像 (口絵 7)[72)]
分散媒：水，シリカ粒子 (図 4.3.3 の試料と同一). $\phi = $ 約 0.025. $\theta = $ (a) 118 秒，(b) 165 秒，(c) 203 秒. 散乱スポット近傍の数字は対応する回折面のミラー指数. ○：[1$\bar{1}$1] を毛細管壁に平行に維持する，格子定数 380 nm の bcc 単結晶について計算された散乱ピーク位置.

図 4.46 はシリカ分散系の 2D-USAXS 像である. $118 < \theta < 203$ s の領域で約 30 個のスポットが観察される. スポットの θ, ϕ_s, χ の値から，次の式によって $\bm{K}$ が決定できる.

$$\bm{K} = (K\cos\chi\cos\phi_s, \quad K\cos\chi\sin\phi_s, \quad K\sin\chi) \quad (4.20)$$

Busing と Levy[73)] の方法により，3×3 マトリックス (**UB**) を用いミラー指数を決定することができる.

$$\begin{pmatrix} K_x \\ K_y \\ K_z \end{pmatrix} = \bm{UB} \begin{pmatrix} h \\ k \\ l \end{pmatrix} \quad (4.21)$$

実験結果から，

$$\mathbf{UB} = \begin{pmatrix} 1.21 & 1.11 & -0.07 \\ -0.59 & 0.73 & 1.35 \\ 0.93 & -0.98 & 0.93 \end{pmatrix} \times 10^{-2} \quad (\mathrm{nm}^{-1}) \quad (4.22)$$

が得られる．この結果は分散液中に bcc の単結晶が形成され，その格子定数は 380 nm, $[1\bar{1}1]$ が毛細管軸に平行に維持されていることを示す．

この結論を仮定して，逆に式 (4.21), (4.22) によって計算された散乱スポット位置が図 4.46 に○で示されている．22 個のスポットについては良好な一致が認められた．一致しないスポットは巨大な単結晶のほかに微小な結晶が共存していることを示している．事実毛細管壁は曲率をもち，bcc 表面は平面であり，両者の間の空間に微小な結晶が成長したとしても不思議ではない．しかしながら，大勢は巨大な単結晶により決定されていることは確実である．

シンクロトロンを強力な X 線源として利用して，粒子–溶媒間の電子密度差が小さく，回転陰極型の装置では測定しにくいような分散系を超小角領域で検討することが可能になった．Sirota ら[74] は水–エタノール (1:9) 混合溶媒でのポリスチレン系ラテックス分散系 ($\phi = 0.06 \sim 0.30$) について研究し，低濃度領域では強い相関を示す液体状態と bcc, fcc の結晶状態を，高濃度ではガラス状態を観察した．ガラス状態は，$F(K)$ が高く鋭いピークを示す事実から結論されている．得られた相図は，純粋に斥力的な湯川ポテンシャル (2 章) を用いて行われた Robins らのコンピュータシミュレーションの結果[75] とは一致しないことが指摘されている．

Vos ら[76] はシンクロトロンを利用し，ポリスチレン系ラテックス–水系のコロイド結晶解析を行っている．図 4.47 は濃厚分散系 ($\phi = 0.56$) におけるコロイド結晶の散乱像を示す．非常に多くの散乱スポットが観察されるが，格子定数 370 nm の fcc の単結晶がその (111) 面を容器の壁面に平行に配置されていると考えると説明できる．ポリスチレン系粒子の場合，高い濃度で fcc が観察されること，さらに (111) 面が器壁に平行に保たれることは，顕微鏡観察 (4.2.3 項) やコッセル線回折 (5 章) でも認められている事実である．Vos らは多数の鋭い散乱スポットから，デバイ・ワラー効果による粒子の格子振動の根平均 2

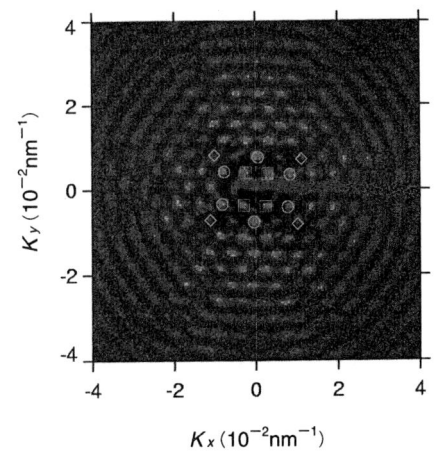

図 **4.47** ポリスチレンラテックス粒子の濃厚な水分散系の散乱像 (口絵 8)[76)]
X線源：European Synchrotron Radiation Facility (ESRF), 波長 $\lambda = 0.09880$ nm, 入射X線の断面積：0.2×0.5mm^2, ラテックス粒子：ポリスチレン系, $a = 120.8$ nm, $\phi = 0.56$.

乗変位が粒子間距離の 3.5% にすぎないと結論している．このことは，図 4.8 に示した顕微鏡観察の結果と定性的に一致している．

Vos ら[77)] はさらにポリスチレンラテックス–メタノール，シリカ粒子–ジメチルホルムアミド，シリカ粒子–水の希薄分散系 ($\phi < 0.001$) について，ギニエ・プロットのみならず，ポロッド (Porod)・プロットの極大，極小位置の K 依存性から粒径 a, ピークの高さの K^2 依存性から a の分布，また平均ポロッド断面積から $K = 0$ での散乱断面積を決定している．

4.3.5 超小角X線散乱法による粒子間距離

屈曲性イオン性高分子のSAXSの場合，単一の幅広い散乱ピークしか観察されなかった．しかしコロイド系のUSAXS測定では多数の高次の散乱スポットが観察される結果，かなり正確な粒子間距離の情報が得られる．表 4.6 に USAXS により求められた $2D_{\text{exp}}$ を $2D_0$ と比較する．両者の比は当然ながら濃厚分散系で 1 に近く，希薄系では 1 より小さい．シリカ粒子の場合に $2D_{\text{exp}}/2D_0$ が 0.88〜0.92 と 1 に近く，他方表 4.3 のラテックス (B) では 0.65〜0.90 であったが，この差は表 4.6 の試料の電荷密度が低いためである．

松岡ら[78)] はメチルメタクリレート (MMA) 系ラテックス–水分散系でUSAXS法によって，$2D_{\text{exp}}$ の塩濃度依存性を調査した．ϕ が 0.04 近辺，C_s が 0〜10^{-5}M で fcc の粉末パターンを観測し，ピーク位置から計算される $2D_{\text{exp}}$ は

表 4.6 USAXS により決定されたコロイド結晶における最近接粒子間距離

ϕ	$2D_{exp}$ (nm)	$2D_0$ (nm)	$2D_{exp}/2D_0$
(A) シリカ粒子* ($a=55$ nm, $\sigma_a=0.24$ μC cm^{-2}, $\sigma_n=0.07$ μC cm^{-2})			
0.0096	390	450	0.88
0.0301	280	310	0.91
0.0753	200	230	0.92
(B) ポリスチレンラテックス** ($a=120$ nm, σ_n：不明)			
0.56	257	265	0.97

* 小西利樹・伊勢典夫, 未発表.
** W. L. Vos らの散乱像 [76] から算出.

C_s の増加とともにいちど増大して，$2D_0$ にほぼ等しい値を示した後，減少する傾向を報告している．すなわち $2D_{exp}$–C_s プロットに極大があり，その位置は $\kappa a=1.3$ である．$2D_{exp}$ が単調に減少する傾向は，従来から広く認められている (たとえば，表 4.4)．この傾向は DLVO 理論や後述する曽我見理論の予測とも一致していたが，$\kappa a=1.3$ 以下における増大傾向ははじめての観測である．なお，山中ら [18] はシリカ粒子–水系の USAXS 測定により 10^{-5}M 以下の C_s で $2D_{exp}$ は $2D_0$ より小さく，C_s によらず一定と報告している．使用されたシリカ粒子の電荷数がメチルメタクリレート (MMA) 系ラテックスより小さいことが原因であるかもしれないが，$2D_{exp}$ の極大が物理的に意味のあることなのかどうか，さらに詳しい実験を待つ必要がある．

4.4 静的および動的光散乱，中性子散乱，動的 X 線散乱による研究

コロイド粒子は一般に巨大なため，その各部からの散乱光の干渉が起こる．また粒子と溶媒間の屈折率の差が大きいとき，特に大きい粒子では多重散乱の影響が強くなる．この結果，ポリスチレン系ラテックスやシリカ粒子の水分散系の光散乱実験の解釈は容易ではない．詳細な解析を行うには，実験的にこれらの束縛条件をできるだけ避けるか，単純散乱のみを計測する工夫が必要である．以下には比較的小粒径の希薄分散液を用いて行われた 2, 3 の実験結果 [51,79] を議論する．ここで触れない最近の諸論文については，総説 [80] を参照されたい．

4.4.1 静的光散乱

レィリー–ガンス (Rayleigh–Gans) 近似によれば, 散乱ベクトル $K(= 4\pi n_\mathrm{m} \sin(\theta/2)/\lambda$, n_m は媒体の屈折率) により, N 個の粒子を含む体積 V_s からの散乱強度 $I(K)$ は次式で与えられる[81].

$$I(K) = A_\mathrm{RG} f_M(K) F(K) \qquad (4.23)$$

粒子間構造因子 $F(K)$, 形状因子 $f_M(K)$ は次の式で与えられる.

$$F(K) = 1 + \frac{1}{N} \sum_{i>j=1}^{N} \exp[i\bm{K}(\bm{r}_i - \bm{r}_j)] \qquad (4.24)$$

$$f_M(K) = \left\{ \frac{3(\sin(Ka) - (Ka)\cos(Ka))}{(Ka)^3} \right\}^2 \qquad (4.25)$$

a は球状粒子の半径であり, $\bm{r}_i$ は粒子 i の重心位置, A_RG は散乱光 (垂直偏光) に対して次の式で与えられる.

$$A_\mathrm{RG} = \left(\frac{4\pi a^3}{3}\right)^2 \frac{9\pi^2 n_\mathrm{m}(m_\mathrm{r}-1)^2 n_\mathrm{p}^* V_\mathrm{s}}{\lambda^4 (m_\mathrm{r}+2)^2} \frac{I_0}{r_d^2} \qquad (4.26)$$

ここに, m_r は $n_\mathrm{p}/n_\mathrm{m}$, n_p は粒子の屈折率, n_p^* は単位体積 (cm^{-3}) 当たりの粒子数, I_0 は入射光強度, r_d は散乱体積と検出器の距離である. したがって $I(K)$ の測定から $F(K)$ が決定される.

4.2.4 項に述べたように, 粒子の体積分率 ϕ が低いときボイド形成か, あるいは気–液相分離が観察される. この各相内部の粒子分布が静的光散乱 (SLS) によって研究されている[79]. ポリスチレンラテックス ($a = 55$ nm) の 6 種類の希薄軽水分散系 ($n_\mathrm{p}^* < 5 \times 10^{12}$ cm^{-3}) に両性イオン交換樹脂を添加すると C_s が低下する. 添加前の $F(K)$ はほとんど K 依存性を示さず, 粒子間に空間的相関が存在しないことを物語る. 脱塩が進行して平衡に至ると図 4.48 に示すように, 高分子濃度が (a)4.11, (b)3.26 $\times 10^{12}$ cm^{-3} の場合, 系全体に粒子が分布するのに対し, 低い濃度 (c)1.61, (d)1.58 $\times 10^{12}$ cm^{-3} では透明な上層と白濁した下層とに分離する. (a) と (c) について測定された $F(K)$ を図 4.49(A)(B) に示す. (A) からわかるように, 均一相内部の高さの異なる 2 点では液体状態に特有の $F(K)$ が観測され, しかも高さによる違いは見られない. この相

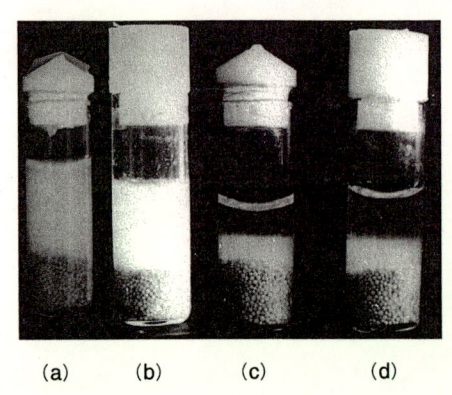

図 4.48 ポリスチレンラテックスの軽水分散系の相変化[79]
イオン交換樹脂を投入し平衡に達した後数日後の状態の写真．下部に見える粒子はイオン交換樹脂である．$n_p^* =$ (a)4.11, (b)3.26, (c)1.61, (d)1.58 $\times 10^{12}$ cm^{-3}. (c) と (d) では，(イオン交換樹脂の上に接した) 白濁した液相と最上部の透明な気相とに相分離が起こっている．濃度の高い (a), (b) では脱塩の初期，すなわち C_s が比較的高い段階で気–液相分離を示すが，C_s が低くなると，写真に示すように系全体が再び均一に白濁している．再帰性相変化である．

内部での粒子分布が均一であることを物語る．他方 (B) では，分散系下部は液体状の $F(K)$ を示すのに対し，上澄み相は気体状の $F(K)$ を与え，気–液相分離が起こっていることを裏付けている．

注意したいのは，図 4.48 の気–液相分離は軽水中で観測されたことであり，さらに軽水–重水の混合物を用いて，粒子との密度差を無くすると，ボイドが生成する事実である．また，脱塩が進むにしたがって，つまり塩濃度が低くなっていくと，再帰性の相分離が観測される．すなわち，塩濃度が高いとき系は均一な外観を示すが，それが低下すると気–液の 2 相に分離し，さらに低くなると再び均一となる．この再帰性の相分離は原子・分子系では観測されないコロイド系特有の現象である．粒子が真空中ではなく分散媒中に浮遊し，粒子間相互作用が媒体中の対イオンによって大きく影響されているからである．なお，再帰性相分離，ボイドの形成については 8 章コンピュータシミュレーションで再び議論する．

希薄系で粒子が bcc 構造を，高い濃度で fcc 構造を形成することはよく知られている．図 4.48 の条件で bcc を仮定し，$F(K)$ の第 1 ピーク位置 ($K_{\max}$) から最近接粒子間距離 (bcc に対して $6^{1/2}\pi/K_{\max}$) を求めて図 4.50 に示し，さらに平均粒子間距離 ($3^{1/2}/(4n_p^*)^{1/3}$) と比較する．低い濃度領域では $2D_{\exp} < 2D_0$ であり，2 状態構造の形成を裏付け，3.2.3, 3.2.4 や 4.2.3 項における屈曲性イオン性高分子の SAXS, 中性子散乱 (SANS) の議論や，コロイド系の光学顕微鏡観察の結果と一致していることに注意する必要がある．図 4.50 には曽我

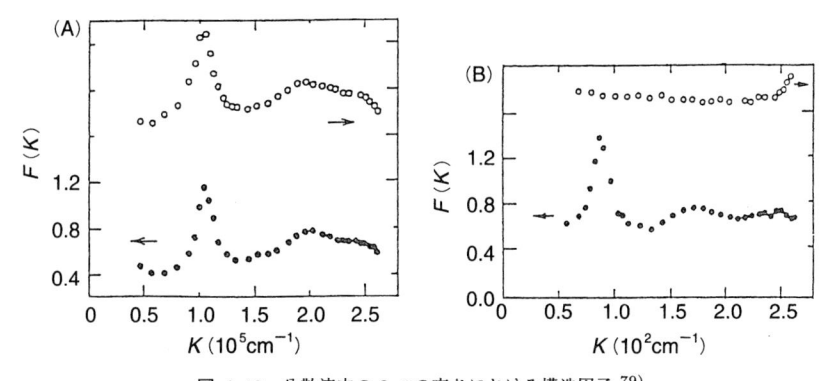

4.4 静的および動的光散乱,中性子散乱,動的 X 線散乱による研究　　　191

図 4.49 分散液内の 2 つの高さにおける構造因子 [79]
(A) 図 4.48 の (b) の均一相の上部 (○) と下部 (●). (B) 図 4.48 の (d) の上澄み (○) と下部 (●).

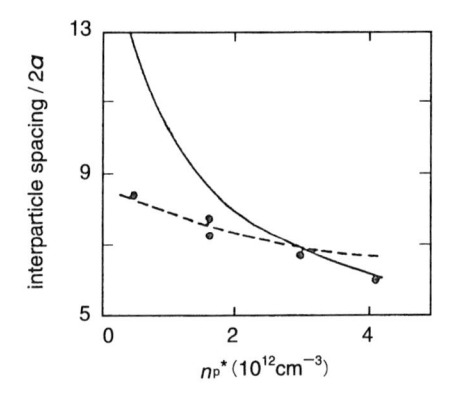

図 4.50 $F(K)$ から求めた最近接粒子間距離と平均距離 $2D_0$ の比較 [79]
粒子分布は bcc を仮定. ●:実測. 実線:$2D_0$. 破線は曽我見理論による計算値 (添加塩イオン濃度 $n_i = 3 \times 10^{15}$ cm^{-3}).

見理論による計算値 (破線) を示したが,これについては章を改め,ここでは理論値と実測結果とのよい一致を指摘したい.

Antonietti ら [82] はマイクロエマルション内部でスチレンの重合を進行させて架橋したポリスチレン球 (ミクロゲル) を合成し,これをスルホン化 (ほぼ 70%) して,アニオン性の球状高分子電解質ミクロゲル ($a = 7 \sim 50$ nm) を調整した. Gröhn と Antonietti [83] は静的光散乱 (SLS) 実験により,その希薄水溶液の溶液構造を詳しく検討している.コロイド粒子と屈曲性高分子の間の中間的な大きさをもつ興味深い化合物である.表 4.7 にその 2, 3 の物性を示す.実測の散乱強度から式 (4.23) によって算出された構造因子 $F(K)$ は少なくとも 2 つ

のピークを示し，1次ピークの高さは 1.5〜3.0 である．ミクロゲルが無塩溶液中で構造を形成していることは明らかであるが，1次ピークから算出された粒子間最近接距離 $2D_{\mathrm{exp}}$ は希薄条件で粒子濃度から均一分布を仮定して算出された平均距離 $2D_0$ より小さい．一方，高い濃度領域では $2D_{\mathrm{exp}} = 2D_0$ である．実験結果を図 4.51 に示す．興味深いのは，小さい粒径 (K411b) のゲルを除き，$2D_{\mathrm{exp}} < 2D_0$ の濃度領域では巨視的相分離 (図 4.48 参照) が観察されていることである ($2D_{\mathrm{exp}} = 2D_0$ の領域では系は均一である)．容器底部の濃厚相における $2D_{\mathrm{exp}}$ には高さ依存性がなく，相分離が重力による沈降によるものでないことを物語る．小さい粒径の K411b の場合，濃厚相は沈降，分離せず，外見上溶液全体が均一であるが，散乱強度の強い領域が浮遊していることが観察されている．これは 3 章で議論した 2 状態構造であろう．$2D_{\mathrm{exp}} < 2D_0$ は屈曲性イオン性高分子，タンパク質，イオン性コロイド粒子の希薄系について見出されたが，コロイド系以外では気−液相分離は観察されていない．このことは小粒径のミクロゲル系で相分離が起こらないことと辻褄が合っている．粒径が小さいとブラウン運動が激しくなるからである．架橋密度を 1/40, 1/80 に低下させる

表 4.7 高分子電解質ミクロゲルの特性

	ρ	r_{H}(nm)	σ	$M_{\mathrm{W}} \times 10^6$
K8		48.0	0.17	69.4
K24		43.5	0.05	46.8
K28	1/20	31.5	0.12	15.0
K33		23.7	0.12	8.3
L35b		19.8	0.14	5.4
K411b		6.7	0.11	
K64	1/40	40.0	0.20	16.0
K2	1/80	38.0	0.24	13.8

ρ：架橋密度 (架橋剤／単量体)．r_{H}, σ：それぞれ 0.5M NaCl 水溶液中で DLS により決定された流体力学的半径，多分散性，M_{W}：SLS により決定．

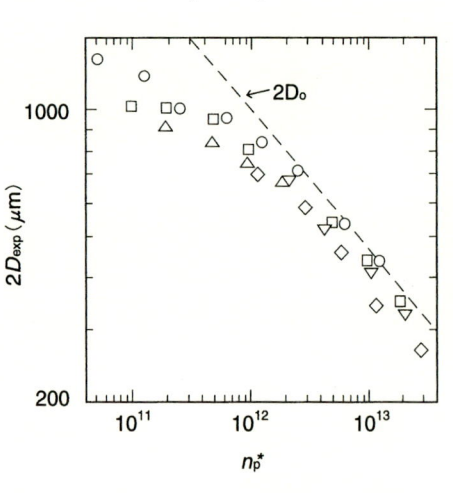

図 4.51 種々の粒径のミクロゲルの最近接粒子間の距離 $2D_{\mathrm{exp}}$ と平均距離 $2D_0$ との比較 [83] 横軸：粒子の数密度 (dm^{-3})．破線：$2D_0$．粒子半径は ○：48 nm, □：44 nm, △：32 nm, ▽：24 nm, ◇：19 nm.

と,相分離は起こらなくなり,散乱曲線のピークは消失する.データは示さないが,低角領域では K の低下の伴って散乱強度が大きくなるという逆転現象が観測される.

4.4.2 動 的 光 散 乱

巨大なコロイド系の DLS 実験も多重散乱のため,それを避ける工夫をするか,あるいは近似的な解釈に留めるかのいずれかである.実験的には 2 色動的光散乱 (two-color dynamic light scattering ; TCDLS) により [84~86],単純散乱のみを分離計測する新しい技術も開発されつつあるが,イオン性コロイド粒子–水分散系の測定例は報告されていない.

ここでは混合溶媒を用いた屈折率マッチング法によって Härtl ら [87] が調査したイオン性コロイド分散系を中心に議論する.表面に—COOH を導入したシリカ粒子 ($a = 45$ nm) の水–グリセリン分散系 (体積分率 $\phi = 7.63 \times 10^{-4}$ ~4.58×10^{-4}) について静的光散乱 (SLS) によって添加塩濃度 $C_s = 0$ および $C_s > 0$ における散乱強度 $I(K)$ が求められた.次に高い C_s (すなわち $F(K) = 1$) における測定から $f_M(K)$ を決定し,これらから無添加塩系における $F(K)$ が評価された (式 (4.23)).その結果を図 4.52(a) に示す.同時に Hansen と Hayter[88] の rescaled mean spherical approximation (RMSA) による計算値 (実効電荷数を 550 と仮定) を与える.DLS において散乱光電場の自己相関関数 $g^{(1)}(K, \tau)$ は単分散粒子の非相互作用系では,

$$g^{(1)}(K, \tau) = \exp(-K^2 D_0 \tau) \tag{4.27}$$

となり,これから自由粒子の拡散係数 D_0 が決まる.相互作用系で τ の小さなとき,

$$D_{\text{eff}}(K) = D_0 \left[\frac{H(K)}{F(K)} \right] \tag{4.28}$$

によって有効拡散係数 D_{eff} が決定される.ここに,$H(K)$ は流体力学的因子[89,90]である.Härtl らは同時に DLS 測定を行い,SLS から決定された $F(K)$ を式 (4.28) に入れ $H(K)$ を求めた.結果を図 4.52(b) に示すが,$H(K)$ のピークの高さは 1 より大きく,$F(K)$ と $H(K)$ はほぼ同位置にピークをもつことがわか

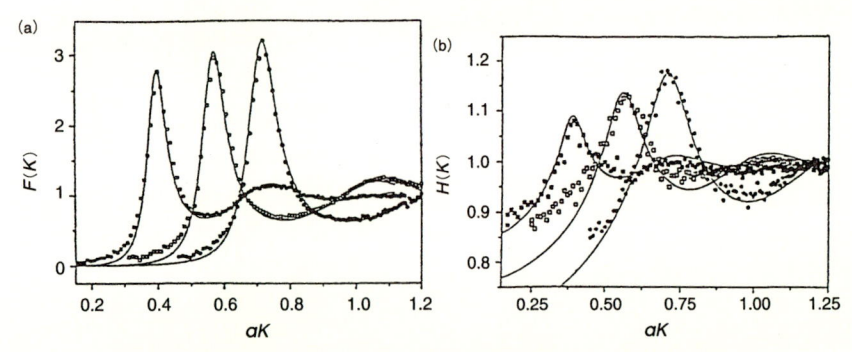

図 4.52 カルボキシル化シリカ粒子分散系の構造因子 (a) と流体力学的因子 (b)[87]
溶媒：水–グリセリン．ϕ, ■：7.63×10^{-4}, □：2.29×10^{-3}, ●：4.58×10^{-3}.
(a) の曲線：実効電荷数を 550 として RMSA により計算された $F(K)$. (b) の曲線：Nägele–Bauer[90] の理論値.

る[*10]．

　DLS のピーク位置からの情報 (たとえば，粒子間距離) は，$H(K) = 1$ の前提で導かれてきた．したがってピーク位置が一致する事実は，この情報の信頼性を示している．

　次に，実空間での顕微鏡観察とフーリエ空間での DLS による粒子分布の研究について考える[91]．蛍光性のポリメチルメタクリレート (PMMA) 粒子と蛍光顕微鏡を用いると，これまでの光学顕微鏡より小さい粒径の粒子が観察できる．その写真像を画像処理して得られた 2 値化像を図 4.53(a)(b) に示す．(a) では不規則構造が規則構造と共存する (2 状態構造) ことを示す．これらの 2D-フーリエ変換像 (c)(4.2.3 項参照) には，第 1 ピークとハローがみられる．

　画像処理によって粒子間距離を測定し，粒子の動径分布関数 $g(r)$(4.2.3 項参

[*10)]　図 4.52 では実効電荷数 550 を仮定して RMSA 理論値が計算され，実験結果との一致が強調されている．他方同一試料についての ζ-電位の測定から，電荷数として 10^4 程度の値が報告されている．この値と 550 との差は非常に大きい．原報では RMSA 理論値が電荷数にどのように影響されるかの検討が行われていないので，図 4.52 にみられる RMSA 理論と実測との一致が，Härtl らが主張しているように多重散乱がなくなったことを意味しているとは受け取りにくい．ζ-電位の曖昧さについては 4.1.1 項において述べたが，実効電荷数 Z_n を独立に測定してその値で RMSA 理論を計算すべきであろう．さらに一歩進んで，多重散乱の可能性のない測定手段，たとえば動 X 線散乱 (DXS) 法 (4.4.4 項参照)，による組織的検討が望まれる．

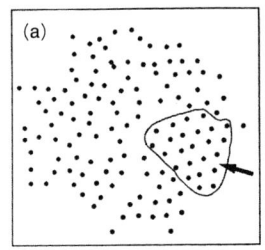

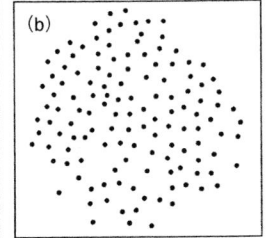

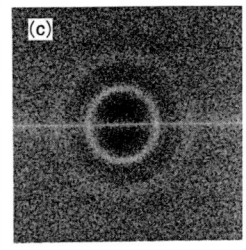

4.4 静的および動的光散乱，中性子散乱，動的X線散乱による研究

図 4.53 蛍光顕微鏡像の画像処理により得られた粒子分布 [91]
(a), (b) は1つの分散系の異なった場所における粒子分布を示し，(a) では液体状態の分布のなかに規則構造 (矢印) が観察される (2状態構造). (c) は対応するフーリエ像である．精度を上げるため，(a), (b) のような粒子分布像を計48枚用いてフーリエ変換が実行された．試料：(クマリン6含有)PMMA粒子．粒子半径 $a = 70$ nm, 溶媒：水，粒子体積分率 $\phi = 1.5 \times 10^{-3}$.

照) が決定される．そのフーリエ変換により $F(K)$ が算出され，図 4.54 にその結果を示す．

$$F(K) - 1 = N_\mathrm{p} \int \{g(r) - 1\} \exp(i\boldsymbol{K} \cdot \boldsymbol{r}) \, dr \tag{4.29}$$

ここに，N_p は粒子の数密度である．

図 4.54 からわかるように，2つの方法で求めた $F(K)$ はピーク位置に関してはよい一致を示し，粒子位置の情報が信頼できることを裏書きしている．この PMMA ラテックス分散系の $2D_\mathrm{exp}$ を3種類の方法で決定し，表 4.8 に示す．当然ながらこれら3種の方法で求めた距離はよく一致しており，この距離は平均距離 $2D_0$ より小さく，2状態構造と矛盾しない．温度依存性はあまり顕著ではない．媒体 (水) の誘電率の減少によって静電的な粒子間引力が強化され，これによって結晶が収縮しようとする．観測結果は膨張と収縮とがほぼ釣り合っていることを示す (4.2.3 項参照)．粒子間に静電的斥力のみが働いているとすれば，温度を上げると粒子間距離は大きくなるはずであるが事実はこれに反する．このことは斥力説が正しくないことを示している．

DLS は分散系内部の粒子からの情報を与える．他方顕微鏡法では容器の壁から比較的近い距離の粒子が観察される．この2方法が共通して $2D_\mathrm{exp} < 2D_0$ の関係を示す事実は，器壁の影響が粒子分布に対してはあまり大きくない——

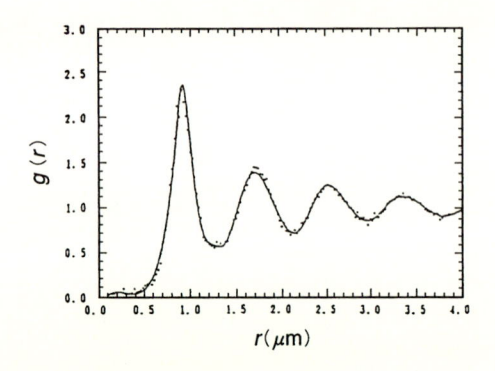

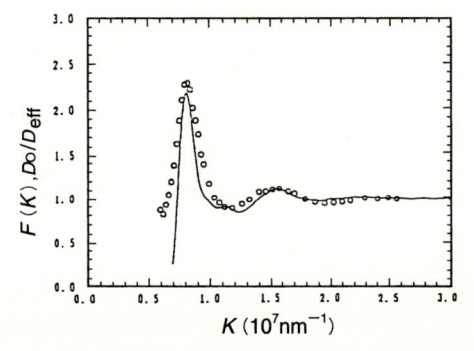

図 4.54 DLS により決定された構造因子 (D_0/D_{eff}) と顕微鏡像から決定された構造因子 [91]
試料：PMMA ラテックス．$a = 70$ nm, $\phi = 1.5 \times 10^{-3}$．○：DLS, 実線：顕微鏡像の 35,000 個の粒子の位置から $g(r)$ を決定し，これから求められた $F(K)$．

表 4.8 動径分布関数のピーク，2D-フーリエ変換像，DLS 法によって決定された最近接粒子間距離

ϕ	温度 ($\degree$C)	$2D_{exp}$ (μm)			$2D_0$ (μm)
		$g(r)$	2D-フーリエ変換	DLS	
0.0015	20	0.91	0.95	0.97	1.11
	25	0.89	0.95	0.95	
	30	0.89	0.92	0.90	
	50	0.88	0.95	0.98	
0.001	20	0.98	1.02	1.05	1.27

試料：蛍光性 PMMA ラテックス ($a = 70$ nm, 分析的電荷密度 $\sigma_a = 0.75$ μC cm^{-2}).

4.4.3 小角中性子散乱

小角中性子散乱 (SANS) によるコロイド分散系の構造研究は,その短い波長や,物質 (原子核) との弱い相互作用に基づく大きい透過性などの利点によって,濃厚系について数多く報告されている.しかし,イオン性のコロイド希薄分散系を対象にした報告はあまり多くない.ここでは Ottewill らの実験[92] について説明する.相互作用を含む粒子分散系からの干渉性散乱強度 $I(K)$ は,粒子と媒体の散乱長密度を ρ_p, ρ_s とすると,

$$I(K) = A n_p^* \left(\frac{4\pi a^3}{3}\right)^2 (\rho_p - \rho_s)^2 f_M(K) F(K) \tag{4.30}$$

により与えられる.ここに,A は装置因子を含む定数である.単分散性の球に対する $f_M(K)$ は式 (4.25) により与えられるから,$I(K)$ から $F(K)$,さらに式 (4.29) により $g(r)$ が決定される.このようにして得られた $F(K)$ は 1 または 2 個の幅広いピークをもち,構造の形成を示唆する.ピーク位置は粒子の体積分率 ϕ や塩濃度 C_s の上昇とともに広角側に移動し,構造内の最近接粒子間の距離が小さくなることを示し,顕微鏡観察の結果 (表 4.3 および 4.4) と定性的に一致する.結果の一部を図 4.55, 4.56 に示す.

得られた $g(r)$ は,$C_s = 10^{-4}$M, $\phi = 0.01$(図 4.56(a)) において,液体状態に期待される形を示す.この塩濃度では十分予期される結果であり,ϕ が高くなると結晶状態のそれに近づく.これらの傾向は 4.2.3 項で詳しく議論した顕微鏡観察の結果と定性的に一致する.

Ottewill らは $g(r)$ から,次式により (平均力の) ポテンシャル $\phi(r)$ を求め,

$$g(r) = \exp\left[\frac{\phi(r)}{k_B T}\right] \tag{4.31}$$

ポテンシャル曲線に極小があることを認め,その深さは図 4.56(a) の条件で

[*11] 影響が完全に無視できるとは結論できない.現実に顕微鏡観察 (4.2.3 項),USAXS 測定 (4.3.2 項),コッセル線回折 (5 章) において fcc あるいは bcc の最密充填面が壁面に平行に観測される事実は,壁面と粒子間に弱いながらも静電的な引力 (4.2.4 項参照) が作用していることを物語る.

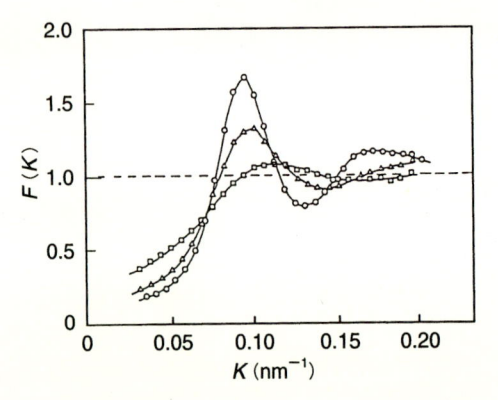

図 4.55 中性子散乱実験から決定されたコロイド分散系の構造因子 [92]
ラテックス：ポリスチレン系，$a = 15.7$ nm, $\phi = 0.04$, $\sigma_a = 4.2$ μC cm^{-2}.
C_s(NaCl) はそれぞれ○：無塩系，△：10^{-3}M，□：5×10^{-3}M.

$0.1k_BT$，(b) では $0.6k_BT$ と報告している．この方法は超希薄系での最近の直接測定に関連しているので，9章で改めて議論する．さらに実測の $F(K)$ と理論との比較から有効粒径 a_{eff} を評価しているが，電子顕微鏡からの値 a の 1.6〜3倍の値を示す．また次の式に示す DLVO 理論 [12] の斥力ポテンシャルエネルギー U_R を用い，

$$U_R = \frac{\varepsilon a^2 \psi_a^2 \exp(2\kappa a) \exp(-\kappa R)}{R} \quad (4.32)$$

Ashcroft と Lekner の理論 [93] によって $F(K)$ が求められている．ここに，ψ_a は表面ポテンシャル，R は粒子間距離である．$\phi = 0.01$ と 0.11 において粒子の有効半径として $a_{\text{eff}} = 43.5$ と 25.1 nm, $\psi_a = -20$ と -11 mV を仮定すると，観測値とよい一致が得られる．しかし実測の ζ 電位は -58 mV と報告されており，ψ_a との差はかなり大きく，また a_{eff} と a (15.7 nm) との差も相当大きく，U_R が妥当とは言いがたい．また U_R を用いたシミュレーションによって $g(r)$ を計算し，実測と比較している．実効電荷密度 $\sigma_n = 0.21$ μC cm^{-2} としたときよい一致が得られるとのことである．分析的電荷密度 σ_a の実測値が 4.2 μC cm^{-2} とされているが，山中の実験式 (4.6) によれば，この σ_a に対応する σ_n は 0.72 μC cm^{-2} であり，シミュレーションの値の3倍である．山中らのデータでは $a = 0.05$〜0.5 μm の粒子が対象となっているので，この比較は必ずしも適当ではないかもしれないが，物理的にあまり明白な意義をもたな

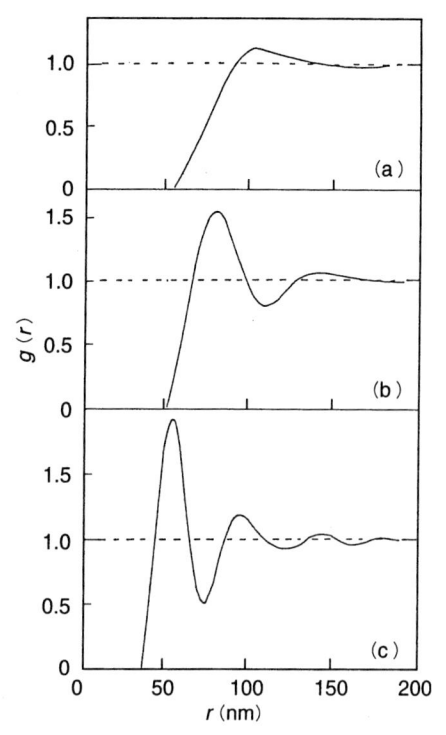

4.4 静的および動的光散乱, 中性子散乱, 動的X線散乱による研究

図 4.56 中性子散乱実験から決定されたコロイド分散系の動径分布関数 [92)]
ラテックス：ポリスチレン系 $a = 15.7$ nm, $C_s = 10^{-4}$M (NaCl), $\phi =$ (a) 0.01, (b) 0.04, (c) 0.13.

いζ電位を用いず, σ_n を独立に測定し, それとの一致, 不一致を基礎にして解析に用いられたポテンシャルや理論の当否を検討することが望まれる.

静的光散乱 (SLS)[94)], 小角中性子散乱 (SANS)[95)] によってイオン性コロイド結晶に対するずれ応力の影響が検討されている. 前者は多重散乱を避けるため低い濃度での測定になるが, この場合粘度が低いため, ずれ応力の影響は顕著ではない. この影響が明白になる条件では, SANS が適当である. Ackerson らはポリスチレンラテックス ($a = 50$ nm)–重水系について, ずり速度 ($\dot{\gamma} = 0 - 10^3$ s^{-1}) の影響を調査した. $\phi = 0.14$ では fcc 構造が期待されたが, 散乱像の解析からは, $\dot{\gamma} = 0$ において hcp の [111] 方向がずれ応力の方向に平行, したがって (111) 面が容器の (垂直) 壁面に平行に維持された多結晶構造をとってい

ると結論している．$\dot{\gamma}=30\,\mathrm{s}^{-1}$ においては，(111) 面が相互に滑り合って，3次元構造は歪を受け，$160\,\mathrm{s}^{-1}$ では結晶構造はさらに破壊され，虹彩色も弱くなる．$400\,\mathrm{s}^{-1}$ になると，粒子は連なって速度方向に配列する傾向を示すが，全体的には無定形の構造を示すと結論されている．なお，このとき虹彩色は強くなったとのことである．最密充塡面が器壁に平行に維持されることは，顕微鏡 (4.2.3 項)，USAXS 測定 (4.3.2 項)，さらにコッセル線回折実験 (5 章) によって観察された事実と符合している．注意したいのは，$\dot{\gamma}=0$ においてもこの配向が維持されていることである．この配向が分散液の流動に基づくのではないことを強く示唆している．荷電界面と粒子間の静電的引力 (4.2.4 項) によるものと思われる．

4.4.4 動的 X 線散乱

最近シンクロトロンの強力な X 線を用いて動的 X 線散乱 (DXS) 法が研究されている[96]．エタノール (屈折率 $n=1.36$) とベンジルアルコール ($n=1.54$) の混合溶媒を用いて屈折率差を無くしたシリカ粒子 ($a=56$ nm, $n=1.465$) 分散系 ($\phi=0.164$) について DXS と DLS が測定された．DXS から決定された散乱光強度の相関関数 $g^{(2)}(K,t)$ の時間依存性は単一指数関数型ではなく，粒子間相互作用の影響を示す．しかし DXS と DLS から得られた $g^{(2)}$ はよく一致している．初期の緩和速度 $\Gamma(=K^2 D_{\mathrm{eff}})$ から決定された拡散定数 D_{eff} と自由粒子の拡散定数 D_0 との比を図 4.57 に示すが，DXS と DLS の両者が測定できた K の範囲では，これらの方法は良好な一致を示した．

図 4.57 には，動的 X 線散乱の強度と形状因子 $f_M(K)$ から求めた構造因子 $F(K)$ をも示した．予期されるように D_{eff}/D_0 と類似の形とピーク位置をもつ．さらに，比較のため Percus と Yevick の理論[97]によって計算された構造因子を点線で示したが，K の小さい領域を除いて実験と一致しているとはいえない．高い構造的相関を再現できていないのである．

Vos らの原報には指摘がないが，図 4.57 の構造因子のピーク位置から最近接粒子間の距離 $2D_{\mathrm{exp}}$ を求めると約 $0.13\,\mu\mathrm{m}$ となる．これに対し，濃度から求められる平均距離 $2D_0$ は sc では 0.16，fcc を仮定すると $0.18\,\mu\mathrm{m}$ となる．いずれの場合も明らかに $2D_{\mathrm{exp}}<2D_0$ であり，2 状態構造を示唆している．筆

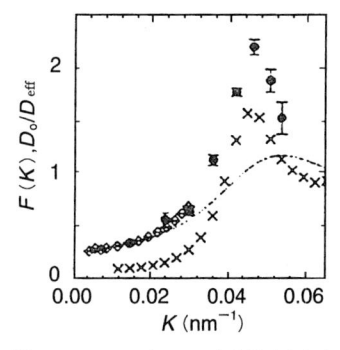

図 4.57 DXS と DLS から決定された拡散係数の散乱ベクトル K 依存性 [96]
●:DXL, ◇:DLS, ×:静的構造因子, 点線:剛体球モデルにより計算された構造因子, $\phi = 0.164$.

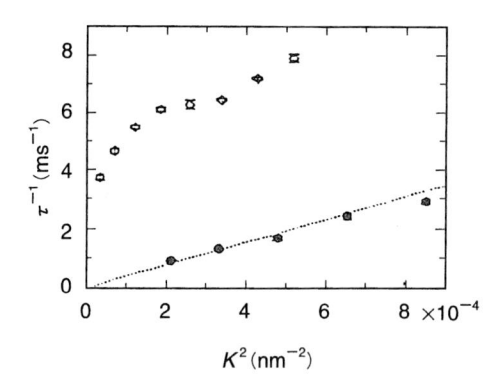

図 4.58 シリカ粒子-エタノール分散系の緩和速度の K^2 依存性 [96]
●:DXS, ◇:DLS, $\phi = 0.078$. 点線:アインシュタイン・ストークス理論によって計算された拡散定数に対応.

者らがこの構造を見出したのは ϕ が 0.1 以下程度の低い濃度の水分散系であったが (表 4.3(B) 参照), Vos らの結果は $\phi = 0.164$ が高いにもかかわらず非水溶媒系においてこの不等関係が成り立っていることを示す. 図 4.13 に示したように, 顕微鏡観察の結果によると $2D_{\exp}$ は誘電率 ε の減少とともに小さくなるが, Vos らの条件では ε が小さいため $2D_{\exp}$ が小さくなっていると考えることができよう. いずれにしても, 粒子間引力が静電的であり, その結果 ε の減少に伴って, 引力が強力になり, 結晶の収縮を起こしている. 仮に DLVO 理論のように, 静電反発力のみが作用しているとすれば, ε の減少に伴って, 反発力は強化されるはずであり, その結果は粒子間距離の増大を結果するはずであるが, 事実はこれに反する.

次に屈折率の調節を行わない, 白濁試料について議論する. 図 4.58 はシリカ粒子-エタノール分散系 ($\phi = 0.078$) の DXS と DLS の結果である. 前者は原点を通過する直線を与え, $\tau^{-1} = D_0 K^2$ によりその傾斜は D_0 に対応する. 他方比較的低い濃度で, しかも屈折率の比が 1.077 と小さいにもかかわらず, DLS ではこのような直線性は成立していない. Vos らは DLS における多重散乱がその一因と考えている.

4.4.2 項において, Härtl らの流体力学的因子 $H(K)$ の解析について考察し

たが (脚注 10 参照), $H(K)$ の実測値と RMSA による計算値との比較から多重散乱の影響を議論することは直接的ではない. 独立に決定した電荷数を用い, DXS によって決定された D_{eff} によって, RMSA 理論と仮定されたポテンシャルの適当かどうかが検討されることが望ましい.

4.5 ま と め

本章ではコロイド粒子系を取り上げた. この場合, 光学顕微鏡によって分散系の中で粒子がどのように分布しているかが観察できる. まず粒子の分析的電荷数 Z_a と実効電荷数 Z_n が伝導度滴定と電気伝導度測定から決定できることを示し, Z_a と Z_n の間の実験式 (式 (4.6)) を提案した. 荷電粒子と対イオンとの相互作用が強いため, Z_n は Z_a より大幅に小さい. コロイド粒子の分散状態は共存するイオン性不純物の濃度によって大きく変化する. 10^{-4}M 以上の添加塩濃度では, 粒子はブラウン運動を示すが, それ以下になると規則正しい結晶をつくる. 不純物の濃度を再現性よく維持することが必要である. 自由粒子の沈降平衡実験からアボガドロ定数を決定する方法を追試し, コロイドのいろいろな現象を説明するために使われる有効剛体球モデルが一般的な妥当性をもたないことが示された.

光学顕微鏡とビデオ法との組み合わせにより, 粒子の軌跡を決定し, 自由粒子の軌跡とそれと共存する結晶領域内の粒子の軌跡が明らかに違うことから, いわゆる 2 状態構造の存在が立証された. また, これらの手法により, コロイド結晶の格子振動, 格子面振動, 格子欠陥を視覚化し, 原子・分子結晶との比較を行った. コロイド結晶では粒子間相互作用が分散媒の影響を受ける. このためコロイド結晶の格子定数は, 種々の実験パラメータによって変化する. たとえば, 粒子濃度を上げると, 格子定数は小さくなる. 結晶内の粒子間距離は, 希薄濃度では, 濃度から期待される平均距離より小さい. このことは, 希薄分散系が粒子の数密度が高い結晶部分と密度が低い自由粒子の領域とが共存する 2 状態構造をもつことを示す. 結晶領域の表面では, 粒子は蒸発, 凝縮の動的な平衡を示すことが観察される. このような構造は, 粒子間に引力が作用していることを示す. 粒子の電荷密度が高くなると, また添加塩を加えると, 最近

4.5 まとめ

接粒子間の距離は小さくなる．さらに水分散系では温度を上げるとこの距離は見かけ上減少する．この一見物理的に納得しがたい現象は水の誘電率の温度変化による．また，粒子間距離は媒体の誘電率を低下させると小さくなる．この事実は，粒子間に静電気的引力が斥力よりも優勢に作用していることを物語る．粒子分布の顕微鏡写真をフーリエ変換して散乱挙動が議論できる．結晶様の写真像からは散乱スポットが，2状態構造の像からは数少ない散乱ピークが計算される．このことは，イオン性高分子について得られた単一の幅広いSAXSピーク (3章) が，2状態構造に由来するという解釈を裏づけている．コロイド結晶の生成過程において，粒子分布 (動径分布関数) の時間的変化を追跡すると，大きい結晶が小さい結晶の犠牲のもとで成長するというオストワルド則が確認される．

レーザースキャン顕微鏡の利用によって，分散系の内部 (器壁から 200 μm 程度の距離) の観察が可能になる．この方法によって，密度差をなくしたポリスチレン系ラテックスの軽水–重水分散系の内部に，巨大で安定なボイドが観察された．同一試料の軽水分散系では，同じ粒子濃度では気–液相分離が観測される．このことから，ボイドの生成は無重力環境下における気–液相分離であると理解される．シリカ粒子の電荷は分散媒の pH によって連続的に変化できる．これを利用してシリカ分散系の液–固相平衡の相図が作成される．分散状態は電荷密度の変化に非常に敏感に対応する．電荷密度を増加させると，分散系は液相から結晶相へと変化し，さらに大きい電荷密度では再び液相となることが判明した．コロイド結晶の生長は，生長核が形成され，これが生長して系全体を覆い (1状態)，次にこの規則構造内に液体状態が生まれ，規則構造が収縮して最後に穴あきチーズのような2状態構造に到達することが判明した．

以上の結果は，同符号ではあるが粒子間に対イオンを媒介とする静電的引力を考えると説明がつく．類似の引力は荷電した界面と粒子間にも観察される．中性子線の反射実験によると，カチオン性の気–液界面の近傍ではカチオン性の界面活性剤ミセルの濃度が平均濃度より高い．また顕微鏡観察によって，アニオン性ガラス表面の近傍 (表面から 5～50 μm) でアニオン性の粒子の濃度は平均濃度より高いことが確認される．この正の"吸着"は界面と粒子の電荷数を大きくするとさらに顕著になる．これらの観察は，広く受け入れられている電

気2重層の理論が上述のオーダーの距離範囲では成立しないことを意味している．

コロイドのディメンジョンはSAXS領域よりも小さい角度に対応する．X線を使ってコロイド系を研究するには，Bonse–Hartの光学系による超小角X散乱(USAXS)によらざるを得ない．入射X線を1平面，垂直な2平面で平行化した場合を，それぞれ1D-, 2D-USAXS法と呼ぶ．1D-USAXSの小角分解能は8 μm である．コロイド性シリカ粒子分散系の1D-USAXS像には数次にわたる散乱ピークが観察され，単結晶の生成を示し，その結晶様式，格子定数，その方向が正確に決定される．最近接粒子間の距離は平均距離より小さく，2状態構造を裏付ける．結晶の最密充塡面が容器の壁面に平行になるよう維持されていることがUSAXS法によっても確認できる．また1D-USAXS法により，コロイド粒子の粒径とその分布が決定できる．2D-USAXS法の入射X線は点状であり，smearing効果がないので，方向性のある試料の解析を比較的簡単に行うことができ，2 μm の密度揺らぎが検出できる．2D-USAXS像には多数の散乱スポットが観察され，格子定数が正確に評価できる．希薄濃度では，最近接粒子間距離は平均距離より小さく，2状態構造を裏付けており，高い濃度では両者は一致する．結晶の構造とその方向についての情報も一義的に決定され，1D-USAXSその他の方法により得られた結果を支持する．

静的光散乱(SLS)は多重散乱を避けるため，巨大なコロイド系では希薄分散系に限られる．高分子ミクロゲル溶液の構造因子は少なくとも2つのピークをもつ．低い濃度では粒子間最近接距離は平均距離より小さく，2状態構造を裏付け，さらにこの条件で巨視的な相分離が観察される．

動的光散乱(DLS)法も多重散乱を避ける条件で行われ，拡散係数から構造因子が求められる．

中性子散乱(SANS)法から決定される構造因子も，分散系内での構造形成を支持し，粒子濃度，添加塩濃度によるピーク位置の変化は顕微鏡観察の結果と定性的に一致する．

シンクロトロンを光源とした動的X線散乱(DXS)から得られる構造因子は，粒子と分散媒の屈折率に差がない条件では，DLSとよい一致を示す．屈折率調節を行わない場合，光の多重散乱による影響によってDXSとDLSの間には一

致は見られない.

本章の議論から,巨大なコロイド粒子分散系について得られた情報,特に顕微鏡による実空間での情報は,屈曲性高分子についてフーリエ空間で集められた情報と定性的に一致していることがわかる.散乱法によって間接的に導かれた,むしろ意外な結論がコロイド系の実験を通じて確実なものとなっていることが理解できよう.

最後に,本章で議論した微視的な不均一性の観察,すなわちボイドの形成,気-液平衡,局所的規則構造の形成などについて疑いを投げかける研究について議論しておきたい.Reus[98]はブロモスチレン-スチレンスルホン酸共重合(BSS)ラテックス ($a = 50$ nm, $Z_a = 7100$, Z_n は測定されていない) を用い,浸透圧,光散乱,USAXSによりコロイド結晶の構造を検討した.その問題点は,浸透圧測定における溶液の攪拌操作である.原論文によれば"攪拌を1~2分行って,その後膜近傍の局所的平衡が確立されるように数分間放置した後,液柱差を測定した"とある.この操作は,局所的構造の機械的な脆弱さを無視したものである.4.3.2項にも述べたように,局所構造は振とうによって簡単に破壊され,その後放置時間 t の後 (図4.41の場合では24時間後) に微結晶が再生される.それは振とう以前と同じ結晶系と格子定数をもつ.また顕微鏡観察 (図4.28) によれば,振とう後40秒までは一時的に系全体に構造 (1状態構造) が形成されるが,t が8分で2状態構造に移行する.この移行がいつ起こるかは粒子の電荷数や粒径などに依存するので,Reusらの測定が,局所的構造を破壊した後の一時的な1状態構造を観察しているとも考えられる.試料の実効電荷数が評価されていない現状では,議論はあいまいであるが,非常に脆弱で,ろ別もできない,ゆるやかな粒子の集合体である局所構造を議論するのに,このような実験操作を行うことは不適切であろう.3.3節に述べたように,この脆弱さは屈曲性高分子溶液についても同様である[99].Reusらの実験から微視的不均一性が再現できなかったことはむしろ当然であり,このような実験から微視的な不均一性が誤りであると結論すること[100]は,当を得ていない.

参考文献

1) H. Siedentopf and R. Zsigmondy, *Ann. Phys.*, **10**, 1 (1903).
2) R. Zsigmondy, Nobel Lectures, p.45 (Elsevier, 1966).
3) J. Perrin, Les Atomes (Libraire Felix, Alcan, 1913)(玉虫文一訳, 原子 (岩波文庫, 1978)); 米沢富美子, ブラウン運動 (共立出版, 1986), などが総合的でわかりやすい.
4) R. M. Fitch, Polymer Colloids : A Comprehensive Introduction (Academic Press, 1997).
5) K. Ito, N. Ise and T. Okubo, *J. Chem. Phys.*, **82**, 5732 (1985).
6) S. Alexander, P. M. Chaikin, P. Grant, G. J. Morales, P. Pincus and D. Hone, *J. Chem. Phys.*, **80**, 5776 (1984).
7) P. H. Wiersema, A. L. Loeb and J. Th. G. Overbeek, *J. Coll. Interface Sci.*, **22**, 78 (1966).
8) 文献 4) の 8 章参照.
9) J. Yamanaka, Y. Hayashi, N. Ise and T. Yamaguchi, *Phys. Rev. E*, **55**, 3028 (1997).
10) J. Yamanaka, H. Yoshida, T. Koga, N. Ise and T. Hashimoto, *Langmuir*, **15**, 4198 (1999).
11) B. V. Derjaguin and L. Landau, *Acta Physiochim.*, **14**, 633 (1941).
12) E. J. W. Verwey and J. Th. G. Overbeek, Theory of The Stability of Lyophobic Colloids (Elsevier, 1948).
13) J. Yamanaka, S. Hibi, S. Ikeda and M. Yonese, 発表準備中.
14) A. A. Kamel, M. S. El-Aassar and J. W. Vanderhoff, *J. Dispersion Science Technology*, **2**, 183 (1981).
15) 文献 4), Chap.5.
16) K. Ito, H. Nakamura and N. Ise, *J. Chem. Phys.*, **85**, 6136 (1986).
17) K. Ito, H. Nakamura, H. Yoshida and N. Ise, *J. Am. Chem. Soc.*, **110**, 6955 (1988).
18) H. Yoshida, J. Yamanaka, T. Koga, N. Ise and T. Hashimoto, *Langmuir*, **15**, 2684 (1999).
19) H. Yoshida and J. Yamanaka, 私信.
20) N. Ise, T. Okubo, H. Kitano, M. Sugimura and S. Date, *Naturwissenschaften*, **69**, 544 (1982).
21) B. J. Alder, W. G. Hoover and D. A. Young, *J. Chem. Phys.*, **49**, 3688 (1968).
22) B. J. Alder and T. E. Wainwright, *J. Chem. Phys.*, **31**, 459 (1959).
23) S. Hachisu, Y. Kobayashi and A. Kose, *J. Coll. Interface Sci.*, **42**, 342 (1973).
24) M. Wadati and M. Toda, *J. Phys. Soc. Japan*, **32**, 1147 (1972).
25) P. J. W. Debye and E. Hückel, *Phys. Z.*, **24**, 185 (1923).
26) K. Ito, T. Ieki and N. Ise, *Langmuir*, **8**, 2952 (1992).
27) M. Matsumoto and Y. Kataoka, Ordering and Organization in Ionic Solutions (ed. by N. Ise and I. Sogami), p.574 (World Scientific, 1988).
28) B. V. R. Tata, A. K. Arora and M. C. Valsakumar, *Phys. Rev. E*, **47**, 3404 (1993).

29) A. Einstein, *Ann. Phys. (Leipzig)*, **17**, 549 (1905).
30) N. Ise, K. Ito, T. Okubo, S. Dosho and I. Sogami, *J. Am. Chem. Soc.*, **107**, 8074 (1985).
31) W. Luck, M. Klier and H. Wesslau, *Ber. Bunsenges.*, **67**, 75, 84 (1963).
32) T. Alfrey, E. B. Bradford, J. F. Vanderhoff and G. Oster, *J. Opt. Soc. Am.*, **44**, 603 (1954).
33) A. Kose, M. Ozaki, K. Takano, Y. Kobayashi and S. Hachisu, *J. Coll. Interface Sci.*, **44**, 330 (1973).
34) N. Ise, H. Matsuoka, K. Ito and H. Yoshida, *Faraday Discuss. Chem. Soc.*, **90**, 153 (1990).
35) B. Henderson, Defects in Crystalline Solids (Edward Arnold, 1972) など.
36) N. Ise, T. Okubo, M. Sugimura, K. Ito and H. Nolte, *J. Chem. Phys.*, **78**, 536 (1983).
37) A. E. Larsen and D. G. Grier, *Nature*, **385**, 230 (1997).
38) I. M. Krieger and P. A. Hiltner, Polymer Colloids (ed. by R. M. Fitch), p.63 (Plenum, 1971).
39) K. Ito and N. Ise, *J. Chem. Phys.*, **86**, 6502 (1987).
40) R. Hosemann, *Polymer*, **3**, 349 (1962).
41) W. Ostwald, *Z. Phys. Chem.*, **34**, 495 (1900).
42) W. A. P. Luck, *Phys. Bl.*, **23**, 304 (1967).
43) K. Ito, H. Okumura, H. Yoshida and N. Ise, *Phys. Rev. B*, **41**, 5403 (1990).
44) H. Yoshida, K. Ito and N. Ise, *J. Chem. Soc. Faraday Trans.*, **87**, 371 (1991).
45) N. Ise, H. Matsuoka and K. Ito, Ordering and Organization in Ionic Solutions (ed. by N. Ise and I. Sogami), p.397 (World Scientific, 1988).
46) R. Kesavamoorthy, M. Rajalakshmi and C. B. Rao, *J. Phys. Condens. Matter*, **1**, 7149 (1989).
47) K. Ito, H. Yoshida and N. Ise, *Chem. Lett.*, **1992**, 2081.
48) K. Ito, H. Yoshida and N. Ise, *Science*, **263**, 66 (1994).
49) H. Yoshida, N. Ise and T. Hashimoto, *J. Chem. Phys.*, **103**, 10146 (1995).
50) S. Dosho, N. Ise, K. Ito, S. Iwai, H. Kitano, H. Matsuoka, H. Nakamura, H. Okumura, T. Ono, I. S. Sogami, Y. Ueno, H. Yoshida and T. Yoshiyama, *Langmuir*, **9**, 394 (1993).
51) B. V. R. Tata, M. Rajalakshmi and A. K. Arora, *Phys. Rev. Lett.*, **69**, 3778 (1992).
52) J. Yamanaka, H. Yoshida, T. Koga, N. Ise and T. Hashimoto, *Phys. Rev. Lett.*, **80**, 5806 (1998).
53) K. Ito, T. Muramoto and H. Kitano, *J. Am. Chem. Soc.*, **117**, 5005 (1995).
54) K. Ito, T. Muramoto and H. Kitano, *Proc. Japan Acad.*, **72B**, 62 (1996).
55) T. Muramoto, K. Ito and H. Kitano, *J. Am. Chem. Soc.*, **119**, 3592; 3594 (1997).
56) 伊藤研策・村本　禎・北野博巳, 表面, **32**, 553 (1993).
57) R. J. Lu, E. A. Simister, R. K. Thomas and J. Penfold, *J. Phys. Chem.*, **97**, 13907 (1993).
58) U. Bonse and M. Hart, *Z. Phys.*, **189**, 151 (1966).

59) H. Matsuoka, K. Kakigami, N. Ise, Y. Kobayashi, Y. Machitani, T. Kikuchi and T. Kato, *Proc. Natl. Acad. Sci. USA*, **88**, 6618 (1991).
60) A. N. North, J. S. Rigden and A. R. Mackie, *Rev. Sci. Instrum.*, **63**, 1741 (1992).
61) B. Chu, Y. Li and T. Gao, *Rev. Sci. Instrum.*, **63**, 4128 (1992).
62) J. Lambard, P. Lesieur and T. Zemb, *J. Phys. I (Paris)*, **2**, 1191 (1992).
63) H. Matsuoka, K. Kakigami and N. Ise, *Proc. Japan Acad.*, **B67**, 170 (1991).
64) T. Konishi, N. Ise, H. Matsuoka, H. Yamaoka, I. S. Sogami and T. Yoshiyama, *Phys. Rev. B*, **51**, 3914 (1995).
65) A. M. Hindeleh and R. Hosemann, *Polymer*, **23**, 1101 (1982).
66) B. D. Cullity, Elements of X-Ray Diffraction, Reading MA, Chap.3 (Addison-Wesley, 1978).
67) T. Konishi and N. Ise, *J. Am. Chem. Soc.*, **117**, 8422 (1995).
68) T. Konishi and N. Ise, *Langmuir*, **13**, 5007 (1997).
69) T. Konishi, E. Yamahara and N. Ise, *Langmuir*, **12**, 2608 (1996).
70) A. Vrij, J. W. Jansen, J. K. G. Dhont, C. Pathmamanoharan, M. M. Kops-Werkhoven and H. M. Fijnaut, *Faraday Discuss. Chem. Soc.*, **76**, 19 (1983).
71) R. Pahl, U. Bonse, R. W. Pekala and J. H. Kinney, *J. Appl. Crystallogr.*, **24**, 771 (1991).
72) T. Konishi and N. Ise. *Phys. Rev. B*, **57**, 2655 (1998).
73) W. R. Busing and H. A. Levy, *Acta Crystallogr.*, **22**, 457 (1967).
74) E. B. Sirota, H. D. Ou-Yang, S. K. Sinha, P. M. Chaikin, J. D. Axe and Y. Fujii, *Phys. Rev. Lett.*, **62**, 1524 (1989).
75) M. O. Robbins, K. Kremer and G. S. Grest, *J Chem. Phys.*, **88**, 3286 (1988).
76) W. L. Vos, M. Megens, C. M. van Kats and P. Bösecke, *Langmuir*, **13**, 6004 (1997).
77) M. Megens, C. M. van Kats, P. Bösecke and W. L. Vos, *Langmuir*, **13**, 6120 (1997).
78) H. Matsuoka, T. Harada, K. Kago and H. Yamaoka, *Langmuir*, **12**, 5588 (1996).
79) B. V. R. Tata and A. K. Arora, Ordering and Phase Transitions in Charged Colloids (ed. by A. K. Arora and B. V. R. Tata), Chap.6 (VCH, 1996).
80) A. K. Arora and B. V. R. Tata, *Adv. Coll. Interface Sci.*, **78**, 49 (1998).
81) M. Kerker, The Scattering of Light and Other Electromagnetic Radiation (Academic Press, 1969).
82) M. Antonietti, A. Briel and S. Förster, *J. Chem. Phys.*, **105**, 7795 (1996).
83) F. Gröhn and M. Antonietti, *Macromolecules*, **33**, 5938 (2000).
84) G. D. J. Phillies, *J. Chem. Phys.*, **74**, 260 (1981); *Phys. Rev. A*, **24**, 1939 (1981).
85) K. Schätzel, M. Drewel and J. Ahrens, *J. Phys.: Condens. Matter*, **2**, SA393 (1990); P. N. Segrè, W. van Megen, P. N. Pusey, K. Schätzel and W. Peters, *J. Mod Opt.*, **42**, 1929 (1995).
86) P. N. Pusey, P. N. Segrè, W. C. K. Poon, S. P. Meeker, O. P. Behrend and A. Moussaid, Modern Aspects of Colloidal Dispersions (ed. by R. H. Ottewill and A. R. Rennie), p.77 (Kluwer, 1998).
87) W. Härtl, C. Beck and R. Hempelmann, *J. Chem. Phys.*, **110**, 7070 (1999).
88) J. P. Hansen and J. B. Hayter, *Mol. Phys.*, **46**, 651 (1982).

89) P. N. Pusey and R. J. A. Tough, Dynamic Light Scattering (ed. by R. Pecora), Chap.4 (Plenum, 1985).
90) G. Nägele and P. Baur, *Europhys. Lett.*, **38**, 557 (1997).
91) H. Yoshida, K. Ito and N. Ise, *J. Am. Chem. Soc.*, **112**, 592 (1990).
92) D. J. Cebula, J. W. Goodwin, G. C. Jeffrey and R. H. Ottewill, *Faraday Discuss. Chem. Soc.*, **76**, 37 (1983).
93) N. W. Ashcroft and J. Lekner, *Phys. Rev.*, **145**, 83 (1966).
94) B. J. Ackerson and N. A. Clark, *Physica (Utrecht)*, **118A**, 221 (1983).
95) B. J. Ackerson, J. B. Hayter, N. A. Clark and L. Cotter, *J. Chem. Phys.*, **84**, 2344 (1986).
96) D. O. Riese, W. L. Vos, G. H. Wegdam, F. J. Poelwijk, D. L. Abernathy and G. Grübel, *Phys. Rev. E*, **61**, 1676 (2000).
97) J. K. Percus and G. J. Yevick, *Phys. Rev.*, **110**, 1 (1958).
98) V. Reus, L. Belloni, T. Zemb, N. Lutterbach and H. Versmold, *J. Phys. II France*, **7**, 603 (1997).
99) M. Sedlák, *J. Chem. Phys.*, **116**, 5236, 5246, 5256 (2002).
100) L. Belloni, *J. Phys.: Condens. Matter*, **12**, R549 (2000).

5

コロイド結晶の菊池・コッセル線解析

5.1 はじめに

　粒径が 0.1～1.0μm の巨大球状イオンであるコロイドの分散系は，多様な現象を示し，熱力学系としてきわめて興味深い研究対象である．前章で紹介されたように，光学顕微鏡を用いると，激しく熱運動する粒子の軌跡を追跡したり粒子が形成する秩序構造を観測[1,2]したりすることができる．また，コロイド粒子の運動の時間スケールが大きいため，コロイド溶液の中で進行する秩序形成過程をリアルタイムで観測し，秩序変化をレーザー回折によって記録することもできる．ただし，光学顕微鏡を用いる方法は分散溶液系の表面近くの部分的な構造を観測することには適しているが，分散系内部の観測には適さない．ここでは，塩濃度の低い水溶液の内部で進行するコロイド結晶の成長過程について，**レーザー光の菊池・コッセル回折法**[3,4]による分析結果を紹介する．以下に見るように，レーザー光を用いた菊池・コッセル回折法は，とくにコロイド結晶の分析に適した実験法である．

　ここでは，最も広く使われているポリスチレンラテックスを用いて行った実験の結果を，コロイド結晶の成長を中心に紹介する．実験で使用した試料の特性を表 5.1 にまとめておく．粒径は電子顕微鏡写真から求め，電荷は導電滴定法で決定した**分析的電荷**である．

　ポリスチレンラテックスは，純水で限外ろ過または透析をくりかえし行った後，混合イオン交換樹脂で残留イオンを取り除く．その結果，乳白色であったラテックス溶液が**虹彩色** (iridescence) を放ち始める．このように残留イオンを

表 5.1 試料ラテックスの特性

テックス	粒径 (nm)	SO$_3$H 基の数/1 粒子	表面電荷密度 ($-e$ nm^2)
SSH–6	120	1.2×10^4	2.7×10^{-1}
N–100	120	1.8×10^4	4.0×10^{-1}
N–150	150	1.7×10^4	2.4×10^{-1}
SS–32	156	3.0×10^4	3.9×10^{-1}
N–400	400	3.2×10^5	6.4×10^{-1}
N–601	600	4.9×10^5	4.3×10^{-1}

十分に除去した溶液を, (高さ 45 mm)×(幅 10 mm)×(厚さ 1 mm) のキュベット (cuvette：角型光学セル) に移して静置し, 再び虹彩色を放ち始めたものをレーザー回折の試料として採用する. 粒子濃度が高い溶液では, 微結晶状態が安定である. 粒子濃度の低い場合には, 時間の経過とともに大きい結晶粒が成長する.

ここで考察の対象となる十分に脱塩をした系は, ラテックス粒子と対イオン H$^+$ と水から構成されていると見なすことができる. この系に電解質 (KCl, NaCl) を添加すると, ラテックス粒子の作っていた結晶格子が融解する. この現象は蓮[5]らによって詳細に研究されており, 2 章と 4 章で示されたように, ラテックスの粒子濃度と電解質のイオン濃度をパラメータとする相図も求められている. ここでは残留イオンのほとんどない系に限り, 粒子濃度が体積分率で 0.1～10.0% の試料に関する実験結果を考察する.

5.2 菊池・コッセル回折像

Davisson と Germer による電子の波動性の実証実験 (1927) に触発された菊池は, いち早く電子線回折の実験を開始した. 彼は, 雲母の薄膜を回折試料として選んだことによって, 単結晶による種々の特徴的な回折像を発見することができた (1928)[6~8]. 干渉色が消える程度に薄い雲母 (100～200 nm) からは, 規則正しい正三角形の網目状の回折模様が得られる. また, 干渉色が見える厚さの雲母 (数 100 nm) からは, 直線状の白と黒の回折線の対が数多く現れる. 菊

池は，そのような明るい線と暗い線の対を P 線と名付けた[*1)]．後に，それらは一般的に**菊池線** (Kikuchi line) と呼ばれるようになった[9, 10)]．

菊池の発見のほぼ 7 年後，まったく独立に Kossel ら[11, 12)]は，銅の単結晶に入射した電子線が銅原子を励起し，その結果発生する蛍光 X 線が銅の結晶格子によって回折され特徴的な回折像を作ることを発見した．図 5.1 は，銅の単結晶による**コッセル回折像** (Kossel diffraction image) の例である．彼はその像の特徴が結晶格子点上の点光源から発せられた単色の発散 X 線の回折として解釈できることを示した．

コッセル回折像に対する Kossel の解釈は，単純明快である．図 5.2 のように，1 つの**点光源**から**発散する X 線**がミラー指数 (hkl) の格子面に入射するとき，ブラッグ条件

$$2 d_{hkl} \sin\theta = n\lambda \qquad (n：整数)$$

を満足する成分は反射され，それ以外の角度で入射した成分は格子面を通り抜ける．その結果，結晶の背後に写真乾板を置くと，ブラッグ角の余角 $\alpha_{hkl} = \pi/2 - \theta$ を半頂角とする円錐が乾板と交わる部分には X 線は到達せず，乾板 (ネガフィルム) 上に一群の白い円錐曲線が記録される．このような円錐を**コッセル円錐** (Kossel cone) と呼ぶ．明らかに，格子面の面法線はコッセル円錐の中心線に一致する．結晶中には多くの格子面が存在するので，このような回折現象がそれぞれの格子面で生じると，写真乾板上には特徴的な円錐曲線群が記録されることになる．それらの曲線を**コッセル線** (Kossel line) と呼び，曲線群が作る幾何学模様を**菊池・コッセル回折像** (Kikuchi-Kossel diffraction image) または**菊池・コッセル回折模様** (Kikuchi-Kossel diffraction pattern) という．試料結晶と写真乾板の間の距離とコッセル線上の 3 点の位置からコッセル円錐の半頂角が決定され，発生する X 線の波長がわかれば格子面間隔 d_{hkl} が求められる．われわれは，電子線や X 線の代わりにレーザー光を用いて，コロイド

[*1)] その他にも，P 線と異なる菊池バンドと呼ばれる回折現象がある．菊池は，それらの現象を定性的に分析している．P 線に関しては，非弾性散乱によって結晶内に単色で方向の開いた電子線が 2 次的に生成され，それが格子面によって回折されたものであると，ほぼ正しい解釈を与えている．しかし，物質との相互作用が強い電子線の回折現象は多様であるがゆえに，理論的な解明は遅れざるを得なかった[9, 10)]．

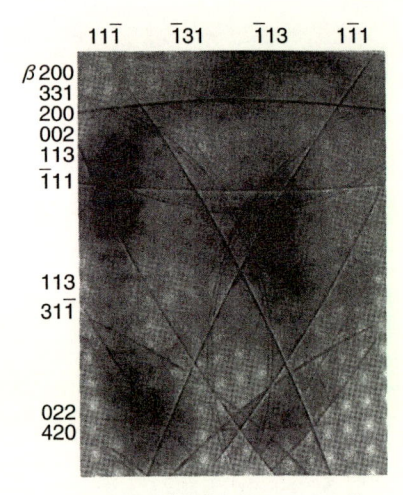

図 5.1 銅の単結晶によるコッセル像 Kossel ら[12] による撮影 (電子線励起). 各コッセル線には, 対応するミラー指数が付されている.

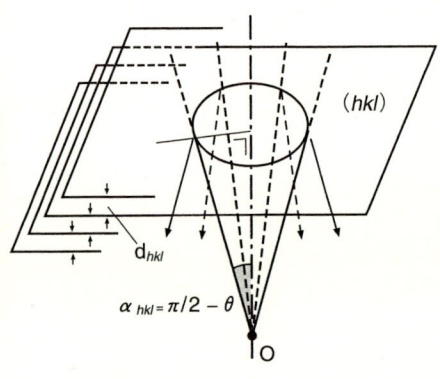

図 5.2 点光源 O から発散する単色球面波が格子面 (指数 (hkl), 面間隔 d_{hkl}) で回折されて発生するコッセル円錐

結晶のコッセル線を観測する.

　コロイド結晶の格子間隔は, 原子結晶のそれより数千倍大きく, 可視光線の波長に近い. そこで, コロイド溶液中の秩序状態を調べるには, 可視光領域の光源として, 強度およびコヒーレンス (可干渉性: coherence) の高いレーザー光を用いることができる.

　Clark ら[13]は, 容器の前面にテフロンの薄膜を置き, 入射レーザー光を薄膜で乱反射させて, コロイド結晶の**擬コッセル回折像**を撮影した. 彼らの実験では発散点光源が結晶の外にあることに注意しよう. 筆者ら[3, 4, 23]は, 平行レーザー光を用いてコロイド結晶の回折スポットを観察している過程で, まったく偶然に**真性コッセル回折像**を見出した.

　図 5.3 に, 筆者らが開発したコロイド結晶のコッセル線解析装置を示す. 試料を入れたキュベットを, X 線回折実験用のゴニオメーター・ヘッドに直立して固定し, セルの広い面が入射光に垂直になるように調整する. その上に円筒カメラをかぶせ, 結晶から後方への反射光を受けるようにフィルムをセットする. 入射光はレンズを用いて集光する.

　コロイド結晶の格子間隔に合わせて, 種々のレーザー光が用いられる. 最も

5.2 菊池・コッセル回折像

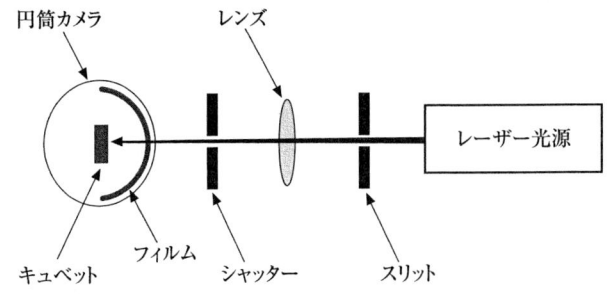

図 5.3 コロイド結晶のコッセル像撮影装置の模式図
入射レーザー光は，スリットとレンズで絞り，フィルム (FUJI FG) に穿った穴を通して試料に照射する．試料キュベットは，円筒カメラ中心部のゴニオメーター上に置かれる．

頻繁に利用されるのは，可視光線域の He-Ne レーザー (波長 $\lambda = 632.8$ nm) または Ar レーザー ($\lambda = 488.0$ nm) である．紫外域の He-Cd レーザー ($\lambda = 325.0$ nm) を利用することもある．露出時間は，He-Ne レーザー (5〜20 mW) では 30〜60 秒，Ar レーザー (5 mW) では約 1 秒である．

きわめて希薄な溶液中で粒径の小さいコロイド粒子の単結晶が成長すると，レーザー光に対する透過度が高くなる．そのような場合には，フィルムを円筒カメラ中でキュベットの後ろに置き，透過してくる**前方コッセル回折像**を撮影することができる．しかし，ほとんどの場合，分散溶液の透過度は高くないため，図 5.3 や図 5.4 のように，穴を穿ったフィルムをキュベットの入射側に置き，反射してくる**後方コッセル回折像**を撮影して記録する．

図 5.4 は，コロイド結晶によるコッセル像の発生機構を模式的に示したものである．これは，前の図 5.3 のカメラ部分を取り出したものに相当し，左端に点光源が描かれている．点光源は，通常キュベットの内部の乱れた領域で生じる．右から入射する平行光線が，この点光源で散乱されることで発散する球面波を作り出す．発散レーザー光はキュベットの表面に近い格子面 (hkl) によって回折され，右のフィルム上にコッセル像を結ぶ．フィルムの中央の穴は，入射光を通すためのものである．

可視光線と物質の相互作用は，X 線と物質の相互作用に比べると，数千倍から数万倍も強い．その結果，可視光の回折線の線幅は X 線のそれと比べて格段に太くなり，後に見るように**回折線の微細な構造**を解析することも可能となる．

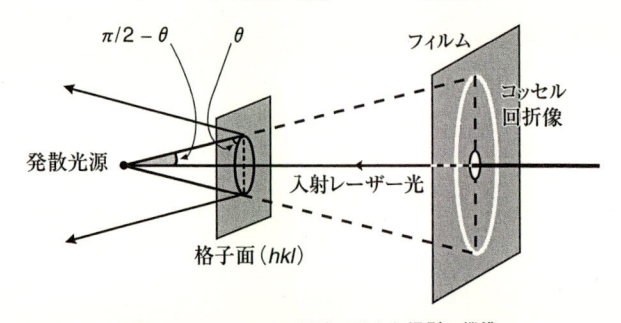

図 5.4 コッセル回折線の発生と撮影の機構
点光源から発散する単色光線が指数 (hkl) の格子面に入射するとき，ブラッグ条件を満足する成分は反射され，その他の成分は格子面を通り抜ける．その結果，ブラッグ角の余角を半頂角とする円錐 (コッセル円錐) が写真乾板と交わる部分に，白い円錐曲線 (コッセル線) が記録される．

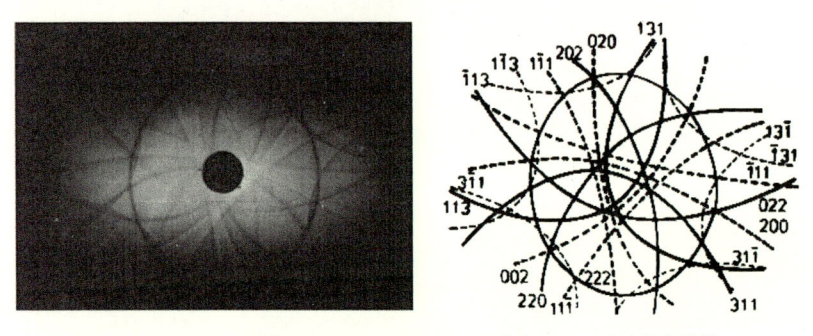

図 5.5 コロイド結晶の He-Ne レーザーによる後方コッセル回折像と指数
試料は SSH-6 の 1.0 vol% 溶液であり，結晶は fcc 構造をもち，格子定数が $a_0 = 893$ nm と求められる．

これは可視光線の相互作用が強いための利点であるが，強い吸収や乱反射のためにコロイド溶液の光透過能が極端に弱くなるという難点がある．これは，後方への散乱光の回折写真を撮影することで克服することができる．

このようにして撮影されたコロイド結晶の後方コッセル回折模様の陽画 (ポジティブ) とその指数を，図 5.5 に示す．1 枚の写真フィルムに多数の格子面からのコッセル線を記録することができることに注意しよう．それぞれのコッセル線から**面間隔が正確に求められ，回折模様から結晶の対称性がほとんど一義的に決定される**．コッセル回折像は，コロイド溶液内部の 3 次元的な秩序に関する正確な情報を記録しているのである．以下で示される後方コッセル回折像

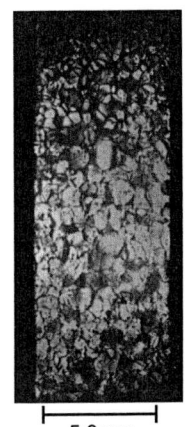

図 5.6 コロイド分散系のラング走査写真
試料はラテックス SS-32 の 5.0 vol% 溶液である．明るい部分は微結晶を，暗い部分は粒子が無秩序に運動している領域を表している．

(図 5.5, 5.7～5.15) はすべて陽画 (ポジティブ) である．

物体の硬さの尺度である弾性定数は，近似的に，その密度に比例すると考えられる．通常の原子結晶に比べると，コロイド結晶の格子定数は 10^3 倍ほど大きいため，その密度はオーダーとして $(10^{-3})^3$ ほど小さい．したがって，コロイド結晶の弾性定数は，通常の原子結晶に比べて 10^{-9} ほど小さい[14]．実際，重力による結晶の圧縮効果を測定[15~17]することにより，**体積弾性率** B は $1 \sim 10^3$ パスカルであることが確かめられている．通常の金属では B は $10^{10} \sim 10^{12}$ パスカルであり，コロイド結晶が極端に**軟らかい結晶**であることがわかる．この軟らかさのため，コロイド結晶には欠陥が生じやすい．そのような欠陥が点光源となり，そこから広がる発散球面波によってコッセル回折像が作られる．

図 5.6 は，ラング (Lang) 走査法[18]を応用して，コロイド分散液の大域的構造をレーザー光の影絵として撮影したものである[19]．写真の明るい部分は，溶液中がさまざまな大きさの結晶粒で被われていることを示し，暗い部分は粒子が無秩序に運動している領域を表している．

定量的な解析[20]を行う際，回折写真に 2 種類の補正を加えなければならない．その 1 つは，円筒カメラの曲率によるもので，これは円筒部分の半径が正確に与えられているため容易に補正できる．もう 1 つの屈折率効果を補正するために，Hiltner と Krieger[21]にしたがって，コロイド分散溶液の屈折率 n_C を

$$n_\mathrm{C} = n_\mathrm{W}(1-\phi) + n_\mathrm{PS}\phi \tag{5.1}$$

と評価する．ここで，ϕ はラテックス粒子の体積分率であり，n_W と n_PS は水とポリスチレンの屈折率である．

5.3 コロイド結晶の成長

十分に脱塩したラテックス溶液を光学セルに移し，濃厚な溶液で数分間また希薄な溶液で数時間静置すると，溶液は虹彩色を呈し始める．この初期段階では，容器の壁面効果が重要な役割を演じることに注意しよう．ラテックス粒子の等方的なブラウン運動は壁面によって制限され，空間の対称性が3次元から2次元へと退化した壁面に沿って結晶化が起こる．光学顕微鏡を使うと，ブラウン運動をするラテックス粒子が互いに接近し，壁面に沿って2次元の六方稠密格子面を形成する様子を観察することができる．そのような格子面の数が増加するに伴い，希薄な溶液は青緑の虹彩色，また濃厚な溶液はピンクの虹彩色を発し始める．コロイド溶液中では，その後さらに複雑な秩序形成の過程が進行する．この小節では，コッセル回折写真を使い長時間にわたって追跡した結晶化の過程[3, 4, 20, 22, 23]を，前期の層状構造期と後期の等軸晶系期に分けて，分析する．

5.3.1 層状構造期

この段階では，壁面効果が結晶構造に大きい影響を及ぼしている．図5.7は，最も初期に観測される後方コッセル回折像で，ただ1つの幅の広いリングのみから成り立っている．このリングは，容器の壁面に平行な六方稠密面の層による回折のコッセル円錐とフィルム面との交叉線に他ならない．結晶化が進行すると，この六方稠密面は fcc の (111) 面に発展することが確かめられるので，ここでも便宜的に指数111を与える．この111リング以外にコッセル線が存在しないことは，隣接する(111)格子面の間にどのような対称関係も存在しないことを示している．したがって，コロイド溶液で最も初期に観測されるこの秩序構造は，アモルファス・グラファイトで見出される**ランダム層状構造** (random layer structure)[24, 25]と同定することができる．

図5.8では，111リングに交差して2つのコッセル線が出現している．前者

から面間隔が $d_{111} = 220$ nm と求められ, "格子定数" が $a_0 = (3/2)d_{111} = 380$ nm と評価される. 2 つの新しいリングが同じ値の格子定数をもつためには, 新しいコッセル線の指数は 002 および $\underline{002}$ でなければならない. ただし, ここでアンダーライン付きの指数は, (111) 面に関して鏡映対称な (双晶) リングを表している. この回折模様は, 面間隔 d_{111} を一定に保ちながら, 六方稠密面を [110] または [112] 方向に自由に滑らせて (002) 面と ($\underline{002}$) 面を形成するモデルで説明することができる. Ackerson と Clark[26]が, bcc 構造の対称性の変化を記述するために, 類似の層の滑りモデルを提唱していることを指摘しておく.

図 5.9 では, 6 個のコッセルリングが対称的に 111 リングに交差している. こ

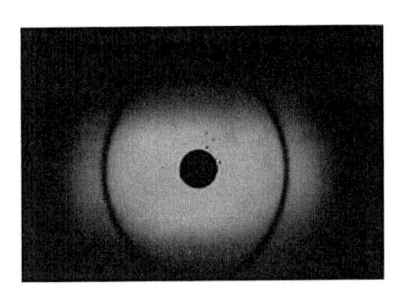

図 5.7 秩序化の最も初期段階に出現するランダム層状構造の後方コッセル回折環
ラテックス SS-32 の 6.0 vol% 溶液を, 試料作成後 $t = 20$ 時間の段階で Ar レーザーにて撮影. fcc 構造の 111 に対応する回折環のみが観測される.

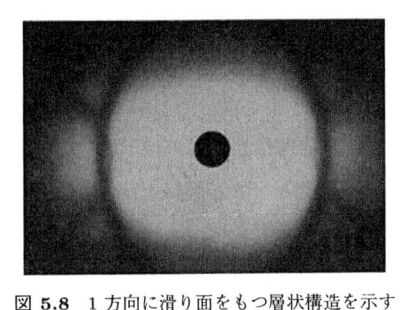

図 5.8 1 方向に滑り面をもつ層状構造を示す後方コッセル回折像
ラテックス SS-32 の 9.78 vol% 溶液を試料作成後 $t=24$ 時間に撮影. 回折環 111 とともに 2 つのコッセル環 002 および $\underline{002}$ が観測される.

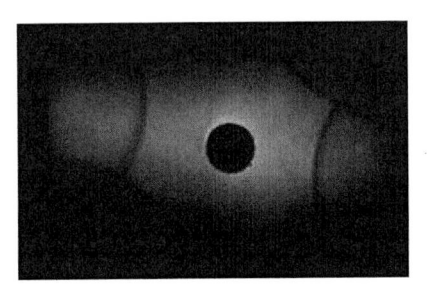

図 5.9 積層不整構造を示す後方コッセル模様
ラテックス SS-32 の 6.0 vol % 溶液を, 試料作成後 $t = 720$ 時間に Ar レーザーで撮影. 回折環 111 とともに 6 個のコッセル環 {200}, {$\underline{200}$} が出現している.

れらに 200, 020, 002, $\bar{2}$00, 0$\bar{2}$0 および 00$\bar{2}$ の指数を与えると，格子定数とし
て $a_0 = 430$ nm を得るが，それは 111 リングから評価される値 $a_0 = 420$ nm
と近似的に一致する．この回折模様は，六方稠密面 A, B, C が統計的にラン
ダムに重なり合った**積層不整** (stacking disorder structure)[27]として，解釈す
ることができる．

5.3.2 層状構造から等軸晶系への移行期

層状構造期から等軸晶系期への移行に際して，興味深い中間状態が出現する．
図 5.10 は，その状態を反映する結晶学的にも興味深い回折写真である．そこに
は積層不整の回折線 {200} および {$\bar{2}$00} に加えて，新たな回折線の族 {$\bar{1}$11} お
よび {$\bar{1}$11} の族とそれらを縁取る多数の細い回折線の束が認められる．これら
は，六方稠密面の間の相関が積層不整の段階を越えて強まったことを示してい
る．細かい回折線の束は，六方稠密面 A, B および C が多数の異なる周期で規
則的に配列していることの現れと解釈できる．この特徴的な構造は，**多周期積
層構造** (stacking structure with multi-variant periodicity)[*2]と名付けること
ができる．

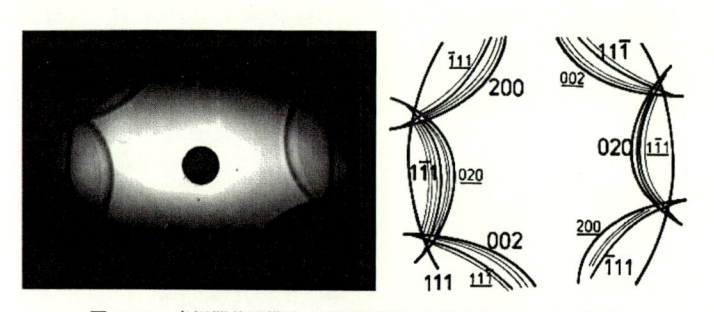

図 5.10 多周期積層構造 (長周期構造) を示す後方コッセル模様
ラテックス N-100 の 2.1 vol% 溶液を，試料作成後 $t = 3120$ 時間に He-Ne レー
ザーで撮影．回折環 111, {200}, {$\bar{2}$00} とともに，細かい回折線の束を伴った
回折環 {$\bar{1}$11}, {$\bar{1}$11} が出現している．

[*2] これは，柿木らが原子結晶 SiC の X 線による構造解析で見出し，**長周期構造**[28]と呼ん
だものに対応する．

5.3.3 等軸晶系期

秩序形成の進行に伴い，図 5.11〜5.13 のように，さらに新しい豊富な回折模様が出現する．これらの回折模様は，すべて例外なく，等軸晶系に属している．このことは，予言される第 3 のコッセル線が格子定数の値に依らず 2 本のコッセル線の交点を通ることから，証明される．たとえば，fcc 構造の場合には，220 線は 200 線と 020 線の交点を通っていること，また bcc 構造の場合には，200 線は 101 線と $10\bar{1}$ 線の交点を通っていることが確かめられる．

図 5.11(a) のコッセル模様は 6 回対称性をもち，結晶構造が (111) を鏡映面とする fcc 双晶であることを示している．指数付け可能な鮮明な写真では例外なく，fcc 双晶の鏡映対称面は (111) に限られている．

図 5.11(b) の 3 回対称なコッセル模様は，秩序化がさらに進み，fcc 構造が出現したことを示している．筆者等の数年間にわたる観測結果によれば，体積分率が 3% 以上の準濃厚溶液では，秩序化の過程はこの fcc 構造で停止する．しかし，体積分率が 2% 以下の希薄溶液では，秩序化はさらに進行する．

fcc 構造の微結晶と bcc 構造の微結晶が同じコロイド溶液中に共存することは，すでに確認されている[4]．図 5.12 のコッセル模様は，さらに興味深い現象を記録している．すなわち，fcc と bcc 双晶の 2 つの構造が単一のコロイド微結晶中に共存しているのである．

図 5.12 の指数付けで，実線は fcc 構造を表し，破線は (112) を鏡映面とする bcc 双晶構造を表している．そのように指数付けられたコッセル線から，fcc の格子定数として $a_0(\text{fcc}) = 967$ nm，また bcc の格子定数として $a_0(\text{bcc}) = 770$ nm，が求められる．これらの格子定数から粒子間の最小距離 R が，2 つの結晶構造に対して

$$R(\text{fcc}) = \frac{1}{\sqrt{2}} a_0(\text{fcc}) = 680 \text{nm}$$

$$R(\text{bcc}) = \frac{\sqrt{3}}{2} a_0(\text{bcc}) = 670 \text{nm}$$

と評価されるが，これらの値は実験誤差の範囲で一致していると見なすことができる．2 つの結晶構造は，fcc の (111) 面を bcc の (110) 面に平行に，また fcc の [121] 軸を bcc の [110] 軸に平行にして，同一の格子中に共存している．

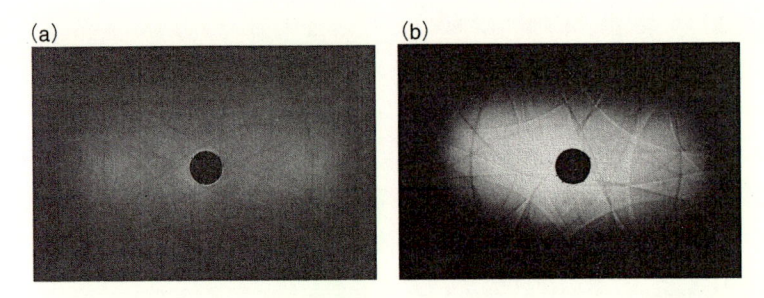

図 5.11 fcc 双晶と fcc 結晶を示す Ar レーザーによる後方コッセル模様 試料はラテックス N-100 の 0.5 vol% 溶液. (a) 試料作成後 $t = 1344$ 時間に撮影. 6 回対称のコッセル回折像は,結晶が (111) 面を鏡映面とする fcc 双晶であることを示している. (b) $t = 1896$ 時間. コッセル模様は 3 回対称性をもち,結晶は fcc 構造をもつ.

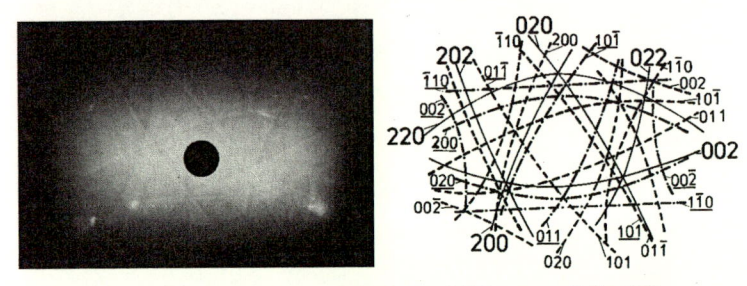

図 5.12 fcc 結晶と bcc 双晶の共存を示す後方コッセル模様と指数 ラテックス N-150 の 0.3 vol% 溶液を,試料作成後 $t = 888$ 時間に Ar レーザーで撮影. 実線と破線はそれぞれ fcc 結晶および bcc 双晶を表す.

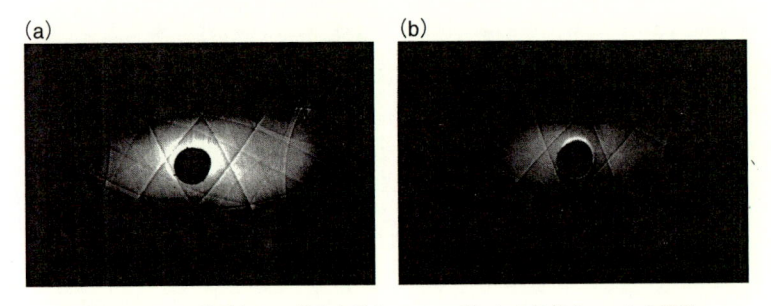

図 5.13 bcc 双晶と bcc 構造を示す Ar レーザーによる後方コッセル模様 試料はラテックス SS-32 の 0.49 vol% 溶液. (a) 試料作成後 $t = 1848$ 時間に撮影. 結晶は (112) 面を鏡映面とする bcc 双晶である. (b) $t = 2496$ 時間. コッセル模様は 2 回対称性を有し,結晶は bcc 構造をもつ.

図 5.12 は,fcc から bcc への相転移を,まさにその変換の瞬間に記録していると解釈することができる.

希薄溶液では,等軸晶系期の最終を飾って,bcc 構造が現れる.図 5.13(a) のコッセル像は,bcc 双晶を表している.fcc 双晶では容器の面に平行な (111) が鏡映面であったのに対して,bcc 双晶では容器の面に垂直な $(1\bar{1}2)$ または $(\bar{1}12)$ のいずれかが鏡映面となっている.図 5.13(b) のコッセル模様は 2 回対称性を持ち,結晶が bcc 構造であることを示している.

ポリスチレンラテックス系の場合,粒子濃度が 3 vol% を超える分散系では結晶成長は fcc 構造で停止するが,粒子濃度が 2 vol%以下の分散系では bcc 構造が秩序形成の最後に出現する.したがって,準濃厚系では fcc 構造そして希薄溶液では bcc 構造が熱力学的に安定であると解釈することができる[*3].

以上の分析から,無塩 (イオン強度の低い) の単分散ラテックス水溶液では,秩序形成が以下のような過程を経て進行することが判明した.

   2 次元の六方稠密構造 → ランダム層状構造
      → 1 方向に滑り面をもつ層状構造
      → 積層不整
      → 多周期積層構造
      → 面心立方双晶
       双晶面:(111)
      → 面心立方構造
      → 体心立方双晶
       双晶面:$(1\bar{1}2)$ または $(\bar{1}12)$
      → 体心立方構造

層状構造期と呼ばれた前半の段階は,壁面効果による異方性が色濃く残っている.熱揺動と粒子間相互作用が,この異方性をゆっくりと修正し,秩序化

[*3] シリカコロイド分散系では,秩序形成の進行が速く,分散溶液が虹彩色を呈し始めた段階で bcc 構造が出現する[17].この系では,結晶成長の初期に現れる層状構造期を観測することは困難である.

後半の等軸晶系へと進化する．ただし，等軸晶系でも，壁面効果が完全に失われるものではないことに注意しよう．結晶粒の壁面に平行な面は最も稠密な面，すなわち面心立方構造の場合は (111) 面であり，体心立方構造の場合は (110) 面である．また，面心立方双晶の双晶面は (111) であり，体心立方双晶の双晶面は ($1\bar{1}2$) または ($\bar{1}12$) のいずれかである．これらは，層状構造期の痕跡と見なすことができる．

コロイド溶液の中で，このように多様な相転移の系列をたどって結晶化が進行することは，驚くべきことではなかろうか．また，この相転移の系列の中に3次元の六方稠密構造が現れないことも注目に値する．

5.4 コロイド合金結晶

図 5.14 は，大粒径のコロイド粒子 N-200 (粒径：220 nm) と小粒径のコロイド粒子 X-1 (粒径：77 nm) の 1 対 1 混合溶液 (4.0 vol%) 中に成長した合金結晶のコッセル回折像を示す．この回折像の特徴は，単体結晶 (fcc) での [111] 方向から眺めた場合のコッセル線パターンの特徴を残しつつ，非常に密にコッセル線が現れることである．実際，fcc での反射指数で $h+k+l=3n$ (n：整数) を満足するコッセル線はそのまま存在する．コンピュータシミュレーションでのコッセル線パターンとの対比から，この合金結晶の結晶構造は2次元の六方最稠密面の積み重なりが長周期で繰り返された構造であることが判明している．その格子定数は六方晶で考えて $a = 522$ nm であり，繰り返し周期は 180 層 (76,700 nm) である．

コロイド合金のコッセル回折像には，密に分布したコッセル線のほかに一群の回折斑点列が存在する．これらの斑点列は，合金結晶の $2\bar{2}0$ に沿って密に出現し，3回対称を示して強弱があり，等間隔でない．これらの斑点は，入射レーザー光の合金結晶による単純な回折点としては解釈できない[*4]．

[*4] 2つのコッセル線の交差点では2つの格子面に対して同時にブラッグ条件が満足される．ブラッグ条件が正確に満たされる場合，レーザー光のエネルギーは結晶内では反射面に沿って流れ，結晶による吸収は小さくなり異常透過現象 (ボルマン (Borrmann) 効果) を示すと解釈される．この効果は2つの格子面に対して同時にブラッグ条件が満たされる場合にはより強調される (異常ボルマン (enhanced Borrmann) 効果)．

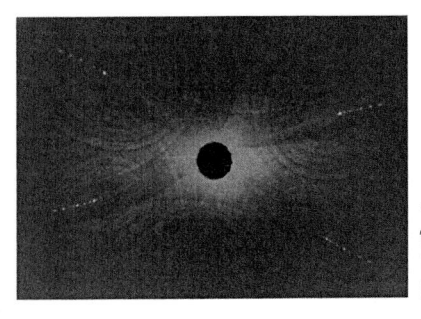

図 5.14 コロイド合金結晶の後方コッセル像
ラテックス N-200 (粒径：220 nm) と X-1 (粒径：77 nm) の 1 対 1 混合溶液 (4.0 vol%) 中で成長したコロイド合金結晶．溶液作製後 10 日に He-Ne レーザーで撮影．分離が観測される．

5.5 コッセル線の微細構造

Laue[29)]は，『レントゲン線回折』の最終版の最終章をコッセル線の研究にあてている．彼は，分散面の構造の解明には，コッセル線の構造が重要な鍵を担っていると予測していたようである．その Laue の予測が，面白いことに，コロイド結晶のコッセル回折という予期せぬ形で実現することが判明した．これは，可視光線が X 線に比べて数千倍の強さで物質と相互作用するためであり，X 線回折では見られなかったり非常に精密な測定を必要とした現象が，レーザー光線で比較的容易に観測されるためである．

前節のコロイド結晶の構造解析では，回折模様の分析を行うにはコッセルの与えた幾何学的解釈で十分であった．ところが，さまざまな試料ラテックスを用いて回折実験を行っている途中で，幾何学的解釈では説明不可能な奇妙な回折像が見出されたのである．

その一例を図 5.15 に示す．これは，表面電荷密度が最も大きいラテックス (N-400) 溶液中で成長したコロイド結晶の Ar レーザーによる後方コッセル写真である．本来正常に交差している筈のコッセル線が，この写真では分離したり，途切れたり，分岐したりしている．さらに，このような**回折線の異常** (anomaly) は粒子の濃度に依存して，その形態を敏感に変化させる[30)]．この興味深い現象は，異なる結晶面でブラッグ反射を受けた光線間の干渉によって生じる"遠回り回折"と解釈することができる．

図 5.15 で，指数 $h = (220)$ と $h' = (131)$ をもつ 2 本のコッセル線に注目し

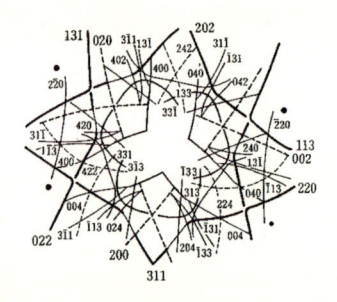

図 5.15 後方コッセル像に現れた回折線の異常効果
ラテックス N-400 の 3.4 vol% 溶液を Ar レーザーで撮影. コッセル環 {220} と {131} の交点で回折線の分離が観測される.

よう.これらの回折線の交点には,顕著なギャップが観測される.この異常は,2つの格子面 h および h' によって同時に反射された光の干渉効果に他ならない.1次波が格子面 h によって反射され,波数 K_h の部分波が作られたとしよう.ところが,同じ波数 K_h の部分波は,1次波が格子面 h' で反射された後さらに格子面 $h - h' = (1\bar{1}\bar{1})$ で反射されることによっても生じるし,逆に1次波が先に格子面 $h - h'$ で反射された後さらに格子面 h' で反射されることによっても生じる.そして,遠回りをした成分波としない成分波の位相が異なるため,それらの成分波は互いに強く複雑に干渉し合うのである.その結果,指数 h と h' のコッセル線の交点の近傍で,ギャップや分岐のような異常が観測されるのである.

このような回折線の異常を定量的に記述するには,Laue と Ewald が発展させた回折の動力学理論[31]は,まさに打って付けの理論形式である.彼らの形式で3波近似[32,33]を用いることにより,上で述べた干渉効果を定量的に取り扱い,コロイド結晶ではじめて観測された異常コッセル線の構造を説明することができるのである.その数学的形式は,光の偏りによる複雑さを除けば,電子線回折で出現する"菊池線の異常"の分析法[34,35]と本質的に同じである.ちなみに,この回折線異常の分析を通じて,**コッセル線は,結晶内電磁場の分散面のブリルアン境界上におけるギャップの軌跡である**という新しい解釈[30]が生まれた.これは,回折の動力学を実証する重要な研究成果である.

5.6 まとめ

　コロイド溶液系は，実験が比較的容易であり，楽しく実り豊かな研究対象である．そして，コロイドの世界はまだまだ未知に満ちている．その原因は，コロイドの世界があまりにも多様であることにある．均質で普遍的な原子や分子に比べて，コロイド粒子はあまりにも多様な顔をもっている．そして，粒子の性質や溶液の条件に応じて，コロイド溶液は実に多彩な現象を示す．

　この章の主テーマは，コロイド溶液の内部で進行する結晶成長の過程を研究することであった．コッセル回折模様は成長する結晶状態の対称性と1対1に対応するから，コッセル線解析は結晶成長を観察記録する最適の手段を与えてくれる．ポリスチレンラテックスの分散系では，**コロイド結晶の成長が多段階の相転移を経由して進行する**ことが確認された．この"多段階相転移"は，一般の結晶の研究においても重要な意味をもっており，原子・分子から成る結晶の成長でも，多段階の相転移過程が存在している可能性は強いと推論される．

　2章では，コロイド化学の古典的な基礎であるDLVO理論では，蓮らによって発見された"添加塩によるコロイド結晶の溶融現象"を説明できないことを見た．和達ら[36]は，DLVO理論の欠点を補う方法として，**アルダー転移**[37]を用いてコロイド結晶の現象を記述することを提案した．すなわち，DLVOポテンシャルからファンデルワールス引力を捨て去り，遮蔽された斥力によるアルダー転移としてコロイド結晶の形成と溶融を説明する試みである．しかし，そのような斥力のみを仮定する簡単な理論で，多様なコロイド結晶の成長過程を記述することは不可能である．とくに，粒子がランダムに運動をしている領域中に**自形を保った結晶粒**が長時間安定に存在し，多段階の相転移を経て結晶が成長するという観測事実は，コロイド粒子間には**長距離の凝集力**が存在していることを端的に示している．コロイド粒子の相互作用の研究は緒についたばかりであり，実験的にも理論的にも解明すべき多くの問題を抱えている．6章では，筆者らが提唱している巨大イオンの相互作用に関する理論を紹介する．

　この章の分析が示すように，菊池・コッセル回折法の測定精度は高く，格子定数は0.2%の誤差[17, 38]で決定することができる．そのため，菊池・コッセル

分析法がコロイド結晶の研究の強力な研究手段であると同時に，**コロイド結晶は菊池・コッセル回折線の構造研究に適した系であり**，回折の動力学理論の実証的研究に不可欠な場を提供してくれる．

参考文献

1) A. Kose, M. Ozaki, K. Takano, Y. Kobayashi and S. Hachisu, *J. Colloid Interface Sci.*, **44**, 330 (1973).
2) N. Ise, T. Okubo, M. Sugiura, K. Ito and H. J. Nolte, *J. Chem. Phys.*, **78**, 536 (1983).
3) T. Yoshiyama, *Polymer*, **27**, 827 (1986).
4) I. S. Sogami and T. Yoshiyama, *Phase Transition*, **21**, 171 (1990).
5) S. Hachisu, Y. Kobayashi and A. Kose, *J. Colloid Interface Sci.*, **42**, 342 (1973).
6) S. Kikuchi, *Jpn. J. Phys.*, **5**, 83 (1938).
7) K. Shinohara, *Phys. Rev.*, **47**, 740 (1934).
8) B. Sur, R. B. Rogge, R. P. Hammond, V. N. P. Anghel and J. Katsaras, *Phys. Rev. Lett.*, **88**, 65505 (2002).
9) 三宅静雄, 電子線, p.124 (岩波全書 181, 1952).
10) L.-M. Peng, S. L. Dudarev and M. J. Whelan, High-Energy Electron Diffraction and Microscopy, p.282 (Oxford University Press, 2004).
11) W. Kossel, V. Loeck and H. Voges, *Zeit für Physik*, **94**, 139 (1935).
12) W. Kossel and H. Voges, *Ann. Phys.*, **23**, 677 (1937).
13) N. A. Clark, A. J. Hurd and B. J. Ackerson, *Nature*, **281**, 57 (1979).
14) A. K. Sood, Solid State Physics, *Academic Press*, **45**, 1 (1991).
15) R. S. Crandall and R. Williams, *Science*, **198**, 293 (1977).
16) R. Kesavamoorthy and A. K. Arora, *J. Phys.*, **A18**, 3389 (1985); **C19**, 2833 (1986).
17) T. Shinohara, T. Yoshiyama, I. S. Sogami, T. Konishi and N. Ise, *Langmuir*, **17**, 17 (2001).
18) A. R. Lang, *J. Appl. Phys.*, **30**, 1748 (1959).
19) T. Yoshiyama and I. S. Sogami, *Langmuir*, **3**, 851 (1987).
20) T. Yoshiyama and I. S. Sogami, Crystal Growth in Colloidal Suspensions: Kossel Line Analysis, p.41 *in* Ordering and Phase Transitions in Charged Colloids (ed. by A. K. Arora and B. V. R. Tata, VCH publisher, 1996).
21) P. A. Hiltner and I. M. Krieger, *J. Phys. Chem.*, **73**, 2 (1969).
22) T. Yoshiyama, I. Sogami and N. Ise, *Phys. Rev. Lett.*, **53**, 2153 (1984).
23) 曽我見郁夫, 愿山 毅, 固体物理, **24**, 583 (1989).
24) B. E. Warren, *Phys. Rev.*, **59**, 693 (1941).
25) R. E. Franklin, *Acta Crystal*, **3**, 107 (1959).
26) B. J. Ackerson and N. A. Clark, *Phys. Rev. Lett.*, **46**, 123 (1981).
27) A. J. C. Wilson, *Proc. Roy. Soc. London*, **A180**, 277 (1942).

5.6 ま と め

28) 柿木二郎, 小村幸友, 土屋浩亮, X 線, **8**, 67 (1955).
29) M. Laue, Röntgenstrahl-Interferenzen, Dritte Auflage (Akademische Verlagsgesellschaft, 1960).
30) T. Yoshiyama and I. S. Sogami, *Phys. Rev. Lett.*, **56**, 1609 (1986).
31) R. W. James, The Optical Principles of the Diffraction of X-Rays (Bell, 1967).
32) P. P. Ewald, *Z. Kristallogr.*, **A97** (1937).
33) S. L. Chang, Multiple Diffraction of X-Rays in Crystals (Springer-Verlag, 1984).
34) P. A. Doyle, *Acta Crystallogr. Sect.*, **A24**, 81 (1968).
35) K. Kambe, *J. Phys. Soc. Jpn.*, **12**, 13 (1957).
36) M. Wadati and M. Toda. *J. Phys. Soc. Jpn.*, **32**, 1147 (1972).
37) B. J. Alder and T. W. Wainwright, *J. Chem. Phys.*, **27**, 1208 (1957); *ibid*, **31**, 459 (1959).
38) T. Shinohara, H. Yamada, I. S. Sogami, N. Ise and T. Yoshiyama, *Langmuir*, **20**, 5141 (2004).

6
巨大イオンの有効相互作用2

6.1 はじめに

　4章と5章で論じられたように,大きい電荷をもつ単分散コロイド溶液中の秩序構造が精密に研究された結果,DLVO理論の限界が明らかになってきた.とくに,DLVO理論の見直しの契機となったのは,蓮によって発見された添加塩によるコロイド結晶の溶融現象[1]である.また,コロイド結晶の格子間隔が $10^2 \sim 10^3$ nm と大きい事実も,粒子間の引力の起源をファンデルワールス力ではなく,むしろ電磁相互作用に求めるべきであることを示している.この考えは,Langmuir[2]によって最初に提案されたものである.本章では,DLVO理論の長所を保ちながら,その欠点を補うことのできる巨大イオン分散系に対する新しい熱力学である平均場理論[3,4]を紹介する.

　巨大イオン分散系は非一様系であり,厳密な意味では相加性は成り立たない.そのため,"巨大イオン分散系の熱力学"は,一様系に対する"通常の熱力学"の限界を必然的に越えるものになる.しかし,そのような巨大イオン分散系の理論にとっても,"通常の熱力学"は基礎的な枠組みとして不可欠なものである.そこで,系の非一様性と非相加性は大きくないと仮定して,**通常の熱力学の概念と変数はよい近似で物理学的な意味を保持する**と見なし,**熱力学変数の間の関係は適切な制約の下で成立する**と要請する.たとえば,巨大イオン分散系では,内部エネルギーや自由エネルギーは厳密な意味での示量変数ではないが,それらは良い近似で通常の物理的意味を保持する示量変数であるとして,理論

を構築するのである*[1]．ただしそこでは，たとえばギブス・デュエムの関係は成立しないものとする．

　DLVO理論では，ヘルムホルツ自由エネルギーが主要な役割を演じるのに対して，ここで定式化する"巨大イオン分散系の平均場理論"の鍵となる熱力学関数はギブス自由エネルギーである．2.3節で詳しく考察したように，強電解質のような一様系では，ギブス自由エネルギーは，ヘルムホルツ自由エネルギーの体積微分と粒子数微分による2つの等価な方法によって定義することができた．しかし，この等価性は非一様系では成り立たない．この章で定式化する新しい"巨大イオン分散系の熱力学"では，**非一様性の影響が小さい粒子数微分の方法を制限的に採用して**，ギブス自由エネルギーを定義する(6.2.5項，6.3.4項参照)．

　本章の2節では，デバイ・ヒュッケル理論の精神に立ち返り，巨大イオン分散系の線形理論を再構築する．すなわち，小イオンの分布関数を平均電位の1次関数で近似して熱力学的諸量を計算する．そのために，線形近似の妥当性が問題になる．ここでは，**有効電荷が分析的電荷より著しく減少する**という実験結果に着目し[5]，巨大イオンを有効電荷をもつ有効粒子と見なして，線形近似理論を展開する．混乱を避けるために，まず，減少した有効電荷をもつ巨大イオン系の特性を明確に規定する．そして，そのような系のギブス自由エネルギー G を計算する．G は巨大イオンの配位の関数であり，それから求められる断熱対ポテンシャルは，DLVO理論の長所を生かしかつその欠点を補うことが示される．

　本章の3節では，線形近似を使わず，巨大イオン溶液系の一般的な記述法を平均場描像に基づいて考察する．そこでは，解析力学の手法[6]を用いてポアソン・ボルツマン方程式と境界条件を生成する"母関数"を求める．その母関数の特性から，系のヘルムホルツ自由エネルギー F とギブス自由エネルギー G を

---

*[1] 統計力学でも，暗黙の裡に，"通常の熱力学"の諸概念を一般化して用いていることに注意しよう．たとえば，長距離のクーロン相互作用をする荷電粒子系では，内部エネルギーもヘルムホルツ自由エネルギーも相加性を保持することはできない．また，"巨大イオン分散系の熱力学"の典型的な例であるDLVO理論も，非相加的な成分をもつヘルムホルツ自由エネルギーを用いて定式化されている．斥力であれ引力であれ，巨大イオン間の相互作用を含む自由エネルギーは相加的ではあり得ない．

平均電位の汎関数で表示することができる．その結果，浸透圧に対する状態方程式が求められる．それらの計算の過程で，デバイの充電化公式の導出を行う．

4節では3節の結果を利用して，有限な容器中の平板イオン系を考察し，実験値との対比を行う．この1次元系では，ポアソン・ボルツマン方程式は厳密に解くことが可能であり，自由エネルギーも解析的に求めることができる．分析の結果，平板イオンの間には長距離の引力と中距離の斥力が作用することが示される．

6.2 線形近似理論の再構築

小イオンと巨大イオンの間の非対称性は，小イオンが巨大イオンのイオン雰囲気にはなり得ても，巨大イオンは小イオンのイオン雰囲気にはなり得ないことにも現れる．巨大イオンの表面近傍での電荷分布と電位の詳細を知ることは難しい．しかし，巨大イオンの表面電荷が大きいと，それだけ対イオンを引き付ける力も強くなり，引き付けられた対イオンが巨大イオンの表面近傍に集積し，いわゆる**対イオン凝縮** (counterion condensation) が起こる．その結果，表面電荷は遮蔽されて減少することが予想される．

6.2.1 有効電荷と有効体積

4章の図4.4の測定結果[5]は，増大する**分析的電荷**に対して**有効電荷**が著しく減少し飽和する傾向を示している．また，この対イオン凝縮は，巨大イオンの粒径が大きくなるとともに顕著になる．これらの実験結果によれば，大きい分析的電荷と大きい粒径をもつ巨大イオンの分散系は，減少した有効表面電荷をもつ有効粒子の系[7]として記述されるべきである．その際，巨大イオンに引き付けられて運動の自由度を凍結された対イオンは，平均的には，有効粒子に帰属すると見なされなければならない．

以下では，混乱を避けるために，有効電荷をもつ巨大イオンを**有効粒子**と呼び，分析的電荷をもつ巨大イオンを**裸の巨大イオン**と呼ぶことにする．両者を区別しない場合は，総称として**巨大イオン**を用いることにする．凝縮した対イオンが溶液と接する面を凝縮面と呼び，その凝縮面内の対イオンの分布する領

域を**凝縮層** (layer of condensation)*[2]と名付ける．有効粒子の体積は，凝縮層も含む体積と解釈する．

凝縮層の外部領域に注目しよう．この外部領域にも，対イオンが巨大イオンを囲んで分布し，いわゆる**拡散層** (diffusion layer) が形成される．凝縮している対イオンの自由度は平均的に凍結されているのであって，その凍結は完全ではない．そのため，まわりの拡散領域との間で対イオンの交換が起こり，有効表面電荷は揺らぎをもつと見なすのが自然な描像である．とくに，希薄な巨大イオン分散系で塩濃度が低い場合，拡散層が広がるため，凝縮層中の対イオンも拡散する傾向をもつ．つまり，有効粒子の凝縮層は，**拡散層への対イオンの粒子源**としての役割をもつことになる．さらに，DLVO 理論と同様に，このような有効粒子の運動は，小イオンの運動から断熱的に切り離されていると見なすことができる．

巨大イオンと小イオンが強い相関をする溶液系の熱力学的記述において，系の体積は十分に注意して扱わなければならない．まず，溶液全体が占める領域を Ω と呼び，その体積を同じ記号 Ω で表す．また，領域 Ω の内部にあって裸の巨大イオンの外部にある領域を V_0 と呼び，その領域の体積もまた同じ記号 V_0 で表す．同様に，領域 Ω の内部にあって有効粒子の外部にある領域を有効領域 V と名付け，その領域の体積を同じ記号 V で表し**有効体積** (effective volume) と呼ぶことにする．領域 V_0 と V は，多重連結領域である．ここでは，有効体積は十分大きいと仮定する．その有効領域 V に線形近似を適用し，その領域を占める小イオン気体を熱力学的対象として扱う．つまり，巨大イオン溶液系の熱力学的性質は，自由度の大きい有効領域 V 中の小イオン気体系の状態によって決められると仮定するのである．したがって，熱力学的変数としては，小イオン気体の占める有効体積 V が選ばれなければならない．この節で扱う線形近似の理論では，Ω や V_0 は補助的なパラメータであって，系の特徴を記述する統計熱力学的変数ではない．これら 3 つの領域 Ω，V_0 および V の区別は，理論

---

*[2] 対イオンが大きさをもつ効果として，巨大イオンの表面への対イオンの接近が制限される．スターン層は，この効果を取り入れるために導入された概念である．表面の微細構造を表す凝縮層とスターン層は，よく似た概念である．しかし，巨大イオン表面に凝縮した対イオンの分布を表す凝縮層は，対イオンが点状であっても意味をもつことに注意しよう．

6.2.2 ギブス（巨大イオン）系

こうして，分析的電荷の大きい巨大イオンの希薄な分散系は，"対イオン凝縮によって減少した有効電荷をもつ有効粒子群" と "それらが作る準静的な環境の中で熱平衡状態にある小イオン気体" から成る系と見なすことができる．小イオン気体は，有効粒子の表面と対イオンを交換しつつ，平衡状態にある．そのような系の熱力学的状態は，ギブス自由エネルギーで記述することが適切である．そこで以下では，このような系を**ギブス巨大イオン系**または簡略化して**ギブス系**と呼び，平均場描像で記述する．

平均場描像のポアソン・ボルツマン方程式の困難は，指数関数型の高い非線形性にあった．しかし，ギブス系では，対イオン凝縮により有効電荷が十分に減少することが可能である．この節では，そのようなギブス巨大イオン系に対して線形近似を適用する．そこでは，"拡散層の外部領域では，平均電位のある基準値からの差は熱エネルギーよりも小さい" と仮定され，小イオンに対するボルツマン分布の指数関数が展開され平均電位の線形項で近似される．この理論では，平均場描像の非線形効果は対イオンの凝縮層の構造に反映され，対イオン数の揺らぐ拡散層より外部の領域の状態は線形近似によって記述される．

ギブス系の熱力学的諸量を計算する手順は，2章で詳しく紹介したデバイ・ヒュッケル理論とほぼ同じである．まず，系の電気エネルギー E が求められ，それから充電化法を用いて系のヘルムホルツ自由エネルギー F が導出される．次に，F から化学ポテンシャルが計算され，その総和としてギブス自由エネルギー G が求められる．この計算過程を，ヘルムホルツ自由エネルギーの導出で打ち切るか，ギブス自由エネルギーまで継続するかで，得られる結果は大きく異なる．ヘルムホルツ自由エネルギーは，巨大イオン間の純斥力ポテンシャルのみを含み，DLVO理論を再現する．これに対して，ギブス自由エネルギーでは，巨大イオン間の対ポテンシャルは長距離の弱い引力と中距離の斥力を含むことが判明する．

2章で紹介したDLVO理論では，分析的電荷と有効電荷の区別はなく，有効電荷の概念も導入されることはない．そのような分析的電荷が小さい系も，こ

こではギブス系として考察する．その場合は，対イオン凝縮の効果も表面電荷の揺らぎも小さくて，凝縮層と拡散層の間での対イオンの交換は少ないと考えられる．

6.2.3 ギブス (巨大イオン) 系のモデル化

この節では，「有効粒子と見なされる巨大イオン群」と「その準静的な配位が作る環境中で熱平衡状態にある小イオン気体」に着目し，それがギブス系と見なされる場合を考察する．そのために，この系の性質を詳しく特定することが必要である．そこで，ギブス系を以下の条件を満たすものとして，モデル化する．

a. ギブス (巨大イオン) 系の特性

1) 小イオンに比べて，コロイド粒子のような巨大イオンの質量および粒径は桁違いに大きい．そのため，溶液中での巨大イオンの運動の時間スケールも極端に大きい．そこで，M 個の巨大イオンが断熱的に静的な配位 $\{\bm{R}_n : n = 1, 2, \cdots, M\}$ を取るとして[*3)]，それらが作る環境中で小イオンは速やかに熱平衡に達すると見なす．電荷数 $Z_n e$ をもつ n 番目の巨大イオンの電荷分布は関数

$$\rho_n(\bm{r}) = \frac{1}{(2\pi)^3} \int \tilde{\rho}_n(\bm{k}) e^{i\bm{k}\cdot\bm{r}} d\bm{k} \qquad (6.1)$$

で表現される．ここで，フーリエ成分 $\tilde{\rho}_n(\bm{k})$ は

$$\tilde{\rho}_n(\bm{k}) = \int \rho_n(\bm{r}) e^{-i\bm{k}\cdot\bm{r}} d\bm{r} = e^{-i\bm{k}\cdot\bm{R}_n} f_n(\bm{k}) \qquad (6.2)$$

のように，n 番目の巨大イオンの重心の位置 $\bm{R}_n$ とその荷電形状因子 $f_n(\bm{k})$ を用いて表される．また，$\tilde{\rho}_n(\bm{k})$ は

$$\tilde{\rho}_n(0) = \int \rho_n(\bm{r}) d\bm{r} = 1 \qquad (6.3)$$

[*3)] 1.3.2 項で述べたアーンショーの定理から明らかなように，"動きを止めた巨大イオン"の配位は不安定である．系が安定であるためには，巨大イオンも動的な挙動を示さなければならない．それが，コロイド粒子で観測されるブラウン運動である．ここでは，DLVO 理論と同様に，媒質分子や小イオンが熱平衡状態に達する時間スケールはブラウン運動の時間スケールに比べて十分小さいと仮定されている．

と規格化されている.

2) 一般的に,巨大イオンの電荷数 Z_n は有効電荷数と見なす.つまり,大きい分析的電荷をもち対イオン凝縮が顕著な系では,この Z_n は遮蔽効果により減少した有効電荷数を意味する.この電荷数は,温度,添加イオン濃度や巨大イオンの配位などの溶液の状態に依存する.分析的電荷が小さい場合は,対イオン凝縮も小さいため,この有効電荷と分析的電荷の差は小さい.その場合も,Z_n は有効電荷数と見なすことにする.

3) 価数 z_i をもつ小イオンは溶液系の全域で熱平衡状態にあり,その密度はボルツマン分布によって与えられる.

4) 有効粒子の外部領域 V では,小イオンの電気エネルギー $z_i e[\psi(\boldsymbol{r}) - \bar{\psi}]$ は熱エネルギー $k_\mathrm{B} T$ より小さく,線形近似

$$n_i(\boldsymbol{r}) = n_{i0}^* \left\{ 1 - \frac{z_i e}{k_\mathrm{B} T}[\psi(\boldsymbol{r}) - \bar{\psi}] \right\} \tag{6.4}$$

が成り立つと仮定する.ここで,n_{i0}^* は

$$n_{i0}^* = n_{i0} \exp\left\{ -\frac{z_i e}{k_\mathrm{B} T} \bar{\psi} \right\} \tag{6.5}$$

であり,基準電位 $\bar{\psi}$ は,指数関数の $z_i e[\psi(\boldsymbol{r}) - \bar{\psi}]/k_\mathrm{B} T$ に関する展開が $z_i e\psi(\boldsymbol{r})/k_\mathrm{B} T$ に関する展開よりもよい近似になり,線形化されたポアソン・ボルツマン方程式が簡単化されるように選ばれる.

5) 溶媒は誘電率 ϵ をもつ連続媒体と見なされる.

b. 電気エネルギーと自由エネルギー

溶液系の熱力学的諸量を計算するためには,系の全電気エネルギー E の簡潔な解析的表式が必要である.そのために,電場のエネルギー密度 $\epsilon E^2/8\pi$ を,溶液の占める有効体積 V 上で積分する.すなわち

$$E = E^\mathrm{el}(V : \psi, \epsilon) = \frac{\epsilon}{8\pi} \int_V [\nabla \psi(\boldsymbol{r})]^2 d\boldsymbol{r} \tag{6.6}$$

ここで,ψ は平均電位である.

領域 V は,溶液全体の体積 Ω と有効粒子の占める全体積の差であり,単連結領域ではない.そのため,式 (6.6) の積分を解析的に実行することは可能であ

るが[8], その結果はきわめて複雑なものとなる[*4].

本節で展開する新しい線形理論では, ヘルムホルツ自由エネルギーとギブス自由エネルギーを解析的に求めることが不可欠である. そのために, 式 (6.6) の**積分領域 V を溶液全体が占める単連結領域 Ω で置き換える**こととし, 系の全電気エネルギーを近似的に

$$E \simeq E^{\mathrm{el}}(\Omega : \psi, \epsilon) = \frac{\epsilon}{8\pi} \int_\Omega [\nabla \psi(\boldsymbol{r})]^2 \, d\boldsymbol{r} \qquad (6.7)$$

で評価する.

この近似についての詳しい議論は, 6.5 節で行う. ここでは, 希薄なコロイド溶液系では, 粒子の占める領域の体積効果が表面効果より小さいという一般的特性を指摘するに止める. 以下で見るように, 式 (6.6) を式 (6.7) で近似することによって, ヘルムホルツ自由エネルギーとギブス自由エネルギーを解析的に求めることが可能になる. 興味深いことに, 式 (6.7) から導出されるヘルムホルツ自由エネルギーが DLVO 理論の対ポテンシャルを再現する.

ここでなされた近似は, 系の全電気エネルギーの計算にのみ限定的に適用されていることに注意する必要がある. すなわち, この近似を"巨大イオンの内部への小イオンの進入を許す"[8, 9] ものと解釈することは間違いである. 小イオン気体の占める体積は有効体積 V であり, Ω ではない. この近似に関わりなく, **熱力学的な変数としての系の体積は有効体積 V** である.

平均電位 $\psi(\boldsymbol{r})$ が有効粒子の配位に依存することから, 系の全電気的エネルギー E は有効粒子の配位 $\{\boldsymbol{R}_n : n = 1, 2, \cdots, M\}$ の関数となり

$$E = \frac{1}{2} \sum_{m \neq n} U_{mn}^{\mathrm{E}} + \sum_n V_n^{\mathrm{E}} \qquad (6.8)$$

と表される. ここで, U_{mn}^{E} は 2 つの巨大イオン m および n の位置と方位に依存する断熱的な**電気対ポテンシャル**と解釈される. また, V_n^{E} は, まわりのイオン雰囲気によって巨大イオン n がもつ断熱的な**電気 1 体ポテンシャル**である. 巨大イオンの存在しない強電解質のデバイ・ヒュッケル理論では, U_{mn}^{E} のよう

[*4)] Ω と有効粒子の占める領域は単連結である. Knott と Ford[8] は, それらの単連結領域上の積分の差として, 式 (6.6) の積分を求めている. しかし, 彼等の得た結果は複雑であり, それを用いて, 自由エネルギーに対する解析的表式を得ることは不可能である.

な対ポテンシャルは存在しないことに注意しよう．1体ポテンシャル V_n^{E} が，デバイ・ヒュッケル理論のイオン雰囲気によるエネルギーと自己エネルギーの和に相当する．式 (6.8) に3体以上の粒子に関係する項が現れないのは，全電気エネルギーが平均電位の2次の汎関数であることと，線形近似のために平均電位 $\psi(\boldsymbol{r})$ が各粒子からの寄与の線形結合となるためである．

その他の熱力学的量は，すべて E から導出することができる．つまり，系のヘルムホルツ自由エネルギー F は充電化法によって，E をパラメータ積分して求められ，その F から系のギブス自由エネルギー G が決定される．その結果，巨大イオン溶液中の準静的環境での小イオンのヘルムホルツ自由エネルギー F とギブス自由エネルギー G も，式 (6.8) と同じ形を取り，断熱的な**対ポテンシャル**と**一体ポテンシャル**の和として表される．

溶液中の等温等圧の自発的過程は，ギブス自由エネルギーを最小にする向きに進行する．したがって，有効粒子と見なされる巨大イオンの間の有効相互作用を記述するのはギブスの対ポテンシャルでなければならない．

6.2.4 有効領域中の平均電位

有効粒子の準静的な配位 $\{\boldsymbol{R}_n : n = 1, 2, \cdots, M\}$ が作る環境の下で，溶液中の平均電位 $\psi(\boldsymbol{r})$ はポアソン・ボルツマン方程式

$$\epsilon \nabla^2 \psi(\boldsymbol{r}) = -4\pi \sum_{i=1}^{\mu} z_i e n_i(\boldsymbol{r}) - 4\pi \sum_{n=1}^{M} Z_n e \rho_n(\boldsymbol{r}) \tag{6.9}$$

の解である．ここで，M は巨大イオン数を，μ は小イオン種の数を表す．右辺の第2項は有効粒子の電荷分布を表し，粒子の配位の関数である．

a. シフトされた線形ポアソン・ボルツマン方程式

式 (6.9) を有効領域 V で解くために，式 (6.4) の線形近似を適用すると線形化された微分方程式

$$\epsilon(\nabla^2 - \kappa^2)[\psi(\boldsymbol{r}) - \bar{\psi}] = -4\pi \sum_{i=1}^{\mu} z_i e n_{i0}^* - 4\pi \sum_{n=1}^{M} Z_{\mathrm{n}} e \rho_n(\boldsymbol{r}) \tag{6.10}$$

が得られる．ここで，デバイの遮蔽因子 κ の2乗は

$$\kappa^2 = \frac{4\pi e^2}{\epsilon k_B T} \sum_{i=1}^{\mu} z_i^2 n_{i0}^* \tag{6.11}$$

と定義される．式 (6.10) の右辺の定数項は，平均電位を

$$\psi(\bm{r}) = \varphi(\bm{r}) + \bar{\psi} + \frac{4\pi e}{\epsilon \kappa^2} \sum_{i=1}^{\mu} z_i n_{i0}^* \tag{6.12}$$

のように変換することにより消去することができる．ここで導入された $\varphi(\bm{r})$ を，**シフトされた平均電位**と呼ぶことにする．この段階では，基準電位 $\bar{\psi}$ を具体的に定める必要はない．それは，式 (6.7) の電気エネルギー E が平均電位の勾配 $\nabla \psi = \nabla \varphi$ にのみ依存し，以下で求められるすべての熱力学量は E から導出されるからである．

明らかに，シフトされた平均電位 $\varphi(\bm{r})$ は，微分方程式

$$\epsilon(\nabla^2 - \kappa^2)\varphi(\bm{r}) = -4\pi \sum_n Z_n e \rho_n(\bm{r}) \tag{6.13}$$

を満足する．この方程式は，フーリエ変換によって解くことができて，シフトされた平均電位は，積分表示によって

$$\varphi(\bm{r}) = \frac{e}{2\pi^2 \epsilon} \sum_{n=1}^{M} Z_n \int \frac{1}{k^2 + \kappa^2} \tilde{\rho}_n(\bm{k}) \, \mathrm{e}^{i\bm{k}\cdot\bm{r}} d\bm{k} \tag{6.14}$$

と求められる．

全電気エネルギー E のもつ物理的意味を調べるために，式 (6.7) を部分積分し，式 (6.13) を用いると

$$\begin{aligned}
E &= \frac{\epsilon}{8\pi} \int [\nabla \varphi(\bm{r})]^2 \, d\bm{r} \\
&= \frac{1}{2} \int \varphi(\bm{r}) \left[-\frac{\epsilon \kappa^2}{4\pi} \varphi(\bm{r}) \right] dV + \frac{1}{2} \sum_n Z_n e \int \varphi(\bm{r}) \rho_n(\bm{r}) d\bm{r}
\end{aligned} \tag{6.15}$$

を得る．ただしここで，系を入れる容器は十分大きいとして，その壁面効果は無視した．この右辺の第 1 項は，溶液中のすべてのイオンが作るシフトされた平均電位 $\varphi(\bm{r})$ の中で小イオン気体がもつ電気エネルギーであり，因子 $-(\epsilon \kappa^2/4\pi)\varphi(\bm{r})$ が**小イオン気体の担う電荷分布密度**の役割を演じている．この項は，小イオン

気体が介在することによって有効粒子の間に長距離の引力を生み出す成分であることが,以下で示される.他方,第2項は,その平均電位内で有効粒子がもつ電気エネルギーであり,有効粒子間の斥力を与える.

b. 電気的中性条件

ここで,有効領域 V の内部に試験体積 v を選んで,任意の滑らかな関数 $f(\bm{r})$ の平均値を

$$\langle f \rangle = \frac{1}{v} \int f(\bm{r})\,d\bm{r} \tag{6.16}$$

と定義しよう.以下では,v を十分大きく取ることができて

$$\int_v e^{i\bm{k}\cdot\bm{r}} dV \Rightarrow (2\pi)^3 \delta(\bm{k}) \tag{6.17}$$

が成立するものとして計算を行う.式 (6.14) の積分表示を用いて,領域 v 上での $\varphi(\bm{r})$ の平均を取れば

$$\langle \varphi \rangle = \frac{1}{v}\int_v \varphi(\bm{r})\,dV = \frac{1}{v}\frac{4\pi e}{\epsilon\kappa^2}\sum_n Z_n \tag{6.18}$$

となる.これから,$n_i(\bm{r})$ の平均値が

$$\begin{aligned}\langle n_i \rangle &= \frac{1}{v}\int_v n_{i0}^*\left\{1 - \frac{z_i e}{k_{\mathrm{B}} T}[\psi(\bm{r}) - \bar{\psi}]\right\} dV \\ &= n_{i0}^* - \left[\sum_i z_i n_{i0}^* + \frac{1}{v}\sum_n Z_n\right]\frac{z_i n_{i0}^*}{\sum_i z_i^2 n_{i0}^*}\end{aligned} \tag{6.19}$$

と計算されて,体積 v 内での**電気的中性条件**は

$$\sum_{i\in v} z_i \langle n_i \rangle + \frac{1}{v}\sum_{n\in v} Z_n = 0 \tag{6.20}$$

となる.ここで,和は体積 v 中にある小イオンと有効粒子全体にわたって取られる.線形化されたボルツマン分布関数のパラメータ n_{i0}^* の物理的意味を明らかにするために,分布関数の2乗 $n_i(\bm{r})^2$ の平均値を計算すると

$$\begin{aligned}
\langle n_i^2 \rangle &= \frac{1}{v} \int_v n_{i0}^{*2} \left\{ 1 - \frac{z_i e}{k_B T}[\psi(\boldsymbol{r}) - \bar{\psi}] \right\}^2 dV \\
&= n_{i0}^{*2} \frac{1}{v} \left\{ v - 2\frac{z_i e}{k_B T} \int_v [\psi(\boldsymbol{r}) - \bar{\psi}]\, dV \right\} \\
&= n_{i0}^{*2} - 2 n_{i0}^* \left[\sum_i z_i n_{i0}^* + \frac{1}{v}\sum_n Z_n \right] \frac{z_i n_{i0}^*}{\sum_i z_i^2 n_{i0}^*} \\
&= -n_{i0}^{*2} + 2 n_{i0}^* \langle n_i \rangle
\end{aligned} \qquad (6.21)$$

が得られる．ここで，線形近似であるから $[\psi(\boldsymbol{r}) - \bar{\psi}]^2$ の項は無視した．また，この式の最後の等式を得るために式 (6.19) を利用している．この結果は

$$(n_{i0}^* - \langle n_i \rangle)^2 + \langle (n_i - \langle n_i \rangle)^2 \rangle = 0 \qquad (6.22)$$

とまとめられることに注意しよう．これから非負である各項はそれぞれゼロになる．まず，$(n_{i0}^* - \langle n_i \rangle)^2 = 0$ であり，パラメータ n_{i0}^* は単位体積当たりの i 種小イオンの平均粒子数 $\bar{n}_i$ と解釈される．したがって，この結果を有効粒子の外部の全領域 V に適用すると

$$n_{i0}^* = \langle n_i \rangle = \frac{N_i}{V} \qquad (6.23)$$

が成り立つ．N_i は，体積 V の全領域を占める i 種の小イオンの数である．また，$\langle (n_i - \langle n_i \rangle)^2 \rangle = 0$ であるから，この近似では広い領域で平均操作を行うと，小イオン分布の揺らぎの効果が消し去られてしまう．

6.2.5　種々の断熱対ポテンシャル

溶液の全領域 Ω にわたって式 (6.7) の積分を実行して，系の全電気エネルギー E を求める．すべての熱力学的エネルギーは，2 体の有効粒子の配位に依存する対ポテンシャルと，個々の有効粒子がまわりの小イオン気体との相関でもつ 1 体ポテンシャルの和となる．

a.　電気対ポテンシャル：対 E-ポテンシャル

式 (6.12) と (6.14) を (6.7) に代入して，$\nabla \psi(\boldsymbol{r}) = \nabla \varphi(\boldsymbol{r})$ に注意し，積分領域は十分大きいとして式 (6.17) を適用する．その結果，系の全電気的エネルギー E は式 (6.8) の形に分解されて，電気対ポテンシャル U_{mn}^{E} と電気 1 体ポテン

シャル V_{mn}^{E} の和で表される．対ポテンシャルと1体ポテンシャルは，それぞれ

$$\begin{aligned}
U_{mn}^{\mathrm{E}} &= \frac{e^2}{2\pi^2\epsilon} Z_m Z_n \int \frac{k^2}{(k^2+\kappa^2)^2} \tilde{\rho}_m(\boldsymbol{k})\, \tilde{\rho}_n(-\boldsymbol{k})\, d\boldsymbol{k} \\
&= \frac{e^2}{2\pi^2\epsilon} Z_m Z_n \int \left[-\frac{\kappa^2}{(k^2+\kappa^2)^2} + \frac{1}{k^2+\kappa^2} \right] \tilde{\rho}_m(\boldsymbol{k})\, \tilde{\rho}_n(-\boldsymbol{k})\, d\boldsymbol{k}
\end{aligned} \tag{6.24}$$

および

$$V_n^{\mathrm{E}} = \frac{e^2}{4\pi^2\epsilon} Z_n^2 \int \frac{k^2}{(k^2+\kappa^2)^2} \tilde{\rho}_n(\boldsymbol{k})\, \tilde{\rho}_n(-\boldsymbol{k})\, d\boldsymbol{k} \tag{6.25}$$

と計算される．以下では簡略に，U_{mn}^{E} を対 E-ポテンシャル，V_{mn}^{E} を 1 体 E-ポテンシャルと呼ぶ．

式 (6.24) の右辺で，被積分関数の第1項と第2項はそれぞれ式 (6.15) の右辺の第1項と第2項に対応しており，後にそれらが引力と斥力の起源となることが示される．この「場の理論」にならった方法では，この段階で，電場と小イオン気体の全自由度が完全に積分されてしまう．その結果，断熱的な電気対ポテンシャルは，式 (6.2) の電荷分布関数のフーリエ変換を通して有効粒子の配位の関数となる．

b. ヘルムホルツ対ポテンシャル：対 F-ポテンシャル

系のヘルムホルツ自由エネルギー F を全電気的エネルギー E から求めるために，デバイの充電化の公式

$$F = F^0 + \int_0^{e^2} \frac{E}{e^2}\, de^2 \tag{6.26}$$

を用いる．線形近似で得られた式 (6.24) の U_{mn}^{E} および (6.25) の V_m^{E} は簡単な e^2 依存性をもっているから，関係式

$$\int_0^{e^2} \frac{k^2}{(k^2+\kappa^2)^2}\, de^2 = \frac{e^2}{k^2+\kappa^2} \tag{6.27}$$

を利用すると，項別に直接積分することができて，F は

$$F = F^0 + \frac{1}{2} \sum_{m \neq n} U_{mn}^{\mathrm{F}} + \sum_n V_n^{\mathrm{F}} \tag{6.28}$$

となる.ここで,U_{mn}^{F} は

$$U_{mn}^{\mathrm{F}} = \frac{e^2}{2\pi^2 \epsilon} Z_m Z_n \int \frac{1}{k^2 + \kappa^2} \tilde{\rho}_m(\boldsymbol{k})\, \tilde{\rho}_n(-\boldsymbol{k})\, d\boldsymbol{k} \tag{6.29}$$

であり,V_n^{F} は

$$V_n^{\mathrm{F}} = \frac{e^2}{4\pi^2 \epsilon} Z_n^2 \int \frac{1}{k^2 + \kappa^2} \tilde{\rho}_n(\boldsymbol{k})\, \tilde{\rho}_n(-\boldsymbol{k})\, d\boldsymbol{k} \tag{6.30}$$

である.以下では,U_{mn}^{F} をヘルムホルツ対ポテンシャルまたは対 **F**-ポテンシャル,V_n^{F} をヘルムホルツ 1 体ポテンシャルまたは 1 体 **F**-ポテンシャルと呼ぶ.F^0 は $e^2 = 0$ の極限でのヘルムホルツ自由エネルギーである.

対 E-ポテンシャル U_{mn}^{E} の積分表示 (6.24) に存在した 2 位の極は,パラメータ積分 (6.27) の働きによって,対 F-ポテンシャルでは 1 位の極になることに注意しよう.後で見るように,この結果,U_{mn}^{E} にある引力効果が U_{mn}^{F} では消滅する.

これらの式は,充電化の方法に頼らず,熱力学の関係式

$$\frac{\partial}{\partial T}\left(\frac{F}{T}\right) = -\frac{E}{T^2} \tag{6.31}$$

を使うことによっても,導出することができる.すなわち,公式

$$\int_0^T \frac{k^2}{(k^2 + \kappa^2)^2 T^2}\, dT = -\frac{1}{(k^2 + \kappa^2)T} \tag{6.32}$$

を利用して,項別積分を実行すればよい.この計算法は,$\tilde{\rho}_m(\pm \boldsymbol{k})$ が T に依存せず,巨大溶液系が温度的には一様な系であることに依拠している.

c. ギブス対ポテンシャル:対 G-ポテンシャル

一様性と相加性が成り立つ熱力学系では,ヘルムホルツ自由エネルギー F からギブス自由エネルギー G への移行に際して,"熱力学の関係式 $G = F - V\partial F/\partial V$ を利用する方法" と "粒子数による微分を利用する方法" は等価である.2.3 節のデバイ・ヒュッケル理論の考察で詳しく論じたように,溶質として小イオンのみを含む強電解質においては,これら 2 つの方法は確かに同じ結果を与えた.しかし,巨大イオン溶液は非一様系であり,その等価性が破られて

しまう.

式 (6.29) は,対 F-ポテンシャル U_{mn}^{F} がフーリエ因子 $\tilde{\rho}_m(\pm \bm{k})$ を通して有効粒子の座標に依存することを示している.これは,系の熱力学的な諸量が有効粒子の配位の関数であることの反映である.また,有効体積 V も有効粒子の配位と関係している.しかし,この段階で,その関数関係を知ることは不可能である.後に,式 (6.51) で示されるように,小イオン気体の有効体積 V と有効粒子の配位の関係は,理論の帰結として求めることができるのである.

このことを念頭に置いて,温度 T と有効体積 V を比較してみる.巨大イオンの表面近くで小イオンの運動エネルギーが瞬間的に増大 (局所的なヒートアップ) することがあるとしても,そのような小さい揺らぎは溶媒分子の熱運動で平均化されて消え,温度は系全体で一定値を取ると仮定することは自然である.したがって,巨大イオン溶液も温度的には一様系と見なすことができる.このことが巨大イオン溶液系に熱力学の関係式 (6.31) を適用することを可能にする.しかし,この理論では,巨大イオンの配位は固定されていることを前提としており,そのために生じる非一様性を溶媒分子や小イオンの運動で平均化することはできない.巨大イオンの配位について予め平均化 (pre-average) すると,巨大イオンの座標と相互作用は意味を失ってしまう.したがって,巨大イオンの配位と密接に関係する V は系の非一様性を強く反映しており,式 (6.31) に対応する熱力学関係式

$$\frac{\partial}{\partial V}\left(\frac{F}{V}\right) = -\frac{G}{V^2} \tag{6.33}$$

を用いて,ギブス自由エネルギーの計算を実行することはできない.

他方,粒子数に関する微分によるギブス自由エネルギーの計算は,以下で見るように実行可能である.まず,単分散系を論じる.

i) 単分散系 有効粒子の有効電荷数を Z とし i 種イオンの粒子数を $N_i = \langle n_i \rangle V$ とすると,式 (6.20) より,領域 V での荷電中性条件は

$$\sum_i z_i N_i + ZM = 0 \tag{6.34}$$

となる.ギブス巨大イオン系では,有効粒子の数 M は系内で固定されている

一方で，有効電荷数 Z は変動しうる．i 種の小イオンの化学ポテンシャルはヘルムホルツ自由エネルギー $F(V, T, N_i, Z(N_i))$ を粒子数 N_i で微分することで計算される．その際，条件 (6.34) によって，Z は独立変数ではなく小イオン数の関数となることに注意しなければならない．

2.3 節でのデバイ・ヒュッケル理論の計算法にならって，ギブス自由エネルギー $G(P, T, N, N_i)$ は巨大イオンの作る環境中を運動する小イオン気体の化学ポテンシャルの総和として計算されると仮定する．中性条件を考慮すると，$G(P, T, N, N_i)$ は

$$
\begin{aligned}
G &= \left\{ \left[\sum_i N_i \left(\frac{\partial F}{\partial N_i} \right)_{V,T} \right]_{\text{中性条件}} \right\}_{V=Nv} \\
&= \left[\sum_i N_i \left(\frac{\partial F}{\partial N_i} \right)_{V,T,Z} + \sum_i N_i \left(\frac{\partial Z}{\partial N_i} \right)_{V,T} \left(\frac{\partial F}{\partial Z} \right)_{V,T,N_i} \right]_{V=Nv}
\end{aligned}
\tag{6.35}
$$

と求められる．この計算で，系の体積 V はまず独立な熱力学的変数として扱われ，次に溶媒の分子数 N と 1 分子の体積 v によって $V = Nv$ と解釈し直す．この式 (6.35) には，溶媒の粒子数 N に関する微分は含まれていない．デバイ・ヒュッケル理論の考察で指摘したように，ヘルムホルツ自由エネルギーで $V = Nv$ とし N で微分をすることは許されない[*5]．

この式 (6.35) では，F が Z を介して N_i 依存することを考慮して，N_i に関する微分がなされた．Z が N_i の 1 次の同次式であることを利用すると，その計算を行うことができて，新たな物理的な意味づけが可能になる．すなわち，中性条件 (6.34) から得られる同次関係式

$$
\sum_i N_i \frac{\partial Z}{\partial N_i} = Z \tag{6.36}
$$

を用いることにより，式 (6.35) は

[*5] Overbeek[10]は，式 (6.35) の計算を批判して，小イオンの粒子数 N_i に関する微分は独立に取れるとし，さらに溶媒の粒子数 N に関する微分を含むとした．もし，この主張を受け入れると，κ^2 が N_i に関して 1 次の同次式で N に関して -1 次の同次式であることから，それらからの G への寄与は相殺する．これは，中性条件を無視し，ヘルムホルツ自由エネルギーを $F(V = Nv, T, N_i)$ と解釈して N 微分を取った結果として生じた錯誤である．

$$G = \left[\sum_i N_i \left(\frac{\partial F}{\partial N_i}\right)_{V,T,Z} + Z\left(\frac{\partial F}{\partial Z}\right)_{V,T,N_i}\right]_{V=Nv} \tag{6.37}$$

となる．ここでは，Z と N_i は互いに独立な変数のごとく微分すればよい．この式の第 1 項は有効粒子の電荷数を一定として計算され，小イオンの化学ポテンシャルからの寄与である．他方，第 2 項で F を Z で微分して得られる量 $\partial F/\partial Z$ は，**有効電荷数の"揺らぎやすさ"を表す化学ポテンシャル**と解釈することができる．したがって，式 (6.37) はギブスの自由エネルギー G が小イオンの化学ポテンシャルと**有効粒子の有効電荷の化学ポテンシャル**の総和から成ることを示している．このように，ギブス系では，有効粒子とそれが担う揺らぐ有効電荷の概念は，重要な役割を演じる．

ii) 多分散系 次に，単分散系で求められた概念を多分散系に適用する．単分散系では，小イオン数とともに有効電荷数 Z の値が変化し，その電荷数の"揺らぎやすさ"あるいは"変化しやすさ"の化学ポテンシャルが $\partial F/\partial Z$ であると解釈した．その拡張として，多分散系でも有効電荷数 Z_n が変動し，$\partial F/\partial Z_n$ を**有効電荷の化学ポテンシャル**と解釈することは自然である．

多分散のギブス巨大イオン系の電気的中性条件を改めて書くと，式 (6.20) より

$$\sum_i z_i N_i + \sum_n Z_n = 0 \tag{6.38}$$

となる．この条件は，小イオン数 N_i ($i = 1, \cdots, \mu$) と有効電荷数 Z_n ($n = 1, \cdots, M$) の間に 1 つの従属関係があることを示している．そこで，これらの中から任意に 1 つの変数を選び，それが他の変数の関数であると見なすことにする．ここでは，それを Z_k とすると，Z_k は他の変数の 1 次の同次関数となり，式 (6.38) から導かれるように関係式

$$\sum_i N_i \frac{\partial Z_k}{\partial N_i} + \sum_{n \neq k} Z_n \frac{\partial Z_k}{\partial Z_n} = Z_k \tag{6.39}$$

が成り立つ．そこで式 (6.37) を拡張し，系のギブス自由エネルギーは，Z_k 以外の独立な成分の化学ポテンシャルの和として

$$G = \left\{ \left[\sum_i N_i \left(\frac{\partial F}{\partial N_i} \right)_{V,T} + \sum_{n \neq k} Z_n \left(\frac{\partial F}{\partial Z_n} \right)_{V,T} \right]_{中性条件} \right\}_{V=Nv}$$

$$= \left\{ \sum_i N_i \left(\frac{\partial F}{\partial N_i} \right)_{V,T,Z_n} + \sum_{n \neq k} Z_n \left(\frac{\partial F}{\partial Z_n} \right)_{V,T,Z_a} \right.$$

$$\left. + \left[\sum_i N_i \left(\frac{\partial Z_k}{\partial N_i} \right)_{V,T} + \sum_{n \neq k} Z_n \left(\frac{\partial Z_k}{\partial Z_n} \right)_{V,T} \right] \left(\frac{\partial F}{\partial Z_k} \right)_{V,T} \right\}_{V=Nv} \tag{6.40}$$

となる．この式の第2段の変形で Z_k の微分に関する項は，F が Z_k を介して独立な変数に依存する効果を表している．その部分に同次関係式 (6.39) を用いると，ギブス自由エネルギーとして

$$G = \left[\sum_i N_i \left(\frac{\partial F}{\partial N_i} \right)_{V,T,Z_n} + \sum_n Z_n \left(\frac{\partial F}{\partial Z_n} \right)_{V,T,N_i} \right]_{V=Nv} \tag{6.41}$$

を得る．この式の第1項は小イオンの化学ポテンシャルからの寄与であり，第2項は有効粒子の**有効電荷数**の"**揺らぎやすさ**"の化学ポテンシャルからの寄与である．このように，ギブス巨大イオン系では，小イオンの化学ポテンシャルと有効粒子の揺らぐ有効電荷数の化学ポテンシャルの独立な総和として，ギブス自由エネルギーは与えられる．単分散の極限では，式 (6.41) は (6.37) に帰着する．以下では，一般的な表式 (6.41) を用いる．

充電定理から得られたヘルムホルツ自由エネルギーの表式 (6.28)～(6.30) を (6.41) に代入すると，項別に計算をすることができる．すなわち，関係式

$$\sum_i N_i \left(\frac{\partial F}{\partial N_i} \right)_{V,T,Z} = \kappa^2 \frac{\partial F}{\partial \kappa^2} \tag{6.42}$$

および

$$\sum_n Z_n \frac{\partial F}{\partial Z_n} = 2(F - F^0) \tag{6.43}$$

を利用すると，ギブス自由エネルギー G が

$$G = G^0 + \frac{1}{2} \sum_{m \neq n} U^{\mathrm{G}}_{mn} + \sum_n V^{\mathrm{G}}_n \tag{6.44}$$

と求められる．ここで，U_{mn}^{G} は**対G-ポテンシャル**

$$
\begin{aligned}
U_{mn}^{\mathrm{G}} &= \frac{e^2}{2\pi^2\epsilon} Z_m Z_n \int \left[\frac{1}{k^2+\kappa^2} + \frac{k^2}{(k^2+\kappa^2)^2}\right] \tilde{\rho}_m(\boldsymbol{k})\,\tilde{\rho}_n(-\boldsymbol{k})\,d\boldsymbol{k} \\
&= U_{mn}^{\mathrm{E}} + U_{mn}^{\mathrm{F}}
\end{aligned}
\tag{6.45}
$$

であり，V_n^{G} は**1体G-ポテンシャル**

$$
\begin{aligned}
V_n^{\mathrm{G}} &= \frac{e^2}{4\pi^2\epsilon} Z_n^2 \int \left[\frac{1}{k^2+\kappa^2} + \frac{k^2}{(k^2+\kappa^2)^2}\right] \tilde{\rho}_n(\boldsymbol{k})\,\tilde{\rho}_n(-\boldsymbol{k})\,d\boldsymbol{k} \\
&= V_n^{\mathrm{E}} + V_n^{\mathrm{F}}
\end{aligned}
\tag{6.46}
$$

である．ここで，G^0 は $e^2 \to 0$ の極限でのギブス自由エネルギーである．こうして求められた3種類の熱力学的エネルギー E, F, G の間には

$$
G - G^0 = F - F^0 + E \tag{6.47}
$$

なる関係が存在することが見出された．次節で示されるように，これは線形近似に依らない平均場理論の一般的な関係式である．

d. 準静的な巨大イオン配位中の小イオン気体の状態方程式

電荷がゼロの極限でのギブス自由エネルギー G^0 とヘルムホルツ自由エネルギー F^0 の間には，関係式

$$
G^0 - F^0 = k_{\mathrm{B}} T \sum_i N_i + (\cdots) \tag{6.48}
$$

が成り立つ．ここで，第1項は溶質が中性である場合のファントホッフ項であり，剰余の $(\cdots)$ は媒質の圧力項や巨大イオンが中性である場合の寄与を表す．

ギブス巨大イオン系のすべてのイオンが電荷をもつと，ギブス自由エネルギー G とヘルムホルツ自由エネルギー F の差は

$$
G - F = PV + (\cdots) \tag{6.49}
$$

と置くことができる．ここで，P は溶質である小イオンの浸透圧である．この式の右辺で，剰余項 $(\cdots)$ は式 (6.48) と同じ寄与を表す．

こうして，式 (6.47) より，ギブス巨大イオン系の有効体積 V を占める小イオン気体に対して，状態方程式

$$PV = k_\mathrm{B} T \sum_i N_i + E \qquad (6.50)$$

が求められる．ここで，P は準静的な巨大イオンの配位中の小イオン気体の浸透圧である．この式を解くことにより，原理的には圧力 P と温度 T の関数として V を表すことができるはずである．しかし，その計算を解析的に実行することは，容易ではない．この圧力 P は，有効粒子の肥大した凝縮層と外部の領域を隔てる仮想的な膜に対して働く小イオン気体の浸透圧，と近似的には解釈することができるであろう．そのような仮想膜を通して，巨大イオンの近傍の非線形領域に捕えられた小イオン群は外部の線形領域中の小イオン気体と熱平衡状態にあり，それらの化学ポテンシャルと圧力は互いに等しくなる．この条件から，原理的には有効粒子の占める有効体積や有効電荷が定まり，体積 V 中の小イオン気体の状態はギブス自由エネルギーで記述される．

溶液内で自発的に小イオン気体の等温等圧過程が起こっている間，熱力学関数 G は減少し，平衡点で最小値を取る．熱力学量 U_{mn}^G は，積分表示 (6.45) の因子 $\tilde{\rho}_m(\boldsymbol{k})$ と $\tilde{\rho}_n(-\boldsymbol{k})$ を通して，有効粒子の相対配位 $\boldsymbol{R}_m - \boldsymbol{R}_n$ と形状因子に依存している．それゆえ，巨大イオンの配位や配向は，G，すなわち U_{mn}^G の和が減少する方向に変化する．したがって，U_{mn}^G は巨大イオン対 (m,n) の間の断熱対ポテンシャルと解釈されるのである．

小イオン気体の状態方程式 (6.50) は，PV 項が電気エネルギー E を通じて有効粒子の配位や配向に依存することを示している．これは，小イオン気体が有効粒子群の作る電気的な環境下にあることの効果であり，自然な帰結である．また，デバイ・ヒュッケル理論で電気相互作用が浸透圧を下げるように働くことから，式 (6.50) の E からの寄与が浸透圧を下げる引力的な働きをすることが予想される．

小イオン気体の環境を形成する有効粒子を微小量 $\Delta \boldsymbol{R}_{mn} = \Delta(\boldsymbol{R}_m - \boldsymbol{R}_n)$ だけ準静的に変位させ，小イオン系に生じる等温等圧変化を調べよう．等圧過程では，この変位は小イオン気体の体積変化 ΔV を生み，状態方程式 (6.50) と E の表式 (6.8) を考慮すると

$$-P\Delta V = \frac{1}{2}\sum_{m\neq n}\left(-\frac{\partial U^{\mathrm{E}}_{mn}}{\partial \bm{R}_{mn}}\right)\cdot \Delta \bm{R}_{mn} \tag{6.51}$$

なる関係が得られる．この関係式は，有効粒子群になされた仕事が丁度小イオン気体になされた仕事 $-P\Delta V$ に等しいことを示している．小イオン気体の状態方程式 (6.50) は，小イオン気体が平均的に占める有効体積 V と有効粒子群の配位 $\{\bm{R}_n : n = 1, 2, \cdots, M\}$ の関数関係を与えていると解釈することができる．この結果は，式 (6.33) を経由してギブス自由エネルギーを求めることが困難であることを再確認するものである．また，デバイ・ヒュッケル理論と本章の理論が示すように，イオン系ではヘルムホルツ自由エネルギーとギブス自由エネルギーの差が重要であり，これら 2 つの自由エネルギーは厳密に区別しなければならない．

6.2.6 球状の有効粒子の断熱ポテンシャル

ここでは，理論的にも実験的にも解析が容易な球状の有効粒子からなるギブス巨大イオン系を考察する．有効粒子の対に対して，3 種類の有効対ポテンシャルの具体的な関数形を定めるとともに，小イオンとの相互作用で個々の有効粒子がもつ 1 体有効ポテンシャルを求める．

a. シフトされた平均電位

球状巨大イオンの有効電荷数を Z_n，有効半径を a_n とする．粒子が球状である場合，形状因子は $f_n(\bm{k}) = f_n(k)$ となるから，3 次元フーリエ積分表示 (6.14) で角度積分を実行することは容易である．式 (6.14) に (6.2) を代入し角度積分を行うと，シフトされた平均電位 $\varphi(\bm{r})$ に対して，1 次元積分

$$\varphi(\bm{r}) = \frac{e}{\pi i}\sum_n \frac{Z_n}{\epsilon|\bm{r}-\bm{R}_n|}\int_{-\infty}^{\infty}\frac{k}{k^2+\kappa^2}f_n(k)\exp\{ik|\bm{r}-\bm{R}_n|\}\,dk \tag{6.52}$$

を得る．この積分は，図 6.1(a) のように，複素 k 空間での留数計算を行うことにより実行され，シフトされた平均電位 $\varphi(\bm{r})$ は

$$\varphi(\bm{r}) = \sum_n \frac{Z_n^* e}{\epsilon|\bm{r}-\bm{R}_n|}\exp\{-\kappa|\bm{r}-\bm{R}_n|\} \tag{6.53}$$

複素 k 平面

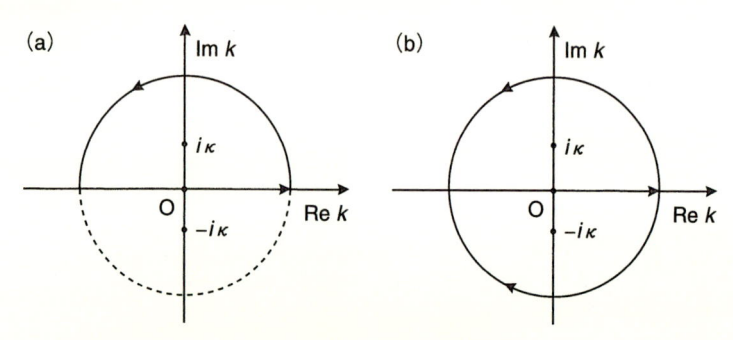

図 6.1 複素 k 平面での積分経路
シフトされた平均電位と対 F-ポテンシャルの計算では，(a) のように，積分経路は上半面に取り 1 位の極 $i\kappa$ が留数に寄与する．1 体 F-ポテンシャルでは，形状因子 $f_n(k)$ の正弦関数を指数関数に分解して，項別に $|k| \to \infty$ での寄与が消滅するように経路を (b) のごとく上半面と下半面に選んで，極 $\pm i\kappa$ からの寄与を求める．

のように，各巨大イオンのまわりの遮蔽されたクーロン型電位の重ね合わせで表される．ここで，Z_n^* は，形状因子の効果を繰り込んだ電荷数で

$$Z_n^* = Z_n f_n(i\kappa) \tag{6.54}$$

と定義される．

b. 球状粒子の断熱対ポテンシャル

球対称な電荷分布をもつ有効粒子の形状因子 $f_n(\boldsymbol{k})$ は，$\boldsymbol{k}$ の大きさのみに依存する．このため，式 (6.29) と (6.30) の積分表現でも，$\boldsymbol{k}$ 空間での角度積分は容易に行うことができる．その結果，断熱対ポテンシャル U_{mn}^{F} の積分表現は

$$U_{mn}^{\mathrm{F}} = \frac{Z_m Z_n e^2}{\pi \epsilon i} \frac{1}{R_{mn}} \int_{-\infty}^{\infty} \frac{k}{k^2 + \kappa^2} f_m(k) f_n(k) e^{ikR_{mn}} dk \tag{6.55}$$

のように大幅に簡単化される．ここで R_{mn} は

$$R_{mn} = |\boldsymbol{R}_m - \boldsymbol{R}_n| \tag{6.56}$$

である．

第 n 番目の有効粒子が位置 $\boldsymbol{R}_n$ にあるとすると，その規格化された電荷分布

関数は実効的にディラックの δ-関数を用いて

$$\rho_n(\boldsymbol{r}) = \frac{1}{4\pi a^2} \delta\left(|\boldsymbol{r} - \boldsymbol{R}_n| - a_n\right) \tag{6.57}$$

と置くことができる.そして,逆フーリエ変換により,形状因子 $f_n(k)$ は

$$f_n(k) = \frac{\sin ka_n}{ka_n} \tag{6.58}$$

となる.この形状因子を式 (6.55) に代入し,$R_{mn} = |\boldsymbol{R}_m - \boldsymbol{R}_n| \geq 2a$ の関係を考慮して複素 k 空間で留数計算を行うと,U_{mn}^{F} が

$$U_{mn}^{\mathrm{F}} = \frac{Z_m^* Z_n^* e^2}{\epsilon} \frac{1}{R_{mn}} \mathrm{e}^{-\kappa R_{mn}} \tag{6.59}$$

と求められる.これは,純斥力ポテンシャルである.

式 (6.24),(6.29) および (6.45) を比較すると,3 種類の断熱対ポテンシャルの間に,次のような簡単な一般的関係

$$U_{mn}^{\mathrm{E}} = U_{mn}^{\mathrm{F}} + \frac{1}{2}\kappa \frac{\partial U_{mn}^{\mathrm{F}}}{\partial \kappa} \tag{6.60}$$

および

$$U_{mn}^{\mathrm{G}} = 2U_{mn}^{\mathrm{F}} + \frac{1}{2}\kappa \frac{\partial U_{mn}^{\mathrm{F}}}{\partial \kappa} \tag{6.61}$$

が成り立つことがわかる.これらを利用することにより,対 F-ポテンシャル U_{mn}^{F} から,他の断熱ポテンシャル U_{mn}^{E} と U_{mn}^{G} が

$$U_{mn}^{\mathrm{E}} = \frac{Z_m^* Z_n^* e^2}{2\epsilon} \left[\frac{\kappa a_m \coth(\kappa a_m) + \kappa a_n \coth(\kappa a_n)}{R_{mn}} - \kappa\right] \mathrm{e}^{-\kappa R_{mn}} \tag{6.62}$$

および

$$U_{mn}^{\mathrm{G}} = \frac{Z_m^* Z_n^* e^2}{2\epsilon} \left[\frac{2 + \kappa a_m \coth(\kappa a_m) + \kappa a_n \coth(\kappa a_n)}{R_{mn}} - \kappa\right] \mathrm{e}^{-\kappa R_{mn}} \tag{6.63}$$

のように決定される.

断熱ポテンシャル U_{mn}^{E} は,相対位置 R_{mn} にある粒子間の有効電気ポテンシャルである.これは同種電荷 Z_m と Z_n をもつ粒子 ($Z_m Z_n > 0$) に対して,遮蔽されたクーロン斥力に加えて指数関数的な引力相互作用が存在することを

示している.つまり,溶液中の小イオン気体は,有効粒子間の電気的斥力を遮蔽するだけでなく,有効粒子の間にあって間接的に引力を媒介する役割をも演じている.この強い引力を含む対 E-ポテンシャル $U_{mn}^{\rm E}$ は,Levine と Dube[11]によって提唱された対ポテンシャルに近似的に一致する.この対 E-ポテンシャルには,熱力学的系の重要な要素であるエントロピーの効果が欠落している.

これに対して,ヘルムホルツ自由エネルギーの成分である対 F-ポテンシャル $U_{mn}^{\rm F}$ はすべての粒子間距離に対して純斥力である.つまり小イオンの熱運動によるエントロピーは,電気的対ポテンシャルでの有効引力を完全に打ち消すように作用する.これが,Verwey と Overbeek[12] によって強調された DLVO 理論の重要な機構である.後に見るように,この対 F-ポテンシャル $U_{mn}^{\rm F}$ は,2.4 節で紹介された DLVO の斥力ポテンシャルに帰着する.

式 (6.63) が示すように,ギブス自由エネルギーの対ポテンシャル $U_{mn}^{\rm G}$ には,再び有効引力項が復活する.この引力は明らかに,小イオンの状態方程式 (6.50) の PV 項が系の電気的エネルギーと結びついていることから生じたものである.すなわち,小イオン気体の PV 項は巨大イオンの配位の関数として対 E-ポテンシャル $U_{mn}^{\rm E}$ に依存しており,その引力成分がヘルムホルツ自由エネルギーの純斥力に加わり小さな引力項を復活させるのである.

DLVO 理論は,"巨大イオン溶液では,ヘルムホルツ自由エネルギーの電気成分 $F^{\rm el}$ とギブス自由エネルギーの電気成分 $G^{\rm el}$ は等しい" という大前提の下に構成されている.そのため,すべての議論と計算が F の導出の段階で終わっており,小イオン気体の浸透圧は電気成分をもたず ($G^{\rm el} - F^{\rm el} = 0$),ギブス対ポテンシャルが登場する余地もなかったのである.

c. 単分散系の断熱対ポテンシャル

単分散系 (有効電荷数 Z,有効半径 a) の場合,表面電荷で表された 3 種類の断熱対ポテンシャルの関数形が表 6.1 にまとめられている.また,それらの振舞が図 6.2 に対比されている.ここでは,単分散系について,断熱対ポテンシャルの定量的分析を行う.

球状の有効粒子間の相互作用を記述するギブス対ポテンシャル $U^{\rm G}$ は,中距離では強い斥力となり長距離では弱い引力を与え,その値は粒子の中心間距離

6.2 線形近似理論の再構築

表 6.1 表面電荷で表された断熱対ポテンシャル

対 E-ポテンシャル	$U^{\mathrm{E}}(R) = \dfrac{Z^{*2}e^2}{\epsilon} \left[\dfrac{\kappa a \coth(\kappa a)}{R} - \dfrac{1}{2}\kappa \right] \mathrm{e}^{-\kappa R}$
対 F-ポテンシャル	$U^{\mathrm{F}}(R) = \dfrac{Z^{*2}e^2}{\epsilon} \dfrac{1}{R} \mathrm{e}^{-\kappa R}$
対 G-ポテンシャル	$U^{\mathrm{G}}(R) = \dfrac{Z^{*2}e^2}{\epsilon} \left[\dfrac{1 + \kappa a \coth(\kappa a)}{R} - \dfrac{1}{2}\kappa \right] \mathrm{e}^{-\kappa R}$

単分散系 (有効電荷数 Z, 有効半径 a) の 3 種類の断熱対ポテンシャル $U^{\mathrm{E}}(R)$, $U^{\mathrm{F}}(R)$ および $U^{\mathrm{G}}(R)$. R は粒子の中心間距離, Z^* は形状因子の効果を繰り込んだ有効電荷数.

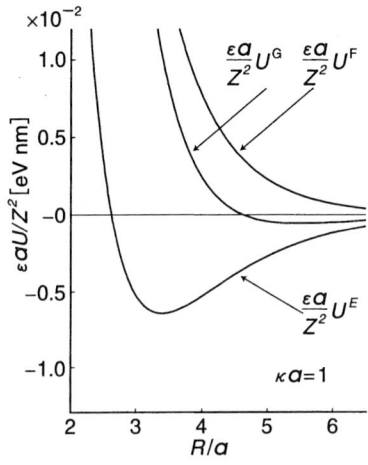

図 6.2 単分散系 (有効電荷 Z, 有効半径 a) の断熱対ポテンシャルの対比
$\kappa a = 1$ の場合に, 表面電荷と半径で換算した形 $\epsilon a U^{\mathrm{E}}/Z^2$, $\epsilon a U^{\mathrm{F}}/Z^2$, $\epsilon a U^{\mathrm{G}}/Z^2$ で, 対ポテンシャルが図示されている. U^{E} は $R = 3.40a$ に深い極小値をとる. U^{F} が純斥力ポテンシャルであるのに対して, U^{G} は長距離で弱い引力部分をもち $R = 5.47a$ で浅い極小値をとる.

が

$$R_{\min} = \frac{1 + \kappa a \coth(\kappa a) + \sqrt{[1 + \kappa a \coth(\kappa a)][3 + \kappa a \coth(\kappa a)]}}{\kappa} \quad (6.64)$$

で最小となる. また, ギブス対ポテンシャル $U^{\mathrm{G}}(R)$ は

$$R_0 = 2 \frac{1 + \kappa a \coth(\kappa a)}{\kappa} \quad (6.65)$$

に零点をもつ. この R_0 はギブス対ポテンシャル $U^G(R)$ の斥力壁の厚さの目

安を与える.

十分希薄な極限 $\kappa a \ll 1$ では,対 G-ポテンシャルの極小距離と零点は κ の関数として

$$R_{\min} \simeq \frac{1+\sqrt{3}}{\kappa} \tag{6.66}$$

および

$$R_0 \simeq \frac{2}{\kappa} \tag{6.67}$$

のように変化する.濃厚な極限 $\kappa a \gg 1$ では,当然の事ながら両者は同じ値

$$R_{\min}, \quad R_0 \to 2a \tag{6.68}$$

を取る.

ギブス対ポテンシャル $U^G(R)$ の谷は,粒子間距離 R が $R_{\min}$ より小さくなると急速に浅くなる.逆に,R が $R_{\min}$ より大きい領域では,その変化はゆるやかである.

条件 $\kappa a \simeq 1$ を満たす希薄な単分散コロイド溶液では,図 6.3 で示されているように,ギブス対ポテンシャルは最も深くなり安定化する.その場合,粒子間の最小距離 $R_{\min}$ は

$$R_{\min} \simeq \frac{2(1+\sqrt{2})}{\kappa} \tag{6.69}$$

となる.ギブス対ポテンシャル U^G の深さが熱エネルギー $k_B T$ より大きければ,コロイド粒子は溶液中で結晶構造を形成する.

図 6.3 は,κa を 0.8 から 2.0 まで変化させたときの有効対ポテンシャル $U^G(R)$ の挙動を示している.ポテンシャル極小での位置と深さおよび斥力壁の厚さは,κa の値に敏感に依存して変化する.

パラメータ κa の値を増加させると,ポテンシャル極小の位置 $R_{\min}$ が減少する.ポテンシャル極小の深さ $U^G(R_{\min})$ は,κa を増加させると深くなって $\kappa a \approx 1$ で最も深くなり,さらに κa を増加させると急速に浅くなる.図 6.4 は,式 (6.64) で決まるポテンシャル極小の位置 $R_{\min}$ と深さ $U^G(R_{\min})$ の κa 依存性を示したものである.$\kappa a \simeq 1.10$ では,2 粒子間の結合エネルギー $U^G(R_{\min})$ は最も深くなる.

ギブス巨大イオン系では,コロイドのような有効粒子の結晶形成はギブス対

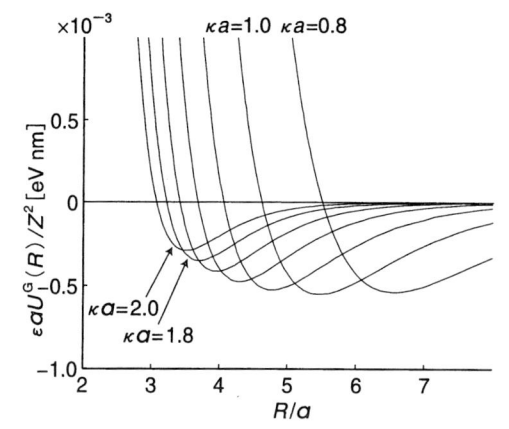

図 6.3 ギブス対ポテンシャル $\epsilon a U^{G}(R)/Z^2$ の振舞
横軸は，粒子間距離と粒子半径の比 R/a である．異なる κa の値に対して，7本の曲線が描かれている．$\kappa a \approx 1$ で対ポテンシャルは最も深くなる．κa がさらに増加すると，ポテンシャル極小は急速に浅くなる．

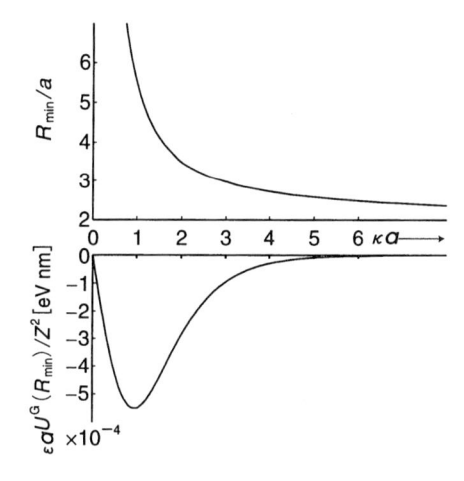

図 6.4 対 G-ポテンシャルの最小値と κa
上図は，粒子間距離 $R_{\min}/a$ の κa 依存性を表す．下図は，その粒子間距離での換算された対ポテンシャル $\epsilon a U^{G}(R_{\min})/Z^2$ の深さを表す．

ポテンシャル $U^{G}(R)$ による結合に帰着される．この解釈によれば，有効粒子の結晶は，$\kappa a \approx 1$ 付近で最も安定化し，κa が増加すると不安定になる．このギブス対ポテンシャル特性は，蓮らによって見出された**添加塩の増加によるコロイド結晶の溶融**現象を見事に説明する．

図 6.3 と 2 章の図 2.11 を対比してみよう．κ が増加すると，図 6.3 のようにギブス対ポテンシャルの極値の深さは浅くなるのに対して，図 2.11 に示された

ように，DLVO ポテンシャルの第 2 極小は鋭くかつ深くなる．大きい κ に対して，ギブス対ポテンシャルと DLVO ポテンシャルは正反対の挙動をするのである．ハマッカー定数 A の値を調整しても，この DLVO ポテンシャルの特性を変えることはできない．したがって，"添加塩の増加によるコロイド結晶の溶融現象"を DLVO 理論で説明することは不可能である．

ポテンシャルの深さと熱エネルギー $k_\mathrm{B}T$ を対比して結晶化を論じるには，多体効果として結晶和を取ることが必要である．1 粒子当たりの結晶エネルギーは

$$E_{格子和}(d;t) = \frac{1}{2}\sum_i n_i(t) U^\mathrm{G}[R_i(t)] \tag{6.70}$$

となる．5 章で示されたように，単分散コロイド系では立方晶形のみが観測されており，t は fcc (面心立方), bcc (体心立方), sc (単純立方) である．また，$R_i(t)$ は，1 つの格子点から i 番目の格子位置までの距離で，$n_i(t)$ は半径が $R_i(t)$ の面上にある格子点の数であり，d は最近接格子間の距離である．各結晶型 t に対して，$R_i(t)/d$ および $n_i(t)$ が決まり[13]，変化させうるパラメータは d のみである．さらに，結晶の安定性を詳細に分析するには，格子振動の効果を考慮しなければならないが，ここでは省略する．

d. 球状粒子の断熱 1 体ポテンシャル

断熱 1 体ポテンシャル V_n^F の積分表現 (6.30) は，角度積分を行うと

$$V_n^\mathrm{F} = \frac{Z_n^{*2} e^2}{2\pi\epsilon} \int_{-\infty}^{\infty} \frac{k^2}{k^2+\kappa^2} f_n^2(k)\, dk \tag{6.71}$$

となる．この積分は，図 6.1(b) の経路で留数計算を行うことにより

$$V_n^\mathrm{F} = \frac{Z_n^{*2} e^2}{4\epsilon\kappa a_n}\left(1 - \mathrm{e}^{-2\kappa a_n}\right) \tag{6.72}$$

となる．これが，有効電荷 Z_n^* と有効半径 a_n をもつ有効粒子の 1 体 F-ポテンシャルである．式 (6.25)，(6.30) および (6.46) によれば，3 種類の断熱 1 体ポテンシャルの間には一般的関係

$$V_n^\mathrm{E} = V_n^\mathrm{F} + \frac{1}{2}\kappa\frac{\partial V_n^\mathrm{F}}{\partial \kappa} \tag{6.73}$$

が成り立つ．これらを利用することにより，1体E-ポテンシャル

$$V_n^{\mathrm{G}} = 2V_n^{\mathrm{F}} + \frac{1}{2}\kappa\frac{\partial V_n^{\mathrm{F}}}{\partial \kappa} \tag{6.74}$$

$$V_n^{\mathrm{E}} = \frac{Z_n^{*2}e^2}{4\epsilon a_n}\left[\frac{1}{2\kappa a_n}\left(1 - \mathrm{e}^{-2\kappa a_n}\right) + \mathrm{e}^{-2\kappa a_n}\right] \tag{6.75}$$

と1体G-ポテンシャル

$$V_n^{\mathrm{G}} = \frac{Z_n^{*2}e^2}{4\epsilon a_n}\left[\frac{3}{2\kappa a_n}\left(1 - \mathrm{e}^{-2\kappa a_n}\right) + \mathrm{e}^{-2\kappa a_n}\right] \tag{6.76}$$

が求められる．κa が小さいとき，1体G-ポテンシャル V_n^{G} を級数展開すると

$$V_n^{\mathrm{G}} = \frac{Z_n^{*2}e^2}{\epsilon a_n} - \frac{5}{4}\frac{(Ze)^2}{\epsilon}\kappa + \frac{(Ze)^2}{\epsilon}\kappa^2 a_n \cdots \tag{6.77}$$

が得られる．第1項は自己エネルギーであり，第2項以降は小イオンの雲によって有効粒子がもつエネルギーである．

これらの一体ポテンシャルがもつ非対称性に注意を払うことが必要である．1体ポテンシャルは，小イオンの衣を着た巨大イオンがもつエネルギーであり，巨大イオンの影響を受けた小イオンのエネルギーではない．したがって，1体ポテンシャルは，巨大イオンの強い電場の影響下にある小イオンが巨大イオンに与える効果と解釈される．

また，ここでの導出過程から明らかなように，これらの1体ポテンシャルには小イオン間の相関は含まれていない．これは，正負のイオンが互いにクラスターを形成するデバイ・ヒュッケル理論の描像とは，大きく異なる点である．塩濃度が極端に高くなり，正負の小イオンの相関が強くなって小イオン間のクラスター形成が顕著になると，その効果をデバイ・ヒュッケルの手法にならって取り込むことが必要になる．しかし，それは巨大イオン系の特徴が失われる場合に対応すると考えられる．

6.2.7 球状でない巨大イオンの断熱ポテンシャル

球状でない巨大イオンの溶液系では，対ポテンシャルや1体ポテンシャルの具体的な関数形を得ることは容易でない．ここでは，一般的な注意を述べるに止める．

球状でない巨大イオンを含む系に対して,ギブス(巨大イオン)系,有効粒子,有効電荷,有効体積などの概念は適用することができるであろうか.イオン性の線状高分子も,3章で述べたように,分子量が巨大になれば溶液中で屈曲し折り畳まれた形状を取るものが多くなる.その物理的根拠は,"エントロピー効果"および"対イオンと高分子の解離基との相互作用"である.長大な分子を構成する単量体が取る配列の数は膨大な数に上り,その中で直線的な配列を取る確率はきわめて小さい.2つ目の根拠は,ゆるやかな**対イオンの共有効果**である.線状高分子の構成部分がもつ同種電荷は,近距離では互いに反発し合うが,対イオンを取り込み共有することによってゆるやかに結合することができる.

実際に,巨大イオンである多くのDNAは,溶液中で屈曲し畳み込まれた形状を取る.そのような巨大イオンは,多くの力学的自由度をもち,部分的に変形運動や振動運動を行いながら全体として回転運動を行っている.それらの運動は,それぞれ固有の時間スケールすなわち**時定数** (time constant) をもっており,巨大イオン全体としてはきわめて複雑な運動をしている.そのような巨大イオンに対する可能な1つの近似的方法は,内部運動が巨大イオン相互の配位の変化に比べて早いとして,それらを予め平均することである.

その結果,最も簡単な描像として,巨大イオンは平均的な**回転半径** (radius of gyration) をもつ球状粒子として扱われる.回転運動が比較的ゆるやかで,方位が物理的自由度として重要な巨大イオンは,球ではなく棒状または楕円体状の粒子として記述される.その場合,巨大イオンの形状因子 $\rho(\boldsymbol{k})$ は粒子の方位を表す変数(オイラー角)への依存性を含み,対ポテンシャルは粒子の相対位置と相対的な回転角に依存することになる.

棒状粒子の多体系の例として,**液晶** (liquid crystal)[14]がある.液晶には,配向をした粒子の重心分布がランダムな**ネマチック**(nematic) 相,配向をして且つ1次元的な並進の秩序をもつ**スメクチック**(smectic) 相,配向をした粒子を含む面が回転しらせん状に並ぶ**コレステリック**(cholesteric) 相などの変化に富む構造が可能である.

球状でない巨大イオン系でも,分析的電荷と有効電荷の差が大きい場合は,近似的にギブス系と見なすことができる.そして,有効粒子と見なされる球状でない巨大イオンの間にも,弱い長距離引力の存在することが推測される.しか

し，本章では，そのような系の分析には立ち入らない．

それらの巨大イオンよりもさらに巨大なイオン系として，2.4.1 項でも取り上げられた帯電した平板系がある．実験的に最も詳しく調べられている**平板イオン系**として，n-ブチルアンモニウムの希薄溶液中のバーミキュライト系がある．この系は，高い平行性を保ちながら，巨視的 (4000% 以上) に**膨潤** (swelling) する．平板イオンの間に長距離の引力が作用しなければ，そのように大きい格子定数をもつ層状結晶の安定性を説明することは不可能である[15]．このバーミキュライト系の膨潤を 1 次元コロイドの現象として捉えて，Smalley[16]は前節の線形近似理論[3,4]を用いて記述し，断熱 G-ポテンシャルがバーミキュライトゲルの膨潤現象を定性的にはよく説明することを示している．平板状の巨大イオン系については，後の節で，線形近似に依らない考察を行う．

6.2.8 新しい有効対ポテンシャル

2.4 節で紹介した DLVO 理論は，帯電したコロイド粒子の相互作用を熱的で電気的な斥力ポテンシャルとファンデルワールス引力の重ね合わせに帰着させる．ここでは，本章で導出したポテンシャルと DLVO の斥力ポテンシャルとの直接的な対比を考察する．

前節では，すべての断熱ポテンシャルが表面電荷を用いて表された．ここでは，まず DLVO 理論との関係を調べるために，それらのポテンシャルを表面電位を用いて表す．そのために，単分散のギブス系を調べよう．系中の 1 つの有効粒子に着目し，それを a と名付ける．その粒子の中心を座標の原点に選ぶと，式 (6.53) より，シフトされた平均電位 $\varphi(\bm{r})$ は

$$\varphi(\bm{r}) = \frac{Z^*e}{\epsilon r}e^{-\kappa r} + \sum_n{}' \frac{Z^*e}{\epsilon|\bm{r}-\bm{R}_n|}e^{-\kappa|\bm{r}-\bm{R}_n|} \tag{6.78}$$

となる．第 1 項は有効粒子 a が作る遮蔽された平均電位であり，第 2 項の和は a 以外の粒子からの寄与である．

表面電荷と表面電位の関係を得るためには，平均電位 $\psi(\bm{r})$ とシフトされた平均電位 $\varphi(\bm{r})$ を結ぶ式 (6.12) に含まれる未知の電位差 $\bar{\psi}$ を決定しなければならない．$\bar{\psi}$ の値は，本来ボルツマン分布関数の $e[\psi(\bm{r})-\bar{\psi}]/k_\mathrm{B}T$ に関する最良の展開をするように選ぶべきである．しかしここでは，便宜的に有効表面電荷

と表面電位の関係を簡潔にする値

$$\bar{\psi} = -\frac{k_B T}{e} \frac{\sum_i z_i N_i}{\sum_i N_i} \tag{6.79}$$

を選択することにする．このように $\bar{\psi}$ の値を選ぶと，平均電位は

$$\psi(\boldsymbol{r}) = \varphi(\boldsymbol{r}) \tag{6.80}$$

のように，シフトされた平均電位に一致する．式 (6.78) で $r = a$ とおくと，粒子の表面電位は

$$\psi_a = \psi(\boldsymbol{r})\big|_{r=a} = \frac{Z^* e}{\epsilon a} e^{-\kappa a} \vartheta^{-\frac{1}{2}} \tag{6.81}$$

と表される．ここで，$\vartheta^{-\frac{1}{2}}$ は，着目した粒子 a 以外の有効粒子が作る表面電位と粒子 a が作る表面電位 $Z^* e/(\epsilon a)e^{-\kappa a}$ の比

$$\vartheta^{-\frac{1}{2}} = 1 + \sum_n{}' \frac{a}{|\boldsymbol{r} - \boldsymbol{R}_n|} \exp\left[-\kappa(|\boldsymbol{r} - \boldsymbol{R}_n| - a)\right]\bigg|_{r=a} \tag{6.82}$$

である．この ϑ は，有効粒子の配位 $\{\boldsymbol{R}_n : n = 1, 2, \cdots, M\}$ の関数である．

a. 表面電位で表された断熱対ポテンシャル

関係式 (6.81) によって，表面電荷 Z^* が表面電位 ψ_a によって表される．その結果，表5.1 の有効電荷価数で表した断熱対ポテンシャル $U^E(R), U^F(R)$ および $U^G(R)$ を表面電位で表すと，表 6.2 の $U_E(R), U_F(R)$ および $U_G(R)$ のようになる．ギブス系のヘルムホルツ自由エネルギーから得られた対 F-ポテンシャル

$$U_F(R) = \epsilon a^2 \psi_a^2 \frac{1}{R} \exp[-\kappa(R - 2a)] \vartheta \tag{6.83}$$

は，Verwey と Overbeek が求めた式 (2.91) の遮蔽されたクーロン型斥力ポテンシャル $U_R(R)$ に一致する．したがって，本章で展開した新しい平均場理論では，DLVO ポテンシャル $U(R)$ は対 F-ポテンシャル $U_F(R)$ とファンデルワールス引力 U_A から構成されていると解釈することができる．

6.2.6 項の分析で明らかにされたように，粒子濃度と塩濃度の低いギブス巨大イオン系で生じる秩序形成過程は対 F-ポテンシャルではなく対 G-ポテンシャルによって記述される．したがって，広範囲の粒子濃度と塩濃度にわたるギブ

6.2 線形近似理論の再構築

表 6.2 表面電位で表された断熱対ポテンシャル

対 E-ポテンシャル	$U_{\mathrm{E}}(R) = \epsilon a^2 \psi_a^2 \left[\dfrac{\kappa a \coth(\kappa a)}{R} - \dfrac{1}{2}\kappa \right] \mathrm{e}^{-\kappa(R-2a)} \vartheta$
対 F-ポテンシャル	$U_{\mathrm{F}}(R) = \epsilon a^2 \psi_a^2 \dfrac{1}{R} \mathrm{e}^{-\kappa(R-2a)} \vartheta$
対 G-ポテンシャル	$U_{\mathrm{G}}(R) = \epsilon a^2 \psi_a^2 \left[\dfrac{1 + \kappa a \coth(\kappa a)}{R} - \dfrac{1}{2}\kappa \right] \mathrm{e}^{-\kappa(R-2a)} \vartheta$

単分散系 (有効表面電位 ψ_a, 有効半径 a) の 3 種類の断熱対ポテンシャル $U_{\mathrm{E}}(R)$, $U_{\mathrm{F}}(R)$ および $U_{\mathrm{G}}(R)$. R は粒子の中心間距離, ψ_a は表面電位.

ス系で，有効粒子の相互作用を支配するポテンシャル $U(R)$ は対 G-ポテンシャルとファンデルワールスのポテンシャル $U_{\mathrm{A}}(R)$ の和で与えられるべきである．こうして，ギブス系の有効断熱対ポテンシャルは，表面電荷で表すと

$$U(R) = U^{\mathrm{G}}(R) + U_{\mathrm{A}}(R)$$
$$= \frac{(Z^*e)^2}{\epsilon}\left[\frac{1+\kappa a\coth(\kappa a)}{R} - \frac{1}{2}\kappa\right]\exp[-\kappa R] + U_{\mathrm{A}}(R) \quad (6.84)$$

となり，表面電位で表すと

$$\begin{aligned}U(R) &= U_{\mathrm{G}}(R) + U_{\mathrm{A}}(R) \\ &= \epsilon a^2 \psi_a^2 \left[\frac{1+\kappa a\coth(\kappa a)}{R} - \frac{1}{2}\kappa\right]\exp[-\kappa(R-2a)]\vartheta + U_{\mathrm{A}}(R)\end{aligned} \quad (6.85)$$

となる．

b. 新しい有効対ポテンシャルによるシュルツェ・ハーディ則の導出

DLVO 理論がコロイド化学で広く受け入れられたのは，凝集に関するシュルツェ・ハーディ則の導出の成功に負うところが大きい．したがって，この新しい平均場理論が DLVO 理論の欠点を補うものであるためには，シュルツェ・ハーディ則の導出が可能であることを確認する必要がある．そこで，新しい有効ポテンシャルは，中長距離の相互作用が比較的に弱い現象の記述に適したものであるが，近距離まで解析的に接続できるものとしてギブス・ポテンシャル U_{G} を用いた式 (6.85) を分析する．

そのためには，粒子が十分接近するとギブス対ポテンシャル U_{G} は，引力部

分の効果が無視されて斥力ポテンシャルとして振る舞うことに注意すればよい.
そこで，2 章の式 (2.125) と同様に，式 (6.85) の $U_{\rm G}$ の分母で $R \approx 2a$, $\vartheta = 1$
とした近似式

$$U_{\rm R}(S) \simeq \frac{1}{2}\epsilon a\psi_a^2 \left[1 + \kappa a\coth(\kappa a) - \kappa a\right] {\rm e}^{-\kappa S} \tag{6.86}$$

を用いる．ファンデルワールス引力のポテンシャルとしては，式 (2.124) をそのまま使えばよい．これらを用いて 2.4.3 項で行った分析をポテンシャル $U(S) = U_{\rm R}(S) + U_{\rm A}(S)$ に適用すると，式 (2.130) に替わって

$$\frac{1}{2}\epsilon a\psi_a^2\left(1 + \frac{2\kappa a}{1 - {\rm e}^{-2\kappa a}}\right)\exp\left(-1\right) = \frac{1}{12}A\kappa a \tag{6.87}$$

なる条件式が求められる．自然な条件 $1 \gg {\rm e}^{-2\kappa a}$ の下で，この条件式を塩濃度 n について解けば

$$n = \frac{1152}{\pi\exp(2)}\frac{\epsilon^3(k_{\rm B}T)^5\gamma^4}{A^2(ze)^6}\left[1 - \frac{192\epsilon a(k_{\rm B})^2\gamma^2}{\exp(1)A(ze)^2}\right]^{-2} \tag{6.88}$$

を得る．この結果は，最後の因子 $[1 - (\cdots)]^{-2}$ を除けば，式 (2.131) に一致する．そこで，通常 $k_{\rm B}T/A$ が十分小さい量であることに注意してこの因子を級数展開すれば，$1/z^6$ に比例する主要項に $1/z^8$ などの小さい補正項が加わることが分かる．したがって，式 (6.85) の新しい有効対ポテンシャルからも，よい近似でシュルツェ・ハーディの 6 乗則が導き出されることが確認された．

6.2.9 新しい線形近似理論のまとめ

このように，式 (6.84) または (6.85) で与えられる新しい有効対ポテンシャル $U(R)$ は，粒子濃度と塩濃度の低い系での巨大イオンの可逆的な秩序形成と粒子濃度と塩濃度の高い系での不可逆的な凝集現象をともに記述することができる．したがって，一般的に温度 T のギブス系では，有効粒子はこれらの有効対ポテンシャルを介して相互作用し，系の平均的な熱力学的挙動はボルツマン分布関数

$$\exp\left[-\frac{1}{k_{\rm B}T}\left(\frac{1}{2}\sum_{m \neq n}U(R_{mn})\right)\right] \tag{6.89}$$

6.2 線形近似理論の再構築

によって記述されると解釈することができる．コロイド結晶の形成や溶融のような可逆現象には，短距離のファンデルワールス引力の効果は無視することができて，式 (6.89) のポテンシャル U は U^G または U_G としてよい．

式 (6.50) が示すように，巨大イオンの作る環境中小イオン気体は状態方程式で

$$PV = k_B T \sum_i N_i + \frac{1}{2} \sum_{m \neq n} U_{mn}^E + \sum_n V_n^E \qquad (6.90)$$

に従う．したがって，小イオン気体の状態は，小イオンと巨大イオンの濃度とともに，巨大イオンの配位と状態にも依存する．たとえば，巨大イオンがランダムな配列を取る状態では U_{mn}^E の値が大きくなり，小イオンの浸透圧は高い．それに対して，巨大イオンが U_{mn}^E の深いポテンシャル極小にあって結晶状態を形成する場合は，小イオンの浸透圧が低くなる．ゆえに，**小イオン気体の状態を表す相図は，巨大イオンの状態と密接な相関をもっている**．

蓮らによって作られた相図 (図 2.8) は，添加塩によるコロイド結晶の溶融とともに，分散液中での秩序相と無秩序相が共存していることを示している．状態方程式 (6.90) は，そのような 2 相の共存を説明することができるであろうか．異なる相の共存は，"状態方程式が一定の浸透圧に対して異なる κ の値を許す"ことに対応していると解釈することができる．通常，遮蔽因子 κ は分散系全体で一定の値をとるものと見なされる．本書でも，κ したがって小イオンの平均値は全系一定であるとして，基本的な理論の枠組みは構成された．しかし，状態方程式を用いて分散系の相平衡を論じるには，κ に異なる相を特徴づける**秩序パラメータ**(order parameter) としての役割をもたせることが必要となる．対 G-ポテンシャルを用いた有効粒子の状態の統計力学的な解析と状態方程式 (6.90) の定量的な分析は，将来の研究課題として残されている．

新しい平均場理論では，小イオン気体の PV 項が電気エネルギー E を通じて有効粒子の配位や配向に依存する．しかし，1940 年代のコロイド粒子間の相互作用に関する有名な論争では，系の電気的エネルギー E とヘルムホルツ自由エネルギー F の差異のみが論じられ，F とギブス自由エネルギー G の違いは完全に見落とされていた．しかも，この錯誤が，1980 年代の半ばまで続いたことは驚くべきことである．なぜなら，2.3 節で紹介したようにすでにデバイ・ヒュッ

ケル理論において，点状の小イオンの気体と大きさのある小イオンの気体でともに，ヘルムホルツ自由エネルギーとギブス自由エネルギーが厳密には等しくないことが示されているからである．

Langmuir[2)]は，DLVO 理論が提唱される前の 1938 年に，コロイド系でも電気相互作用が PV 項を下げることを指摘している．しかし，当時は未だ巨大イオン系を系統的に記述する体系が準備されておらず，彼はデバイ・ヒュッケル理論の結果をそのままの形で巨大イオン系に適用してしまったため，巨大イオンの有効対ポテンシャルを導き出すことはできなかった．また，巨大イオンの非可逆的な凝集現象は古典的な電気相互作用だけでは記述不可能であり，Langmuir がファンデルワールス引力の効果を完全に無視したことは誤りであった．

系の一様性は，熱力学の基本的な前提条件である．また，通常，系の内部エネルギーや自由エネルギーは相加性を満たす示量変数として扱われる．巨大イオンの存在は，これら 2 つの前提をともに破ることになる．そのため，この章の理論と DLVO 理論では，"通常の熱力学" の数理体系の枠内で，巨大イオンの存在の効果を近似的に評価しているのである．したがって，巨大イオンを含む溶液系の理論では，デバイ・ヒュッケル理論とは異なり，相加性の試金石であるギブス・デュエムの法則は，厳密な意味では成立しない．一般的に，長距離の強い相互作用のある系では，エネルギーは相加性を破る．DLVO ポテンシャルもここで求めた新しい有効対ポテンシャルも，ともに，系の自由エネルギーの**相加性の破れ**の反映であると解釈しなければならない．

さらに，これらの巨大イオン系の理論は，小イオン間の相関については，デバイ・ヒュッケル理論よりも不完全であることを指摘しておく．デバイ・ヒュッケル理論では，正負の小イオンのクラスター形成が主要な効果として計算されたのに対して，巨大イオン系の主要効果は有効粒子と小イオンの相関であり，小イオンの間の相関は小さいと見なされている．とくに，小イオンのクラスター形成が断熱対ポテンシャルに与える影響は副次的であると仮定されているが，今後，その定量的な分析が必要である．

6.3 巨大イオン溶液系の自由エネルギーの積分表現

前節では,ポアソン・ボルツマン方程式を線形近似で解くことによって巨大イオン溶液系の自由エネルギーを調べた.本節では,解析力学の手法を利用して,ポアソン・ボルツマン方程式を解くことなく,巨大イオン溶液系の特性を考察する[6].まず,ニュートンの運動方程式とラグランジュ関数の関係にならって,停留条件からポアソン・ボルツマン方程式を与える**生成汎関数**を具体的に構成する.その結果を用いて,ヘルムホルツ自由エネルギーとギブス自由エネルギーに対する積分表現を導出し,小イオン気体の浸透圧が満たす状態方程式を求める.また,ヘルムホルツ自由エネルギーと電気エネルギーが満たす関係式であるデバイの充電化公式を,統計力学の一般的定義から導き出す.

この定式化の利点は,停留点での生成汎関数そのものが,平均電位によって表されたヘルムホルツの自由エネルギーに一致することである.そのようにして求められたヘルムホルツ自由エネルギー F から,"小イオンの化学ポテンシャル"と"巨大イオンの表面電荷の化学ポテンシャル"を求め,それらの総和としてギブス自由エネルギー G の積分表現が求められる.最後に,G と F の差から,巨大イオン溶液中の小イオン気体に対する状態方程式が導出される.

6.3.1 巨大イオン分散系のモデル

粒子数 M の巨大イオン分散系が,十分大きい容積 Ω をもつ容器に入れられている.その容積 Ω は

$$\Omega = V + \sum_{n=1}^{M} \omega_n = V_0 + \sum_{n=1}^{M} \omega_{0n} \qquad (6.91)$$

のように,有効粒子の体積 ω_n (または裸の巨大イオンの体積 ω_{0n}) を用いて表すことができる.すなわち,V (V_0) は有効粒子 (裸の巨大イオン) の外部で小イオン気体が占め得る領域の体積である.

この節では,線形近似に頼ることなく,ポアソン・ボルツマン方程式を考察する.したがって,ここで定式化される理論は,有効粒子から成る系と裸の巨大イオンから成る系のいずれにも適用することができる.たとえば,巨大イオ

ンの有効電荷と分析的電荷の関係を知るためには，系が裸の巨大イオンから構成されると見なし，領域 $V_0 = \Omega - \sum_{n=1}^{M} \omega_{0n}$ または $V_0 - V = \sum_{n=1}^{M}(\omega_n - \omega_{0n})$ でポアソン・ボルツマン方程式を考察することになる．

しかし，本書の主たる関心は，系の大域的な構造と粒子間の有効相互作用にある．そこで，この節でも，系は有効粒子から構成されているとして理論を構成する[*6]．以下では，有効粒子を粒子と呼び，粒子 n の表面積および実効的な表面電荷をそれぞれ S_n および $Z_n e$ であるとする．ここで，以下の仮定を設ける．

1) 系の溶媒は誘電率 ϵ をもつ一様な連続媒体を形成する．
2) 粒子群は，質量中心の配位が $\{\boldsymbol{R}\} = \{\boldsymbol{R}_n : n = 1, 2, \cdots M\}$ によって与えられる静的な分布を取る．
3) 粒子群の作る静的環境中で，小イオンの気体はすみやかに熱平衡状態に達し，価数 $z_j (j = 1, 2, \cdots, s)$ の小イオン気体の数密度はボルツマン分布

$$n_j(\boldsymbol{r}) = n_{j_0}\, \mathrm{e}^{-z_j \phi(\boldsymbol{r})} \tag{6.92}$$

によって与えられる．ここで，無次元ポテンシャル $\phi(\boldsymbol{r})$ は通常の静電ポテンシャル $\psi(\boldsymbol{r})$ と

$$\phi(\boldsymbol{r}) = \beta e \psi(\boldsymbol{r}) \tag{6.93}$$

の関係にある．また，熱エネルギーを $k_{\mathrm{B}}T = 1/\beta$，静電ポテンシャルを $\psi(\boldsymbol{r})$ とし，定数 n_{j_0} は

$$N_j = \int_V n_j(\boldsymbol{r})\, dV \tag{6.94}$$

の条件で体積 V 内の j 種の小イオン数 N_j に依存する．

4) 無次元ポテンシャル $\phi(\boldsymbol{r})$ はポアソン・ボルツマン方程式

$$\nabla^2 \phi(\boldsymbol{r}) = -4\pi \lambda_{\mathrm{B}} \sum_j z_j n_j(\boldsymbol{r}) \tag{6.95}$$

を，粒子表面 $S_n\,(n = 1, \cdots, M)$ での境界条件

$$\boldsymbol{\nu}_n \cdot \nabla \phi(\boldsymbol{r}) = -4\pi \lambda_{\mathrm{B}} Z_n \sigma_n(\boldsymbol{r}) \tag{6.96}$$

[*6] 裸の巨大イオン系を扱う場合には，以下の理論で，V と ω をそれぞれ V_0 と ω_0 と置き換えて Z_n を分析的電荷と解釈しなければならない．

の下で,解くことによって決定される.ここで,λ_B は**ビェラム長** (Bjerrum length) $\lambda_B = e^2/\epsilon k_B T$ であり,$\boldsymbol{\nu}_n$ は表面 S_n の単位法線ベクトルである.また,$\sigma_n(\boldsymbol{r})$ は,表面積分

$$\oint_{S_n} \sigma_n(\boldsymbol{r})dS_n = 1 \tag{6.97}$$

によって規格化された表面電荷密度である.前節の線形理論では,粒子の表面電荷は分布関数で与えられたが,ここでは境界条件として指定する.

5) 粒子の内部構造は,溶液の状態変化の影響を受けないと仮定する.

さらに,記述の便宜を図るために,溶液を容れる容器の表面を S_0 と名付ける.そして,その表面 S_0 は,表面電荷 $Z_0 e$,表面電荷密度 $\sigma_0(\boldsymbol{r})$ および単位垂直ベクトル $\boldsymbol{\nu}_0$ をもつものとし,条件式 (6.96) に含まれるものとする.

6.3.2 ポアソン・ボルツマン方程式と境界条件を生成する汎関数

一般に,力学系の基礎方程式は最小作用の原理の帰結として,オイラー・ラグランジュの方程式の形に統一されることが知られている.われわれが扱おうとしている系は,力学系とは異質なものである.しかし,系の基礎方程式と境界条件が式 (6.95) や (6.96) のように確定されると,それらを停留条件として与える**ラグランジュ関数**的な**生成汎関数**を構成することが可能となる.実際,そのような役割を演じる汎関数は

$$\beta \mathcal{F}[\chi] = -\frac{1}{8\pi\lambda_B} \int \{\nabla\chi(\boldsymbol{r})\}^2 \, dV + \sum_{n=0}^{M} Z_n \oint \chi(\boldsymbol{r})\sigma_n(\boldsymbol{r}) \, dS_n \\ - \sum_{j=1}^{s} N_j \ln\left(\frac{1}{V}\int e^{-z_j \chi(\boldsymbol{r})} \, dV\right) \tag{6.98}$$

によって与えられる.ここで $\chi(\boldsymbol{r})$ は未知の滑らかな関数であり,体積積分は体積 V にわたり,表面積分は粒子の表面と容器の内部表面で行われる.

この汎関数 $\mathcal{F}[\chi]$ の停留条件を調べてみよう.ガウスの積分定理を適用し,式 (6.92) と (6.94) の関係を用いると

$$\delta\beta\mathcal{F} = \beta\mathcal{F}[\chi + \delta\chi] - \beta\mathcal{F}[\chi]$$

$$= \frac{1}{4\pi\lambda_B} \int \left(\nabla^2 \chi + 4\pi\lambda_B \sum_j z_j n_j \right) \delta\chi \, dV$$
$$+ \frac{1}{4\pi\lambda_B} \sum_n \oint (\boldsymbol{\nu}_n \cdot \nabla\chi + 4\pi\lambda_B Z_n \sigma_n) \delta\chi \, dS_n \quad (6.99)$$

が得られる．この汎関数 $\mathcal{F}[\chi]$ が $\chi(\boldsymbol{r}) = \phi(\boldsymbol{r})$ で停留条件を満たすためには，$\delta\beta\mathcal{F}$ が任意の変分 $\delta\chi$ の 2 次以上の無限少量でなければならない．すなわち

$$\delta\beta\mathcal{F} = \beta\mathcal{F}[\phi + \delta\chi] - \beta\mathcal{F}[\phi] = \mathcal{O}\delta(\chi^2). \quad (6.100)$$

したがって，停留条件を満たすためには，1 次の無限少量 $\delta\chi$ に比例する式 (6.99) は $\chi(\boldsymbol{r}) = \phi(\boldsymbol{r})$ でゼロでなければならない．ゆえに，汎関数 $\mathcal{F}[\chi]$ の停留条件から，式 (6.95) のポアソン・ボルツマン方程式と式 (6.96) の境界条件が同時に導き出される．以下での議論のために，この停留条件を

$$\frac{\delta\beta\mathcal{F}}{\delta\phi} = 0 \quad (6.101)$$

と表すことにする．生成汎関数 $\mathcal{F}$ は系のヘルムホルツの自由エネルギーと密接な関係にある．

6.3.3　ヘルムホルツ自由エネルギーの積分表現

系の内部エネルギーの電気成分 E^{el} は，ポアソン・ボルツマン方程式を満たす平均電位 ϕ の積分で

$$E^{\mathrm{el}} = \frac{\epsilon}{8\pi} \int (\nabla\psi)^2 \, dV = \frac{\epsilon(k_B T)^2}{8\pi e^2} \int (\nabla\phi)^2 \, dV \quad (6.102)$$

と表された．これと以下の積分はすべて多重連結領域 V で行われる．ガウスの積分定理を適用し，ポアソン・ボルツマン方程式と境界条件を利用すると

$$\beta E^{\mathrm{el}} = \frac{1}{8\pi\lambda_B} \int (\nabla\phi)^2 \, dV = \frac{1}{2} \sum_j \int z_j n_j \phi \, dV + \frac{1}{2} \sum_n Z_n \oint \phi\sigma \, dS_n \quad (6.103)$$

を得る．平均場描像に立脚する限り，この評価は厳密である．この静電エネルギー E^{el} と自由エネルギーの静電部分 F^{el} は，6.3.6 項で証明されるデバイの充

6.3 巨大イオン溶液系の自由エネルギーの積分表現

電公式 (6.124) および (6.126) によって結ばれている．充電方程式を，条件式 (6.123) の下で，パラメータ積分することによって F^{el} を求める．その際，統計力学の定義式 (6.121) から明らかなごとく，パラメータ e^2 に関する微分や積分は，温度 T，体積 V，イオン数 N_j，粒子数 M および巨大イオンの配位 $\{\boldsymbol{R}\}$ を固定して実行すべきことに注意しなければならない．

前項で確かめられたように，式 (6.98) の汎関数 $\mathcal{F}(\chi)$ は，停留条件からポアソン・ボルツマン方程式と境界条件を同時に生成する．実は，この汎関数の停留値 $F^{\text{el}} = \mathcal{F}(\phi)$ が，パラメータ方程式 (6.124) と式 (6.126) の解となるのである．実際，$\mathcal{F}(\phi)$ がビェラム長 λ_{B} と平均ポテンシャル ϕ を介してパラメータ e に依存することに注意すると，ただちに

$$e^2 \frac{\partial \beta F^{\text{el}}}{\partial e^2} = e^2 \left\{ \frac{\partial \lambda_{\text{B}}}{\partial e^2} \left(\frac{\partial \beta \mathcal{F}[\phi]}{\partial \lambda_{\text{B}}} \right)_\phi + \frac{\partial \phi}{\partial e^2} \left(\frac{\delta \beta \mathcal{F}[\phi]}{\delta \phi} \right)_{\lambda_{\text{B}}} \right\} = \beta E^{\text{el}} \tag{6.104}$$

が証明される．ここで，右辺の第 2 項に停留条件 (6.101) を適用した．

このパラメータ微分による証明を，熱力学の公式

$$F^{\text{el}} - T^2 \left(\frac{\partial F^{\text{el}}}{\partial T} \right)_V = \left(\frac{\partial \beta F^{\text{el}}}{\partial \beta} \right)_V = E^{\text{el}} \tag{6.105}$$

を用いて再確認しておこう．ϕ と λ_{B} を介する β 依存性に注意すると，ただちに

$$\begin{aligned}
\left(\frac{\partial \beta F^{\text{el}}}{\partial \beta} \right)_V &= \frac{\partial \lambda_{\text{B}}}{\partial \beta} \left(\frac{\partial \beta F^{\text{el}}}{\partial \lambda_{\text{B}}} \right)_{V,\phi} + \frac{\partial \phi}{\partial \beta} \left(\frac{\delta \beta F^{\text{el}}}{\delta \phi} \right)_{V,\lambda_{\text{B}}} \\
&= k_{\text{B}} T \frac{1}{8\pi \lambda_{\text{B}}} \int \{(\nabla \phi(\boldsymbol{r}))^2\} dV \\
&= E^{\text{el}}
\end{aligned} \tag{6.106}$$

であることが示される．ここで，再び停留条件 (6.101) を用いた．

こうして，系のヘルムホルツ自由エネルギーの電気部分が，生成汎関数の停留値 $F^{\text{el}} = \mathcal{F}[\phi]$ であることが示された．ゆえに，系のヘルムホルツ自由エネルギーは

$$F = \mathcal{F}[\phi] + F^0 \tag{6.107}$$

となる．方程式 (6.103) の恒等関係式を利用すると，用途に応じた色々な表現を自由エネルギー F に与えることが可能である．ここでは，後の議論に便利なように，自由エネルギー F として

$$\beta F = -\frac{1}{2}\sum_j z_j \int n_j \phi \, dV + \frac{1}{2}\sum_n Z_n \oint \phi \sigma_n \, dS_n$$
$$- \sum_j N_j \ln\left(\frac{1}{V}\int e^{-z_j \phi}\, dV\right) + \beta F^0 \qquad (6.108)$$

を採用する．この結果が，平均場描像の範囲で，厳密であることに注意しよう．

6.3.4 ギブス自由エネルギーの積分表現

熱力学の基本要請を満たす系では，ヘルムホルツ自由エネルギーからギブス自由エネルギーを求める 2 つの経路は同一の結果を与える．しかし，一様性と相加性を厳密には満たさない巨大イオン系では，化学ポテンシャルを経由する方法でしかギブス自由エネルギーを計算することはできない．前節の線形近似理論では，有効粒子の数 M は変化せず，その表面有効電荷が揺らぐとして，新しい概念として**表面有効電荷の化学ポテンシャル**を導入した．ここでも，粒子の数 M は変化せず，その表面電荷[*7)]が揺らぐとして**表面電荷の化学ポテンシャル**を導入する．

領域 V でポアソン・ボルツマン方程式 (6.95) を積分し，ガウスの積分公式を適用し式 (6.96) の境界条件を考慮すると，系の電気的中性条件

$$\sum_j z_j N_j + \sum_n Z_n = 0 \qquad (6.109)$$

が求められる．したがって，この制約条件の下で，小イオンの粒子数 N_i と粒子の表面電荷 Z_n は変動する．化学ポテンシャルを計算するには，式 (6.98) の汎関数で χ を ϕ とおいた形のヘルムホルツ自由エネルギー

$$\beta F = -\frac{1}{8\pi\lambda_\mathrm{B}}\int\{\nabla\phi(\boldsymbol{r})\}^2\, dV + \sum_n Z_n \oint \phi(\boldsymbol{r})\,\sigma_n(\boldsymbol{r})\, dS_n$$
$$- \sum_j N_j \ln\left(\frac{1}{V}\int e^{-z_j\phi(\boldsymbol{r})}\, dV\right) + \beta F^0 \qquad (6.110)$$

[*7)] 裸の巨大イオンの場合は分析的表面電荷，有効粒子の場合は有効表面電荷を意味する．

6.3 巨大イオン溶液系の自由エネルギーの積分表現

を利用すればよい．2.3 節と 6.2 節で詳しく分析したように，中性条件 (6.109) が変数に関する 1 次式であるため，ギブス自由エネルギー G はヘルムホルツ自由エネルギーを小イオン数 N_j と表面電価 Z_n で独立に微分し，総和を取ることで求めることができる．そのような演算の表現を簡略化するために，次のような微分演算子[6])

$$D_{NZ} = \sum_j N_j \frac{\partial}{\partial N_j} + \sum_n Z_n \frac{\partial}{\partial Z_n} \tag{6.111}$$

を導入する．この微分演算子を中性条件式 (6.109) に作用させた結果も，中性条件そのものによってゼロとなり，新たな条件が付加されることはない．

小イオン数と表面電荷数の張る空間 $\{(N_1, N_2, \cdots, N_\mu, Z_1, Z_2, \cdots, Z_M)\}$ を考えてみよう．中性条件 (6.109) は，この空間中の 1 つの超曲面を形作る．演算子 D_{NZ} は，この超曲面を変化させない微分である．演算子 D_{NZ} を式 (6.110) に作用させることにより，ギブス自由エネルギーが小イオンの化学ポテンシャルと粒子の表面電荷の化学ポテンシャルの総和として

$$\begin{aligned}
\beta G &= D_{NZ}(\beta F) \\
&= \sum_j N_j \left(\frac{\partial \beta F}{\partial N_j}\right)_{Z_n, \phi} + \sum_n Z_n \left(\frac{\partial \beta F}{\partial Z_n}\right)_{N_j, \phi} + D_{NZ}(\phi) \left(\frac{\delta \beta F}{\delta \phi}\right)_{N_j, Z_n} \\
&= -\sum_j N_j \ln\left(\frac{1}{V}\int e^{-z_j \phi(r)} dV\right) + \sum_n Z_n \oint \phi(r)\,\sigma_n(r)\,dS_n \\
&\quad + D_{NZ}(\beta F^0)
\end{aligned} \tag{6.112}$$

のように求められる．ここで，式 (6.104) と同様に，式 (6.99) の停留条件により $\delta \mathcal{F}[\phi]/\delta \phi = 0$ であることを利用した．また，$G^0 = D_{NZ}(F^0)$ である．こうして，ギブス自由エネルギーの積分表示

$$\begin{aligned}
\beta G &= \sum_n Z_n \oint \phi(r)\,\sigma_n(r)\,dS_n \\
&\quad - \sum_j N_j \ln\left(\frac{1}{V}\int e^{-z_j \phi(r)}\,dV\right) + \beta G^0
\end{aligned} \tag{6.113}$$

を得た．

式 (6.94) のイオン数 N_i を用いると明らかになるように,平均電位を任意の値 c だけずらせる変換 $\phi(\boldsymbol{r}) \to \phi(\boldsymbol{r}) + c$ に対して,式 (6.92) のボルツマン分布関数は不変である.この変換を**弱ゲージ変換**と呼ぶことにする.さらに式 (6.109) の電気的中性条件が成立すれば,電気的エネルギー E,自由エネルギー F および G の表現式 (6.103), (6.110) および (6.113) も,この弱ゲージ変換の下ですべて不変である.これらの結果は,この節の理論そのものが弱ゲージ変換の下で不変であることを示している (弱ゲージ不変性).中性条件式 (6.109) は弱ゲージ変換に対する拘束条件[17]であり,式 (6.111) の微分は拘束条件を不変に保つ共変微分と解釈することができる.

6.3.5 巨大イオン溶液中の小イオン気体の状態方程式

式 (6.103), (6.110) および (6.113) の積分表現より,電気エネルギー E,ヘルムホルツ自由エネルギー F およびギブス自由エネルギー G が関係式

$$G - G^0 = F - F^0 + E \tag{6.114}$$

を満たす.他方,自由エネルギー G と F の差は

$$G - F = PV + (\cdots) \tag{6.115}$$

と表され,すべての溶質が中性である極限での自由エネルギーの差は

$$G^0 - F^0 = k_{\mathrm{B}}T \sum_j N_j + (\cdots) \tag{6.116}$$

となる.これらの式で,$(\cdots)$ は媒質からの寄与を表す.以下での浸透圧の考察には,この寄与は影響を与えない.また,$k_{\mathrm{B}}T \sum_j N_j$ はファントホッフ項である.

こうして,小イオン気体の浸透圧に対して,関係式

$$PV = k_{\mathrm{B}}T \sum_j N_j + E \tag{6.117}$$

が成立することが示された.この巨大イオンが存在する環境中の小イオン気体の状態方程式は,前節の線形理論で求められた関係式 (6.50) に一致する.

6.3.6 デバイの充電化公式

巨大イオンの静的配位 $\{\bm{R}\}$ が作る環境下での小イオンの運動は，ハミルトン関数

$$H = T(\bm{p}_1, \bm{p}_2, \cdots) + e^2 V_{\mathrm{C}}(\bm{q}_1, \bm{q}_2, \cdots; \{\bm{R}\}) \tag{6.118}$$

で記述される．ここで，$\bm{q}_j$ と $\bm{p}_j$ は第 j 番目の小イオンの座標と運動量である．$T(\bm{p}_1, \bm{p}_2, \cdots)$ は小イオン集団の運動エネルギーであり，$e^2 V_{\mathrm{C}}(\bm{q}_1, \bm{q}_2, \cdots; \{\bm{R}\})$ は巨大イオンを含むすべての種類のイオンが作るクーロンポテンシャルの総和である．媒質は，溶液中の誘電率に寄与を与え混合のエントロピーを生成するのみで，溶質の運動には影響を及ぼさないとする．

統計力学は，系のヘルムホルツ自由エネルギー F を

$$F = -k_{\mathrm{B}} T \ln \int \int \mathrm{e}^{-\beta H} \prod d\bm{q} \prod d\bm{p} \tag{6.119}$$

と定義する．ここで，対数関数の特性を利用し，この F を

$$F = F^{\mathrm{el}} + F^0 \tag{6.120}$$

のごとく，静電部分

$$F^{\mathrm{el}} = -k_{\mathrm{B}} T \ln \int_V \exp\{-\beta e^2 V_{\mathrm{C}}(\bm{q}_1, \bm{q}_2, \cdots; \{\bm{R}\})\} \prod d\bm{q} \prod \frac{1}{V} \tag{6.121}$$

と非静電部分

$$F^0 = -k_{\mathrm{B}} T \ln \int \exp\{-\beta T(\bm{p}_1, \bm{p}_2, \cdots)\} \prod d\bm{p} \prod V \tag{6.122}$$

の和に分解する．明らかに，F^{el} は条件

$$\lim_{e^2 \to 0} F^{\mathrm{el}} = 0 \tag{6.123}$$

を満たす．非静電部分 F^0 は理想気体の自由エネルギーに他ならない．

座標関数に関する多重積分を直接実行して，静電部分 F^{el} を解析的に求めることは不可能である．そこで，平均場描像の特性を利用して，F^{el} の満たす間接的な関係式—デバイの充電化公式—を求めよう．パラメータ e^2 に関して式 (6.121) を微分すると，次の関係式が得られる．

$$e^2 \left(\frac{\partial F^{\mathrm{el}}}{\partial e^2} \right)_{T, V, N, \{\bm{R}\}} = \langle V_{\mathrm{C}} \rangle \tag{6.124}$$

ただし，ここで

$$\langle V_\mathrm{C} \rangle = \frac{\int e^2 V_\mathrm{C} e^{-\beta e^2 V_\mathrm{C}}\, d\boldsymbol{q}}{\int e^{-\beta e^2 V_\mathrm{C}}\, d\boldsymbol{q}} \tag{6.125}$$

と置いた．物理量 E^el は系の静電エネルギーの熱力学的平均値である．この $\langle V_\mathrm{C} \rangle$ を平均場描像における平均静電エネルギー E^el に等しいとする．すなわち，$\langle V_\mathrm{C} \rangle$ をポアソン・ボルツマン方程式 を満たす平均電位 ϕ で

$$\langle V_\mathrm{C} \rangle = E^\mathrm{el} = \frac{\epsilon}{8\pi} \int (\nabla \psi)^2\, dV = \frac{1}{8\pi\beta\lambda_\mathrm{B}} \int (\nabla \phi)^2\, dV \tag{6.126}$$

と表す．こうして，平均場描像で厳密な充電公式が証明された．

6.4 平均場描像における厳密解：平板イオン系

6.2 節では，凝縮した対イオンによって表面電荷が大幅に減少した巨大イオンを有効粒子と見なし，それらが作る環境中の小イオン気体の平均電位は線形化されたポアソン・ボルツマン方程式で記述されると仮定した．この新しい線形理論によれば，系のギブス自由エネルギーから求められる有効粒子の断熱 G-ポテンシャルは，中距離の強い斥力とともに長距離の弱い引力をもつ．この長距離引力は，DLVO 理論の枠内では説明できなかった巨大イオン相互作用の重要な特性を表している．したがって，その存在を線形近似に頼らない形式で確認する必要がある．

幸い 1 次元系では，平均電位がポアソン・ボルツマン方程式の厳密解として求められるので，前節で求めた積分表現を利用して系の自由エネルギーを決定することができる．そこで，本節では，バーミキュライト結晶に代表される平板状巨大イオンの相互作用を考察する．既存の理論[12]では，無限幅の容器中に置かれた 2 枚の帯電した平板が分析され，平板の間に分布する小イオンの浸透圧が計算されてきた．しかし，そのような取り扱い (無限希釈の極限) では，平板の外の無限に広い領域からの寄与の処理に不定性が残る．とくに，無限領域に一様に分布をする小イオンから生じる無限大を差し引く操作は境界条件に依存し，添加塩濃度の依存性について境界条件による差異が生じてしまう[18]．そこ

で,ここでは有限幅の容器中に置かれた $(M+1)$ 枚の平板状イオンについて,厳密な解析解を求める[19~21]. 数値解析は,バーミキュライト結晶のパラメータ[22]を用いて行う.

6.4.1　1 次 元 問 題

一様に帯電した $(M+1)$ 枚の同種の無限平板が 1:1 電解質溶液中に平行に浸されているとしよう. 平板イオンには左から番号を付けて, i 番目と $(i+1)$ 番目の平板で挟まれた間隔 d_i の領域を R_i $(i=1,2,\cdots,M)$ と名付ける. また,容器の左側内壁と 1 番目の平板で挟まれた間隔 D_l の領域を R_o^l, $(M+1)$ 番目の平板と容器の右側の内壁で挟まれた間隔 D_r の領域を R_o^r と呼ぶことにする.

すべての領域 R_i, R_o^l, R_o^r が温度 T の熱平衡状態にあるとすると,価数 z_j の小イオンの数密度は共通のボルツマン分布を用いて

$$n_j(x) = n_0 \mathrm{e}^{-z_j \phi(x)} \tag{6.127}$$

と表される. **全領域が 1 つの熱平衡状態にあることから**, 規格化定数 n_0 はすべての領域にわたって共通の値を取る. また, $\phi(x)$ は,平均電位 $\psi(x)$, 熱エネルギー $k_\mathrm{B}T = 1/\beta$ および素電荷 e を用いて $\phi(x) \equiv \beta e \psi(x)$ と関係づけられる無次元量である. 溶媒は一様な誘電率 ϵ をもった連続媒質として扱う.

平均場描像では,平均電位 $\phi(x)$ はポアソン・ボルツマン方程式

$$\frac{d^2\phi(x)}{dx^2} = \kappa^2 \sinh \phi(x) \tag{6.128}$$

に従う. ただし, κ はデバイの遮蔽因子に対応する物理量で, ビェラム長 $\lambda_\mathrm{B} = e^2/\epsilon k_\mathrm{B}T$ を用いて $\kappa \equiv \sqrt{8\pi\lambda_\mathrm{B} n_0}$ と表される.

対称性から,溶液の平均電位の勾配は,領域 R_i の中心点 $x = x_i^0$ で

$$\left.\frac{d\phi(x)}{dx}\right|_{x=x_i^0} = 0 \tag{6.129}$$

のようにゼロになる. また,すべての板状イオンの表面は平均的には等電位面を形成すると見なすことができる. すなわち,

$$\phi(x_i+0) = \phi(x_i-0) = \phi_\mathrm{S} \tag{6.130}$$

が成り立つ．ここで，x_i は第 i 番目の板状イオンの座標である．板状イオン系の最も左と最も右の面は，それぞれ，密度 Z_o^l および Z_o^r (nm^{-2}) の一様な表面電荷[*8)]をもち

$$\left.\frac{d\phi(x)}{dx}\right|_{x=x_1-0} = 4\pi Z_o^l \lambda_B, \qquad -\left.\frac{d\phi(x)}{dx}\right|_{x=x_{M+1}+0} = 4\pi Z_o^r \lambda_B \qquad (6.131)$$

であり，この系のすべての平板の内側の表面は一様な電荷密度 Z_i をもち

$$\left.\frac{d\phi(x)}{dx}\right|_{x=x_{i+1}-0} = 4\pi Z_i \lambda_B, \qquad -\left.\frac{d\phi(x)}{dx}\right|_{x=x_i+0} = 4\pi Z_i \lambda_B \qquad (6.132)$$

であるとする．

 安定に分散する多くの巨大イオンで，表面電荷は負であることを考慮して，ここでは $Z_i, Z_o^{l,r} < 0$ とする．また，容器の内壁は中性である場合を考察することにして，条件

$$\left.\frac{d\phi(x)}{dx}\right|_{x=x_c^l+0} = \left.\frac{d\phi(x)}{dx}\right|_{x=x_c^r-0} = 0 \qquad (6.133)$$

が成り立つものとする．ただし，x_c^l と x_c^r は容器の左と右の内壁の座標である．

 2階微分方程式 (6.128) をすべての領域で解き平均電位を定めるには，(6.129) および (6.133) の条件と，すべての平板の表面が等電位であるという (6.130) の条件に加えて，もう1つの境界条件を課すことが必要である．しかし後に示されるように，平板の内部表面の価数 Z_i は溶液の濃度のみならず平板の間隔 d_i にも依存するから，これを境界条件の値として指定することは不可能である．ここでは，平板の表面電位 ϕ_S を既知量とする**ディリクレー型の境界条件** (Dirichlet boundary condition) の場合を詳しく分析する．

 容器の内壁が中性であるとする境界条件 (6.133) を変更する[23)]ことも，もちろん，可能である．たとえば，容器の内壁の電位を指定する境界条件も物理的には興味深い．しかし，その分析はここでは行わない．

6.4.2　ポアソン・ボルツマン方程式の厳密解

 領域 $R_i (i=1,\cdots,M)$, R_o^l, R_o^r の中から任意に1つの領域を選び，それを R

[*8)]　本節でも，表面電荷はすべて分析的電荷であるとする．

と名付ける．その領域でポアソン・ボルツマン方程式を解き，前節の積分表現を利用して自由エネルギーを求めよう．全系の自由エネルギーは，すべての領域からの寄与の総和を取ればよい．

そのような計算を実行するために，領域 R の座標原点を平均電位 ϕ が極値を取る点に選ぶ．そして，この領域は，$x = -l_L$ に在る表面電荷密度 $Z_L \leq 0$ の左壁と $x = l_R$ に在る表面電荷密度 $Z_R \leq 0$ の右壁に挟まれているとする．領域の幅は，$l_L + l_R = d$ である．まず，境界条件

$$-\frac{d\phi(x)}{dx}\bigg|_{x=-l_L+0} = 4\pi Z_L \lambda_B, \qquad \frac{d\phi(x)}{dx}\bigg|_{x=l_R-0} = 4\pi Z_R \lambda_B \quad (6.134)$$

の下で，ポアソン・ボルツマン方程式を解かなければならない．

領域 R でのポアソン・ボルツマン方程式の第 1 積分は

$$\left[\frac{d\phi(x)}{dx}\right]^2 - 2\kappa^2 \cosh\phi(x) = -2\kappa^2 \cosh\phi(0) \quad (6.135)$$

となる．以下，議論を進めていくうえで，次の諸量を導入するのが便利である．

$$k \equiv e^{\phi(0)}, \qquad g(x) \equiv \frac{1}{\sqrt{k}} e^{\frac{1}{2}\phi(x)} \quad (6.136)$$

表面電荷を負に選んだから，領域 R で $\phi(x) \leq \phi(0) < 0$ であり，$g(x)$ と k の値は

$$0 < g(x) \leq g(0) = 1, \quad 0 < k < 1 \quad (6.137)$$

の範囲に限定される．こうして，$g(x)$ を使うと，式 (6.135) は

$$x = \pm\frac{2\sqrt{k}}{\kappa}\int_1^{g(x)} \frac{dt}{\sqrt{(1-k^2t^2)(1-t^2)}} \equiv \pm\frac{2\sqrt{k}}{\kappa}\left[F(\sin^{-1}g(x), k) - K\right] \quad (6.138)$$

のように楕円積分 (elliptic integral) に書き換えられる．右辺の符号は $l_R > x \geq 0$ $(-l_L < x < 0)$ のとき負 (正) を取ることとし，$0 < \theta \equiv \sin^{-1}g(x) \leq \pi/2$ である．$F(\theta, k)$ は

$$F(\theta, k) = \int_0^\theta \frac{d\xi}{\sqrt{1-k^2\sin^2\xi}} \quad (6.139)$$

によって定義される母数 k の第 1 種のルジャンドルの楕円積分であり，$K =$

$F(\pi/2, k)$ は第 1 種の完全楕円積分である．その結果，領域 R での平均電位 $\phi(x)$ は，**母数 k をもったヤコビの楕円関数** (Jacobi's elliptic function)[24~26] によって

$$\phi(x) = 2\ln\left[\operatorname{sn}\left(-\frac{\kappa}{2\sqrt{k}}|x| + K, k\right)\right] + \phi(0) \tag{6.140}$$

と表すことができる．

ヤコビの楕円関数は，公式

$$\operatorname{sn}^2 u = \frac{1}{k^2}(1 - \operatorname{dn}^2 u), \tag{6.141}$$

$$\frac{d}{du}\left(\frac{\operatorname{cn} u \operatorname{dn} u}{\operatorname{sn} u}\right) = -\frac{1}{\operatorname{sn}^2 u} + 1 - \operatorname{dn}^2 u \tag{6.142}$$

を満足する．これらの公式を用いることによって，式 (6.140) の平均電位 $\phi(x)$ から，領域 R の種々の物理量を計算することができる．

平均電位 $\phi(x)$ を，境界条件 (6.134) に代入すると，領域 R の左壁と右壁の電荷密度が

$$4\pi|Z_{\mathrm{L}}|\lambda_{\mathrm{B}} = \frac{\kappa}{\sqrt{k}} \frac{\operatorname{cn}\left(-\frac{\kappa}{2\sqrt{k}}l_{\mathrm{L}} + K(k), k\right)\operatorname{dn}\left(-\frac{\kappa}{2\sqrt{k}}l_{\mathrm{L}} + K(k), k\right)}{\operatorname{sn}\left(-\frac{\kappa}{2\sqrt{k}}l_{\mathrm{L}} + K(k), k\right)} \tag{6.143}$$

および

$$4\pi|Z_{\mathrm{R}}|\lambda_{\mathrm{B}} = \frac{\kappa}{\sqrt{k}} \frac{\operatorname{cn}\left(-\frac{\kappa}{2\sqrt{k}}l_{\mathrm{R}} + K(k), k\right)\operatorname{dn}\left(-\frac{\kappa}{2\sqrt{k}}l_{\mathrm{R}} + K(k), k\right)}{\operatorname{sn}\left(-\frac{\kappa}{2\sqrt{k}}l_{\mathrm{R}} + K(k), k\right)} \tag{6.144}$$

と求められる．これらは，母数 k の値や領域 R を特徴づける諸量 Z_{L}(または $\phi(-l_{\mathrm{L}})$)，Z_{R} (または $\phi(l_{\mathrm{R}})$)，d，l_{L} および l_{R} の関係を与えてくれる．

式 (6.127) の分布関数を領域 R 全域にわたって積分すると，この領域での正イオン数 N_+ と負イオン数 N_- が

$$\begin{aligned}N_+ &= \int_{-l_{\mathrm{L}}}^{l_{\mathrm{R}}} n_0\, \mathrm{e}^{-\phi(x)}\, dx \\ &= \left\{|Z_{\mathrm{L}}| + \frac{n_0 l_{\mathrm{L}}}{k} + \frac{2n_0}{\kappa\sqrt{k}}\left[E\left(-\frac{\kappa}{2\sqrt{k}}l_{\mathrm{L}} + K(k)\right) - E(K(k))\right]\right\} \\ &\quad + \{\mathrm{L} \to \mathrm{R}\}\end{aligned} \tag{6.145}$$

および

$$N_- = \int_{-l_L}^{l_R} n_0 \, e^{\phi(x)} \, dx$$
$$= \left\{ \frac{n_0 l_L}{k} + \frac{2n_0}{\kappa\sqrt{k}} \left[E\left(-\frac{\kappa}{2\sqrt{k}} l_L + K(k)\right) - E(K(k)) \right] \right\} + \{L \to R\} \tag{6.146}$$

と決定される.ただし

$$E(K(k)) = E(\pi/2, k), \quad E\left(-\frac{\kappa}{2\sqrt{k}}l + K(k)\right) = E(\theta, k) \tag{6.147}$$

であり,$E(\varphi, k)$ は

$$E(\varphi, k) = \int_0^\varphi \sqrt{1 - k^2 \sin^2 \phi} \, d\phi \tag{6.148}$$

と定義される第2種のルジャンドルの楕円積分で,θ の値は

$$F(\theta, k) = -\frac{\kappa}{2\sqrt{k}} l + F\left(\frac{\pi}{2}, k\right) \tag{6.149}$$

によって決定される.式 (6.145) と式 (6.146) の差を取ると,領域 R での電荷の中性条件

$$N_+ - N_- = |Z_L| + |Z_R| \tag{6.150}$$

が確認できる.

6.4.3 自由エネルギー

前節では,3次元の巨大イオン系の自由エネルギーに対する積分表示を一般的に求めた.それらの一般表現を1次元系に翻訳することは容易である.その結果に,式 (6.140) の平均電位を代入して領域 R の自由エネルギーを決定する.

a. ヘルムホルツの自由エネルギー

領域 R のヘルムホルツ自由エネルギーの電気部分 F^{el} は,前節の式 (6.110) を利用することによって,平均電位 $\phi(x)$ の汎関数として一般的に

$$\beta F^{\mathrm{el}} = -\frac{1}{8\pi\lambda_{\mathrm{B}}} \int_{-l_{\mathrm{L}}}^{l_{\mathrm{R}}} \left(\frac{d\phi(x)}{dx}\right)^2 dx + Z_{\mathrm{L}}\phi(x)\bigg|_{x=-l_{\mathrm{L}}+0} + Z_{\mathrm{R}}\phi(x)\bigg|_{x=l_{\mathrm{R}}-0}$$
$$-N_+ \ln\left[\frac{1}{d}\int_{-l_{\mathrm{L}}}^{l_{\mathrm{R}}} e^{-\phi(x)} dx\right] - N_- \ln\left[\frac{1}{d}\int_{-l_{\mathrm{L}}}^{l_{\mathrm{R}}} e^{\phi(x)} dx\right] \quad (6.151)$$

と表示される．この公式に式 (6.140) の解 $\phi(x)$ を代入して積分を実行すると, F^{el} が

$$\beta F^{\mathrm{el}} = -\left\{2|Z_{\mathrm{L}}|\ln\left[\sqrt{k}\,\mathrm{sn}\left(-\frac{\kappa}{2\sqrt{k}}l_{\mathrm{L}} + K(k), k\right)\right]\right\} - \{\mathrm{L} \to \mathrm{R}\}$$
$$- N_+ \left[1 + \ln\left(\frac{N_+}{n_0 d}\right)\right] - N_- \left[1 + \ln\left(\frac{N_-}{n_0 d}\right)\right]$$
$$+ n_0 d\,\frac{1+k^2}{k} \quad (6.152)$$

と決定される．ここで, $N_\pm$ は式 (6.145) と (6.146) で求められた領域 R 中の小イオン数である．

ヘルムホルツ自由エネルギーは，電気部分 F^{el} と浸透圧部分 F^{osm} から成る．後者の浸透圧部分は，相互作用のない理想気体の自由エネルギーの公式[27]を利用し，それに式 (6.145) と (6.146) の小イオン数 $N_\pm$ を代入することによって

$$\beta F^{\mathrm{osm}} = -N_+\left\{1 + \ln\left[\frac{d}{N_+ \lambda_{\mathrm{S}}^3}\left(\frac{m_+}{m_{\mathrm{p}}}\right)^{\frac{3}{2}}\right]\right\}$$
$$- N_-\left\{1 + \ln\left[\frac{d}{N_- \lambda_{\mathrm{S}}^3}\left(\frac{m_-}{m_{\mathrm{p}}}\right)^{\frac{3}{2}}\right]\right\} \quad (6.153)$$

と決定される．ここで, m_+ と m_- はそれぞれ正と負のイオンの質量であり, λ_{S} は位相空間上での量子細胞の 1 辺の長さで，陽子の質量 m_{p} およびディラック定数 $\hbar$ を用いて

$$\lambda_{\mathrm{S}} \equiv \sqrt{\frac{2\pi\hbar^2}{m_{\mathrm{p}} k_{\mathrm{B}} T}} \quad (6.154)$$

と表される．このヘルムホルツ自由エネルギーの浸透圧部分は，溶媒の効果や巨大平板イオンが中性である場合の寄与は含んでいないことに注意．

前節では，自由エネルギーの中性部分である F^0 や G^0 の定義には，溶媒の

効果や巨大イオンが中性である場合の寄与が含まれていた．それらの効果はすべての領域に共通な一様なバックグラウンドと見なすことができる．ここでは，浸透圧部分 (小イオンの自由エネルギーの中性部分) のみを扱うこととし，定義の違いを明示するために G^{osm} や F^{osm} と表した．

b. ギブスの自由エネルギー

ギブス自由エネルギー G は，前節で求めた一般公式

$$G - G^{\mathrm{osm}} = F - F^{\mathrm{osm}} + E^{\mathrm{el}} \tag{6.155}$$

によって，ヘルムホルツ自由エネルギー F と電気エネルギー $E = E^{\mathrm{el}}$ から導出することができる．ここで，$F = F^{\mathrm{el}} + F^{\mathrm{osm}}$ と同様に，G を

$$G = G^{\mathrm{el}} + G^{\mathrm{osm}} \tag{6.156}$$

のように電気的部分と浸透圧部分に分ける．

電気エネルギー $E = E^{\mathrm{el}}$ の表式 (6.102) に平均電位を代入して，積分すると

$$\begin{aligned}
\beta E^{\mathrm{el}} &= \frac{1}{8\pi\lambda_{\mathrm{B}}} \int_{-l_{\mathrm{L}}}^{l_{\mathrm{R}}} \left(\frac{d\phi(x)}{dx}\right)^2 dx \\
&= \frac{2\kappa^2}{8\pi\lambda_{\mathrm{B}}} \int_{-l_{\mathrm{L}}}^{l_{\mathrm{R}}} (\cosh\phi(x) - \cosh\phi(0))\, dx \\
&= N_+ + N_- - n_0 d\, \frac{1+k^2}{k}
\end{aligned} \tag{6.157}$$

を得る．その結果，ギブス自由エネルギーの電気部分 G^{el} は，ヘルムホルツ自由エネルギーの電気部分と電気エネルギーによって

$$\begin{aligned}
\beta G^{\mathrm{el}} = \beta G - \beta G^{\mathrm{el}} &= \beta F^{\mathrm{el}} + \beta E^{\mathrm{el}} \\
&= -\left\{2|Z_{\mathrm{L}}|\ln\left[\sqrt{k}\,\mathrm{sn}\left(-\frac{\kappa}{2\sqrt{k}}l_{\mathrm{L}} + K(k), k\right)\right]\right\} - \{\mathrm{L} \to \mathrm{R}\} \\
&\quad - N_+ \ln\left(\frac{N_+}{n_0 d}\right) - N_- \ln\left(\frac{N_-}{n_0 d}\right)
\end{aligned} \tag{6.158}$$

と決定される．

浸透圧部分 G^{osm} は化学ポテンシャルの総和として F^{osm} から

$$\beta G^{\mathrm{osm}} = \sum_j N_j \left(\frac{\partial \beta F^{\mathrm{osm}}}{\partial N_j}\right)_{d,T,Z_{\mathrm{n}}} + \sum_n Z_{\mathrm{n}} \left(\frac{\partial \beta F^{\mathrm{osm}}}{\partial Z_{\mathrm{n}}}\right)_{d,T,N_j} \quad (6.159)$$

と定義され，式 (6.153) に応じて

$$\begin{aligned}\beta G^{\mathrm{osm}} &= \beta F^{\mathrm{osm}} + N_+ + N_- \\ &= -N_+ \ln\left[\frac{d}{N_+ \lambda_{\mathrm{S}}^3}\left(\frac{m_+}{m_{\mathrm{p}}}\right)^{\frac{3}{2}}\right] - N_- \ln\left[\frac{d}{N_- \lambda_{\mathrm{S}}^3}\left(\frac{m_-}{m_{\mathrm{p}}}\right)^{\frac{3}{2}}\right]\end{aligned} \quad (6.160)$$

と定まる．

6.4.4 内部領域 R_i の自由エネルギー

これらの結果を内部領域 R_i に適用する．そのためにまず，式 (6.152) で，$Z_{\mathrm{L}} = Z_{\mathrm{R}} \to Z_i$，$k \to k_i$，$N_{\pm} \to N_{i\pm}$ および $d \to d_i$ の置き換えをすると，平板に挟まれた領域 R_i の自由エネルギーの電気部分は

$$\begin{aligned}\beta F_i^{\mathrm{el}}(d_i) = &-4|Z_i|\ln\left[\sqrt{k_i}\,\mathrm{sn}\left(-\frac{\kappa}{4\sqrt{k_i}}d_i + K(k_i), k_i\right)\right] + n_0 d_i \frac{1+k_i^2}{k_i} \\ &- N_{i+}\left[1 + \ln\left(\frac{N_{i+}}{n_0 d_i}\right)\right] - N_{i-}\left[1 + \ln\left(\frac{N_{i-}}{n_0 d_i}\right)\right]\end{aligned} \quad (6.161)$$

となる．ここで，k_i は領域 R_i での楕円関数の母数である．浸透圧部分も式 (6.153) より，$N_{i\pm}$ と d_i を用いて

$$\begin{aligned}\beta F_i^{\mathrm{osm}}(d_i) = &-N_{i+}\left\{1 + \ln\left[\frac{d_i}{N_{i+}\lambda_{\mathrm{S}}^3}\left(\frac{m_+}{m_{\mathrm{p}}}\right)^{\frac{3}{2}}\right]\right\} \\ &-N_{i-}\left\{1 + \ln\left[\frac{d_i}{N_{i-}\lambda_{\mathrm{S}}^3}\left(\frac{m_-}{m_{\mathrm{p}}}\right)^{\frac{3}{2}}\right]\right\}\end{aligned} \quad (6.162)$$

と求められる．

同様にして，式 (6.158) と (6.160) より，内部領域 R_i でのギブス自由エネルギーの電気部分と浸透圧部分が

$$\begin{aligned}\beta G_i^{\mathrm{el}}(d_i) = &-4|Z_i|\ln\left[\sqrt{k_i}\,\mathrm{sn}\left(-\frac{\kappa}{4\sqrt{k_i}}d_i + K(k_i), k_i\right)\right] \\ &-N_{i+}\ln\left(\frac{N_{i+}}{n_0 d_i}\right) - N_{i-}\ln\left(\frac{N_{i-}}{n_0 d_i}\right)\end{aligned} \quad (6.163)$$

および

$$\beta G_i^{\text{osm}}(d_i) = -N_{i+} \ln\left[\frac{d_i}{N_{i+}\lambda_S^3}\left(\frac{m_+}{m_{\text{p}}}\right)^{\frac{3}{2}}\right] - N_{i-} \ln\left[\frac{d_i}{N_{i-}\lambda_S^3}\left(\frac{m_-}{m_{\text{p}}}\right)^{\frac{3}{2}}\right]$$
(6.164)

と定められる．

6.4.5 外部領域 $\mathrm{R}_{\text{o}}^l \cup \mathrm{R}_{\text{o}}^r$ の自由エネルギー

外部領域 $\mathrm{R}_{\text{o}}^l \cup \mathrm{R}_{\text{o}}^r$ に対しても，同様の置き換えを行うことによって，電気部分と浸透圧部分が

$$\begin{aligned}
\beta F_{\text{o}}^{\text{el}}(D_l, D_r) = -&\left\{2|Z_{\text{o}}^l|\ln\left[\sqrt{k_{\text{o}}^l}\,\text{sn}\left(-\frac{\kappa}{2\sqrt{k_{\text{o}}^l}}D_l + K(k_{\text{o}}^l), k_{\text{o}}^l\right)\right]\right.\\
&+ N_{\text{o}-}^l\left[1 + \ln\left(\frac{N_{\text{o}-}^l}{n_0 D_l}\right)\right] + N_{\text{o}+}^l\left[1 + \ln\left(\frac{N_{\text{o}+}^l}{n_0 D_l}\right)\right]\\
&\left. - n_0 D_l \frac{1 + k_{\text{o}}^{l\,2}}{k_{\text{o}}^l}\right\} - \{l \to r\}
\end{aligned}$$
(6.165)

および

$$\begin{aligned}
\beta F_{\text{o}}^{\text{osm}}(D_l, D_r) = &-N_{\text{o}+}^l\left\{1 + \ln\left[\frac{D_l}{N_{\text{o}+}^l\lambda_S^3}\left(\frac{m_+}{m_{\text{p}}}\right)^{\frac{3}{2}}\right]\right\}\\
&-N_{\text{o}-}^l\left\{1 + \ln\left[\frac{D_l}{N_{\text{o}-}^l\lambda_S^3}\left(\frac{m_-}{m_{\text{p}}}\right)^{\frac{3}{2}}\right]\right\}\\
&-\{l \to r\}
\end{aligned}$$
(6.166)

と定められる．ここで，k_{o}^l および k_{o}^r はそれぞれ領域 R_{o}^l および R_{o}^r での母数であり，$N_{\text{o}\pm}^l$ および $N_{\text{o}\pm}^r$ はそれぞれの領域での小イオンの数である．

同様に式 (6.158) と (6.160) より，外部領域 $\mathrm{R}_{\text{o}}^l \cup \mathrm{R}_{\text{o}}^r$ でのギブス自由エネルギーの電気部分と浸透圧部分は

$$\beta G_{\text{o}}^{\text{el}}(D_l, D_r) = -\left\{2|Z_{\text{o}}^l|\ln\left[\sqrt{k_{\text{o}}^l}\,\text{sn}\left(-\frac{\kappa}{2\sqrt{k_{\text{o}}^l}}D_l + K(k_{\text{o}}^l), k_{\text{o}}^l\right)\right]\right.$$

$$+ N_{\mathrm{o}-}^l \ln\left(\frac{N_{\mathrm{o}-}^l}{n_0 D_l}\right) + N_{\mathrm{o}+}^l \ln\left(\frac{N_{\mathrm{o}+}^l}{n_0 D_l}\right) \Bigg\} - \{l \to r\} \tag{6.167}$$

および

$$\beta G_{\mathrm{o}}^{\mathrm{osm}}(D_l, D_r) = -N_{\mathrm{o}+}^l \ln\left[\frac{D_l}{N_{\mathrm{o}+}^l \lambda_{\mathrm{S}}^3}\left(\frac{m_+}{m_{\mathrm{p}}}\right)^{\frac{3}{2}}\right]$$

$$- N_{\mathrm{o}-}^l \ln\left[\frac{D_l}{N_{\mathrm{o}-}^l \lambda_{\mathrm{S}}^3}\left(\frac{m_-}{m_{\mathrm{p}}}\right)^{\frac{3}{2}}\right] - \{l \to r\} \tag{6.168}$$

と決定される.

6.4.6 ヘルムホルツ断熱ポテンシャルとギブス断熱ポテンシャル

このようにして,各領域の自由エネルギーが領域の間隔の関数として求められた.それらをすべての領域にわたって足し上げることにより,全系の自由エネルギーが決定される.その全自由エネルギーは,容器中に置かれた $(M+1)$ 枚の平板イオンの配列の関数であり,平板イオンの間隔に関する断熱ポテンシャルと解釈される.こうして,**ヘルムホルツの断熱ポテンシャル**

$$U_{M+1}^{\mathrm{F}}(d_1, \cdots, d_M; D_l, D_r) = \sum_{i=1}^{M}\left[F_i^{\mathrm{el}}(d_i) + F_i^{\mathrm{osm}}(d_i)\right]$$
$$+ F_{\mathrm{o}}^{\mathrm{el}}(D_l, D_r) + F_{\mathrm{o}}^{\mathrm{osm}}(D_l, D_r) \tag{6.169}$$

と**ギブスの断熱対ポテンシャル**

$$U_{M+1}^{\mathrm{G}}(d_1, \cdots, d_M; D_l, D_r) = \sum_{i=1}^{M}\left[G_i^{\mathrm{el}}(d_i) + G_i^{\mathrm{osm}}(d_i)\right]$$
$$+ G_{\mathrm{o}}^{\mathrm{el}}(D_l, D_r) + G_{\mathrm{o}}^{\mathrm{osm}}(D_l, D_r) \tag{6.170}$$

が求められた.

6.4.7 数値解析

このようにして求められた断熱ポテンシャル (6.169) と (6.170) は,平均場

描像の枠内で厳密である.しかしながら,その電気部分 $V^{\mathrm{el}}(d)$ は楕円積分を含み,解析的な考察を行うことは容易でない.そこで,楕円関数に対するカールソンの理論[28](6.4.9 項参照) を用いて,数値解析を行う.

数値解析を行うためには,現実的な実験と対応するようにパラメータの値を設定する必要がある.ここでは,Smalley らのオックスフォード大学のグループ[15, 22]による n-ブチルアンモニウム・バーミキュライトの中性子回折実験の結果を利用して,パラメータの値を指定することにする.まず,n_0 は近似的に溶液の平均数密度と見なせるので

$$n_0 = 6.02 \times 10^{-1} \times C_{\mathrm{s}} \quad (\mathrm{nm}^{-3}) \tag{6.171}$$

とおくことができる.ただし,C_{s} は 1 dm^{-3} 当たりの同種イオンのモル数とし,ここでは,0.001〜0.003 mol dm^{-3} の範囲の変化を考察する.また,室温に対応して,$k_{\mathrm{B}}T$=0.025 eV,$\lambda_{\mathrm{S}}^{-2}$=96 nm^{-2} とする.正イオンと負イオンは,ブチルアンモニウムイオンと塩素イオンであるから,$m_+ = 74 m_{\mathrm{p}}$,$m_- = 36 m_{\mathrm{p}}$ と指定される.

ここではまず,平板間の相互作用を調べるために,幅 $D = 200$ nm の容器の中央に対称的に置かれた 2 枚の平板イオン系を数値解析によって分析する.対称性から $D_l = D_r = (D-d)/2$ であることに注意し,系の断熱ポテンシャル

$$\begin{aligned} U_2^{\mathrm{F}}(d) \equiv V^{\mathrm{F}}(d, D_l, D_r) = & F_1^{\mathrm{el}}(d) + F_1^{\mathrm{osm}}(d) \\ & + F_{\mathrm{o}}^{\mathrm{el}}(D_l, D_r) + F_{\mathrm{o}}^{\mathrm{osm}}(D_l, D_r) \end{aligned} \tag{6.172}$$

および

$$\begin{aligned} U_2^{\mathrm{G}}(d) \equiv V^{\mathrm{G}}(d, D_l, D_r) = & G_1^{\mathrm{el}}(d) + G_1^{\mathrm{osm}}(d) \\ & + G_{\mathrm{o}}^{\mathrm{el}}(D_l, D_r) + G_{\mathrm{o}}^{\mathrm{osm}}(D_l, D_r) \end{aligned} \tag{6.173}$$

の振舞を平板の間隔 $d = d_1$ の関数として調べる.

Smalley ら[29]は,n-ブチルアンモニウム・バーミキュライトゲルの膨潤方向への圧縮効果の解析で,電解質濃度に無関係に表面電位の平均値として $\psi_{\mathrm{S}} \simeq -70$ mV を導いている.Low[30]はミネラルに対しても表面電位が電解質濃度に依存しないことを発見し,$\psi_{\mathrm{S}} \simeq -60$ mV の値を得ている.これらの値を使っ

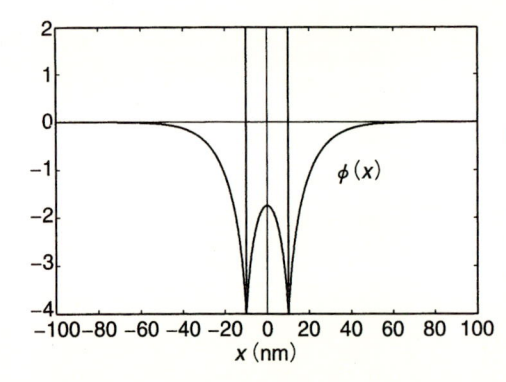

図 6.5　幅 $D = 200$ nm の容器中に対称に置かれた 2 枚の平板イオンによる平均電位 $\phi(x)$
平板イオンに挟まれた領域の中心が原点 $(x = 0)$. 平板の間隔 $d = 20$ nm, 塩濃度 $C_\mathrm{s} = 0.001$ mol dm^{-3}. ディリクレー境界条件 (平板の表面電位 $\phi_\mathrm{S} = -4.0$) の下でのポアソン・ボルツマン方程式の厳密解 (6.140) を用いた.

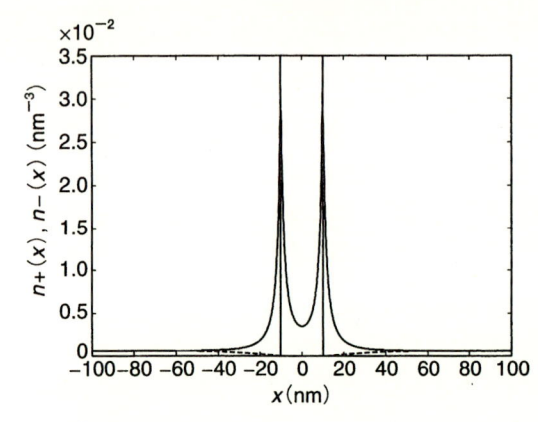

図 6.6　容器中に対称に置かれた 2 枚の平板イオンのまわりでの小イオン分布 (対イオン分布 n_+: 実線, 副イオン分布 n_-: 破線)
平板イオンに挟まれた領域の中心が原点 $(x = 0)$. 平板の間隔 $d = 20$ nm, 塩濃度 $C_\mathrm{s} = 0.001$ mol dm^{-3}. 容器幅 $D = 200$ nm, 平板の間隔 $d = 20$ nm, 平板の表面電位 $\phi_\mathrm{S} = -4.0$ および塩濃度 $c = 0.001$ mol dm^{-3} の条件下で厳密解 (6.140) を用いた. 平板に挟まれた領域の中央部で, 対イオンは 2 枚の平板に共有されている.

て, 表面電位 ϕ_S の直接測定が困難であることを考慮し, $\phi_\mathrm{S} = \beta e \psi_\mathrm{S} = -2.0 \approx -8.0$ の範囲で熱力学量の数値計算を行うことにする. これは, $\psi_\mathrm{S} = -50 \approx -200$ mV に相当する.

図 6.5 と図 6.6 は, 幅 $D = 200$ nm の容器の中央に対称的に置かれた "2 枚の平板による平均電位 $\phi(x)$ と正負イオンの分布関数 $n_\pm(x)$" である. ディリクレー境界条件 (平板の表面電位 $\phi_\mathrm{S} = -4.0$) の下でポアソン・ボルツマン方程式の厳密解 (6.140) を用いた. 塩濃度は $C_\mathrm{s} = 0.001$ mol dm^{-3} であり, 平板の間隔は暫定的に $d=20$ nm と固定されている. 平板の近くでは, 表面電荷は対イオンを強く引きつけ副イオンを排除する. また容器の壁面の近くでは, 平均電位は急速にゼロになり正負イオンの分布関数は共通の値 n_0 に近づく.

平板に挟まれた領域では, 対イオン分布が主となり副イオンはほとんど排除

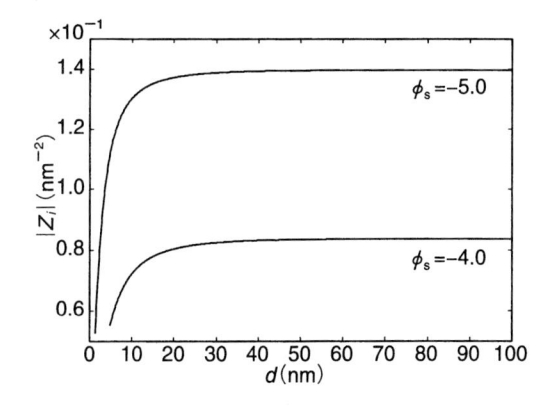

図 6.7 平板イオンの間隔 d の変化による内部表面電荷密度の絶対値 $|Z_i|\mathrm{nm}^{-2}$ の変化

容器幅 $D = 200$ nm,平板の表面電位 $\phi_S = -4.0, -5.0$,塩濃度 $C_s = 0.001$ mol dm^{-3} である.

される.対イオンは,平板イオンの表面近くの領域に強く局在する.これは対イオンの凝縮効果であるが,平板の外部と内部の分布に明らかな差が存在する.すなわち,平板に挟まれた内部領域では,対イオン分布の減少は外部よりゆるやかである.「**この平板に挟まれた中央部分の対イオンは 2 枚の平板イオンに共有されている**」と解釈することは自然である.

2.4 節で指摘したように,通常のコロイド化学では"電気 2 重層の重なりによる反発"という表現で,コロイド粒子間の斥力を説明することが多い.しかし,図 6.6 で確認されるように,対イオンは個々の平板イオンの表面に凝縮されるとともに,2 枚の平板イオンによって共有されている.

図 6.7 は,表面電位 ϕ_S が -4.0 と -5.0 の場合,平板イオンの内部表面の電荷密度 $Z_i(\mathrm{nm}^{-2})$ が平板間隔 d の関数としてどのように振る舞うか示している.d が増加すると Z_i は,平板の外部表面の価数 $Z_o^{r,l}$ に接近し,**逆に $d \to 0$ では,Z_i は急速にゼロになる**.この Z_i の挙動は,理論の整合性から要求されるものである.もし $d = 0$ で Z_i がゼロにならないとすると,この極限で領域 R での小イオンの数 N_+, N_- はゼロになるから,電荷の釣合い条件 (6.150) が破れてしまう.微視的に見れば,この荷電の減少は,平板の表面電荷と正イオンが結合し合って起きると解釈できる.しかし,分子レベルでのそのような現象の記述は,平均場描像の適用範囲を越えるものである.

図 6.8 は,容器の中央に対称に 2 枚の平板イオンが置かれた系のギブス断熱ポテンシャル $U_2^G(d)$ の振舞を表す.d は平板イオンの間隔,容器幅は $D = $

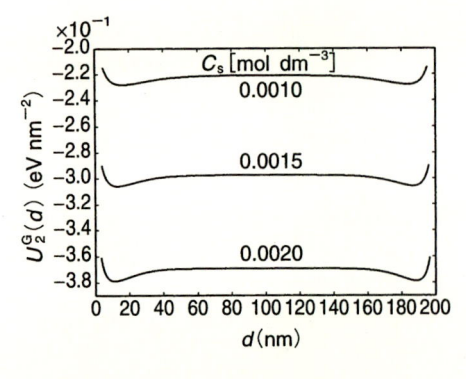

図 6.8 容器の中央に対称に置かれた 2 枚の平板イオンのギブス断熱ポテンシャル $U_2^G(d)$
d は平板イオンの間隔. 容器幅 $D = 200$ nm, 平板の表面電位 $\phi_S = -4.0$, 塩濃度 $C_s = 0.001, 0.0015, 0.0020$ mol dm^{-3} である.

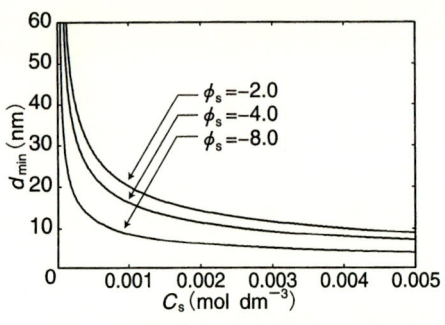

図 6.9 ギブス断熱ポテンシャル $U_2^G(d)$ を極小にする平板イオンの間隔 $d_{\min}$ の塩濃度依存性
容器幅 $D = 200$ nm であり, 平板の表面電位が $\phi_S = -2.0, -4.0, -8.0$ の場合を示す.

200 nm, そして平板の表面電位は $\phi_S = -4.0$ である. $U_2^G(d)$ ポテンシャルは, 近距離と中距離では斥力であり, 長距離では引力であることがわかる. このポテンシャルの特性は, 3 本の曲線が示すように, 塩濃度に依らない.

図 6.9 には, ギブス断熱ポテンシャル $U_2^G(d)$ を極小にする平板イオンの間隔 $d_{\min}$ の塩濃度依存性が描かれている. 容器幅は $D = 200$ nm であり, 3 本の曲線は平板の表面電位が $\phi_S = -2.0, -4.0, -8.0$ の場合を表す. 間隔 $d_{\min}$ は塩濃度の増加に伴い減少する. また, その傾向は表面電位の大きさ $|\phi_S|$ が増えると, 顕著になる. 図 6.9 の特徴は, 典型的な板状イオン系である n-ブチルアンモニウム・バーミキュライトの中性子散乱実験の結果[15,22] をよく説明する.

図 6.10 には, 2 種類の断熱ポテンシャル $U_2^F(d)$ と $U_2^G(d)$ が同じエネルギーのスケールで描かれている. 線形近似理論の場合と異なり, この非線形理論ではヘルムホルツの断熱ポテンシャル $U_2^F(d)$ は, ギブスの断熱ポテンシャル $U_2^G(d)$ と同様に引力成分をもつ.

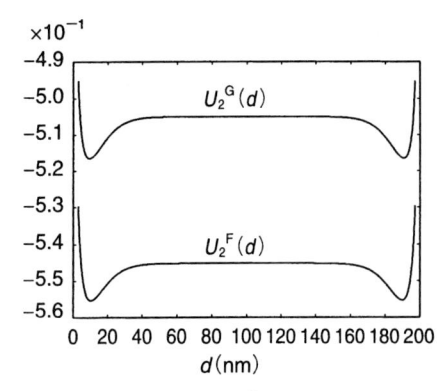

6.4 平均場描像における厳密解：平板イオン系

図 6.10 ヘルムホルツ断熱ポテンシャル $U_2^F(d)$ とギブス断熱ポテンシャル $U_2^G(d)$. 塩濃度 $C_s = 0.003$ mol dm^{-3}, 容器幅 $D = 200$ nm ($D_l = D_r$), 平板の表面電位 $\phi_S = -4.0$. 式 (6.160) によって, $U_2^G(d)$ は $U_2^F(d)$ よりもファントホッフの浸透圧分 $(N_+ + N_-)k_B T$ だけ大きい. この浸透圧部分を除くと, $U_2^G(d)$ のポテンシャル極小は $U_2^F(d)$ のそれより深い. また, そのポテンシャル極小をとる平板イオンの間隔は $U_2^G(d)$ の方が小さい.

すべての d で, $U_2^G(d)$ が $U_2^F(d)$ より大きい. それは式 (6.160) の関係 $G^{osm} = F^{osm} + (N_+ + N_-)k_B T$ により, $U_2^G(d)$ はファントホッフの浸透圧分だけ $U_2^F(d)$ より大きくなるためである. しかし, この浸透圧部分を差し引いて比較すると, $U_2^G(d)$ のポテンシャル極小は $U_2^F(d)$ のそれより深く, そのポテンシャル極小を取る平板イオンの間隔は $U_2^G(d)$ の方が小さい.

2 種類の断熱ポテンシャルの対比をさらに詳しく調べよう. そのために, 図 6.11 に, 各ポテンシャルの極小値からの差 $U_2^G(d) - U_2^G(d_{\min})$ と $U_2^F(d) - U_2^F(d_{\min})$ を塩濃度の関数として描く. これらの差はポテンシャルの深さを表しており, 2 枚の平板イオンを結び付ける結合の強さの尺度である. したがって, **2 つの断熱ポテンシャルは定性的には同じ斥力部分と引力部分の構造をもつが, ギブス断熱ポテンシャルの方がより強い引力効果を示す.**

ギブス断熱ポテンシャル $U_2^G(d)$ がヘルムホルツ断熱ポテンシャル $U_2^G(d)$ よりも強い引力効果をもつ理由も, 一般的関係式 (6.155) に求めることができる. すなわち, ギブス自由エネルギーの電気成分は, ヘルムホルツ自由エネルギーの電気成分と電気エネルギーの和 ($G^{el} = F^{el} + E^{el}$) であり, 図 6.12 に示されているような E^{el} の引力効果を含むからである.

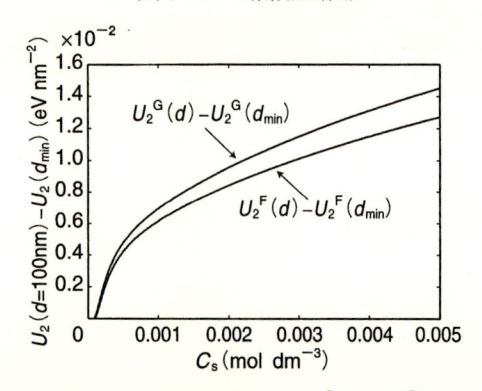

図 6.11 ポテンシャルの極小値からの差 $U_2^G(d) - U_2^G(d_{\min})$ と $U_2^F(d) - U_2^F(d_{\min})$ の対比
横軸は塩濃度．これらの差は，2枚の平板イオンの各ポテンシャルによる結合の強さを表す．

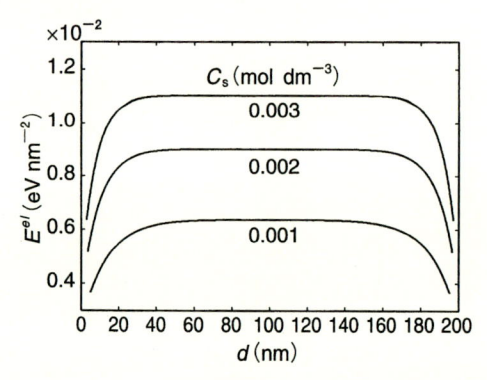

図 6.12 平均静電エネルギー E^{el}（塩濃度 $C_s = 0.001, 0.002, 0.003 \text{ mol dm}^{-3}$）
容器幅 $D = 200$ nm ($D_l = D_r$)，平板イオンの表面電位 $\phi_S = -4.0$，ディリクレー境界条件．

　図 6.10 のポテンシャルは，$d = 100$ nm を中心にして左右対称になっている．これは，容器の表面を電気的に中性としたため，2枚の平板イオンに挟まれた領域の中心 $x = 0$ と容器の壁面 $x = \pm 100$ nm で平均電位の勾配は共に零になり，平板の間の領域と外部の領域が対称となった結果である．この見かけ上の対称性は，容器に表面電荷を与えると消滅する．

　このように，ヘルムホルツの断熱ポテンシャルもギブスの断熱ポテンシャルもともに，電解質中の平板イオンの間に**中距離の斥力**と**長距離の引力**が作用す

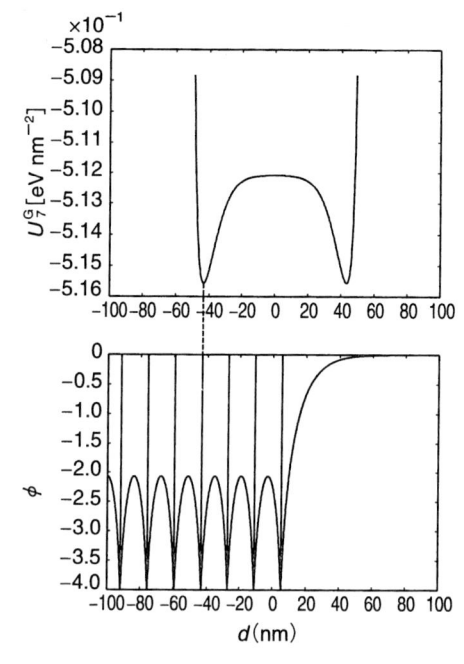

図 6.13 有限の容器中に置かれた 7 枚の板状イオン系のギブスの断熱ポテンシャル (上) と平均電位 (下)

容器幅 $D = 200$ nm, 表面電位を $\phi_S = -4.0$ とした. 塩濃度が $C_s = 0.001$ mol dm^{-3} の場合, 平板間の距離が 16.2 nm で, 容器表面に最も近い平板が容器の表面より 8.1 nm の位置でギブスの断熱ポテンシャルは最小値をとる.

ることを示している. これは, 平均場描像での厳密な結果であり, 自由エネルギーの種類に依らない結論である.

対称性から, 断熱ポテンシャル $U_N(d_1, \cdots, d_N; D_l, D_r)$ が最小値をとるのは平板の間隔が等しい場合 $d_1 = d_2 = \cdots = d_N = d$ と考えてよい. 図 6.13 には, 幅 $D = 200$ nm の容器に置かれた 7 枚の板状イオン系のギブス自由エネルギーと平均電位が示されている. 表面電位は $\phi_S = -4.0$ である. 塩濃度が $C_s = 0.001$ mol dm^{-3} の場合, 平板間の距離が 16.2 nm で自由エネルギーは最小になる.

図 6.13 の上のグラフは, 7 枚の板状イオン系の中心位置とギブスの断熱ポテンシャル U_7^G の関係を示している. 図のように, 左右対称な 2 つの位置に断熱ポテンシャルの極小点が存在する. 現実には, 外部初期条件に応じて**左右対称性を自発的に破り**, そのいずれかが実現する. ここでは, 左の壁面に近い方のポテンシャル極小が選ばれている. また, 図 6.13 の下のグラフには, ギブスの断熱ポテンシャル U_7^G が極小値をとる平板イオンの配位での平均電位が描かれ

6.4.8 平板イオン系の要約

断熱ポテンシャルの浸透圧部分は，平板間に捕獲された小イオンの熱運動による浸透圧の効果を含んでいる．他方，断熱ポテンシャルの電気部分は，物質粒子ではなく，平板イオンの表面電荷と小イオンが平衡分布に達した際生成される電場による相互作用を表す．平板イオンの表面電荷は，対イオンを引き付け副イオンを排除する．その結果，図 6.6 に見られるように，正負の小イオンの数密度と電荷密度は著しく非対称になる．この非対称性から，平板イオンは 2 種類の反作用を受ける．第 1 に，平板イオンの内部領域に分布するすべての小イオンは平板イオンに浸透圧的な斥力を及ぼす．第 2 に，平板イオンとは逆符号の電荷をもつ対イオンの雲から，平板イオンは電気的な引力を受ける．平板付近に分布する対イオンは平板イオンの表面電荷を遮蔽する働きをするが，2 枚の平板イオンに挟まれた領域の中間にはいずれの平板にも属さない対イオンが存在する．これらの対イオンは 2 枚の平板に**共有**され，それらが平板イオンの間に**対イオンを媒介にした引力**を生み出すのである．これら 2 種類の正反対の効果の微妙な釣合いが，ギブスの断熱ポテンシャル U^G の極小値で達成される熱力学的に安定な状態へと，系を導く．

DLVO 理論では，平板イオンによる**対イオンの共有効果**が無視されている．このことは，"2 枚の平板イオンの中央領域での平均電位をそれぞれの平板が作る平均電位の和で近似する DLVO 理論の手法" や "電気 2 重層の反発という DLVO 理論に固有な表現" に，典型的に現れている．この対イオンの共有効果は，電子の共有で原子の結合を記述する量子力学の効果に類似していると解釈することができる．

断熱ポテンシャル (6.169) および (6.170) は，楕円積分を含み複雑な形をしている．もし，平板の間では，対イオンがより極端に少ない副イオンを近似的に無視すると仮定すると，得られる断熱ポテンシャルは初等関数で表すことができる[31]．しかも，この近似理論では，厳密な理論と定量的にほぼ等しい結果が求められて，長距離引力の存在を解析的に示すことができる．

短距離の振舞に対しても適用できるようにこの平均場描像を拡張するには，

分散力, 小イオンの大きさ, および溶媒分子の自由度のような他の多くの効果を考慮に入れなければならない. 平板イオン系で非可逆的な収縮が観測されると, それを説明するために, ここで得られた断熱対ポテンシャル (6.170) にファンデルワールス・ポテンシャルを加える必要がある. しかし, Smalley らによって観測された添加塩の濃度変化による膨潤と収縮は可逆な過程であり, これにはファンデルワールス引力は関与していない. すなわち, 平板イオン系の膨潤と収縮の可逆過程は, コロイド結晶の形成と溶融と同じ現象であると解釈することができる.

6.2 節では, 線形近似理論の枠中でギブス自由エネルギーを計算することによって, 有効粒子の間に中距離の斥力と長距離の弱い引力が存在することが示された. 本節では, ヘルムホルツ自由エネルギーとギブス自由エネルギーの分析から, 電解質中の平板イオンに対して中距離の斥力と長距離の弱い引力が作用することを厳密に示すことができた. こうして, 平均場理論の結論として, ポアソン・ボルツマン方程式の厳密解と線形近似解のいずれの場合でも, **電解質中の巨大イオンの間には中距離の斥力と長距離の弱い引力が作用すること**が確認された.

6.4.9 付録：楕円積分の Carlson による数値計算法

従来, 楕円積分の数値計算は, ガウス・ランデン変換[32]を用いて母数を 0 または 1 に収束させることにより, 実行する方法が採られてきた. しかし, 式 (6.136) のように, 母数が未知のパラメータを含む場合, この方法を利用することは容易ではない. 近年, Carlson[28, 33, 34]によって発見された楕円積分の間の関数関係を用いることにより, 統一的にかつ効率よく数値計算を実行できるようになった.

楕円積分の従来の定義に代えて, Carlson は, 分岐構造が単純で対称性の高い以下のような関数を導入した.

$$R_F(x,y,z) \equiv \frac{1}{2}\int_0^\infty \frac{1}{\sqrt{(t+x)(t+y)(t+z)}}\, dt, \qquad (6.174)$$

$$R_C(x,y) \equiv R_F(x,y,y) = \frac{1}{2}\int_0^\infty \frac{1}{\sqrt{(t+x)(t+y)}}\, dt, \qquad (6.175)$$

$$R_J(x,y,z,\rho) \equiv \frac{3}{2}\int_0^\infty \frac{1}{\sqrt{(t+x)(t+y)(t+z)}(t+\rho)}\,dt, \qquad (6.176)$$

$$R_D(x,y,z) \equiv R_J(x,y,z,z) = \frac{3}{2}\int_0^\infty \frac{1}{\sqrt{(t+x)(t+y)(t+z)^3}}\,dt \qquad (6.177)$$

第1種と第2種のルジャンドルの楕円積分 (式 (6.139), (6.148) 参照) は,これらのカールソンの関数 (式 (6.174)〜(6.177)) を用いて

$$F(\theta, k) = R_F(\cos^2\theta,\ 1 - k^2\sin^2\theta,\ 1)\sin\theta, \qquad (6.178)$$

$$E(\theta, k) = R_F(\cos^2\theta,\ 1 - k^2\sin^2\theta,\ 1)\sin\theta \\ -\frac{1}{3}k^2 R_D(\cos^2\theta,\ 1 - k^2\sin^2\theta,\ 1)\sin^3\theta \qquad (6.179)$$

と表される[28]. カールソンの関数の満たす種々の関数関係のなかで,最も重要な関係は,次の重複定理 (duplication theorem) である[33,34].

a. カールソンの重複定理

R_F, R_J および R_C は関数関係

$$R_F(x_0, y_0, z_0) = R_F(x_n, y_n, z_n) \qquad (6.180)$$

および

$$R_J(x_0, y_0, z_0, \rho_0) = 3\sum_{m=0}^{n-1} 4^{-m} R_C(\alpha_m, \beta_m) + 4^{-n} R_J(x_n, y_n, z_n, \rho_n) \qquad (6.181)$$

を満たす.ただしここで

$$\lambda_n \equiv \sqrt{x_n y_n} + \sqrt{y_n z_n} + \sqrt{z_n x_n}, \qquad (6.182)$$

$$x_0 \equiv x, \quad y_0 \equiv y, \quad z_0 \equiv z, \quad \rho_0 \equiv \rho, \qquad (6.183)$$

$$x_{n+1} \equiv \frac{x_n + \lambda_n}{4},\quad y_{n+1} \equiv \frac{y_n + \lambda_n}{4},\quad z_{n+1} \equiv \frac{z_n + \lambda_n}{4},\quad \rho_{n+1} \equiv \frac{\rho_n + \lambda_n}{4} \qquad (6.184)$$

および
$$\alpha_n \equiv \{\rho_n(\sqrt{x_n}+\sqrt{y_n}+\sqrt{z_n})+\sqrt{x_n y_n z_n}\}^2, \quad \beta_n \equiv \rho_n(\rho_n+\lambda_n)^2 \tag{6.185}$$
である.

この定理を繰り返し適用すると,x_n, y_n, z_n の値が急速に接近することに注意しよう.変数 x, y, z の値が一致する極限で,関数 R_F と R_C は
$$R_F(x,y,z)\Big|_{y=z=x} = R_C(x,y)\Big|_{y=x} = \frac{1}{\sqrt{x}} \tag{6.186}$$
と,初等関数に帰着する.そこで,重複定理を繰り返し適用した後,テイラー展開を行うことにより,R_F と R_J の値を系統的に評価することが可能となる.この Carlson の方法によるプログラミングは,Press と Teukolsky[35)] によって与えられている.

6.5 ま と め

この章で巨大イオン分散系の平均場理論を定式化するために用いた基本物理量は,ポアソン・ボルツマン方程式に従う平均電位である.そして,最も大きい自由度をもつ小イオンの熱力学的状態は,平均電位に支配されるボルツマン分布で記述され,分散系のすべての熱力学量の電気部分は平均電位によって決定される.

6.1 節では減少した表面電荷をもつ有効粒子の概念が導入され,6.2 節で有効粒子からなる分散系の線形平均場理論が構成された.系の電気エネルギー E,ヘルムホルツ自由エネルギー F およびギブス自由ポテンシャル G から,表面電荷が一定の場合は対ポテンシャル $U^a(\{\boldsymbol{R}\})\,(a=\mathrm{E,F,G})$,また表面電位が一定の場合は対ポテンシャル $U_a(\{\boldsymbol{R}\})\,(a=\mathrm{E,F,G})$ が求められた.中距離の強い斥力と長距離の強い引力をもつ対ポテンシャル $U^\mathrm{E}(\{\boldsymbol{R}\})$ は,近似的に Levine と Dube による理論の断熱ポテンシャルに一致し,純斥力の対ポテンシャル $U_\mathrm{F}(\{\boldsymbol{R}\})$ は DLVO 理論の断熱ポテンシャルに等しい.また,ギブスの対ポテンシャル $U^\mathrm{G}(\{\boldsymbol{R}\})$ は中距離の強い斥力と弱い長距離の引力をもつ.有効粒子の分散系の熱力学的状態は,このギブスポテンシャルで記述される.

6.3節では，巨大イオン分散系の一般論を定式化し，熱力学的エネルギーの積分表示を線形近似によらない形で導出した．その形式は，密度関数の方法[36,37]に比べて簡潔で，取り扱いやすい．この理論形式が，6.4節で，電解質中の表面電荷の大きい平板イオン系に適用された．この1次元系では，ポアソン・ボルツマン方程式を厳密に解き，すべての熱力学的量を楕円関数と楕円積分を用いて解析的に表すことができる．その結果，平板間の距離の関数として求められたヘルムホルツ自由エネルギー F とギブス自由エネルギー G は，ともに中距離の強い斥力と長距離の弱い引力成分をもつことが示された．

ポアソン・ボルツマン方程式の厳密解と線形近似の場合で，ヘルムホルツ自由エネルギー F は長距離で正反対の振舞をする．線形理論では，小イオン気体と浸透圧的な熱平衡状態にある有効粒子系の特性は，ギブス自由エネルギーを用いることによってのみ実効的に記述することが可能となる．そのような系の熱力学的変数は浸透圧 P であり，ヘルムホルツ自由エネルギーでは有効粒子と小イオンの強い相関を正しく取り込むことができない．

多様性は，現実の巨大イオン分散系を際だった特徴の1つである．そのため，この章で構成された理論を現実の系に適用するためには，それぞれの系の特性に注意を払わなければならない．とくに，有効粒子の内部構造と有効領域の物理的状態の関係を調べることが必要である．コロイド粒子の分散系の場合は，粒子の内部構造と外部領域の状態は分離されていると見なすことができる．しかし，3章や6.2.6項で述べたイオン性高分子の場合には，このような分離を仮定することはできない．そのようなイオン性高分子を平均的な回転半径を持つ球状粒子と見なすためには，高分子の内部自由度に関して"予め平均"しなければならない．当然ながら，そのように"予め平均"された有効粒子の系では，粒子の内部構造と外部領域の状態が密接に結びついていることになる．

分散系の電気エネルギー E は，それからすべての熱力学的量の電気成分が決定されるという意味で，重要である．ここで一般的な考察を行っておく．巨大イオン分散系が Ω の体積を占めているとして，その中に領域 $\mathcal{V}$ を選び，そこでの誘電率を $\epsilon_\mathcal{V}$ とする．厳密な平均電位 $\psi_\mathcal{V}(\boldsymbol{r})$ が知られているとすると，この領域の電気エネルギーは領域 $\mathcal{V}$ 上での積分

$$E^{\text{el}}(\mathcal{V}:\psi_\mathcal{V},\epsilon_\mathcal{V}) = \frac{\epsilon_\mathcal{V}}{8\pi}\int_\mathcal{V}[\nabla\psi_\mathcal{V}(\boldsymbol{r})]^2\,d\boldsymbol{r} \tag{6.187}$$

で与えられる．分散系の電気エネルギー E は，この量を用いることによって，小イオン気体の存在する有効領域 V と有効粒子が占める領域 $\sum_n \omega_n = \Omega - V$ からの寄与の和として

$$E = E^{\text{el}}(V:\psi_V,\epsilon_V) + \sum_n E^{\text{el}}(\omega_n:\psi_n,\epsilon_n) \tag{6.188}$$

のように表される．ここで $\psi_V(\boldsymbol{r})$ および ϵ_V は有効領域での平均電位と誘電率であり，$\psi_n(\boldsymbol{r})$ および ϵ_n は n 番目の巨大イオン内部の平均電位と誘電率である．式 (6.188) の第1項の積分領域 V は多重連結領域であり，そこでの平均電位 $\psi_V(\boldsymbol{r})$ は，適切な境界条件の下でポアソン・ボルツマン方程式を解いて求められる．

式 (6.188) は，単連結領域 (Ω, ω_n) 上での積分によって

$$E = E^{\text{el}}(\Omega:\psi_V,\epsilon_V) - \sum_n \Delta_n \tag{6.189}$$

と書き替えることができる．ここで Δ_n は

$$\Delta_n = E^{\text{el}}(\omega_n:\psi_V,\epsilon_V) - E^{\text{el}}(\omega_n:\psi_n,\epsilon_n) \tag{6.190}$$

である．これは，"n 番目の巨大イオン内部の電気エネルギーを (何らかの方法で求めた) 厳密な平均電位 ψ_n を用いて計算した $E^{\text{el}}(\omega_n:\psi_n,\epsilon_n)$" と "その巨大イオンが排除する溶液の電気エネルギーを平均電位 ψ_V を使って計算した $E^{\text{el}}(\omega_n:\psi_V,\epsilon_V)$" との差である．

このような一般的見地に立つと，種々の近似は式 (6.190) で生じる相殺の度合いに対応することがわかる．6.2 節で採用された近似は，相殺が最大になる $\Delta_n = 0$ に相当する．逆に，Knott と Ford[8] の計算は，相殺が最小の場合で $\Delta_n = E^{\text{el}}(\omega_n,\psi_V,\epsilon_V) = E^{\text{el}}(\omega_n,\psi,\epsilon)$ として，式 (6.19) の第1項を拡散領域の線形近似解 ψ で具体的に計算したことに相当する．

コロイド粒子の場合，分析的な表面電荷数が大きくなると，巨大イオンの内部領域に対する遮蔽効果はどうなるであろうか．その効果を調べるには，有効

粒子を裸の巨大イオン ω_{0n} と対イオンの凝縮層 $\omega_n - \omega_{0n}$ に分割し，拡散層と凝縮層の間の相関を評価しなければならない．この研究は将来に残された課題である．しかし，分析的な表面電荷数が大きい粒子系の場合，塩濃度が低くなると凝集層は広がり，その相関は強くなると定性的に評価することができる．したがって，有効粒子の分散系が希薄になれば，補正項を小さいとする 6.2 節の方法はよい近似となる．他方，Knott と Ford[8] の理論は，凝集層を含む有効粒子の内部が拡散層から完全に分離される場合にのみ成り立つ近似である．複雑な結果を与える彼らの理論は，必ずしもよい近似にはならないことに注意しよう．線状のイオン性高分子の場合，表面電荷は小さく，高分子が平均的に占める内部と外部の相違は小さい．とくに，"予め平均"をして，分子を球状の有効粒子と見なす場合，その内部の状態は外部の状態に近いと近似できる．そのような描像では，6.2 節の要請 $\Delta_n \approx 0$ はよい近似となる．

式 (6.109) の電気的中性条件が成立すれば，6.3 節の理論は，平均電位を任意の値 c だけずらせる弱ゲージ変換 $\phi(r) \to \phi(r) + c$ の下で不変であった．この"巨大イオン分散系の熱力学"では，電気エネルギーや自由エネルギーは素朴な意味での相加性を失う代わりに，中性条件式が保たれるように理論が構成されているのである．6.2 節の線形理論では，平均電位のある基準からのずれ ($\psi - \bar{\psi}$) で，ボルツマン分布関数を展開し2次以上の項を無視した．したがって，線形近似を行うことは，背後にある弱ゲージ不変性を破り，特定のゲージを選んだことに相当する．しかし，この近似理論でも，中性条件は破られることなく，それを保持するように系のギブス自由エネルギーは導入されたことに注意しよう．

平均場描像による巨大イオン系の理論を発展させるには，巨大イオンの排除体積効果[8]，小イオンの大きさを考慮に入れて修正されたポアソン・ボルツマン方程式[38~40]，線形理論への非線形効果の取り込み[41]，小イオン間の相関などを研究しなければならない．DLVO の斥力ポテンシャルに"現象論的に導入された**体積項**"[42~47] を用いて，スピノーダル分解によってコロイド分散系の相転移を説明する試みがあり，そのような理論とここで紹介した平均場描像の関係を考察する論文[48] もある．しかし，最近の Tamashiro や Shiessel らの研究によれば[49,50]，体積項の理論は不可避的に非物理的な状態を予言し破綻する

ことが示される.このように,巨大イオン分散系の研究は当に発展の途上にあると言えるであろう.

参考文献

1) S. Hachisu and Y. Kobayashi, *J. Colloid Interface Sci.*, **46**, 470 (1974).
2) I. Langmuir, *J. Chem. Phys.*, **6**, 873 (1938).
3) I. Sogami, *Phys. Lett.*, **A96**, 199 (1983).
4) I. Sogami and N. Ise, *J. Chem. Phys.*, **81**, 6320 (1984).
5) J. Yamanaka et al., *Langmuir*, **15**, 4198 (1999).
6) I. S. Sogami, e-print cond-mat/0305674 (2003); I. S. Sogami, M. V. Smalley and T. Shinohara, *Prog. Theor. Phys.* (2004, submitted).
7) S. Alexander, P. M. Chaikin, P. Grant, G. J. Morales and P. Pincus, *J. Chem. Phys.*, **80**, 5776 (1984).
8) M. Knot and I. J. Ford, *Phys. Rev. E*, **63**, 31403 (2001).
9) R. van Roij, M. Dijkstra and J.-P. Hansen, *Phys. Rev. E*, **59**, 2010 (1999).
10) J. Th. Overbeek, *J. Chem. Phys.*, **87**, 4406 (1987).
11) S. Levine and G. P. Dube, *Trans. Faraday Soc.*, **35**, 1125, 1141 (1939); *Phil. Mag.*, **29**, 105 (1940); *J. Phys. Chem.*, **46**, 239 (1942).
12) E. J. W. Verwey and J. Th. G. Overbeek, Theory of the Stability of Lyophobic Colloids (Elsevier, 1948).
13) J. O. Hirschfelder, C. F. Curtiss and R. B. Bird, Molecular Theory of Gases and Liquids, pp.1036-1041, Table 13.9 (Wiley, 1954).
14) I. G. Chistyakov, *Soviet Phys.-Uspekhi*, **9**, 551 (1967).
15) M. V. Smalley, R. K. Thomas, L. F. Baraganza and T. Matsuo, *Clays. Clay Min.*, **37**, 474 (1989); L. F. Baraganza, R. T. Crowford, M. V. Smalley and R. K. Thomas, *Clays. Clay Min.*, **38**, 90 (1990).
16) M. V. Smalley, *Molec. Phys.*, **71**, 1251 (1990).
17) P. A. M. Dirac, *Can. J. Math.*, **2**, 129 (1950); Lectures on Quantum Mechanics (Academic Press, 1967).
18) I. S. Sogami, T. Shinohara and M. V. Smalley, *Molec. Phys.*, **76**, 1 (1992).
19) I. S. Sogami and T. Shinohara, *Colloid and Surfaces A: Physicochem. Eng. Aspects*, **190**, 25 (2001).
20) T. Shinohara, I. S. Sogami and M. V. Smalley, *Molec. Phys.* (in press).
21) T. Shinohara, I. S. Sogami and M. V. Smalley, *Molec. Phys.*, **101**, 1883 (2003).
22) G. D. Williams, K. R. Moody, M. V. Smalley and S. M. King, *Clays Clay Min.*, **42**, 614 (1994); H. L. Hatharasinghe, M. V. Smalley, J. Swenson, A. C. Hannon and S. M. King, *Langmuir*, **16**, 5562 (2000).
23) K. Ito, T. Muramoto and H. Kitano, *J. Amer. Chem. Soc.*, **117**, 5005 (1995).
24) A. Erdélyi, W. Magnus, F. Oberhettinger and F. G. Tricomi, Higher Transcendental Functions, Vol. 2 (McGraw-Hill, 1953).

25) P. E. Byrd and M. D. Friedman, Handbook of Elliptic Integrals for Engineers and Scientists, 2nd ed. (Springer, 1971).
26) 安藤四郎, 楕円積分・楕円関数 (日新出版, 1970).
27) L. D. Landau and E. M. Lifshitz, Statistical Physics, Chap.74 (Pergamon, 1959); L. ランダウ・E. リフシッツ (小林秋男ほか訳), 統計物理学 第3版 (岩波書店, 1980).
28) B. C. Carlson, *Numer. Math.*, **33**, 1 (1979).
29) R. J. Crawford, M. V. Smalley and R. K. Thomas, *Adv. Colloid Interface Sci.*, **34**, 537 (1991).
30) P. F. Low, *Langmuir*, **3**, 18 (1987).
31) I. S. Sogami, T. Shinohara and M. V. Smalley, *Molec. Phys.*, **74**, 599 (1991).
32) H. Van de Vel, *Math. Comp.*, **23**, 61 (1969).
33) B. C. Carlson, Special Functions of Applied Mathematics, Chap.9 (Academic Press, 1977).
34) B. C. Carlson, *SIAM J. Math. Anal.*, **8**, 231 (1977); *SIAM J. Math. Anal.*, **9**, 524 (1978); D. G. Zill and B. C. Carlson, *Math. Comput.*, **24**, 199 (1970).
35) W. H. Press and S. A. Teukolsky, *Comput. Phys.*, **4**, 92 (1990); W. H. Press, S. A. Teukolsky, W. T. Vetterling, and B. P. Flannery, Numerical Recipes in Fortran 77, Volume 1 of Fortran Numerical Recipes (Cambridge University Press, 1996).
36) E. Trizac and J-P. Hansen, *Phys. Rev. E*, **56**, 3137 (1997); Leote de Carvalho RJF, E. Trizac and J-P. Hansen, *Phys. Rev. E*, **61**, 1634 (2000); J-P. Hansen and H. L öwen, *Ann Rev Phys. Chem.*, **51**: 209 (2000).
37) E. Trizac, *Langmuir*, **17**, 4793 (2001).
38) I. Borukhov, D. Andelman and H. Orland, *Phys. Rev. Lett.*, **79**, 435 (1997).
39) E. Trizac and J.-L. Raimbault, *Phys. Rev. E*, **60**, 6530 (1999).
40) J. C. Neu, *Phys. Rev. Lett.*, **82**, 1072 (1999).
41) I. S. Sogami, Ordering and Organization in Ionic Solutions (ed. by N. Ise and I. Sogami), p.624 (World Scientific, 1988).
42) B. Beresford-Smith, D. Y. C. Chan and D. J. Mitchell, *J. Coll. Interface Sci.*, **105**, 216 (1985).
43) D. Y. C. Chan, *Phys. Rev. E*, **63**, 61806 (2001).
44) M. J. Grimson and M. Silbert, *Mol. Phys.*, **74**, 397 (1991).
45) R. van Roij and J. P. Hansen, *Phys. Rev. Lett.*, **79**, 3082 (1997); R. van Roij, M. Dijkstra and J. P. Hansen, *Phys. Rev. E*, **59** 2010 (1999).
46) P. B. Warren, *J. Chem. Phys.*, **112**, 4683 (2000).
47) D. Y. C. Chan, P. Linse and S. N. Petris, *Langmuir*, **17**, 4202 (2001).
48) K. S. Schmitz, *Phys. Rev. E*, **65**, 61402 (2002).
49) H. H. von Grünberg, R. van Roij and G. Klein, *Europhys. Lett.*, **55**, 580 (2001).
50) M. N. Tamashiro and H. Schiessel, *J. Chem. Phys.*, **119**, 1855 (2003).

7

イオン性高分子およびコロイド希薄溶液の粘性

7.1 はじめに

　高分子化合物の希薄溶液の粘度は高分子の分子量やその溶存状態についての情報を与える．このことはイオン性高分子についても当てはまり，3章に述べた屈曲性イオン性高分子の棒状モデルも粘度測定から結論された．本章では，広く受け入れられてきたこのモデルがどのような経過で導かれたかを議論し，その問題点を明らかにしたい．

　中性高分子の希薄溶液 (高分子濃度 c) の粘性係数 η は，純溶媒の粘性係数 η_0 と次の関係にある．

$$\frac{\eta - \eta_0}{\eta_0 c} \equiv \frac{\eta_{\mathrm{sp}}}{c} = [\eta] + k'[\eta]^2 c + \cdots \quad (7.1)$$

ここに，$[\eta]$ は固有粘度，η_{sp} は比粘度，η_{sp}/c は還元粘度あるいは粘度数，k' は Huggins 定数と呼ばれる．$[\eta]$ は高分子の分子量 M と次の関係で結ばれる．この式は Houwink-Mark-桜田 (HMS) 式と呼ばれていて，その物理的意味は詳細に議論されている [1]．

$$[\eta] = KM^\alpha \quad (7.2)$$

ここに，K と α は高分子，溶媒，温度によって決まる定数である．M が大きいとき高分子が棒状の場合，指数 α は 2，ランダムコイル状で 0.8〜0.5，球の場合 0 となることが知られている．

7.2 屈曲性イオン性高分子希薄溶液の粘度

非イオン性高分子の希薄溶液では，式 (7.1) に示すように，c が小さいとき $\eta_{sp}/c - c$ のプロットは正の勾配をもつ直線になる．他方，イオン性高分子の水溶液では，図 7.1 曲線 1 にみられるように，共存する中性塩濃度が小さいとき，低い濃度領域で大きな負の勾配が観察されている．これに関しフォス (Fuoss)[2] は経験的に次の式を提案した．

$$\frac{\eta_{sp}}{c} = \frac{A}{1+Bc^{\frac{1}{2}}} + D \tag{7.3}$$

ここに，A, B, D は定数であり，$[\eta]$ は $(A+D)$ により決定される．η_{sp}/c を $c=0$ へ外挿すると，未中和のポリメタクリル酸 (PMA) では HMS 式の指数 α が 0.82，アルカリによる完全中和物では，1.87 であった．Fuoss は以上の結果から，未中和の PMA はランダムコイル状であり，イオン化した高分子は無限大希釈の条件で棒状になっていると推定した．そして高分子濃度が小さくなるに従って，対イオンの解離が促進され，1 個の高分子イオン内部の解離基の間の斥力が強くなり，その結果として高分子イオンは伸長し η_{sp}/c が大きくなると解釈した．この考えは広く受け入れられたが，その後，無限大希釈の条件が無視され，有限の濃度においても屈曲性高分子イオンは棒状になっていると広く判断された．本書では触れないが，この棒状モデルは多くの理論的考察の対象になった．

フォス外挿が提案された直後から一部の研究者は慎重な実験を行い，その妥当性に疑問を投げかけた．イオン性高分子の溶液粘度は，ごく微量のイオン性不純物によって大きく影響されるため定量的議論が困難であるが，多くの研究結果に共通しているのは，低い濃度領域で η_{sp}/c は c の増加に伴って単調に減少するのではなく，そのプロットに極大が観測されることである[3]．図 7.2 にポリスチレンスルホン酸 (PSS) 塩についての最近の測定例を示すが[4]，極大は $6 \times 10^{-3}\,\mathrm{g\,dm^{-3}}$ 近辺の濃度に位置し，それ以上では η_{sp}/c は図 7.1 の曲線 1 が示すように減少する．この極大は分子量が高いとき特に顕著であり，フォス外挿と矛盾する．この極大を一応受け入れて実測の η_{sp}/c を外挿して $[\eta]$ を求

7.2 屈曲性イオン性高分子希薄溶液の粘度

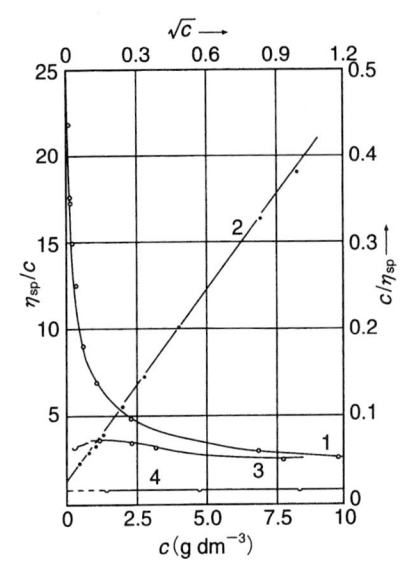

図 7.1 イオン性高分子溶液の η_{sp}/c–c プロット [2] (Die Physik der Hochpolymeren (ed. by H. A. Stuart), Springer Verlag, 1953))
試料:ポリビニルピリジンの臭化ブチルによる 4 級化物 (PVP Bu$^+$ Br$^-$), 曲線 1:溶媒, H$_2$O, 2:式 (7.3) によるプロット (座標軸:右および上), 3:10^{-3} M KBr 水溶液, 4:3.35×10^{-3} M KBr 水溶液.

め, 分子量 M に対してプロットしたのが図 7.3 である. 直線 A は $\alpha = 1.6$ を与える. 低分子量のデータが大きな誤差を含むことを考慮して直線 B をとるとすると, $\alpha = 1.2$ である. いずれにしても, $\alpha = 2$ とはならない. Vink は PSS よりも剛直と考えられているカルボキシメチルセルロース (CMC) のナトリウム塩について, $\alpha = 1.1$ を報告している [6].

$[\eta] - M$ の関係を多くの他の試料について詳細に検討することが望まれるが, η_{sp}/c–c プロットに極大が現れることは確実な実験事実であり, これを考慮にいれて $[\eta]$ が決定されたという点では, フォス外挿より一歩前進といえる. このようにして得られた $\alpha \neq 2$ という事実を式 (7.2) によって単純に解釈すると, 棒状モデルが妥当でないということになる. この式をイオン性高分子に用いることが適当かどうかについては後に議論するが, 古く 1957 年に Butler ら [3] が PSS 塩について棒状からのずれを指摘している. 彼らは沈降係数の測定から PSS イ

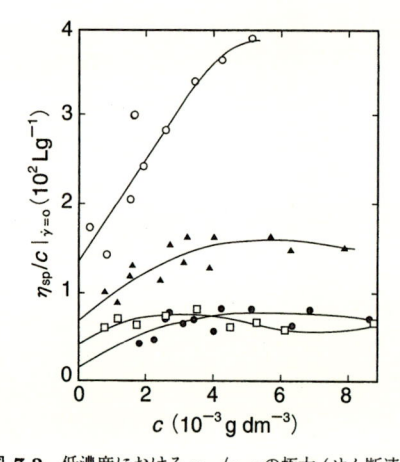

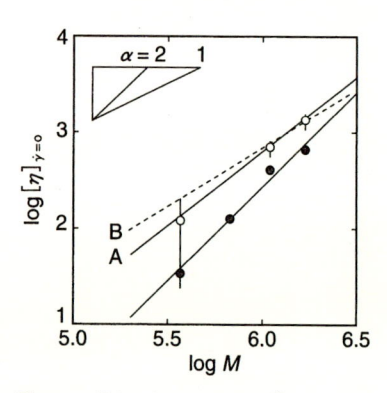

図 7.2 低濃度における η_{sp}/c–c の極大 (せん断速度 $\dot{\gamma} = 0$ への外挿値)[4]
試料：ポリスチレンスルホン酸ナトリウム塩．(○) 重量平均分子量 $M_W = 1.7 \times 10^{6}$[*1]，スルホン化度 $DS = 0.88$，(▲)$M_W = 1.1 \times 10^{6}$，$DS = 0.81$，(□)$M_W = 6.7 \times 10^{5}$，$DS = 0.73$，(●)$M_W = 3.7 \times 10^{5}$，$DS = 0.85$．溶媒：純水，温度：25°C．実線は最小 2 乗法による．

図 7.3 ポリスチレンスルホン酸ナトリウムの固有粘度と分子量[4]
溶媒：水，温度：25°C．○：観測値．直線 A，B はそれぞれ HMS 式の指数 $\alpha = 1.6$ と 1.2 に対応する．●：Kirkwood-Auer の理論値

オンの両端間距離[*2]が高分子鎖を伸長した場合の長さの 1/2 以下という結果を報告している．また Krause ら[7] は NaPSS 無塩水溶液 (10^{-4} g dm^{-3}) の光散乱強度の角度依存性が，棒状モデルの予測から大きくずれ，ガウス鎖に近いと結論している．はるかに高い濃度ではあるが (40 g dm^{-3})，Zhang ら[8] の中性子散乱実験でも，PSS 鎖の回転半径が棒状モデルの計算値より小さいことが指摘されている．

[*1]　低分子化合物や生体高分子は一定の分子量をもつ．しかし化学的に合成された高分子の分子量は一般に分布をもつ．この結果，実測される量は平均の分子量である．さらに平均の取り方によりその値は相違する．浸透圧測定から得られる分子量は数平均分子量 M_n，光散乱法からは重量平均分子量 M_W が決められるが，それぞれ次の式によって定義される．

$$M_n = \frac{\sum M_m N_m}{\sum N_m}, \quad M_W = \frac{\sum M_m^2 N_m}{\sum M_m N_m}$$

ここで M_m と N_m はそれぞれ重合度 m の分子種の分子量と分子数を表す．このほか，粘度平均分子量，z-平均分子量などが定義されるが，詳細は高分子化学の教科書[5] を参照．

[*2]　高分子鎖が屈曲性の場合，溶液中ではいろいろな形をとることができる．したがって分子の広がりは，高分子鎖の平均 2 乗両端間距離あるいは平均 2 乗回転半径によって議論される．

7.2 屈曲性イオン性高分子希薄溶液の粘度

このように,棒状モデルは一般に信じられているほどに確実なものではない.これに関して考えておかねばならないのは,cの増加に伴うη_{sp}/cの急激な減少である(図7.1,曲線1).この傾向は,すでに述べたように,cの増加による対イオンの解離の抑制(無限大希釈における完全解離から不完全解離への変化),これに伴う解離基間の反発の低下によって高分子鎖が縮小することが原因とされていた.しかしながら,最近の実験結果はこの解釈に問題があることを示している.第1に,屈曲性高分子ではないが,イオン性コロイド粒子分散液の粘度曲線にも同じ濃度依存性が見られるのである[9,10].粒子の内部に化学的に架橋構造が形成されているため,濃度によって粒子径は変化しないと考えてもよい.にもかかわらず,屈曲性高分子の粘度と類似の挙動を示す.第2に,高分子鎖の1つの末端にのみ1個の解離基をもつような高分子が合成できるようになったが,そのη_{sp}/cも,cの増加に伴い減少する[11].この試料では分子内相互作用は考えられないから,"解離基間の反発の低下"は問題にならない.このようにして,η_{sp}/cの変化を分子内相互作用による高分子鎖の広がりの変化に求めるこれまでの解釈は考え直す必要がある.

イオン性高分子粘度は,(1)解離基間相互作用,(2)解離基と(高分子領域の内部に束縛された)対イオンとの間の相互作用,(3)巨大イオン間の静電的相互作用によって強く影響されることに注意する必要があろう.第1の因子はフォスによって考慮され,高分子鎖を伸張させる働きをする.固有粘度を考える場合,第3の因子は無視できるので,問題はフォスの考察には入っていなかった第2の相互作用である.巨大イオン系については3~6章で述べたように,また低分子イオン系のイオン会合に関連して議論したように,カチオンの媒介によって,アニオンは他のアニオンに対して(アニオンの媒介によってカチオンは他のカチオンに),静電引力を及ぼす.この結果3重イオンはじめ,4重イオンなどの"イオン会合体"が生成する.このようなイオン会合が1個の屈曲性高分子イオン領域の内部で起こることは充分期待される.つまり2個の解離基が対イオンを介して引力を及ぼし合うのである.この会合が分子鎖の両末端の2つの解離基間に起これば,高分子鎖はリング状になる.多数の会合が起これば,鎖は折りたたまれる.もとより,解離基間の斥力の寄与が鎖を押し開くように作用するから,鎖の崩壊は起こらないが,高分子鎖の広がりが最終的にど

の程度になるかは明らかではない．イオン性高分子鎖の広がりや形態は，これまで考えられているほどに単純ではないのである．会合体の検出その他，今後の詳細な実験的研究が必要である．

イオン性高分子の粘性において，流体力学的相互作用だけでなく，静電的相互作用が非常に大きな役割を演じていることは，次節に述べるコロイド系の粘度の実験事実からも結論される．

7.3 イオン性コロイド粒子分散系の粘度

コロイド粒子が顕微鏡によって観察できる結果，その構造形成が直接確認され，屈曲性イオン性高分子の構造形成に貴重なヒントを与えることが明らかになった．本節ではイオン性コロイド分散系の粘性について考察する．屈曲性高分子と違って，粒子の変形が起こりにくく，また球状粒子を選ぶことで解析を著しく簡単にすることができる．この結果確実な情報が得られ，屈曲性イオン性高分子の粘度の解釈の是非の判定に役立つ．

7.3.1 球状粒子に関するアインシュタインの粘度則

アインシュタイン(Einstein)[12]は流体力学的考察から，相互作用を及ぼさない剛体球の分散系の還元粘度 (η_{sp}/ϕ) が次の式によって与えられることを導いた[*3]．

$$\frac{\eta_{sp}}{\phi} = 2.5 \tag{7.4}$$

すなわち還元粘度は粒子の体積あるいは濃度によらず一定値2.5をとる．この理論は，式(7.2)において α が0の場合に対応し，スクロースの水溶液やゴムのラテックス分散液について成り立つことが知られている[13]．その後，デンプン，セルロース，直鎖パラフィンなどの高分子化合物ではアインシュタイン則が成立しないことが実験的に確認された．Staudingerは高分子の棒状モデルを前提に粘度を議論したが，実験結果との一致は満足できるものではなく，その後HMS式に発展したことは，高分子化学の教科書に詳しく議論されている．なお Onsager[14] は楕円体について粘度式を導き，この結果が非イオン性高分

[*3] コロイド系の慣例に従い，ここでは体積分率 ϕ を用いて還元粘度を表示する．

子の溶液粘度の実測値よりはるかに大きいことから，Staudinger の仮定した棒状モデルが正しくないと主張している．

7.3.2 イオン性コロイド粒子希薄分散系の粘度

粒径やその分布がよくわかったコロイド粒子が合成できるようになり，さらに精製技術が進歩した現在，このような試料を用いてアインシュタインの粘度則を検討することは，問題の本質を理解する上で非常に有意義である．ここでは主として山中，Antonietti らの実験[9,10]について議論したい．

表 7.1 は山中らが用いたイオン性ラテックス粒子の物性である．a はほぼ一定 (55 nm) で，σ_a が変化している．動的光散乱 (DLS) 測定によると，1B76 の分散系は $\phi = 0.002$ で液体状の構造因子を示し，$2D_{\exp} = 0.70$ μm，$2D_0 = 0.79$ μm である．2 状態構造の形成が示唆されている．いずれの試料についても，ずり速度 $\dot{\gamma}$ が大きくなると，還元粘度は明らかに減少する (shear-thinning 現象と呼ぶ)．また，10^{-4}M 以下の NaCl 濃度では還元粘度はアインシュタインの予測よりはるかに大きく，10^{-3}M 以上ではじめて理論と一致する．比較的低い電荷密度の試料のデータを図 7.4 に示す．アインシュタイン則からのずれ，また shear-thinning 効果も明らかであり，この濃度範囲では，濃度が大きくなると還元粘度は増加している．アインシュタイン則からのずれやずり速度依存性の原因として，粒子間の静電相互作用や局所的な規則構造の形成が考えられる．事実，中性塩を加えてこの相互作用や構造を破壊すると，図 7.5 からもわかるように，1B76 の場合 5×10^{-5}M で分散系はニュートン流動を示し，粘度はアインシュタイン値に近づく．最小 2 乗法で $\dot{\gamma}$ を 0 に外挿して決定した還元粘度 $\eta_{\mathrm{sp}}/\phi|_{\dot{\gamma}=0}$ の NaCl 濃度と ϕ 依存性を図 7.6，図 7.7 に示す．

いずれの図からも，電荷密度が高い試料が低い粘度を示すことがわかる．この変化は添加塩濃度が大きくなると消失する．1B76, MS-5 については，$\eta_{\mathrm{sp}}/\phi|_{\dot{\gamma}=0} - \phi$ の曲線に極大が認められる．すなわち，ラテックス分散系の粘度は定性的には屈曲性イオン性高分子溶液粘度の濃度依存性と同じ傾向を示す[*4]．コロイド

[*4] MS-1, N-100 については，極大に対応する濃度が著しく低い濃度に位置するため検出できなかったものと考えられる．これらの試料の電荷密度が高いためと推定されるが，極大位置と電荷密度の関連について系統的研究は行われておらず，今後の検討を必要とする．

表 7.1 ラテックス粒子の半径と分析的電荷密度

	a (nm)	電荷数 Z_a (10^3/粒子)*	電荷密度 σ_a ($\mu C\ cm^{-2}$)
MS-1	65**	12.1	3.65
MS-5	50** ± 15	1.6	0.82
1B76	55*** ± 1.5	2.1	0.88
N-100	60*** ± 1.5	16.1	5.64

* 伝導度滴定により決定.
** 電子顕微鏡法により決定.
*** 製造者の測定値.

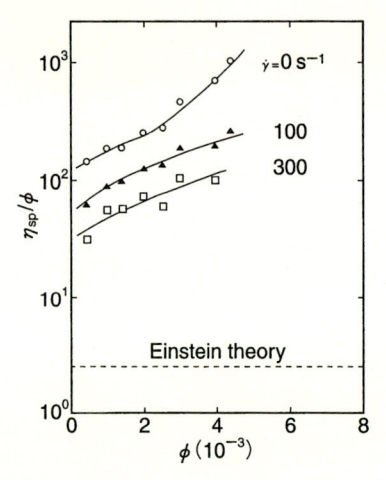

図 7.4 還元粘度の粒子体積分率 ϕ 依存性 [9]
試料：MS-5, 溶媒：水, $C_s = 0$, 25°C, 破線はアインシュタイン則を示す.

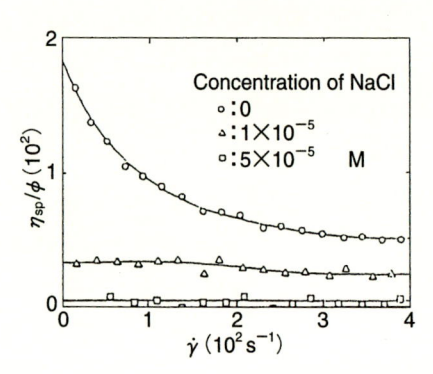

図 7.5 種々の NaCl 濃度における還元粘度のずり速度と依存性 [9]
試料：1B76, $\phi = 4.0 \times 10^{-3}$, 25°C.

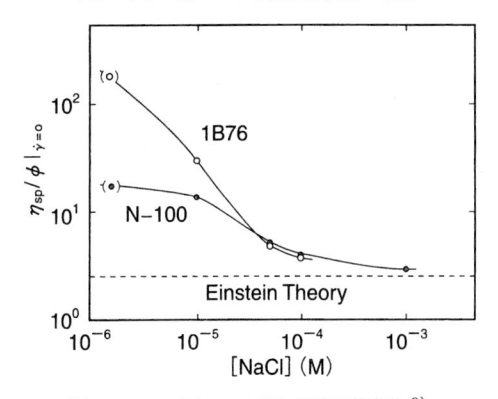

7.3 イオン性コロイド粒子分散系の粘度

図 7.6 $\eta_{sp}/\phi|_{\dot{\gamma}=0}$ の添加塩濃度依存性 [9]
$\phi = 4.0 \times 10^{-3}$, 25°C. ( ) のデータは NaCl を含まない水 ($[H^+] = 1.4 \times 10^{-6}$M) を用いた場合の値.

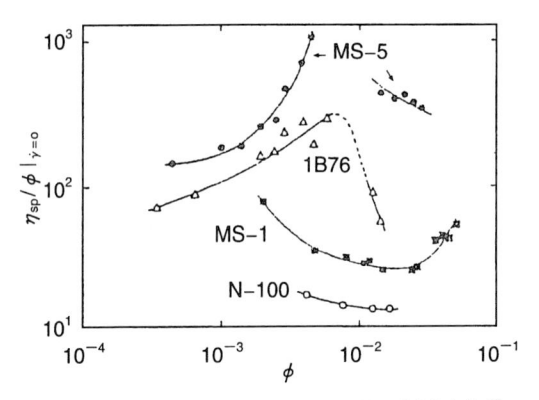

図 7.7 $C_s = 0$ における $\eta_{sp}/\phi|_{\dot{\gamma}=0}$ の粒子濃度依存性 [9]
25°C.

粒子系についてのこの結果は，高分子濃度の上昇に伴う還元粘度の急激な低下が高分子鎖が収縮するためではないことを示唆する．

Antonietti らのミクロゲルの大きさも濃度によらず一定と期待される．その水溶液の η_{sp}/c の濃度依存性を図 7.8 に示すが，粒径に無関係に η_{sp}/c は $c^{-0.25}$ に従って減少していて，ラテックスや屈曲性高分子の傾向と定性的に一致し，屈曲性高分子の場合の鎖の収縮説が正しくないことを示している．

図 7.8 によれば，スルホン化度がほぼ一定 (70%) に保たれているとき，η_{sp}/c は a の増加に伴って低下する．HMS 式 (7.2) から考えると，分子量の増加，し

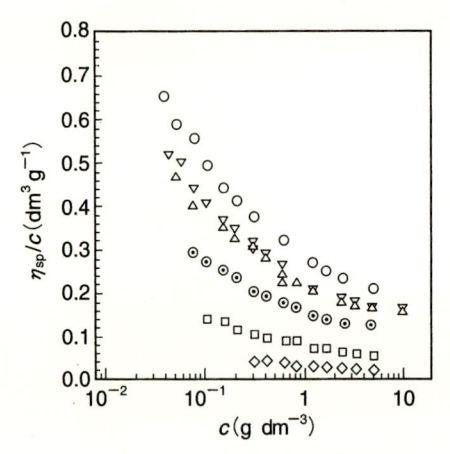

図 7.8 いろいろな大きさのミクロゲル粒子溶液の還元粘度の濃度依存性 [10]
a は○:11.9 nm, ▽:25.1, △:27.3, ⊙:37.4, □:52.5, ◇:67.8.

たがって流体力学的な体積の増大に伴い溶液粘度は上昇するはずである．この点からして上述の粒子径依存性は意外であり，イオン系の粘度発現の機構には非イオン系には見られない特殊な因子が重要な役割を演じていることを示している．

7.3.3 イオン雰囲気とその歪 (第 1 次電気粘性効果)

2 章で議論したように，デバイ・ヒュッケルの強電解質溶液理論[15]によれば，イオンの近傍にはいわゆるイオン雰囲気が形成される．その半径 (κ^{-1}) は式 (2.35) により定義される．この概念はデバイ・ヒュッケルによりはじめて導入されたが，その後この理論の詳細が検討され，原報の理論的取り扱い (たとえば，ポアソン・ボルツマン式の線形化) の深い意味が明らかにされている．くわしくは Harned–Owen[16] や Fowler–Guggenheim[17] の著書で議論されている．この理論では，静止している媒体中で，イオン間の静電的相互作用とイオンの熱運動によって (時間平均として) イオンの分布が決定されている．中心イオン周辺の厚さ dr の球殻内の電荷量は，距離 κ^{-1} において極大を示す．つまり中心イオンのまわりに半径 κ^{-1} のイオン雰囲気が形成されている．この雰囲気は有効剛体球 (4.2.1 項) から連想されるような，イオンの出入りが遮断された球殻ではない．媒体が一定方向に流動している場合，イオンの熱運動もその

7.3 イオン性コロイド粒子分散系の粘度

影響を受けるため,イオン雰囲気は歪を受ける.その歪が微視的次元では小さくても,大きい影響を巨視的な物性に与える.その一例が粘度である.

Booth[18]はこの歪の効果 (第 1 次電気粘性効果) を理論的に取り扱った.Booth は荷電した球の分散系について,溶媒の連続の方程式と運動方程式,イオンの運動方程式から出発してこの効果を理論的に評価した.この際導入された主要な仮定は,(1) 粒子は絶縁体であり,表面電荷は固定され,表面伝導は起こらない,(2) 支持電解質は対称型,(3) イオン雰囲気の厚さ (κ^{-1}) は粒子間平均距離 ($2D_0$) に比較してはるかに小さい,(4) 溶媒は非圧縮性,である.仮定 (3) によって粒子間の相互作用は考慮されない.詳細は原報に譲り,結果のみを示すと,

$$\frac{\eta_{\rm sp}}{\phi} = 2.5 \left[1 + C_1 \left(\frac{e^2 Z_{\rm n}}{\varepsilon a k_{\rm B} T} \right)^2 Z(\kappa a) \right] \tag{7.5}$$

$$C_1 = \frac{\varepsilon k_{\rm B} T \sum n_i z_i^2 w_i^{-1}}{\eta_0 e^2 \sum n_i z_i^2} \tag{7.6}$$

ここに,$Z_{\rm n}$ は粒子の実効電荷数を,$k_{\rm B}$ はボルツマン定数,n_i, z_i, w_i はそれぞれ低分子イオン i の平均濃度,電荷数,移動度を,η_0 は溶媒の粘性率を示す.$Z(\kappa a)$ は κa に関する単調減少関数,κa が大きいとき $Z(\kappa a) \fallingdotseq 3/2\pi\kappa^4 a^4$,小さいとき $Z(\kappa a) \fallingdotseq [1/200\pi\kappa a + 11\kappa a/3200\pi]$ となる.

C_1 は次元をもたない.式 (7.5) の右辺第 1 項はアインシュタイン則に対応し,第 2 項が電気粘性効果に基づく.この効果はイオン雰囲気の厚さが大きいとき,すなわち κa が小さいとき,顕著になる.球の表面では流速は 0 であり,離れるに従って大きくなるから,κ^{-1} が大きくなると,溶媒の速度は大きくなり,イオン雰囲気の変形が起きやすくなるためである.逆に κa が大きいとき,粒子表面に近い距離が問題になり,この領域では溶媒の速度はゼロに近く,したがってイオン雰囲気の変形は起りにくい,すなわち電気粘性効果は小さくなり,アインシュタイン則に近づく.

次に実験結果と比較する.山中ら[19]は表 7.2 に示すシリカ粒子を用い,a を一定にして塩濃度 (κ) を,また κ を固定して a を変化させ,関数 $Z(\kappa a)$ の κa 依存性を検討した.図 7.9 に $\phi = 3.5 \times 10^{-3}$ における結果を示すが,実験点は単一の曲線によって表すことができる.このことは,電気粘性効果が κ と a と

表 7.2 コロイド粒子の特性

試料	a (nm)	Z_n (10^3/粒子)	Z_n/a (nm^{-1})
KE–E10	40	0.12	3.0
KE–E20	90	0.81	9.0
KE–P30W	140	0.98	7.2
N–1000	500	94	188

KE：コロイド性シリカ粒子, N：ポリスチレン系ラテックス.

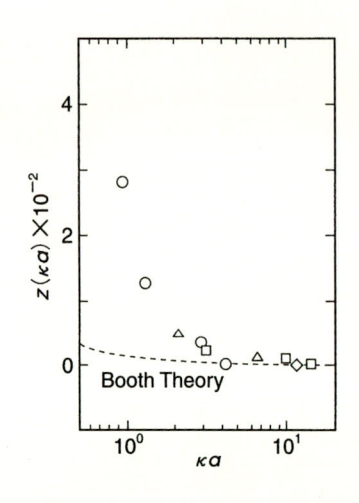

図 7.9 電気粘性効果に対する粒径と塩濃度の影響 [19]
実測値：$\phi = 3.5 \times 10^{-3}$, 試料：シリカ粒子, ○：$a = 40$ nm, △：$a = 90$ nm, □：$a = 140$ nm, ラテックス粒子, ◇：$a = 500$ nm. 破線：Booth の理論.

の積の関数であることを物語っている．また Booth の理論曲線は κa の大きい領域で実験と一致し，小さいときには大きく相違している．この理論の仮定から考えて当然な傾向である．

なお，Goring ら [20], Stone–Masui ら [21] はポリスチレン系ラテックス粒子分散系の電気粘性効果がイオン強度の上昇とともに減少することを報告している．とくに Masui は，κa が 0.7〜10 で Booth の理論と実験結果がよい一致を示すと結論している．

表 7.3 にほぼ一定の粒径をもつ 3 種のラテックスの還元粘度と理論値を示す．最初の電荷数の低い 2 つの試料では，理論と実験の一致は良好であるが，電荷数の高い N-100 では両者の不一致は大きい．

溶媒の特性が粘性効果に及ぼす影響は，十分組織的に検討されていないが，ここではエチレングリコール (EG)–水系での結果 [22] を紹介する．本混合溶媒

7.3 イオン性コロイド粒子分散系の粘度

表 7.3 電気粘性効果と電荷数

ラテックス	Z_n (10^3/粒子)	C_s (M)	$(\eta_{sp}/\phi)_{expt}$*	$(\eta_{sp}/\phi)_{theo.}$
1P30	0.3	5×10^{-5}	3.1	2.6
($a = 55$ nm)		10^{-4}	3.0	2.6
1B76	0.8	5×10^{-5}	2.9	3.4
($a = 55$ nm)		10^{-4}	2.9	3.0
N-100	2.8	5×10^{-5}	3.6	11.0
($a = 60$ nm)		10^{-4}	3.1	7.2

* $\phi = 0$ への外挿値.

表 7.4 エチレングリコール (EG)-水混合溶媒系の諸性質 (25°C)

| [EG] (vol%) | ε | η_0 (cPs) | w (S cm^{2}equiv^{-1}) | | | ρ (g cm^{-3}) |
			w_{H^+}	w_{K^+}	w_{Cl^-}	
0	78.5	0.89	349.8	72.4	69.3	0.997
20	72.2	1.51		47.1	46.4	1.026
40	65.6	2.60	153.0	28.0	28.0	1.055
60	57.7	4.59	68.4	16.7	16.7	1.079
80	48.5	8.52	28.5	8.7	8.7	1.100
100	37.7	16.74	24.1	4.8	4.8	1.117

系の特性を表7.4に示す．伝導度の測定値と w_{H^+} の値から，電気伝導に関与している H^+ の数，したがって粒子当たりの実効電荷数 Z_n が決定できる．1P30の場合 [EG] = 40 vol% では，粒子当たり 30〜35 であり，純水中より低下する．また表7.4の ε 値から，Z_n の減少にかかわらず κ^{-1} はこの [EG] 範囲ではほぼ一定であることが示される．表7.5に示すように，ε, η_0 と w_{H^+} を用いて計算した $(\eta_{sp}/\phi)_{theo}$ は，この [EG] 範囲でわずかに低下することが結論される．実験値と理論値はほぼ一致しているとみなすことができよう．詳しく比較すると，両者の間に差異があるようにもみられるが，この点に関してはさらに多数の実験結果の集積を待つ必要があろう．

コロイド分散系の粘性に及ぼす対イオンの影響についても，まだ詳細な研究は行われていない．したがって以下の議論は非常に予備的であるが，山中らの結果[23]について簡単に説明する．この研究では H^+, Na^+ および $(CH_3CH_2)_4N^+$, (Et_4N^+ と略す) を選び，対イオンの大きさを変化させている．対イオン固定度はこれら3種のイオンで変化がないことを示す実験事実があり，したがって Z_n

表 7.5 EG–水混合系での電気粘性効果 ($25°C$, $[KCl] = 10^{-5}$ M)

[EG] (vol%)	$(\eta_{sp}/\phi)_{expt.}$*	$(\eta_{sp}/\phi)_{theo.}$
0	3.6	2.9
20	4.0	
40	3.5	2.7

* ラテックス 1P30 ($a = 55$ nm). $\phi = 0$ への外挿値.

表 7.6 3種の対イオン系に対する電気粘性効果

対イオン	$(\eta_{sp}/\phi)_{expt}$*	$(\eta_{sp}/\phi)_{theo.}$
H^+	3.7	
Na^+	4.1	6.0
Et_4N^+	5.2	7.1

* ラテックス N–100 ($a = 55$ nm), $C_s = 5 \times 10^{-5}$ M, $\phi = 0$ への外挿値.

は対イオンにはよらないとみなす.また,Na^+ と Et_4N^+ の当量電気伝導率はそれぞれ 50.10, 32.66 S cm^2 mol^{-1} であるが,H^+ については幾何学的大きさその他の考察から,Na^+ とほぼ同じかあるいはそれよりやや大きい伝導率をもつと推定される[*5].以上の仮定から算出された粘度の理論値と実測値を表 7.6 に比較する.両者の間の一致は定性的には良好である.

以上の検討から,κa が大きく,Z_n が小さい場合,Booth の理論が実験結果を定量的に説明することがわかる.このような条件の下において観測されるアインシュタイン則からのずれは,イオン雰囲気の歪によるものとしても差し支えないと判断される.

κa が小さい場合については,まだ理論的検討がされておらず,早急な解析が望まれる.

粒子濃度が高い場合,荷電粒子間の相互作用が考慮される必要がある.この効果は第 2 次電気粘性効果と呼ばれるが,まだその理論的解析はできていない.さらに荷電粒子の変形による粘度増加を第 3 次電気粘性効果と呼ぶこともあるが,この因子はコロイド粒子では屈曲性イオン性高分子の場合ほどには重要ではないであろう.以上の効果のほかに,これまで指摘されていない重要な因子として,局所的な規則構造が流動場において受ける回転や変形が考えられる.これが巨大イオン系の高い粘性の一因ではないかと思われる.図 7.10 に模式的に示したが,流れは規則構造を回転させるトルクを生じる.また,粒子間のポテンシャルの谷が浅いため,周辺部の粒子は流れの影響で構造から脱落しやす

[*5] H^+ の見かけの当量電気伝導率は 349.81 S cm^2 mol^{-1} であるが,これはいわゆるグロットゥス機構によるもので,本文中に述べたのは H^+ がヒドロニウムイオンとして電場下を移動する場合の値である.

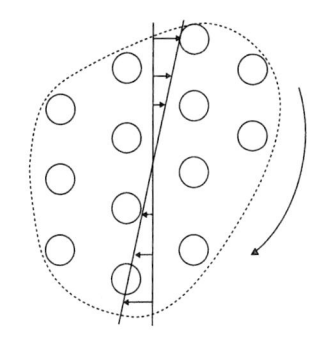

図 7.10 粘性的な流れにおける局所的規則構造

い．すなわち構造の変形が予想される．これもまた粘度に寄与すると考えられる．図7.5に示したshear-thinning現象にはこれらの因子も係わっているものと推察される．なお，この構造的要因はコロイド系に限らず，屈曲性イオン性高分子溶液についても重要な役割を演ずるものと考えられるが，いずれの系についても，局所的構造の大きさと粘性との間の相関を実験的に検討することが望まれる．

7.3.4 ま と め

本章では屈曲性イオン性高分子溶液の粘度挙動について過去，現在の研究を考察した．広く受け入れられている棒状モデルが提案された経緯を述べ，それに関する実験，理論の問題点を指摘した．これまでの議論で見落とされていた因子は，高分子領域内に存在する対イオンと解離基電荷との静電的相互作用である．イオン性高分子鎖は，対応する中性高分子より伸張するという発想は，この作用の寄与の程度によっては，必ずしも妥当ではないように思われる．とはいえ，この因子が実験的にもまた理論的にも定量的に評価されていない現状では，イオン性高分子の形態や広がりについて結論することは無理である．

なお対イオンと解離基電荷の間の相互作用は，これまでの章で議論してきた"対イオンを媒介とする巨大イオン間の引力"と基本的に同質であることに注意したい．

本章の議論でわかったことは，変形しにくいコロイド粒子の分散系粘度が，多くの点で，屈曲性イオン高分子溶液の粘度と似通った挙動を示す事実である．

たとえばこれら 2 つの系では共通して，還元粘度–濃度曲線に極大が現れ，また顕著な shear-thinning 効果が観察される．この効果はしばしば屈曲性イオン性高分子の棒状モデルを支持するものとされるが，球状粒子でも同じ効果が観測されることから考えて，この主張は合理的ではないと思われる．粒径を一定とするとき，イオン性コロイド系の還元粘度が電荷密度の増大に従って（増加するのではなく）低下する事実（図 7.7）は，粘度挙動が静電的相互作用によって強くしかも複雑に影響されていることを暗示する．また一定のスルホン化度のミクロゲルで，粒径の増加が還元粘度の低下を招く観察（図 7.8）からも静電相互作用の重要な役割が推察される．非イオン性高分子の場合，その還元粘度は流体力学的相互作用のみによって大局的に決定される．イオン性高分子の場合はこれとは大きく違っている．その粘度は (1) 流体力学的相互作用と，(2) 直接および間接のイオン間相互作用の両者によって大きく影響されている．したがって，イオン性高分子の粘度の観測値をそのまま非イオン性高分子の粘度式に持ち込んで解析することは当を得たものではないと思われる．その一例が式 (7.2) によってイオン性高分子が棒状に伸張しているという従来の解釈であろう．誤解を避けるため付け加えると，筆者らは式 (7.2) がイオン性高分子に対して成立しないと主張しているわけではない．仮に還元粘度に対する静電的相互作用の寄与が評価されたとして——この評価は現段階では非常に難しいが——，これを実測の還元粘度から控除して得られた残余の還元粘度については，式 (7.2) が成り立ち，棒については $\alpha = 2$，球に対して 0 となると考えられる．実際に多量の塩を加えて実験的に静電相互作用を消去すると，コロイド粒子系の粘度はアインシュタインの粘度則に従い $\alpha = 0$ となる．

無塩あるいは低塩系の粘度はアインシュタイン則から大きく外れる．このずれの大部分が静電的相互作用によるものであろう．このずれの一部はコロイド粒子近辺のイオン雰囲気の歪，すなわち第 1 次電気粘性効果に由来することが，Booth の理論との比較から結論された．この理論は，κa が大きく電荷数が低い系では粘度の実験値をよく再現することが明らかになった．もっとも，この効果によって無塩あるいは低塩条件での還元粘度が説明しきれているわけではない．当面する課題は著しく複雑である．

以上の議論から屈曲性イオン性高分子の形態や広がりの課題には，未解決の

部分が非常に多いことが理解されよう．棒状モデルによって整理されてきた従来の解釈には，必ずしも強固な裏付けがあったようには思われない．このモデルで説明が可能ということは，他のモデルを排除できることではなさそうである．粘性以外の物性をも踏まえた，新しい視点による問題解決の努力が熱望される．

参考文献

1) H. Yamakawa, Modern Theory of Polymer Solutions (Harper & Row, 1971).
2) R. M. Fuoss, *Discuss. Faraday Soc.*, **11**, 125 (1951).
3) J. A. V. Butler and B. E. Conway, *Nature*, **172**, 152 (1953); H. Fujita and T. Homma, *J. Colloid Sci.*, **9**, 591 (1954); H. Eisenberg and J. Pouyet, *J. Polymer Sci.*, **13**, 85 (1954); J. A. V. Butler, A. B. Robins and K. V. Shooter, *Proc. R. Soc. London*, **A241**, 299 (1957).
4) J. Yamanaka, H. Matsuoka, H. Kitano, M. Hasegawa and N. Ise, *J. Am. Chem. Soc.*, **112**, 587 (1990).
5) P. J. Flory, Principles of Polymer Chemistry (Cornell University Press, 1953).
6) H. Vink, *Makromol. Chem.*, **131**, 133 (1970).
7) R. Krause, E. E. Maier, M. Deggelmann, H. Hagenbüchle, S. F. Schulz and R. Weber, *Physica*, **A160**, 135 (1989).
8) Y. B. Zhang, J. F. Douglas, B. D. Ermi and E. J. Amis, *J. Chem. Phys.*, **114**, 3299 (2001).
9) J. Yamanaka, H. Matsuoka, H. Kitano and N. Ise, *J. Coll. Interface Sci.*, **134**, 92 (1990).
10) M. Antonietti, A. Briel and S. Förster, *J. Chem. Phys.*, **105**, 7795 (1996).
11) M. Hara, J. Wu and R. J. Jerome, *Macromolecules*, **21**, 3330 (1988).
12) A. Einstein, *Ann. Phys.*, **19**, 289 (1906).
13) H. Staudinger, I. Joseph and E. O. Leupold, *Liebig Ann.*, **488**, 127 (1931).
14) L. Onsager, *Phys. Rev.*, **40**, 1028 (1932).
15) P. J. W. Debye and E. Hückel, *Physik. Z.*, **24**, 185 (1923).
16) H. S. Harned and B. B. Owen, The Physical Chemistry of Electrolytic Solutions, 3rd ed. (Reinhold, 1958).
17) R. H. Fowler and E. A. Guggenheim, Statistical Thermodynamics, Chap.9 (Cambridge, 1939).
18) F. Booth, *Proc. R. Soc. London*, **A203**, 533 (1950).
19) J. Yamanaka, N. Ise and H. Miyoshi, T. Yamaguchi, *Phys. Rev.*, **E 51**, 1276 (1995).
20) F. S. Chan and D. A. I. Goring, *J. Coll. Interface Sci.*, **22**, 371 (1966).
21) J. Stone-Masui and A. Watillon, *J. Coll. Interface Sci.*, **28**, 187 (1968).
22) J. Yamanaka, H. Matsuoka, H. Kitano, N. Ise, T. Yamaguchi, S. Saeki and M.

Tsubokawa, *Langmuir*, **7**, 1928 (1991).
23) J. Yamanaka, S. Hashimoto, H. Matsuoka, H. Kitano, N. Ise, T. Yamaguchi, S. Saeki and M. Tsubokawa, *Langmuir*, **8**, 338 (1992).

8

コンピュータシミュレーションによる相転移

8.1 はじめに

　分子集団系の微視的性質を取り扱う方法として，コンピュータシミュレーションの利用が盛んである．コロイド分散系も例外ではない．構成粒子の運動方程式を逐一解くことによって粒子の軌跡を求める分子動力学 (molecular dynamics; MD) 法，分配関数を数値計算するモンテカルロ (Monte Carlo; MC) 法があり，それぞれに長所，短所をもつ．その基本的な解説については専門書[1])に譲り，本章ではコロイド粒子系についてこれまで展開されてきた主な研究について議論したい．はじめに注意しなければならないのは，この方法の特徴と限界である．MD 法，MC 法いずれにおいても，粒子 (あるいは分子・原子) 間の 2 体相互作用が仮定される．この相互作用が正しく，また精度の高い数値解が得られる場合，粒子集合体の物性は現実の系で観察されるものと同等に近いと期待される．実際にはコンピュータの能力に応じて，さらに種々の仮定が導入される結果，この期待通りにならない場合が少なからず起こる．また，現実の実験と比較してコンピュータの操作が容易であるため，手軽に "実験条件" や "パラメータ" を操作できることも手伝って，シミュレーションを万能と見なす傾向があるが，これは正しくない．反対に "単純な計算" 結果にすぎないと考えることも誤りであろう．確かにシミュレーションによって近似的な理論では明瞭にできない微視的諸性質についての情報が得られることは事実であり，また現実の実験では実現できないような特殊な条件における物性を知ることができる利点もある．したがって，あくまで実験事実の正しい解釈を得るにあたっての 1

つの補助的手段と考えるべきであろう．

8.2 剛体球モデルの相転移 (アルダー転移)

最初の MD 計算は，Alder と Wainwright[2] によって行われた．本書では簡単に触れるに留めるので，詳細についてはたとえば文献[3]を参照されたい．(2粒子間の) 対ポテンシャルエネルギー $U^{Al}(R)$ を次のように仮定し，N 個の剛体球 (半径 a) からなる系の状態方程式が計算された．

$$U^{Al}(R) = 0 \qquad (R \geq 2a),$$
$$U^{Al}(R) = \infty \qquad (R < 2a) \qquad (8.1)$$

$$\frac{PV}{Nk_BT} - 1 = \left(\frac{1}{N\langle v^2 \rangle}\right)\left(\frac{\Delta \Sigma}{\Delta t}\right) \qquad (8.2)$$

ここに

$$\Sigma = \sum_i (\boldsymbol{r}_{a_i} - \boldsymbol{r}_{b_i}) \cdot \Delta v_{a_i} \qquad (8.3)$$

$\boldsymbol{r}_{a_i}, \boldsymbol{r}_{b_i}$ は衝突 i に関与する粒子 a_i と b_i の位置，Δv_{a_i} は衝突に伴う粒子 a_i の速度変化，$\langle v^2 \rangle$ は平均 2 乗速度である．Σ の t (時間) プロットから $\Delta\Sigma/\Delta t$ が，したがって $(PV/Nk_BT - 1)$ が決定される[4]．粒子を当初面心立方格子 (fcc) に配列して MD 計算を実行すると，ある時点まで圧力 P は低い値に留まるが，その後急に高くなり，相転移が起こったことを示す．最稠密に粒子を配置したときの比容を V_0 とすると，$V/V_0 = 1.525$ のときの転移前後での粒子の軌跡を図 8.1(a), (b) に示す．Hoover と Ree[5] は粒子は決められた細胞から出られないと仮定し (single occupancy model)，固相と液相のギブス自由エネルギーが等しい条件を入れることにより，凝固点における密度 N/V が $0.667N/V_0$ ($V_0 = N2^3a^3/\sqrt{2}$) となることを示した．これは，粒子の体積分率 ϕ で表すと 0.49 に対応する．

この剛体球系の相転移をアルダー (Alder) 転移と呼ぶが，ϕ が 0.5 以上で固相が，それ以下で液相が安定となる．注目を引くのは，斥力のみを含む 2 体ポテンシャルで相互作用している粒子系に相転移が起こるとされていることであ

8.2 剛体球モデルの相転移 (アルダー転移)

(a)

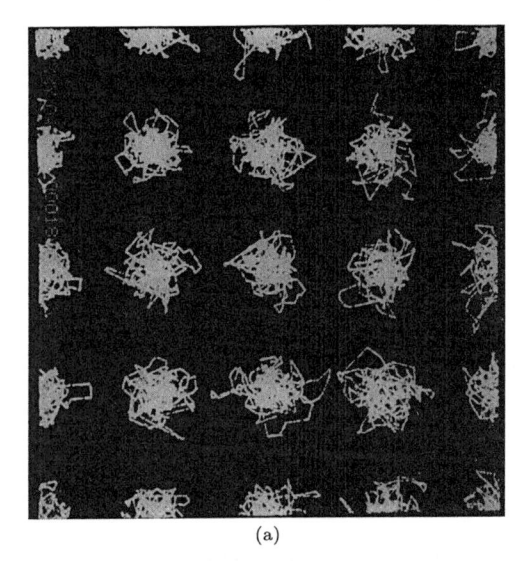

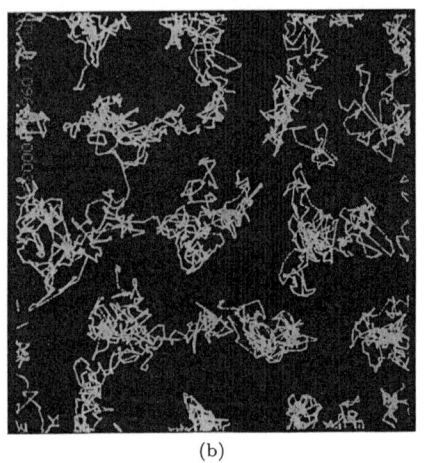

(b)

図 **8.1** MD 法により得られた剛体球の軌跡 [4)]
粒子数: 32, $V/V_0 = 1.525$. (a) 固相状態, (b) 液相状態.

る．この結果が現実の物質系に当てはまるかどうかは興味ある点である．これについて，Longuet–Higgins ら [6)] のシミュレーションは示唆に富んでいる．彼らは次の式に示すように，2体ポテンシャルが剛体球ポテンシャル (8.1) に加えて引力ポテンシャルをも含むと仮定して，状態方程式を求めた．

$$\frac{PV_0}{Nk_\mathrm{B}T} = \frac{P^0 V_0}{Nk_\mathrm{B}T} - \lambda \left(\frac{V_0}{V}\right)^2 \tag{8.4}$$

$$\lambda = \frac{a_1 N}{V_0 k_\mathrm{B} T} \tag{8.5}$$

ここに,式 (8.4) 右辺第 1 項は剛体球ポテンシャルのみで相互作用している場合の圧力で,第 2 項は a_1 を正の定数とするとき新たに導入された引力の寄与である.$\lambda = 0$ はアルダー転移の場合であり,λ が大きくなるに従って転移の濃度域がアルダー転移の場合より広くなる.そしてこのシミュレーションは固相,液相,気相の共存する三重点において $\lambda = 14.7$ となり,アルゴンの融解エントロピー,定積比熱,圧縮率などの測定値とよい一致を示す.

アルゴンについて,この Longuet と Higgins のシミュレーションが実験結果とよい一致を与えたということは,少なくとも剛体球ポテンシャルのみでは実験結果を定量的には説明できないことを意味する.

イオン性コロイド粒子分散系の固-液平衡が,このアルダー転移であるという解釈が提案されている[7,8].しかし 4 章で議論したイオン性コロイド系の固-液平衡ははるかに低い体積分率 ϕ において観測されている.たとえば図 4.12 は $\phi = 0.02$ において得られており,アルダー転移の 0.5 より 1 桁低い.したがって,筆者らは少なくとも本書で議論しているようなコロイド分散系の相転移はアルダー転移ではないと考えている[*1].

8.3 湯川ポテンシャル,DLVO ポテンシャル[10,11] による相転移

現実のイオン性コロイド系では粒子の ϕ を大きくすると,体心立方格子 (bcc) から面心立方格子 (fcc) への転移が起こり,これが光のブラッグ回折[12],偽コッセル線回折[13],真性コッセル線回折[14],顕微鏡法[15] により観測される.

[*1] 4.2.1 項で述べたように,相転移の ϕ の実測値とアルダーの計算結果との大きな違いを,式 (4.7) によって定義される有効剛体球半径 a_D を考慮して説明しようという考えがある.これが正しいとするとアボガドロ定数が普遍定数ではないということになる (4.2.1 項).これは物理的に受け入れられないので,筆者らは有効剛体球のアルダー転移という解釈をとらない.また Sood[9] は別の有効剛体球モデルについても実験との一致が満足できるものでないことを指摘しているが,ここでは省略する.

8.3 湯川ポテンシャル，DLVO ポテンシャル [10,11] による相転移

Robbins ら [16] は湯川ポテンシャルにより相互作用する粒子数 N，その数密度 n_p^* とし，粒子 (電荷数 $Z_n e$) 当たりのエネルギー $U_R^Y(R)$ を用いて，体積一定の条件のもと，粒子数 $N = 500$ についてシミュレーションにより bcc–fcc 相転移を検討した．

$$U_R^Y(R) = \frac{1}{2N} U_0 \left[\sum_{i,j=1, i\neq j}^{n} \exp\left(-\frac{\lambda R_{ij}}{a_s}\right) \right] \left(\frac{a_s}{R_{ij}}\right) \qquad (8.6)$$

ここに R_{ij} は粒子 i と j の距離，$a_s = n_p^{*-1/3}$, $\lambda = \kappa a_s$,

$$U_0 = \frac{(Z_n e)^2}{\varepsilon a_s} \equiv U_a \exp(\lambda) \qquad (8.7)$$

$$\kappa^2 = \frac{(4\pi n_s e^2)}{(\varepsilon k_B T)} \qquad (8.8)$$

e は素電荷，ε は溶媒の誘電率，n_s は (1 価の) 微小イオンの数密度である．図 8.2 にシミュレーションの結果を示す．

原著者も指摘したように，相互作用は純粋に斥力的と仮定されているので，相図には気体と液体の区別は現れてこない．液体と固体，bcc と fcc の共存とが現れる．図 8.2 において○は液体状態，二重破線は Lindemann 条件から推定された溶融線，△は fcc，□は bcc が安定な領域である．また破線は格子動力学シミュレーション，実線は MD シミュレーションの結果である．前者は低温で，後者は高温で正確なことが知られている．図によれば，bcc は実線の位置で fcc に転移し，$\lambda(=\kappa a_s)$ が大きいとき bcc は安定には存在することができず，fcc のみとなる．$1.72 < \lambda < 4.9$ の範囲では温度上昇に伴って fcc → bcc →液体のように転移が起こる．融解前に bcc が出現することは，Alexander ら [17] により指摘されており，多くの金属で知られているが，コロイド系では観察されていない．高温における bcc の安定性は bcc が fcc より高いエントロピーをもつことを示すが，bcc の格子振動の振動数が低いためとされている．

湯川ポテンシャルではすべてのイオンは点電荷と仮定される．コロイド粒子の半径 a は対イオンのそれよりはるかに大きく，この近似は一般的には無理である．この点で，次に示すいわゆる DLVO ポテンシャル $U_R(R)$ は湯川ポテンシャルよりやや現実的である．

$$U_{\rm R}(R) = \frac{Z_{\rm n}^2 e^2 \exp(2\kappa a) \exp \kappa R}{\varepsilon R (1+\kappa a)^2} \tag{8.9}$$

DLVO ポテンシャルは粒子サイズを反映するいわゆる幾何学的因子,$[\exp(2\kappa a)/(1+\kappa a)^2]$ を含む点で湯川ポテンシャルと違っている.当然ながら,低濃度領域 ($\kappa a < 1$) ではこの因子を無視しても問題はないが,一般的には 2 つのポテンシャルから異なった結果が導かれる.Thirumulai ら[18] は DLVO ポテンシャルにより MD シミュレーションを実行し,臨界濃度において液相が自発的に bcc 相に転移することを見出している.$U_{\rm R}^{\rm Y}(R)$ を用いた Robbins らの結果ではこのような転移は起こらない.また,$U_{\rm R}(R)$ によって計算された系の圧縮率は,粒子の体積分率 ϕ に関して極小を示すのに対し,$U_{\rm R}^{\rm Y}(R)$ では単純に減少し,系が無限に圧縮可能という物理的に意味のない結果を与えることが知られている[9].さらに Shih ら[19] は,$U_{\rm R}^{\rm Y}(R)$ を用いると ϕ の増加に伴い液→固→液相転移が起こると主張しているが,$U_{\rm R}$ を用いるとこの再帰性転移は認められないため,点電荷近似による誤りと推定している[*2].

Sirota ら[23] はシンクロトロンによる X 線散乱によりポリスチレンラテックス-水-エタノール系の相図を決定し,Robbins らのシミュレーションと比較している.図 8.3 に示すように,シミュレーションの結果 (破線) は,転移線 (実線) を定性的には再現できているが,定量的一致は不満足である.著者らによると,$Z_{\rm n}$ を変化させてもこの事態は改善されないとのことである.

Robbins らは $U_{\rm R}(R)$ を直接シミュレーションに用いるのではなく,幾何学的因子による補正を $U_{\rm a}$ に入れることで (便宜的に $U_{\rm ag}$ と表す) 粒子の排除体積を考慮している.便宜的な手法であるが,定性的な議論には十分であろう.この方法で,($T=0$ における) コロイド結晶の弾性率が計算され,実測と比較し,調整電荷数を用いてよい一致が得られたと報告されている.ただこの調整電荷数の値が,独立の実験 (たとえば伝導度測定) で確認されてはいない.

幾何学的因子による補正の手法によって山中[24] は種々の粒径のコロイド粒

[*2] コロイド系の実験では,再帰性相分離は $C_{\rm s}$ と ϕ に関するケースが観測されているが,これらの場合均一の液相が,不均一の気-液相共存を経て,再び均一の液相に変化している[20,21].また電荷密度に関しては,均一液相が固-液相共存を経て均一液相に転移することが認められている[22].

8.3 湯川ポテンシャル,DLVO ポテンシャル[10,11] による相転移

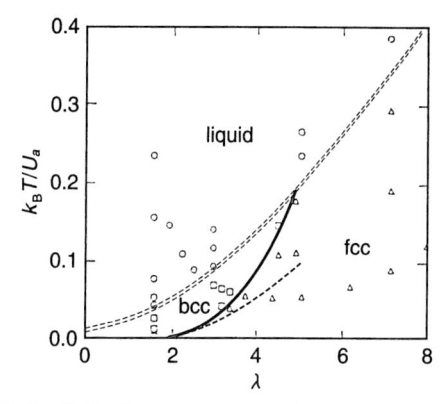

図 8.2 粒子間相互作用エネルギー U_a による湯川系の固-液相平衡
(文献[16])を一部改変)
○:液体状態,△:fcc,□:bcc. 二重破線:この線上で粒子の根平均 2 乗変位が粒子間距離 a_s の 19%に達する. 破線:格子動力学シミュレーションによる bcc-fcc 間の相転移境界. 実線:MD シミュレーションによる bcc-fcc 転移境界. U_a:式 (8.7) により定義される.

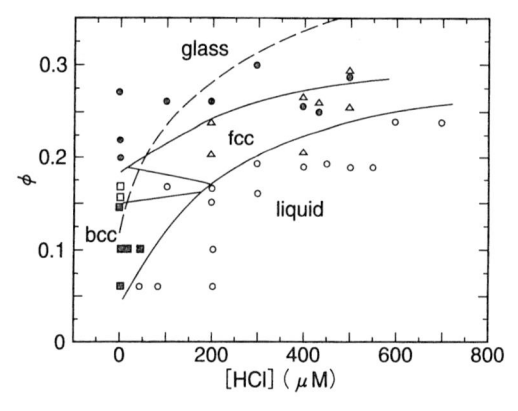

図 8.3 ポリスチレンラテックス-軽水 (0.1)-メタノール (0.9) 分散系の相図
(文献[23]) を一部改変)
添加塩: HCl, $a = 45.5$ nm, 粒子の実効電荷数 $Z_n = 135$(水中では 500), 分散媒誘電率: 38. ■:bcc, △:fcc, □:bcc と fcc の共存, ●:ガラス状態, ○:液体. 実線:観測された転移線, 破線:湯川ポテンシャルによるシミュレーション.

子系の相図を決定している. 図 8.4, 8.5 はそれぞれコッセル線回折[14] および顕微鏡観察[15] に用いられた $a = 78$nm, 123nm の試料に対応する. コッセル線回折では ϕ が 0.02 と 0.03 の間 (図中の矢印) で bcc から fcc への転移が見出さ

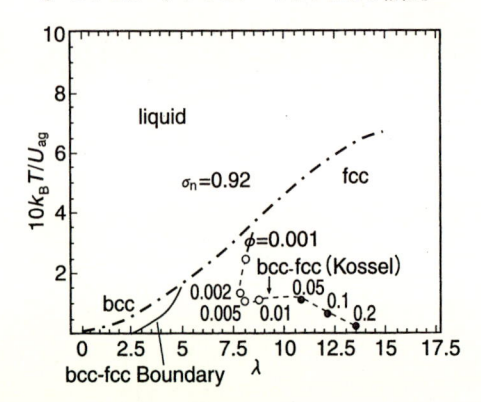

図 8.4 幾何学的因子を考慮した湯川ポテンシャル U_{ag} によるシミュレーション
とコッセル線回折による fcc-bcc 転移 [24]

粒子：ポリスチレン系ラテックス ($a = 78$ nm, $\sigma_a = 6.3$ μC cm^{-2})，分散媒：
H$_2$O, $C_s = 2$ μM, $\sigma_n = 0.92$ μC cm^{-2}[$(\ln \sigma_n = 0.5 \ln \sigma_a - 1.0)$] により σ_a
から算出 [25]．丸印はコッセル線回折 [14] による観測点で，○：bcc のみ，●：
fcc のみが観測されている．―，-―はそれぞれ U_{ag} による bcc-fcc 境界線，固-
液境界線を示す．破線：等実効電荷数線 ($\sigma_n = 0.92$ μC cm^{-2})．矢印：転移点．

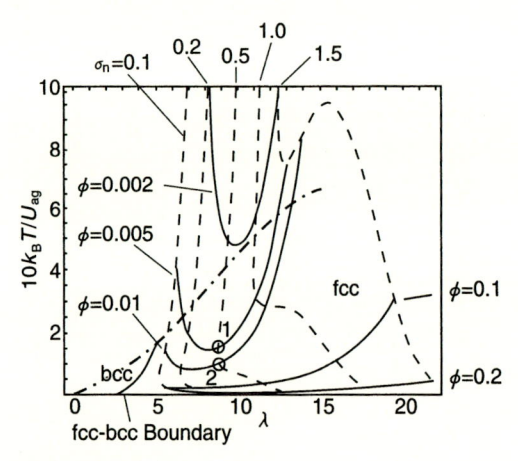

図 8.5 幾何学的因子を考慮した湯川ポテンシャル U_{ag} によるシミュレーション
と顕微鏡観察による fcc-bcc 転移 [24]

粒子：ポリスチレン系ラテックス ($a = 123$ nm, $\sigma_a = 1.9$ μC cm^{-2})，分散媒：
H$_2$O, 添加塩濃度 $C_s = 2$ μM．$\sigma_n = 0.51$ μC cm^{-2}[$(\ln \sigma_n = 0.5 \ln \sigma_a - 1.0)$]
により σ_a から算出 [25]．実験との比較を容易にするため，等体積分率曲線，等実
効電荷数曲線が記入されている．図中○1, ○2 はそれぞれ $\phi = 0.005, 0.01$ に
おける伊藤らの顕微鏡観察 [15] を示し，0.02 においては fcc のみ，0.01 では fcc
と bcc の両者が共存している．

れているが，U_{ag} によるシミュレーションでは fcc 領域に入っている．

コロイド性シリカ粒子はラテックス粒子系より高い ϕ 領域で bcc を形成することが実験的に確認されているが[26~28]，これらの結果もシミュレーションと一致してはいない[*3]．

コロイド系の相平衡についてはさまざまな解析的な理論が提案されているが，実験結果と満足できる一致がみられない場合が多い．詳細は Sood の総説[9,30]およびそれに引用されている原報に譲る．

8.4 対 G-ポテンシャルによる相転移

以上のシミュレーションは，純粋な斥力を用いて実行された．定量的一致は不満足であるが，固-液，固-固相間転移をある程度定性的に再現できたことは事実である．しかし Robbins らも指摘しているように，U^Y は純粋に斥力であるため，気-液相平衡は図 8.4，8.5 にはみられない．しかし現実には 4.2.4 項で説明したように，均一コロイド分散系に巨視的な気-液相分離[21,31]や微視的なボイド[32~34]が観察されている．したがって，粒子間相互作用が純粋に斥力であるという考えは修正が必要で，この斥力に加えて粒子間に静電的引力が作用すると筆者らは考えている．本節では 6 章で議論された，短距離斥力と長距離引力を含む対 G-ポテンシャル[35](表 6.2 参照)を用いて行われたモンテカルロ (MC) および分子動力学 (MD) シミュレーションについて議論したい．なお Overbeek[36]はこのポテンシャルが正しくないと主張したが，この批判は 2 章脚注 1, 6 章脚注 1 に述べたように基本的に誤りである．彼の議論が正しければ，デバイ・ヒュッケル理論も誤りという結論になる．

8.4.1 fcc-bcc 転移，固-液相平衡，均一-不均一相転移，ボイド

具体的なシミュレーションの結果を述べる前に，Tata ら[37~39]の研究の要点を述べる．メトロポリスの方法により，粒子数 N，体積 V，温度 T 一定の条

[*3] Gast ら[29]はラテックス分散系について，調整電荷数 σ^* を採用すると Robbins らのシミュレーションが実験結果と非常によく一致すると報告している．電荷密度が低く，$\sigma_n = \sigma^*$ の領域にあるためであろう (図 4.4 参照)．高い電荷密度領域での比較が望まれる．

件で,式 (8.10) の対 G-ポテンシャル $U^{\rm G}(R)^{35)}$ によって相互作用する粒子系について MC シミュレーションが実行された$^{40\sim 42)}$. 粒子が半径 a, 電荷 $Z_{\rm n}e$ をもつとき,

$$U^{\rm G}(R) = \frac{(Z_{\rm n}e)^2}{2\varepsilon} \frac{\sinh(\kappa a)}{\kappa a} \left[\frac{A}{R} - \kappa\right] \exp(-\kappa R) \tag{8.10}$$

$$A = 2 + 2\kappa a \coth(\kappa a) \tag{8.11}$$

$$\kappa^2 = \frac{4\pi e^2 (n_{\rm p} Z_{\rm n} + C_{\rm s})}{\varepsilon k_{\rm B} T} \tag{8.12}$$

ここで, 対イオンは1価とし, 共存塩は 1-1 型で, $n_{\rm p}$, $C_{\rm s}$ は粒子濃度と塩濃度を示す. ポテンシャルの谷の位置 $R_{\rm m}$ は

$$R_{\rm m} = \frac{A + [A(A+4)]^{\frac{1}{2}}}{2\kappa} \tag{8.13}$$

MC セルの長さ l は

$$l^3 = \frac{N}{n_{\rm p}} \tag{8.14}$$

である. 粒子は液体状, bcc あるいは fcc の初期配置をとるとし, 系の全相互作用エネルギー $U_{\rm T}$ と構造因子の第1ピークの高さ $F(K)_{\rm max}$ をモニターすることにより熱的平衡に到達していることを確認する. 予備的に N を 250, 432, 1024 と変化させても, $N \geq 432$ では結果は統計誤差範囲で一致し, 以降の計算では $N = 432$ に固定される. 平衡に到達後, 動径分布関数 $g(r)$, 座標平均動径分布関数 $g_{\rm c}(r)$, 平均2乗変位 $\langle r^2 \rangle$, が算出される. $g_{\rm c}(r)$ は粒子座標を十分長い時間にわたり平均することによって得られ, 熱運動の影響のない分布関数を与える[43)].

Tata らのシミュレーションでは a は 55 nm と固定され, 体積分率 ϕ, 粒子の電荷密度 $\sigma_{\rm n}(= Z_{\rm n}e/\pi(2a)^2)$, および $C_{\rm s}$ がパラメータとなる. 図 8.6 に比較的高い ϕ における $g(r)$ と $g_{\rm c}(r)$ を示す. ピークの相対位置から結晶の種類が推定できるが, 採用された条件では bcc–fcc 転移が $\phi = 0.14 \sim 0.2$ 近辺で起こることがわかる. Sirota ら[23)] は結晶の弾性率から $Z_{\rm n}$ として 65 の値 ($a = 45.5$ nm, $\sigma_{\rm n} = 0.16\ \mu{\rm C\,cm}^{-2}$) を, さらに fcc–bcc 転移が $\phi = 0.15 \sim 0.20$ で起こること (図 8.4) を報告している. 粒径の差を考慮すればこの結果は図 8.6

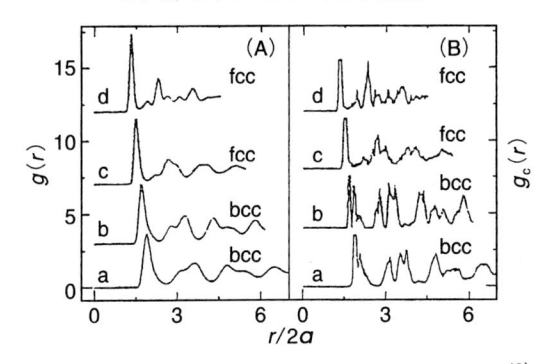

図 8.6 対 G-ポテンシャルによる MC シミュレーション [42)]
(A) 動径分布関数 $g(r)$. $a = 55$ nm, $C_s = 0$, $\sigma_n = 0.15$ μC cm^{-2}. 曲線 a, b, c, d は垂直方向に平行移動させてあり,それぞれ $\phi = 0.1, 0.14, 0.2, 0.3$ に対応する. (B) 座標平均動径分布関数 $g_c(r)$. パラメータ値は (A) と同じ. 第 1 ピークの高さは 10.2, 11.8, 9.5, および 8.3.

とよい一致を示しているといえようが,Sirota らの Z_n は結晶の弾性率 G の測定から間接的に求められているので,伝導度測定などの直接的方法によって確認されることが望まれる[*4)].

σ_n や C_s も分散系の状態を決定する重要な因子である.図 8.7 は対 G-ポテンシャルエネルギー U^G がこれらのパラメータによってどのように影響されるかを示す[31)].このポテンシャルは近距離斥力と長距離引力の成分をもつが,添加塩イオンの数密度 n_i が大きくなると,ポテンシャルの谷の位置は短距離側に移り,谷の深さはいったん深くなった後に浅くなる.n_i が著しく大きくなると谷の深さは零となり,粒子は斥力のみで作用することになる.ポテンシャルの谷の位置の n_i 依存性は,DLVO 理論の全ポテンシャル (図 2.11) と同様である.このポテンシャルの場合 n_i の増加とともに谷は単調に深くなる.U^G の谷の位置 R_m が平均粒子間距離 $2D_0$ より外側にあると,粒子は斥力のみを及ぼし合って,系は均一になる.また $R_m < 2D_0$ では引力の影響で n_p^* より濃厚な相と,希薄な相とに分離し,系は不均一になる.図示はしないが,$n_i/n_p^* Z_n > 100 \, (n_i > 6.65 \times 10^{16})$ のとき,R_m 近傍に $g(r)$ は単一のピークをもち,粒子間距離が大

[*4)] 定義により G は,粒子間ポテンシャル $U(Z_n, R)$ によって $G = (A_1/R)(\partial^2 U/\partial R^2)$ のようによって表される.したがって G から Z_n を求めるためには U を仮定する必要がある.9 章でも述べるように,G の実測値は U_R でも U^G を用いてもほぼ同様に再現できるので,ポテンシャルの形に依存しないような直接的方法で Z_n を決めることが望まれる.

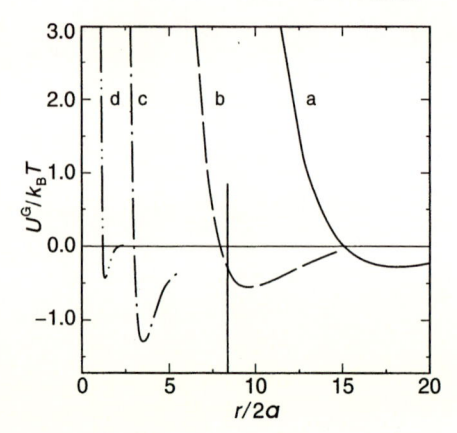

図 8.7 種々の添加塩濃度における対 G-ポテンシャル [31)]
鉛直の直線は平均粒子間距離を示す．a : $n_i = 0$(個/cm^3), b : 1.73×10^{15}, c : 1.99×10^{16}, d : 6.65×10^{17}.

きくなると $g(r)$ は急激に減少して1に近づく．これは短距離にも構造的相関がないことを示す．ピーク位置は $2D_0$ より短距離側にあるが，ポテンシャルの極小が浅いため，構造相関が現れない．図8.8の場合 ($78 \geq n_i/n_p^* Z_n \geq 7$)，動径分布関数 $g(r)$ には数個のピークがみられ，短距離の相関を示す．第1ピーク位置は R_m に近く $2D_0$ より小さく，またピークは非常に高く，ゆるやかに減衰する．これは系が不均一であることを物語る．図は省略するが $n_i/n_p^* Z_n$ が5近辺になると，液体構造特有の $g(r)$ が，さらに $n_i = 0$ のとき，bcc 特有の $g(r)$ がみられる．

不均一な系，特に $g(r)$ の第1ピーク位置が $2D_0$ より著しく短距離側にある場合，粒子が小さなクラスターか，あるいは凝縮相を形成している．n_i が大きい場合，2量体クラスターが，n_i が低下すると大きなクラスターが生成する[37)]．$n_i/n_p^* Z_n < 80$ ($n_i < 5.18 \times 10^{16}$) ではクラスターを構成している粒子の分率はほぼ100%であるが，n_i が大きくなると分率は小さくなる．

この n_i 依存性[38)] は実験事実[33)] とかなりよい対応を示す．両者の間の違いは，ポリスチレン粒子 (密度：$1.05 \mathrm{g\,cm}^{-3}$) の軽水分散系の実験では重力の影響で凝縮相と希薄相が巨視的に相分離して観察されるのに対し，シミュレーションでは重力の影響が考慮されていないので高い粒子濃度の液滴が希薄相中に浮

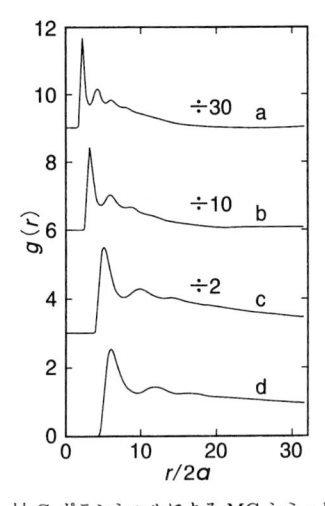

8.4 対 G-ポテンシャルによる相転移

図 8.8 対 G-ポテンシャルによる MC シミュレーション：添加塩濃度依存性 [31)]
$a = 55$ nm, $n_p^* = 1.33 \times 10^{12}$ cm^{-3}, $Z_n = 500$. n_i はそれぞれ, 曲線 a：$5.18 \times 10^{16} (n_i/n_p^* Z_n = 78)$, b：$1.99 \times 10^{16}$, c：$6.65 \times 10^{15}$, d：$4.66 \times 10^{15}$ cm^{-3}. 曲線 a〜c の高さはそれぞれ 1/30, 1/10, 1/2 に縮小し, 平行移動して図示されている.

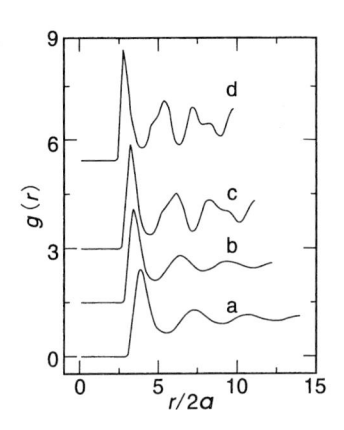

図 8.9 対 G-ポテンシャルによる MC シミュレーション：粒子濃度依存性 [42)]
$a = 55$ nm, ϕ はそれぞれ, 曲線 a：0.01, b：0.015, c：0.02, d：0.03, $\sigma_n = 0.2$ μcm^{-2}, $C_s = 4$ μM.

遊することであろう．したがって，シミュレーションと実験との違いは本質的なものではない．

$g(r)$ の粒子濃度の依存性が図 8.9 に示されている．体積分率 ϕ が低下すると，$\phi = 0.0175$ 近辺 (b と c の間) で結晶の融解が起こり液体構造へと移行する．

表 8.1 には，比較的大きい ϕ における対 G-ポテンシャルの極小位置 R_m とその深さ U_m，濃度から算出される bcc あるいは fcc に対する粒子間平均距離 $2D_0$ を示す．C_s が著しく高い場合を除き，R_m は $2D_0$ より大きく，平均として粒子間相互作用の斥力部分が主役で，粒子は斥力のみを及ぼし合っているように挙動する．この結果，粒子は互いにできるだけ離れて位置することになる．これを裏付けるように，図 8.6 (A) の $g(r)$ の第 1 ピーク位置は $\phi = 0.3, 0.2, 0.14$ においてそれぞれ $1.4, 1.5, 1.65 \times (2a)$ であり，表 8.1 の $2D_0$ に非常に近い．つまり粒子は系中にほぼ均一に，液体状態や，あるいは fcc, bcc 構造を形成している (2 状態構造ではなく，1 状態構造である)．従来 DLVO 理論が成立するとされてきたのは，この 1 状態構造が形成される条件 (たとえば，高い ϕ や低い

表 8.1 体積分率 0.3〜0.03 におけるシミュレーションパラメータ

ϕ	σ_n ($\mu C\ cm^{-2}$)	C_s (μM)	$2\kappa a$	$R_m/2a$	$U_m/k_B T$	$2D_0/2a$	状態
0.30	0.15	0	4.092	1.737	0.591	1.352	fcc
–	–	50	4.830	1.614	0.495	–	fcc
–	–	65	5.030	1.587	0.471	–	fcc
–	–	160	6.149	1.476	0.356	–	fcc
–	–	350	7.926	1.369	0.237	–	L
0.25	0.15	0	3.736	1.737	0.639	1.437	fcc
–	–	250	6.846	1.427	0.302	–	L
0.20	0.15	0	3.341	1.931	0.689	1.547	fcc
–	–	30	3.888	1.781	0.619	–	fcc
–	–	200	6.123	1.478	0.358	–	L
0.14	0.15	0	2.795	2.152	0.742	1.742	bcc
–	–	10	3.022	2.049	0.723	–	bcc
–	–	140	5.123	1.576	0.460	–	L
0.03	0.2	0	1.494	3.478	1.177	2.83	bcc
–	–	4	1.661	3.179	1.240	–	bcc
–	–	6	1.739	3.061	1.263	–	bcc
–	–	6.5	1.757	3.034	1.269	–	L
–	–	7	1.776	3.008	1.274	–	L
–	–	8	1.813	2.958	1.283	–	L
–	–	10	1.884	2.867	1.299	–	L
–	–	15	2.051	2.683	1.328	–	L
0.03	0.085	0	0.974	5.121	0.159	2.83	bcc
–	–	0.1	0.981	5.088	0.160	–	bcc
–	–	0.4	1.001	4.994	0.163	–	bcc
–	–	1	1.039	4.820	0.167	–	L
–	–	2	1.101	4.570	0.175	–	L
0.03	0.05	0	0.747	6.590	0.0442	2.83	L
–	0.06	–	0.818	6.039	0.069	–	L
–	0.09	–	1.002	4.986	0.183	–	bcc
–	0.1	–	1.057	4.748	0.235	–	bcc
–	0.12	–	1.157	4.366	0.361	–	bcc
–	0.175	–	1.398	3.687	0.868	–	bcc

κ：デバイ半径の逆数, R_m：対 G-ポテンシャルの極小位置, U_m：その深さ, $2D_0$：平均粒子間距離, L：液体状態.

8.4 対 G-ポテンシャルによる相転移

σ_n) であったが，同じ条件の実験結果が曽我見理論によっても説明できることを表 8.1 が示している．これに関連した論理上の問題は 9 章において考えるが，表 8.1 は DLVO 理論がコロイド粒子間の相互作用に対するただ 1 つの正しい解答でないことを示している．別の言い方をすれば，1 状態構造を対象とする限り，DLVO 理論と曽我見理論のいずれが正しいかという判定は困難である．

次に，さらに低い粒子濃度における実験結果とシミュレーションについて考察する．すでに述べたように，Tata ら[31]はある臨界粒子濃度以下，低添加塩濃度環境で，ポリスチレン系ラテックスの軽水分散系が液体構造の濃厚相と希薄な気相に分離 (気–液相分離) することを見出した．さらに吉田ら[44]は，ラテックスについて，重水と軽水の混合により粒子–媒体間の密度差をなくした場合にボイドの形成がみられること，他方軽水のみで密度調節がされない場合に気–液相分離が起こることを確認した．この結果は，ボイドの形成と気–液相分離という 2 つの異なる 2 状態構造が熱力学的には同等であることを示す．

その後 Tata ら[41]はポリ (クロロスチレン–スチレン) 共重合体ラテックス分散系を，顕微鏡観察および超小角 X 線散乱 (USAXS) 測定によって研究し，ボイドと共存する濃厚相がガラス状態にあることを見つけた．Mohanty と Tata[45]は MC シミュレーションでガラス状態の存在を確認している．

U_R^Y や U_R は引力成分を含まないため，均一な粒子分布を与えるはずであり，このような顕著な不均一構造はこれらでは説明できない．この点で U^G による MC シミュレーションは興味深い．表 8.2 にシミュレーションの結果を示す．また図 8.10, 8.11 に $g(r)$ を示す．$\phi = 0.25 \times 10^{-3} \sim 1.12 \times 10^{-3}$ (図 8.10) では 2, 3 のピークが観察され，短距離での構造相関を示し，r の増大とともに $g(r)$ はゆるやかに減少する．第 1 ピークの位置は，R_m にほぼ等しく，$2D_0$ より小さい．これらの事実は粒子分布が不均一なことを意味する．図 8.10(B) は MC セル内の粒子の座標の投影であるが，粒子が局所的に集って密度の高い"液滴"を形成し，それが希薄な気相と共存することを示している．したがってこの ϕ は気–液共存領域にある．ϕ が大きくなり，2.27×10^{-3} 以上では系全体が均一に液体状になる．図 8.11 にこの条件での $g(r)$ と粒子位置の投影を示す．また $\phi < 1.12 \times 10^{-3}$ において気–液相共存が観察され，ϕ が高いときに均一液体構造が観察されることと符合している．表 8.2 によれば，ϕ が小さいときの

表 8.2 体積分率 $15 \times 10^{-3} \sim 0.2 \times 10^{-3}$ におけるシミュレーションパラメータ

$\phi/10^{-3}$	$2\kappa a$	$R_m/2a$	U_m/k_BT	$2D_0/2a$
(A) 均一液体状態				
15	1.303	3.922	1.198	3.57
10	1.143	4.414	1.097	4.08
9	1.109	4.540	1.073	4.22
4	0.916	5.426	0.926	5.53
3.4	0.890	5.575	0.772	5.85
2.86	0.866	5.720	0.884	6.19
2.27	0.839	5.896	0.861	6.69
(B) 気–液共存不均一状態				
1.6	0.807	6.118	0.833	7.52
1.12	0.784	6.290	0.810	8.46
0.60	0.757	6.504	0.790	10.43
0.32	0.743	6.630	0.780	12.85
0.25	0.739	6.659	0.772	13.96
0.20	0.736	6.682	0.770	15.03

電荷密度 $= 0.21\ \mu\text{C cm}^{-2}$, $C_s = 4\ \mu\text{M}$, κ：デバイ半径の逆数, R_m：対 G-ポテンシャルの極小位置, U_m：その深さ, $2D_0$：平均粒子間距離.

気–液共存状態では R_m は $2D_0$ より小さく，また $U_m < k_BT$ である．粒子は引力部分の影響を受けて近傍に引き寄せられるが，ポテンシャルの谷が浅いため，一部の粒子は束縛を逃れて気相状態を示し，気–液共存が実現する．興味あるのは，ϕ が大きくなると $(R_m - 2D_0)$ が小さくなり，この差が大きいとき不均一構造，すなわち気–液平衡が観察され，差が小さいとき均一液体構造がみられることである．

ポテンシャルの谷の深さ U_m が大きく ($> 2k_BT$)，しかも $R_m < 2D_0$ であるとき，系は不均一になると期待される．U_m は粒子の Z_n や C_s に依存するから，これらのパラメータが系の状態にどのように影響するかを MC シミュレーションで検討することは興味深い．図 8.12(A) に ϕ と C_s 一定で，σ_n を変化させた場合の結果を，(B) に ϕ と σ_n を一定にして C_s を変化させた場合の結果を示す．(A) の座標平均動径分布関数 $g_c(r)$ と粒子位置の投影図から，$\sigma_n = 0.2\ \mu\text{C cm}^{-2}$, $C_s = 0$ のとき，系は均一な結晶構造を示すことがわかる．$g_c(r)$ の第 1 ピーク位置が $2D_0$ にほぼ等しい．$\sigma_n > 0.4\ \mu\text{C cm}^{-2}$ では第 1 ピーク

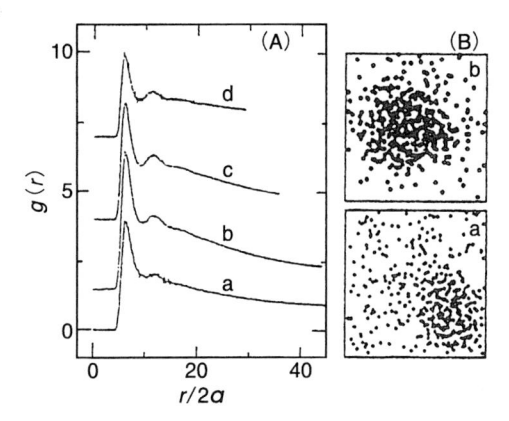

図 8.10 対 G-ポテンシャルによる MC シミュレーション [42]
(A) 非常に希薄な分散系の $g(r)$. $\sigma_n = 0.21\ \mu\mathrm{C\,cm^{-2}}$, $C_s = 4\ \mu\mathrm{M}$. ϕ はそれぞれ, a:0.25×10^{-3}, b:0.32×10^{-3}, c:0.60×10^{-3}, d:1.12×10^{-3}. 曲線 b, c, d は垂直方向に移動してある. (B) MC セル中の粒子の座標の投影. パラメータは (A) と同じ.

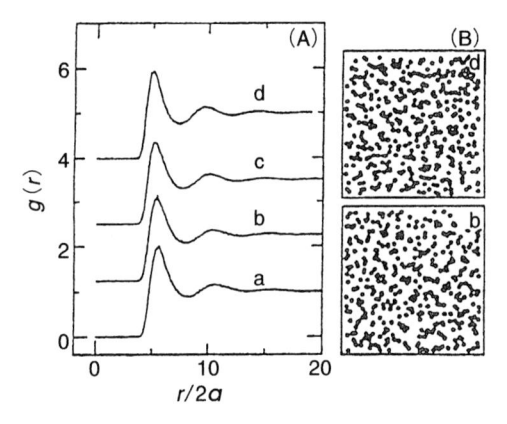

図 8.11 対 G-ポテンシャルによる MC シミュレーション [42]
(A) 希薄な分散系の $g(r)$. $\sigma_n = 0.21\ \mu\mathrm{C\,cm^{-2}}$, $C_s = 4\ \mu\mathrm{M}$. ϕ はそれぞれ, a:2.27×10^{-3}, b:2.86×10^{-3}, c:3.40×10^{-3}, d:4.0×10^{-3}. 曲線 b, c, d は垂直方向に移動してある. (B) MC セル中の粒子の座標の投影.

は $2D_0$ の内側に位置する. $\sigma_n = 0.68\ \mu\mathrm{C\,cm^{-2}}$ において, r の大きな領域で $g_c(r)$ に明瞭なピークがみられないことは, ボイド以外の空間が濃厚な液体構造になっていることを示す.

広い範囲に σ_n を変化させた場合が, 図 8.13 に示してある. 構造因子の第 1 ピー

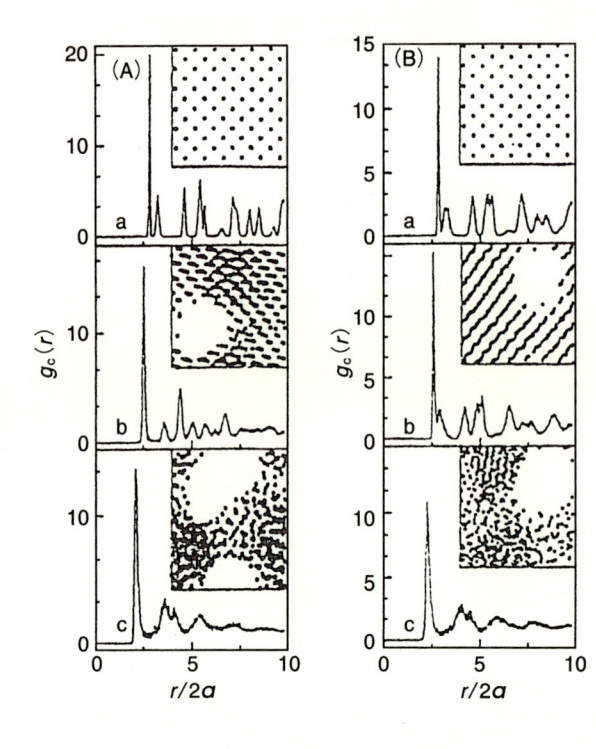

図 8.12 対 G-ポテンシャルによる MC シミュレーション[42]
(A) $g_c(r)$ に対する σ_n の影響. $\phi = 0.03$, $C_s = 0$, 曲線 a〜c はそれぞれ $\sigma_n = 0.2, 0.4, 0.68\ \mu\mathrm{C\,cm^{-2}}$.
(B) $g_c(r)$ に対する C_s の影響. $\phi = 0.03$, $\sigma_n = 0.35\ \mu\mathrm{C\,cm^{-2}}$, 曲線 a〜c はそれぞれ $C_s = 0, 2, 15\ \mu\mathrm{M}$. 図中の挿入図は MC セル中の粒子の座標の投影.

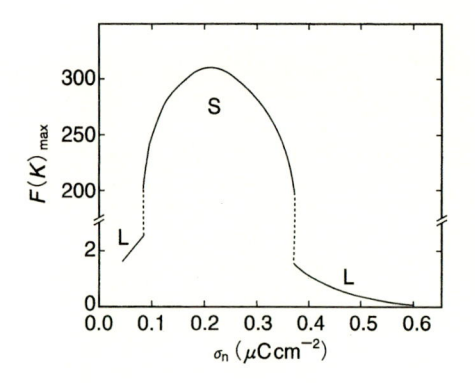

図 8.13 対 G-ポテンシャルによる MC シミュレーション：構造パラメータの σ_n 依存性[46]
$\phi = 0.03$, $C_s = 0$.

クの高さ $F(K)_{\max}$ の変化から明らかであるが[46]，σ_n が 0.1 と 0.37 μC cm^{-2} において液相 ↔ 結晶相，結晶相 ↔ 液相の転移が起こる．これは 4.2.4 項で述べた再帰性相転移である．すなわち，対 G-ポテンシャルによって少なくとも定性的にはこの相転移が再現できることを意味している．

図 8.12(B) は，σ_n が臨界値 (0.37 μC cm^{-2}) よりわずかに下回る 0.35 μC cm^{-2} における C_s 依存性である．$C_s = 0$ においては系は均一な結晶相を示すが，C_s の増大に伴い不均一となり，ボイドが形成される．すなわち，U_m が運動エネルギー $k_B T$ より大きく，さらに $R_m < 2D_0$ であれば，ボイドを含む不均一性が生まれるということである．個々のボイドの体積を求めることは容易ではないが，単純な量論的な考察から，ボイドの体積分率の総和 f_v は $[1-(R_m/2D_0)^3]$ によって与えられるから，R_m と $2D_0$ の差が大きいときボイドは生成しやすい．R_m は実験パラメータ a, ϕ, C_s, σ_n, ε, T によって決定される (式 (8.13))．また図 6.4 にみられるように，κa の増加とともに R_m は単調に減少すること，さらに U_m はいちど減少して極小を経て再び増加し 0 に近づくことを考えると，ボイドの生成，それと共存する濃厚相内の粒子分布を含め均一–不均一相転移は実験パラメータによって微妙に影響を受けることは確かであろう．この点，さらに実験が，特にこれまであまり研究されていない ε と T の影響を調査することが，望まれる[*5]．

8.3 節に述べたように，湯川ポテンシャルによって bcc–fcc 転移が定性的には再現されたが，このことは粒子間に斥力のみを考えていれば十分ということを意味してはいない．図 8.6 で示したように，引力を含む対 G-ポテンシャルを採用しても bcc–fcc 転移は再現できる．したがって，この転移のみを取り上げてこれら 2 つのポテンシャルの適・不適を議論することに大きな意味はない．本節で示したように，現実に観察される不均一構造は対 G-ポテンシャルによって再現されたが，DLVO ポテンシャル (および湯川ポテンシャル) によっては説

[*5] 4.2.3 項に述べたように，ラテックス系について，ε の減少あるいは T の上昇に伴い粒子間距離 $2D_{\exp}$ が減少する傾向が認められている[47]．この T 依存性はその後 Asher ら[48] によっても報告された．さらに Jönsson ら[49] は DNA 鎖について ε が減少するとともに静電相互作用が強くなり，鎖の長さが小さくなることを観測している．この減少は鎖の長さを決定する相互作用のなかで，静電引力が主役であることを示す．もし逆に斥力が主要な因子ならば，鎖は伸張するはずである．

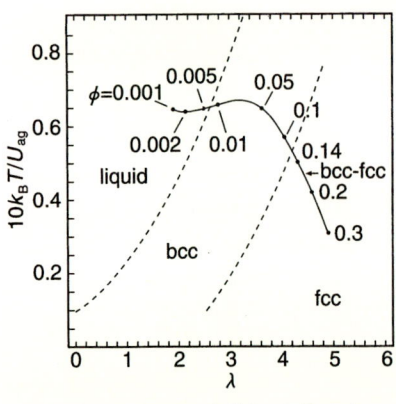

図 8.14 幾何学的因子を考慮した湯川ポテンシャルと対 G-ポテンシャルによるシミュレーションの比較 [24)]
粒径 $a = 55$ nm, $C_s = 0$, $\sigma_n = 0.15$ μC cm^{-2}. 図中の矢印は対 G-ポテンシャルによる MC シミュレーション (図 8.6 で認められた fcc–bcc 転移濃度. 破線は, 液相-bcc, bcc-fcc 転移境界).

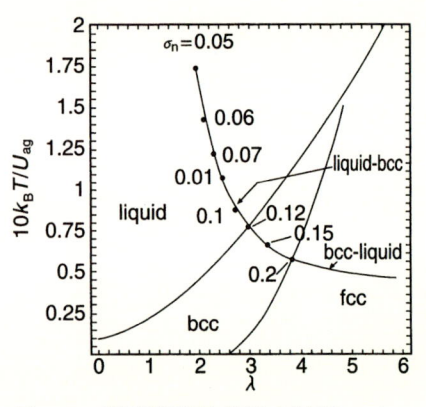

図 8.15 幾何学的因子を考慮した湯川ポテンシャルと対 G-ポテンシャルによるシミュレーションの比較 [24)]
$a = 55$ nm, $C_s = 0$, $\phi = 0.03$. 図中矢印は対 G-ポテンシャルによる MC シミュレーション (図 8.13 における L(液相)-bcc, bcc-L 相転移点).

明できないから，前者がより現実的であることは明らかである．また，対 G-ポテンシャルも近距離において斥力成分を含み，この点では DLVO 理論と定性的には区別できないので，このような近距離が問題になるような高い濃度で，しかも電荷密度が低い場合について，両者を比較することは興味深い．再び幾何学的因子による補正された湯川ポテンシャル (U_{ag}) によって作成された相図 [24)] を図 8.14, 8.15 に示すが，図中の矢印は本節で認められた fcc-bcc (図 8.6)，液相-bcc (図 8.13)，bcc-液相転移点 (図 8.13) を表している．このような条件では対 G-ポテンシャルと湯川ポテンシャルは定性的には非常に大きく食い違う結果を与えてはいない．もっとも図 8.15 では対 G-ポテンシャルによるシミュレーションによって得られた液相–bcc 平衡の下限の電荷密度は相図の液相–bcc 境界にかなり近いが，bcc–液相転移の上限電荷密度 (0.38 μC cm^{-2}) は U_{ag} によるシミュレーションでは fcc 領域に入っている．高い電荷密度において対 G-ポテンシャルと湯川ポテンシャルが差を示すことは明らかである．

8.4.2 非常に小さい体積分率でのシミュレーション

この項では $\phi = 10^{-5} \sim 10^{-4}$ 程度の低い濃度におけるシミュレーションを議論する．十分希薄な分散系では動径分布関数 $g(r)$ は対ポテンシャルエネルギー $U(r)$ によって次のように書かれる [50]．

$$g(r) = \exp\left[-\frac{U(r)}{k_B T}\right] \tag{8.15}$$

この関係が $\phi = 10^{-5} \sim 10^{-4}$ で成立しているかどうかを確かめたのが，図 8.16 である．ここでは対 G-ポテンシャルエネルギーと，シミュレーションで得られた $g(r)$ から式 (8.15) により算出したポテンシャルエネルギーとが比較されているが，両者は良好な一致を示す．この事実はこのような低い体積分率では式 (8.15) が成立し，粒子間のポテンシャルが真に対ポテンシャルであることを示す．表 8.3 はこの体積分率における対 G-ポテンシャルによるシミュレーションのパラメータである．低い体積分率では $R_m < 2D_0$ が成り立っているが，U_m が小さくて粒子はポテンシャルの谷に捕捉されることなく，自由に運動する．この結果系は均一に気体状態を示す．これに対応して図 8.17 の $g(r)$ は $r = R_m$ にピークをもっている．興味深いことは，ϕ が変わってもピーク位置は動いていないことであり，これはこの濃度範囲では分散系は非相互作用系として理解できることを意味している．なお $g(r)$ が ϕ によらない傾向は，Fraden ら [51] の実験で確認されている．

近距離斥力と同時に長距離引力を含む対 G-ポテンシャルを用いた以上のシミュレーションによって次のことが明らかになった．

(1) 添加塩濃度 C_s が低く，粒子濃度 ϕ が高いとき fcc が，低濃度では bcc が再現される[*6]．C_s を大きくすると構造は融解する．これらの事実は実験的に広く認められている．8.3 節において，斥力のみの DLVO ポテンシャル U_R あるいは湯川ポテンシャル U_R^Y によって fcc-bcc 転移が再現されることを示したが，対 G-ポテンシャル U^G によってもこの転移が説明できる．このことは転移

[*6] 最近，シリカ分散系のコッセル線解析法により，bcc, fcc のほかに斜方晶が見出された．シリカ粒子の重力による沈降と解析法の感度が非常に高い結果である (T. Shinohara, H. Yamada, I. S. Sogami, N. Ise and T. Yoshiyama, *Langmuir*, **20**, 5141 (2004))．

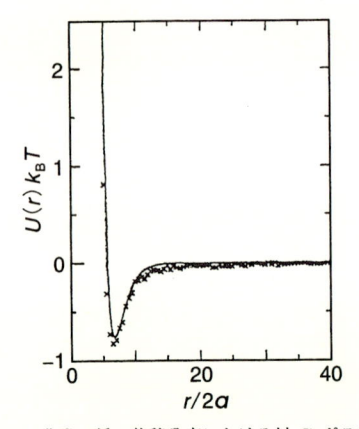

図 8.16 非常に低い体積分率における対 G-ポテンシャルによるシミュレーション[42]
$\phi = 10^{-5}$, $\sigma_n = 0.21\ \mu C\,cm^{-2}$, $C_s = 4\ \mu M$. 実線：対 G-ポテンシャルエネルギー，×：シミュレーションによって得られた動径分布関数から式 (8.15) を用いて算出されたポテンシャルエネルギー.

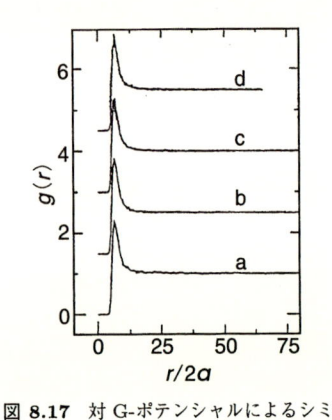

図 8.17 対 G-ポテンシャルによるシミュレーション：非常に低い体積分率における動径分布関数
$\sigma_n = 0.21\ \mu C\,cm^{-2}$, $C_s = 4\ \mu M$. a〜d はそれぞれ $\phi = 10^{-5}, 3 \times 10^{-5}, 6 \times 10^{-5}, 10^{-4}$. b, c, d は平行移動されている.

が純粋に斥力だけで起こるという考えが必ずしも正しくないことを示すものである.

(2) 粒子の電荷密度 σ_n が低いと系は均一に液体状態になるが，σ_n が大きくなると結晶状態に移り，さらに大きくなると液体状態に戻る．2つの臨界値 ($\sigma_{n_1}, \sigma_{n_2}$) 周辺におけるこの再帰性相転移も定性的には実験的に確かめられている．

(3) U^G のポテンシャル極小位置 R_m が粒子濃度から期待される平均粒子間距離 $2D_0$ より外側にある条件では，U^G もまた斥力成分が支配的である．たとえば小さい $2D_0$ (高い ϕ) においては，系は斥力成分のみで記述できることになり，このような条件では U^G と U_R のどちらが正しいのかの判定はできない．

(4) $R_m < 2D_0$ の場合，$\sigma_{n_1} < \sigma_n < \sigma_{n_2}$，かつ ϕ が小さいとき，系は不均一となり，気-液相共存を示す．σ_n が大きくなり，ポテンシャルの谷の深さ U_m が大きくなると，ボイドが出現する．また σ_n と ϕ を一定に保ち，C_s を 0 から増加すると，均一結晶相→ボイドと規則構造の共存→ボイドと液体構造の共存，のように相変化を示す．

(5) 非常に希薄な粒子濃度でのシミュレーションでは，$g(r) = \exp[-U(r)/$

表 8.3 体積分率 10^{-4}〜10^{-5} における
シミュレーションパラメータ

$\phi/10^{-4}$	$2\kappa a$	$R_m/2a$	$U_m/k_B T$	$2D_0/2a$	状態
0.1	0.726	6.772	0.760	40.82	G
0.3	0.727	6.762	0.761	28.30	G
0.6	0.728	6.743	0.763	22.46	G
1.0	0.732	6.729	0.765	18.95	G

$\sigma_n = 0.21\ \mu\mathrm{C\,cm^{-2}}$, $C_s = 4\ \mu\mathrm{M}$, κ：デバイ半径の逆数, R_m：対 G-ポテンシャルの極小位置, U_m：その深さ, $2D_0$：平均粒子間距離, G：気体状態.

$k_B T$] が成り立つことが確認できる．シミュレーションで得られる動径分布関数 $g(r)$ には粒子濃度に無関係に単一ピークが出現する．これは実験的に認められている．

 第 1 に指摘したいことは，斥力的な U_R あるいは U_R^Y を用いた場合，不均一な粒子分布 (ボイドの生成，気-液相平衡) は再現できないことである．これらは U^G に含まれている (κ に依存する) 引力項の寄与によって出現するものであり，以上のシミュレーションによって現実の分散系における引力項の重要性が明瞭に指摘されたといえよう．第 2 に，以上で議論された $\kappa, R_m, U_m, 2D_0$ は式 (8.10)〜(8.13) によって実験パラメータ a, ϕ, C_s, σ_n, ε, T が決まると一義的に決定されることである．また，σ_n は伝導度の測定，あるいは輸率測定 (4.1.1 項参照) によって評価され，任意性は含まれない．第 3 に U^G による MC シミュレーションによって，ボイドその他の不均一構造が再現されたことは確かであるが，まだ定性的な段階であることに注意しなければならない．その理由の 1 つは，実験が非常に低いイオン強度で行われる必要があり，細心の注意をして行われた実験であってもこのような水準の添加塩濃度を正確に再現することが困難だからである．さらに，シミュレーションからわかるように，系の状態は添加塩濃度に著しく敏感である．したがって U_R あるいは U_R^Y よりもはるかに現実的であることは確かではあるが，U^G が定量的に満足できるかどうかについてはさらに実験との比較が必要であろう．最近 Knott と Ford[52] は曽我見理論における仮定の 1 つを見直し，粒子と対イオン間に排除体積を考慮して，ポアソン・ボルツマン方程式を解析的に解いているが，この結果ヘルムホルツ自由エネルギーの段階でも有効対ポテンシャルが引力成分を含むことを示し

た．曽我見理論ではこの段階では斥力のみが存在したから，Knott らの結果は，対イオンを媒介とする静電引力が曽我見理論の予測よりさらに強力であることを意味するのかもしれない．Knott と Ford のポテンシャルをさらに実験と比較することは，またそれによるシミュレーションは今後の興味深い研究テーマであろう．

Wang[53)] は U^G による MD シミュレーションを実行し，ボイドの生成を認め，MC シミュレーションとのよい一致を報告している．なお，Wang は，徳山ポテンシャル[54)] を用いた場合は，ボイドを再現できなかったと報告している．U^G と同様このポテンシャルも引力成分を含んでいるが，なぜこのような違いがあるのか今後の検討が必要である．

8.5　ま　と　め

この章では，コロイド系の相転移についての代表的なコンピュータシミュレーションについて簡単に考察した．剛体球モデルを用いたアルダーらによる固–液相（結晶–不規則構造）の間の転移は粒子の体積分率が 0.5 近辺で起こる．純粋な斥力を仮定することによって，この転移が再現できることは興味深い．しかし現実のコロイド系の相転移は 1 桁低い濃度（0.02 程度以下）で起こっている．有効剛体球という仮想的な球を導入してコロイド系の相転移をアルダー転移とする考えが提案されているが，筆者らはこの濃度差が斥力のみを仮定し，引力を無視した結果と考えている．このことは対 G-ポテンシャルによるシミュレーションの成功によって裏付けられている．

斥力のみを含む湯川ポテンシャルや DLVO ポテンシャルによるシミュレーションによって，fcc–bcc 間，液相–bcc 間など，一部の転移現象が再現されているが，定量的一致はよくはない．ポテンシャルエネルギーにいわゆる幾何学的因子による補正を入れることによって，液相–bcc–fcc 転移の相図が計算されたが，実験結果との一致は満足できるものではない．

これらの取り扱いをさらに改善して，斥力だけを仮定して実験との一致を得ることがまったく不可能とはいえないが，この場合の決定的な問題点は，気–液平衡やボイドが説明できていないことである．伝統的なコロイド分野の手法

では,ファンデルワールス型の引力が導入される.しかしこれは近距離力であるため,μm オーダーの距離に観測されている引力の説明にならない.塩濃度,誘電率依存性の実験から,この引力は静電的な起源をもつことがわかっているが,このような条件を満たすポテンシャルは現段階では,対 G-ポテンシャルのみである.この理論に対する Overbeek の批判は誤りであり,このポテンシャルを用いてシミュレーションを行い,剛体球ポテンシャル,湯川ポテンシャル,DLVO ポテンシャルとの比較をすることは興味深い.モンテカルロ (MC) シミュレーションによれば,これらのポテンシャルによって説明できたとされる bcc–fcc 転移,塩添加によるコロイド結晶の融解は,対 G-ポテンシャルによっても再現できる.粒子濃度が低いとき,DLVO ポテンシャルでは,気–液平衡やボイドの形成が再現できないのに対し,対 G-ポテンシャルではそれができるのである.対 G-ポテンシャルによって非常に低い粒子濃度で計算された粒子の動径分布関数には,単一のピークが出現し,ピーク位置は濃度に依存しない.

以上のシミュレーションによってコロイド粒子間の引力の重要性が明らかにされた.

参考文献

1) 岡崎 進,コンピュータシミュレーションの基礎 (化学同人,2000) など.
2) B. J. Alder and T. E. Wainwright, *J. Chem. Phys.*, **27**, 1208 (1957).
3) 戸田盛和・松田博嗣・樋渡保秋・和達三樹,液体の構造と性質,第 5 章 (岩波書店,1976).
4) T. E. Wainwright and B. J. Alder, *Nuovo Cimento*, **9** (Suppl. Ser.10), 116 (1958).
5) W. G. Hoover and F. H. Ree, *J. Chem. Phys.*, **47**, 4873 (1967); **49**, 3609 (1968).
6) H. C. Longuet-Higgins and B. Widom, *Mol. Phys.*, **8**, 549 (1964).
7) M. Wadati and M. Toda, *J. Phys. Soc. Japan*, **32**, 1147 (1972).
8) K. Takano and S. Hachisu, *J. Chem. Phys.*, **67**, 2604 (1977).
9) A. J. Sood, *Solid State Physics*, **45**, 1 (1991).
10) B. V. Derjaguin and L. Landau, *Acta Physicochim.*, **13**, 633 (1941).
11) E. J. W. Verwey and J. Th. G. Overbeek, Theory of the Stability of Lyophobic Colloids (Elsevier, 1948).
12) R. Williams and R. S. Crandall, *Phys. Lett.*, **48A**, 225 (1974).
13) N. A. Clark, A. Hurd and B. J. Ackerson, *Nature*, **281**, 57 (1979)
14) T. Yoshiyama, I. Sogami and N. Ise, *Phys. Rev. Lett.*, **53**, 2153 (1984).
15) K. Ito, H. Nakamura and N. Ise, *J. Chem. Phys.*, **85**, 6136 (1986).
16) M. O. Robbins, K. Kremer and G. S. Grest, *J. Chem. Phys.*, **88**, 3286 (1988).

17) S. Alexander and J. P. McTague, *Phys. Rev. Lett.*, **41**, 702 (1978).
18) R. O. Rosenberg and D. Thirumalai, *Phys. Rev. A*, **36**, 5690 (1987).
19) W. H. Shih and D. Stroud, *J. Chem. Phys.*, **79**, 6254 (1983).
20) A. K. Arora and B. V. R. Tata, *Phys. Rev. Lett.*, **60**, 2438 (1988).
21) B. V. R. Tata, M. Rajalakshmi and A.K.Arora, *Phys. Rev. Lett.*, **69**, 3778 (1992).
22) J. Yamanaka, H. Yoshida, T. Koga, N. Ise and T. Hashimoto, *Phys. Rev. Lett.*, **80**, 5806 (1998).
23) E. B. Sirota, H. D. Ou-Yang, S. K. Sinha, P. M. Chaikin, J. D. Axe and Y. Fujii, *Phys. Rev. Lett.*, **62**, 1524 (1989).
24) J. Yamanaka and M. Yonese, 発表準備中.
25) J. Yamanaka, Y. Hayashi, N. Ise and T. Yamaguchi, *Phys. Rev. E*, **55**, 3028 (1997).
26) T. Konishi, N. Ise, H. Matsuoka, H. Yamaoka, I. Sogami and T. Yoshiyama, *Phys. Rev. B*, **51**, 3914 (1995).
27) T. Konishi and N. Ise, *J. Am. Chem. Soc.*, **117**, 8422 (1995).
28) J. Yamanaka, T. Koga, N. Ise and T. Hashimoto, *Phys. Rev. E*, **53**, R4314 (1996).
29) Y. Monovoukas and A. P. Gast, *J. Coll. Interface Sci.*, **128**, 533 (1989).
30) J. Chakrabarti, H. R. Krishnamurthy, S. Sengupta and A. K. Sood, Ordering and Phase Transitions in Charged Colloids (ed. by A. K. Arora and B. V. R. Tata), Chap.9 (VCH, 1996).
31) B. V. R. Tata and A. K. Arora, Ordering and Phase Transitions in Charged Colloids (ed. by A. K. Arora and B. V. R. Tata), Chap.6 (VCH, 1996).
32) N. Ise, H. Matsuoka and K. Ito, Ordering and Organization in Ionic Solutions (ed. by N. Ise and I. Sogami), p.397 (World Scientific, 1988).
33) R. Kesavamoorthy, M. Rajalakshimi and C. B. Rao, *J. Phys. Condens. Matter*, **1**, 7149 (1989).
34) K. Ito, H. Yoshida and N. Ise, *Science*, **263**, 66 (1994).
35) I. Sogami and N. Ise, *J. Chem. Phys.*, **81**, 6320 (1984).
36) J. Th. G. Overbeek, *J. Chem. Phys.*, **87**, 4406 (1987).
37) B. V. R. Tata, A. K. Arora and M. C. Valsakumar, *Phys. Rev. E*, **47**, 3404 (1993).
38) B. V. R. Tata and A. K. Arora, *J. Phys.: Condens. Matter*, **3**, 7983 (1991); **4**, 7699 (1992); **7**, 3817 (1995).
39) A. K. Arora and B. V. R. Tata, Ordering and Phase Transitions in Charged Colloids (ed. by A. K. Arora and B. V. R. Tata), Chap.7 (VCH, 1996).
40) B. V. R. Tata and N. Ise, *Phys. Rev. B*, **54**, 6050 (1996).
41) B. V. R. Tata, E. Yamahara, P. V. Rajamani and N. Ise, *Phys. Rev. Lett.*, **78**, 2660 (1997).
42) B. V. R. Tata and N. Ise, *Phys. Rev. E*, **58**, 2237 (1998).
43) S. Nose and F. Yonezawa, *J. Chem. Phys.*, **84**, 1803 (1986).
44) H. Yoshida, N. Ise and T. Hashimoto, *J. Chem. Phys.*, **103**, 10146 (1995).
45) P. S. Mohanty and B. V. R. Tata, *J. Coll. Interface Sci.*, **264**, 101 (2003).
46) N. Ise, T. Konishi and B. V. R. Tata, *Langmuir*, **15**, 4176 (1999).
47) N. Ise, K. Ito, T. Okubo, S. Dosho and I. Sogami, *J. Am. Chem. Soc.*, **107**, 8074

(1985).
48) P. A. Rundquist, S. Jagannathan, R. Kesavamoorthy, C. Branadic, S. Xu and S. A. Asher, *J. Chem. Phys.*, **94**, 711 (1991).
49) S. M. Mel'nikov, M. O. Khan, B. Lindman and B. Jönsson, *J. Am. Chem. Soc.*, **121**, 1130 (1999).
50) D. A. McQuarrie, Statistical Mechanics, Chap.15 (Harper Collins Publishers, 1976).
51) G. M. Kepler and S. Fraden, *Phys. Rev. Lett.*, **73**, 356 (1994).
52) M. Knott and I. J. Ford, *Phys. Rev. E*, **63**, 31403 (2001).
53) K. G. Wang, *Phys. Rev. E*, **62**, 6937 (2000).
54) M. Tokuyama, *Phys. Rev. E*, **59**, R2550 (1999).

9

粒子間力についての諸問題

9.1 はじめに

　本書では，イオン性高分子の希薄溶液のいろいろな特性，とくに溶質イオン(屈曲性イオン性高分子やイオン性コロイド粒子)の間に働く相互作用についての筆者らの見解を中心に議論した．この議論の特徴は，高い電荷密度の溶質イオン間には短距離斥力に加えて，対イオンを媒介とする長距離引力が存在することの実験的，理論的検証といえよう．2章で詳細に議論したように，DLVO理論を軸とする伝統的な理論的枠組みでは，粒子間の静電的相互作用は純粋に斥力であり，筆者らの主張する長距離静電的引力は問題にならないが，実験事実，とくに微視的な不均一構造の最も簡単な説明は引力である．斥力のみを仮定する限り，付加的な条件を追加しないと説明ができない．本章では，これら2つの考えの間に展開されたこれまでの議論を振り返り，推論上の論理的な疑問点，さらに実験上の問題点などを簡単に考えたい[*1]．

　最近 McBride と Baveye[1] は，粘土コロイドに関連して，上記引力説の発展

[*1] DLVO 理論が正しく，引力説が誤りであるという議論の中には，引力と斥力を混同したものや，あるいは重力の加速度が 980×10 cm s^{-2} と主張するのに等しい議論，さらにはアボガドロ定数が普遍定数ではないとするのと等価な考えもある．いずれも議論の余地がないものなので，本書では触れない．詳しくは以下の論文を参照されたい．V. A. Bloomfield *et al.*, *Macromolecules*, **24**, 5791 (1991); **25**, 5266 (1992); N. Ise and H. Matsuoka, *Macrocmolecules*, **27**, 5218 (1994); T. Okubo, *J. Chem. Phys.*, **87**, 6733 (1987); *Acc. Chem. Res.*, **21**, 281 (1988) その他; J. Yamanaka *et al.*, *J. Coll. Interface Sci.*, **134**, 92 (1990), Results and Discussion H ; N. Ise and H. Yoshida, *Acc. Chem. Res.*, **29**, 3 (1996).

を解説している．彼らは，DLVO 理論が孤立した同符号粒子間の斥力を記述することに成功しているとしながらも，低イオン強度および高電荷密度粒子の多体問題については，引力の存在が必要であると主張している．

9.2 コロイド粒子の電荷密度と DLVO ポテンシャル

コロイド分野の基準的理論とされる DLVO 理論[2]は，電気2重層を伴った2つの帯電した，無限に大きい界面が接近したとき，これら界面の間に働く力を求めようとしたものである．これを基にして，同符号の電荷をもつ2つの球（半径 a, 電荷 $Z_n e$）の間の相互作用が議論されている．したがって，この理論を実験結果と比較する場合，有限濃度での測定値を無限大希釈に外挿する必要がある．厳密に考えれば，4章で議論したようなコロイド粒子の結晶化やその融解などの多体問題は DLVO 理論の適用範囲外であるが，コロイド分野での従来の議論ではこのことについては注意は払われていない．これが許されるとすると，実験と理論との一致が期待できるのは電荷数が低く粒子間相互作用が弱い場合に限られる．

高い電荷数の試料の実験結果を見ると，DLVO 理論のこのような制約に基づく特徴がはっきりと観察される．4章で，電荷数の増大に伴って，分散系が均一構造から不均一構造に変化する実験結果を説明し，また8章ではモンテカルロ (Monte Carlo) 法によってこの構造変化が DLVO ポテンシャル U_R では説明できないのに対して，曽我見ポテンシャル U^G によって再現できることを示した．これまで多くの研究においては，調製上の理由から比較的少ない電荷数の試料が選ばれてきたようである．表9.1に2, 3の研究で用いられた試料の電荷数を示す．

9.2 コロイド粒子の電荷密度と DLVO ポテンシャル

表 9.1 巨大イオンの実効電荷密度 σ_n

著者	実効電荷密度 ($\mu C\ cm^{-2}$)	半径 (nm)	註
(A) 斥力が検出あるいは主張されたケース			
Ackerson[3]	0.038	100	1
Versmold[4]	0.001	385	2
Grier[5]	0.02 (3.8)	320	3
Grier[6]	(2)	325	4
Grier[7]	0.07	425	5
(B) 引力が検出されたケース			
Ito[8]	1.33	250	6
Fraden[9]	0.16	635	7
Carbajal–Tinoco[10]	0.37	250	8
Yoshida[11]	0.23	53	9
Yamanaka[12]	0.5	60	10
Tata[13]	0.21	55	11
Tata[14]	0.25	90	12
Gröhn[15]	5	48	13
Ohshima[16]	4.3	7.0	14
(C) 引力が検出されながら斥力で処理されたケース			
Williams–Crandall[17]	0.37	50	15
Asher[18]	0.45	42	16

註1：ラテックス粒子．応力下の結晶の光散乱法による研究で，その散乱パターン（文献[3]，図2, 3）から最近接粒子間距離 ($2D_{exp}$) が平均粒子間距離 ($2D_0$) にほぼ等しく，系全体が結晶構造を示していることが結論できる．このモデルに対するフィッティングにより実効電荷密度 σ_n が推定されている．

2：ラテックス粒子．粒子分布の測定による対ポテンシャルの決定．DLVO 理論とのフィッティングにより σ_n が推定されている．

3〜5：ラテックス粒子．σ_n は光学鋏み法による対ポテンシャルの測定値を，DLVO 理論にフィッティングして得られた．分析的電荷数として Grier らが報告した値から，すなわち粒子当たりの電荷数 3.2×10^5 および $10\ nm^2$ 当たりの電荷数 $1e$ から，算出された分析的電荷密度 σ_a を（ ）内に示す．同一試料を使っているにもかかわらず，電荷密度の報告値に相当なばらつきがみられる．

6：ラテックス粒子．σ_n は，電導度滴定法により決定した σ_a から，自由な対イオンの分率 f を 0.1 として算出．ただし $f = \sigma_n/\sigma_a$．f は輸率測定によって決定されるが[19]，$f = 0.1$ は当該試料の条件から判断して妥当な値である．

7：ラテックス粒子．原著者が報告した粒子電荷密度の $0.1e\ nm^{-2}$ から算出．ただし，この値が σ_n と σ_a のいずれを意味するかは原論文では明らかではない．仮に σ_a であれば，σ_n は $0.16\ \mu C\ cm^{-2}$ 程度になる．この値は，(A) で使用された試料の σ_n よりもはるかに高い．なお，Kepler–Fraden の測定では強力な引力が報告され，DLVO 理論で説明しようとすると，ハマッカー定数を 10^{-18}〜10^{-19} J とする必要があることが原著者により指摘されている．これは通常見出されている値（〜10^{-20} J）より著しく大きい．なおこの測定結果は対 G-ポテンシャルを用いると非常によく再現できる．これについては本文中で詳しく議論する．

8：ラテックス粒子．報告された粒子当たりの電荷数 5×10^4 および粒子半径 250 nm より σ_a を求め，山中の実験式[20] (4.6) から σ_n を決定．

9：シリカ粒子．σ_n は伝導度測定により決定．

10：シリカ粒子．σ_n は伝導度測定により決定．

11：ラテックス粒子．σ_n は気–液平衡の実験結果を曽我見理論にフィッティングすることにより決定．

12：ラテックス粒子．σ_n は伝導度測定により決定．

13：スルホン化ポリスチレンミクロゲル．分子量の測定値とスルホン化度 (70%) から σ_a を決定し，$f = 0.04$[19] として σ_n を算出．

14：第 10 世代デンドリマー．σ_n は伝導度により決定．

15：ラテックス粒子（密度 = $1.05\ g\ cm^{-3}$）の軽水分散系の光散乱によるコロイド結晶の構造解析．

体積分率 $\phi = 10^{-3}$ において測定された $2D_{\exp}$ は $2D_0$ より 20%程度小さく，2 状態構造を示唆しているが，原著者らは 1 状態構造が成立していると明記している．σ_n は同一グループによって報告された電荷数 (Science, **198**, 393 (1977)) から算出．

16：ラテックス粒子．原報での $a = 41.5$ nm, $Z_a = 2370$ により，$\sigma_a = 1.75$ μC cm^{-2} を得る．これにより，$\sigma_n = 0.45$ μC cm^{-2} となる．Asher らが調整電荷数として与えている 1150(実効表面電荷密度 $= 0.88$ μC cm^{-2}) はこの値の 2 倍で，大きく相違している．また Asher らが報告した結晶系，格子定数と実験濃度から $2D_{\exp} < 2D_0$ であると結論できるが [21]，原著者らはこのことについては議論していない．

9.3 DLVO ポテンシャルか対 G-ポテンシャルか

2 章で DLVO 理論の基本的性格について議論した．一方，曽我見理論について 6 章で詳しく考察したが，DLVO 理論とは違って，粒子間の多体問題を取り扱っており，その結論である対 G-ポテンシャルには静電的短距離斥力と静電的長距離引力が含まれている．8 章で議論したように，コロイド分散系で実際に観察された構造上の不均一性は，対 G-ポテンシャルによって少なくとも定性的に再現できるが，DLVO ポテンシャルでは定性的にも不可能である．しかしながら，微視的不均一性が見出されるよりも前には，数多くの物性が DLVO 理論によって説明ができると主張されてきた．多数の研究者がこの理論を正しいとしていることも事実である．本節では，2, 3 の簡単な事例を用いて，DLVO 理論のこの成功が一般に考えられているほど強固な基礎をもっていないことを示したい．

9.3.1 構造因子 $F(K)$

Tata ら [22] は DLVO ポテンシャル U_R (8.9) と対 G-ポテンシャル U^G (8.10) を用いてコンピュータシミュレーションを実行し，$F(K)$ を求め，実測値と比較した．図 9.1 にモンテカルロ (MC) 法による $F(K)$ の計算値を示す．すぐにわかることは，DLVO ポテンシャルが実測値とよい一致を示すことであるが，同時に対 G-ポテンシャルによっても同程度の一致が認められる．この事実から少なくともこの実験条件の下では，$F(K)$ はこれらのポテンシャルの適・不適を判定する適切な物理量ではないと結論できる．また，DLVO 理論をただ 1 つの正しい解と考えることはできない．2 つの異なるポテンシャルがなぜ同じ実験結果を満足するかについては今後の詳細な検討を必要とするが，この問題に

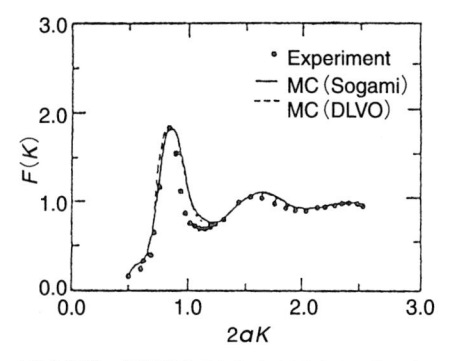

図 9.1 コロイド分散系の構造因子 $F(K)$ と MC シミュレーションによる計算値との比較 [22]
$\phi = 9 \times 10^{-4}$. 粒子半径 $a = 54.5$ nm. 粒子電荷密度は 0.21 μC cm^{-2}. 添加塩濃度 $C_s =$ 約 3 μM. ●：実測値，破線は DLVO ポテンシャルによる MC 計算値，実線は対 G-ポテンシャルによる MC 計算値.

関する Rajagopalan[23] の解説は興味深い.

Tata らは，さらにランジュバン (Langevin) 式に基礎をおく動力学シミュレーションによっても，U_R と U^G の両者が実験結果とよい一致を示すことを確認している. また Sood[24] は総説のなかで種々の液体理論，とくに hypernetted chain approximation (HNC), mean spherical approximation (MSA) と rescaled mean spherical approximation (RMSA) についての研究を紹介し，DLVO ポテンシャルと組み合わせるとき，HNC と RSMA が実測の $F(K)$ とよい一致を与えることに留意している. 対 G-ポテンシャルは比較されていないが，DLVO ポテンシャルのように $\exp(-\kappa r)/r$ の形をもたないため，閉ざされた形の解析解が得られないからであって，HNC や RSMA に基づく以上の議論からは DLVO ポテンシャルが対 G-ポテンシャルより優れているという結論を導くことはできない. 液体理論を荷電コロイド系に適用することが適当かどうかが問われる必要がある.

9.3.2 コロイド結晶の体積弾性率

結晶の体積弾性率 G は次式により与えられる.

$$G = \left(\frac{A}{R}\right)\left(\frac{\partial^2 U}{\partial R^2}\right) \tag{9.1}$$

ここに，A は比例定数で，面心立方格子 (fcc) 結晶の場合 0.833，体心立方 (bcc) では 0.523 であり [25]*[2]，R は粒子間距離である．粒子間ポテンシャル U に DLVO ポテンシャルあるいは対 G-ポテンシャルを代入することにより，それぞれの理論に対する弾性率 G が算出される [27]．図 9.2 にその結果と実測値 [28] を示す．なお理論値は Z_n を約 180 として計算されているが，2 つの理論はほぼ同程度に実験値と一致しているとみることができる．このことから，弾性率も粒子間相互作用を判定するには適当な量でないことが理解できる．ただこの結論が一般的に正しいかどうかは明らかではない．というのは測定に用いられた試料の電荷密度が非常に小さいからである．図 9.2 で用いた $Z_n = 180$ によれば電荷密度 σ_n は 0.09 $\mu C \ cm^{-2}$ であり，また Lindsay–Chaikin の報告値の 305 を用いても 0.16 $\mu C \ cm^{-2}$ であり，いずれの場合も表 9.1 の (A) の範囲であって，引力が出現する条件にはない．したがって DLVO 理論で説明ができることは事実であるが，同時に対 G-ポテンシャルによる説明が許されることも確かであり，DLVO 理論が唯一の正しい解釈でないことは明白である．もっと高い電荷数をもつ試料による組織的検討が必要である．

9.3.3 コロイド結晶の熱収縮

4 章で述べたように伊藤ら [30] はコロイド結晶が温度上昇とともに収縮することを見出した．原子・分子の結晶の挙動と異なり，この結果はコロイド結晶の特徴を示している．すなわち粒子が (真空ではなく) 分散媒を介して相互作用しているからである．この収縮現象はその後 Asher ら [18] のグループによっても観察された．2 つのグループの実験事実は共通であるが，その解釈は相反しており，Asher らは DLVO 理論を用いて説明したのに対し，伊藤らは分散媒の水の誘電率の温度変化により，対イオンを媒介とする粒子間静電相互作用 (引力)

---

*[2] 式 (9.1) の比例定数 A は van de Ven [26] によれば fcc に対し 0.833 ではなく，0.283 が正しい．後者を採用すると 180 より高い電荷数を仮定する必要があり，この結果 Chaikin らの値との食い違いは小さくなろう．しかし，このような間接的な議論で一致，不一致を考えることは建設的ではなく，独立の方法で分析的電荷数，実効電荷数を決定した上で解析を行うことが望まれる．また 4 章で議論した Alexander ら [29] の理論によると，最高実効電荷数は $(15a/Q)$ により与えられる．ここに，Q はビェラム半径で，1–1 電解質，水，25°C の条件で 0.357 nm であり，実効電荷数は約 2000 となる．この値は Chaikin らの値とも大きく相違している．

9.3 DLVO ポテンシャルか対 G-ポテンシャルか

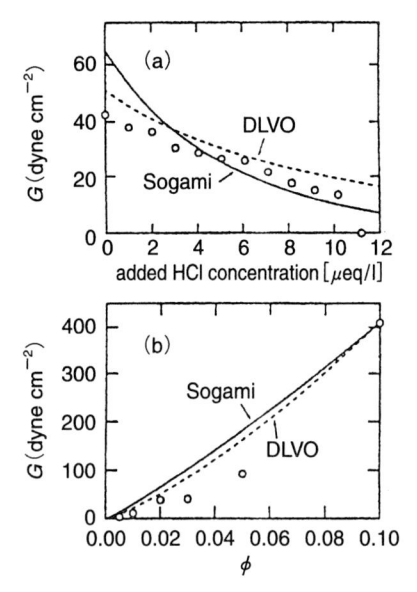

図 9.2 コロイド分散系の弾性率 G の測定値と理論値との比較 [27]
○：Lindsay-Chaikin による測定値，破線は DLVO 理論 ($Z_n = 180$)，実線は曽我見理論 ($Z_n = 170$)．$a = 54.5$ nm．(a) $\phi = 0.02$ における添加塩濃度依存性，(b) $C_s = 0$ における粒子濃度依存性．

が温度とともに強くなるため，見かけ上収縮が起こるとしている．実際，誘電率の温度変化を補正すると，結晶は単調に膨張することが示され，物理的に受け入れやすい事態となる（図 4.14 の実線と破線を比較）．本節では，Asher らの実験データ自体が，DLVO 理論，したがって彼らの解釈と一貫していないことを示したい．

Asher らの実験ではスルホン化ポリスチレンラテックス（$a = 41.5$ nm，分析的電荷数 $Z_a = 2370$）の水分散系（$\phi = 0.02$）を局所的に加温して，格子定数の温度変化をコッセル線解析により追跡している．結晶系は bcc で加温前の格子定数は 245 nm であるが，結晶中の粒子の体積分率は 0.0264 と計算される [21]．この値は，分散系全体の ϕ (0.02) より 30%程度大きい．この事実はこの実験系では，bcc ($\phi = 0.0264$) が 0.02 より低い体積分率の領域と共存していること，すなわち，2 状態構造が維持されていることを示す（4.2.3 項参照）．これは斥力のみを考える DLVO 理論とつじつまが合わない．

この点はしばらく議論しないことにして，DLVO ポテンシャル U_R (8.9) が温度によってどのように変化するかを考えよう．温度によって溶媒の誘電率 ε が変化し，これに伴い κ が変化する．水の場合，温度 0°C と 50°C の間で，ε は 87.90 から 69.88 に減少し，εT は 2.40×10^4 から 2.26×10^4 に減少し，この結果，298 K を基準にすると κ/κ_{298} は 0.988 から 1.118 に増加する．つまり，粒子間の DLVO 反発力は温度上昇に伴って弱くなる．Asher らは，分散系の一部の領域だけを加温し，その周辺の温度を変化させていない．U_R のこの特性によって，周辺部からの斥力により，加温した領域内で結晶の収縮が起こると説明している．このような系には温度の違う 2 領域が存在するわけで，系は熱平衡にはない．したがって熱平衡を前提にした DLVO 理論を適用することは疑問である．

これに反し系全体の温度を変化させている伊藤らの場合，熱平衡は実現していると考えられるが，粒子が DLVO 理論に従っているとすると，温度上昇に伴う κ の増大による斥力の低下，したがって結晶の収縮が起こるが，その程度は 50°C 程度の温度上昇で，格子定数の 1.3% と推定される[21]．

他方，曽我見理論では式 (8.13) により粒子間距離の温度依存性を直接算出できる．これらの結果を図 9.3 に示す．50°C の温度上昇で 2.4% の収縮である．

このように，結晶の加温収縮という現象をそれだけ取り上げると，少なくとも定性的には DLVO ポテンシャルと対 G-ポテンシャルのいずれによっても説明できることがわかる．したがって，DLVO 理論のみが正しい解釈とはいえないことが明らかである．

9.3.4　シュルツェ・ハーディ則

コロイド粒子の凝集効果は添加するイオンの荷数 z の 6 乗に比例するという経験則は，ファンデルワールス引力によって凝集が起こるとする DLVO 理論によって説明できることはよく知られている．2 章にもその誘導を考察したが，6 章に示したように対 G-ポテンシャルをファンデルワールス力と組み合わせるとき，$1/z^6$ に比例する主要項と $1/z^8$ などの補正項が導かれる．短距離においては対 G-ポテンシャルもまた斥力を示すから (図 6.2 参照)，凝集現象のような粒子間の短い距離が問題になるような現象では，これら 2 つの理論がこの経験則

9.3 DLVOポテンシャルか対G-ポテンシャルか

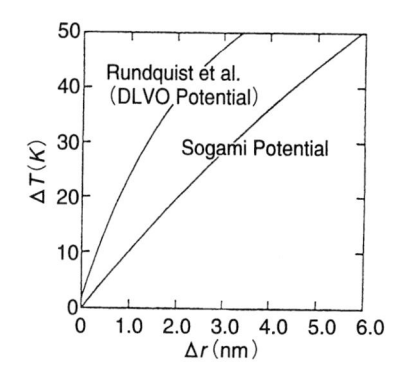

図 9.3 DLVO理論と曽我見理論によるコロイド結晶の加温収縮[21]
$\kappa = 2.19 \times 10^{-2}$ nm^{-1}, 粒子半径 $a = 41$ nm. この κ 値は式 (8.13) に a および観測された最近接粒子間距離 (245 nm = R_m) を代入して決定された. 1-1 型電解質に換算すると, 4.5×10^{-5}M に対応する. その精製条件から考えて妥当なものと推定される.

を支持したとしても不思議ではない. この結果から結論できることは, 凝集現象に関してもDLVO理論か曽我見理論かという判定はできないということである.

以上に取り上げた4つの物理量の議論から, それらがDLVO理論によって定量的に説明できることは確かであるが, それが唯一の説明ではないことも事実である. 引力を含む対G-ポテンシャルも同程度に実験結果と一致していることから, 系が斥力のみによって支配されているとするこれまでの解釈は修正を必要とする. この解釈が正しいことを主張するためには, それに相反する解釈, つまり引力を考慮すると実験が説明できないことを示すことが必要である. このような事例はまだ報告されていない.

なお, ここでは4つの量のみを考えたが, その理由はそれらが曖昧なパラメータを含まない比較的簡単な量であったからである. これら以外にもDLVO理論を支持していると信じられてきた物理量や考えは非常に多数知られているが, ほとんどの場合複数のパラメータが含まれており, その調節次第で実験と一致することになり, これらの量によって斥力か引力かという判定が難しい. このような量を対象にする限り, 議論は堂々めぐりになる.

DLVO・曽我見両理論の2つのポテンシャルとよい一致が得られたということは, ここで取り上げた量がそもそもポテンシャルに敏感ではない性質をもつか, あるいは採用された実験条件で, 2つのポテンシャルに共通した成分, すなわち短距離における斥力が主役を演じていたかのいずれかであろう. この点は, 今

後さらに高い電荷密度の試料を用い，もっと希薄な濃度条件で実験することによって検討する必要があろう．

9.4 粒子間ポテンシャルの直接測定

9.4.1 Grier, Fraden, Carbajal–Tinoco, Versmold らの測定

　粒子間ポテンシャルについての従来の議論はすべて間接的である．というのは前項で議論したケースも含め，ある量を測定して，その結果からポテンシャルを推論しているからである．このような方法は，現実の原子・分子系について採用されている常套手段であり，もとより誤りではなく，目にみえない粒子を相手にする以上避けられない手段である．しかし巨大なコロイド粒子は目でみえるので，次のような直接的な方法によって粒子間ポテンシャルを決定することが原理的には可能となる．十分希薄な条件では動径分布関数 $g(r)$ は対ポテンシャルエネルギー $U(r)$ によって次のように表される．

$$g(r) = \exp\left[-\frac{U(r)}{k_\mathrm{B} T}\right] \tag{9.2}$$

ビデオ顕微鏡法によって粒子の位置の時間変化を測定して，2 粒子間の $g(r)$ を決定すれば，式 (9.2) により $U(r)$ を知ることができる[4,5,9,10]．この場合，多数の粒子を含む分散系を対象にすると，測定されたポテンシャルが正確に 2 粒子間の対ポテンシャルに対応しないので，これを解決するため，光学はさみ (optical tweezers) を利用する方法[5]，シミュレーションによる方法[9] などの工夫がされている．

　図 9.4 に Grier ら[5] が用いた装置の一部を示す．分散液は 3〜4 μm の距離を隔てた 2 枚のガラス板の間に導入され，イオン性不純物を取り除くためイオン交換樹脂と接触するよう工夫されている．他の粒子が視野内に見つからない条件で，2 つの粒子を光学はさみによって 1.5 あるいは 1.7 μm の距離に固定し，レーザーを遮断後，2 粒子の位置がビデオ撮影される．粒子間距離の測定誤差は 50 nm と報じられている．このようにして 796 対の粒子の情報が処理されている．

　Grier らはこのようにして測定されたポテンシャルエネルギー曲線と DLVO

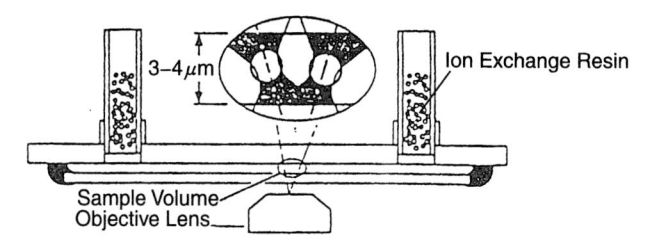

図 9.4 粒子間相互作用の直接測定に用いられた溶液セル (文献 5) を一部改変). 溶液は 2 枚のガラス板の間の狭い空間 (間隔 3~4 μm) にあり, 1 対の粒子は光学はさみで固定される (楕円内参照). またイオン交換樹脂によって, 溶液中のイオン性不純物が絶えず除去されている.

理論値がよく一致すると報告している. 理論値は式 (8.9) の Z_n と κ^{-1} を独立のパラメータとして実測結果にフィットしたもので, Z_n は 1991 ± 150, κ^{-1} は 161 ± 10 nm となる. κ^{-1} のこの値は 1-1 塩に換算すると 3.6 μM であり, 実測されてはいないがイオン交換樹脂が共存する条件では著しく不合理な値ではない. 確かに理論と実験の一致は良好である. しかし分析的電荷数 Z_a が 3.2×10^5 とされているから, Z_n/Z_a の値 (この比は 4.1.1 項において議論した自由な対イオンの分率 f に等しい) は 0.006 程度であって著しく小さい. 山中の実験式[20]によれば, $Z_a = 3.2 \times 10^5$ とすると, Z_n は 1.1×10^4 ($Z_n/Z_a = 0.03$) である. Grier らが求めた値より 1 桁大きい. 彼らの論文では Z_n が独立に決定されていないので, 測定値との一致だけから DLVO 理論が正しいポテンシャルを与えると結論することは困難である[*3].

さらにその続報において, Grier ら[7]は 2 枚のガラス板の間隔 d を変化させ, 粒径 0.97 μm の試料について測定を行い, ガラス板と粒子間の距離 h が 9.5 μm

---

*3) Grier らの一連の研究[5~7]では, 同じポリスチレンラテックス (Duke Scientific, No. 5065A) が用いられている. その分析的電荷数 Z_a として, $(3.2 \pm 0.5) \times 10^5$ あるいは電荷密度 σ_a として $(1e/10)$ nm^2 という 2 種の値が報告されているが, これらは直接測定の結果ではないように思われる. 粒径は (0.650 ± 0.006) μm と報告されているが, この精度を信用すれば, 上の 2 つの値は 2 倍違うことになる. 経時変化によって Z_a が変化したことも考えられるが, それならば余計に測定の直前にこの基本量を決定しておく必要がある. また文献[5]では DLVO 理論との比較により Z_n が 1991 と決定されているが, 同一試料について文献[7]では 5964 と報告されていて, 約 3 倍の違いがある. Z_n と κ を独立のパラメータと見なす Grier の論法によれば, ポテンシャルエネルギーは 9 倍の違いを生ずる. このような状態では, 実験結果が DLVO 理論を支持しているという議論は受け入れがたい.

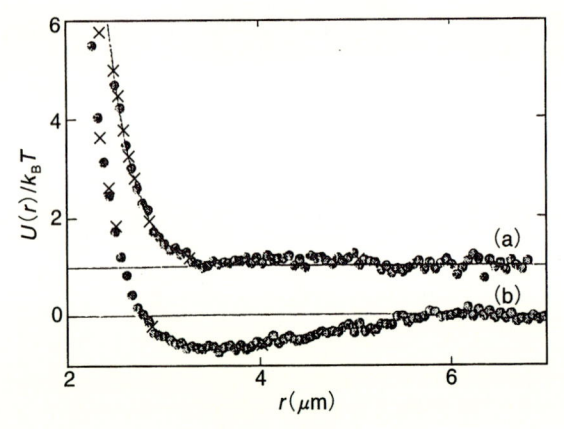

図 9.5 粒子間ポテンシャルと器壁からの距離 (R. Fitzgerald, *Physics Today*, **54**, 18 (2001))
粒子：ポリスチレンラテックス ($a = 0.33$ μm). (a) は器壁からの距離 $h = 9.5$ μm における測定結果で, 斥力が検出され, DLVO ポテンシャル (破線) と一致しているとされている. (b) は $h = 2.5$ μm で得られたもので, $\sim 0.7 k_B T$ のポテンシャル極小を示す. ×は Squires と Brenner のシミュレーション結果を示す. (a) と (b) は縦方向に $1 k_B T$ ずらして表示されている.

のとき DLVO 理論に従った斥力が検出されるのに対し, h が 2.5 μm では引力が観測されたと報告している. 図 9.5 曲線 (b) に示す引力は粒径が大きいと強くなると指摘され, ガラス壁と粒子周辺のイオン雰囲気の相互作用によるものとされている. この結果は広く議論を呼んだが, この観測について Squires と Brenner[31] は次のように流体力学的な効果と考えている. かれらによれば, ガラス表面の負電荷とラテックス上の負電荷が反発する結果, 粒子は表面から遠ざかるが, この球の背後を移動する流体が近傍の粒子を引きずり込み, 2 つの粒子間の水平距離が減少するため, 見かけ上粒子間の引力が発生しているようにみえるということである. しかし不明な点も多い. この考えによれば粒子が動けない平衡条件, たとえば 2 枚のガラス板の中間点にあれば, 引力は出現しないはずであり, この点実験による検討がさらに必要である. また Squires と Brenner は相互作用が純粋に斥力であると仮定して考察しているが, それならば平衡条件でも引力は現れないはずである. しかし 4 章で議論された実験結果は, 壁面から遠く離れた, 自由な粒子について引力が働いていることを示しているので, Squires らの議論には一般性がないようにも思われる. また, 4.2.4 項

で考察した同符号の電荷をもつ器壁への荷電粒子の正の吸着[32～34]は,ラテックスの場合,器壁から5 μm の距離で非常に顕著になるが,この現象は Squires の考慮には入っていない.この因子は器壁から粒子が受ける反発を弱くする方向に働くから,Squires が考えているよりも流体の寄与は小さいと思われる.彼らの考えが妥当かどうかを判定するには,粒子とガラス表面の電荷数を正確に知る必要があるが,粒子の電荷数は相当正確に評価できるのに対し,ガラス表面の電荷数を求めるには通常 ζ ポテンシャルの測定によることになる.しかしこの量が非常にあいまいなので[35],Squires らの考えを定量的に評価することは困難である.

Squires らの議論が正しいかどうかは別にして,器壁に近い領域はバルク内部と著しく違っていることは確かである.たとえば,顕微鏡によって巨大なラテックス粒子の動きを測定した Prieve ら[36]の結果によると,器壁近傍での粒子の拡散係数はバルク中の値のわずか2%に過ぎない.また,吉野[37]は,2枚のガラス板の間の小さなスペースの中に"束縛"された粒子の動きをビデオ撮影したが,それによると,粒子の移動距離はブラウン運動に関するアインシュタインの理論の予想よりはるかに大きい.これは,この理論がすべての方向に対して自由度をもつ,非束縛粒子について導かれているのに対し,ビデオ撮影の条件では上下2枚のガラス板によって垂直方向での粒子の運動が制約されていて,平行方向での運動のみが自由である結果である.これらの因子の影響は簡単に評価できないので,対ポテンシャルの測定には器壁近傍をできるだけ避けることが適当と考えられる.

Grier らの実験では,視野の中にただ1対の粒子のみが見つかるような条件が選ばれている.この点では,1対の粒子を対象にした DLVO 理論の前提と一致している.しかし Kepler と Fraden[9] が結論しているように,DLVO 理論 (デバイ・ヒュッケル理論や曽我見理論も同様に) では,イオンや粒子は自由に溶液内を動き回ると考えられており,2枚のガラス板の間に束縛された粒子を対象にしてはいない.したがって,直接測定から DLVO 理論と良好な一致を示す斥力が検出されたとする Grier の主張はこの観点からも簡単には納得しがたい.とくに,パラメータとして決定された Z_n が,第3の方法で裏付けられていない現状ではなおさらである.

Crocker–Grier[7] は実測のポテンシャルと，DLVO ポテンシャルあるいは対 G-ポテンシャルとを比較し，Z_n と κ^{-1} を決定している．その結果を表 9.2 に示す．対 G-ポテンシャルから得られたこれらの 2 つのパラメータを添字 s により表す．Crocker らは，κ_s^{-1} が粒子半径とともに系統的に変化しているから，対 G-ポテンシャルは孤立した 1 対の粒子間相互作用を正しく記述できないと主張している．反対に DLVO 理論の場合，κ^{-1} は粒径に依存せず一定である．また 2 種の粒子の混合系では，これら 2 つの粒子のそれぞれの電荷数（表 9.2）の幾何平均を用いると，そのポテンシャル曲線が再現できること，またかれらの決定したポテンシャル曲線には引力の兆候がみられないことから，DLVO 理論が定量的に満足でき，他方，曾我見理論は適当でないと結論している．

この解釈には以下のような難点があり受け入れがたい[38]．第 1 に DLVO 理論とは異なり，曾我見理論は多数の粒子系を対象に導かれている．したがって，1 対の粒子を選んだ Crocker らの実験条件と違っている．曾我見理論の枠内では，式 (8.12) からわかるように，κ^{-1} と Z_n を独立のパラメータと見なすことができない．また仮にそれが許されるとしても，Crocker らの実験では分散媒の C_s は，測定には選ばれなかった多数の粒子から生成した対イオンによって決定されているのである．したがって，κ^{-1} を分散媒のイオン強度に対して比較すべきである．κ^{-1} の粒径依存性という間接的な比較は適当ではない．残念ながら分散系中の粒子濃度が報告されていないので，その中の対イオン濃度を推定することはできない現状では，κ^{-1} が信頼できるのかどうかも明らかではない．第 2 に，繰り返すまでもなく，2 つの理論から得られた Z_n と Z_{ns} も，たとえば分散系の伝導度の測定によって判定しなければならない．Grier らの実験では，試料の粒径，荷電状態が直接測定されていない．詳細は省略するが山中ら[39]は同一の製造者の同一のカタログ番号の試料について，電導度測定，伝導度滴定法により Z_n と Z_a の決定を試みたが，Crocker らが指摘したような強酸性の解離基の存在は認められず，また彼らが用いた試料すべての電荷数は非常に小さくて正確に評価できないと指摘されている．とくに粒径の大きい 5153A は安定性が悪く容易に沈降，凝集することが観察された．安定な試料を使うことは理論と実験の一致，不一致を議論する場合の必要条件である．また，これほど電荷数の小さい試料では，対イオンを媒介とする引力は測定できないほど

表 9.2 Crocker–Grier の測定により決定された DLVO ポテンシャルと対 G-ポテンシャルの相互作用パラメータ

$2a$ (μm)	Z_n	κ^{-1} (nm)	ζ_0 (mV)	Z_{ns}	κ_s^{-1} (nm)
1.53	22793	289	-167	1767	960
0.97	13796	268	-165	1525	730
0.65	5964	272	-145	777	670

Z_n, κ^{-1}：DLVO 理論との比較から決定された粒子の電荷数，イオン雰囲気の厚さ，Z_{ns}, κ_s^{-1}：対 G-ポテンシャルとの比較から求めた電荷数，イオン雰囲気の厚さ．

小さいことは繰り返し指摘したところである．今後，特性がはっきりした高い電荷数をもつ試料，しかも安定な試料についての実験が要望される．

以上の束縛条件での測定原理は Fraden ら[9]の実験でも採用されている．この場合ガラス板の間隔は 2～6 μm で，溶媒は重水–軽水 (1:1) 混合系，イオン交換樹脂で不純物を絶えず除去している．顕微鏡の焦点面をガラス板の間の中間面に設定し，その面上での粒子の動きをビデオ撮影して粒子の位置を決定している．同一平面にある 2 粒子の距離は 20 nm の誤差で決定できるとされている．ビデオの 1 画面当たり 30～300 個の粒子像を含む画像 500～5000 枚を処理して $g(r)$ が決定された．これから式 (9.2) により見かけの対ポテンシャルが算出されるが，さらに真の対ポテンシャルを求めるためにシミュレーションが利用される．実験的に求められた見かけの対ポテンシャルをレナード・ジョーンズ (Lennard–Jones；L-J) 型のポテンシャルと比較し，そのパラメータのおよその値を決定し，この新しいポテンシャルから式 (9.2) により $g(r)$ を求め，実測の $g(r)$ と比較して差がなくなるまでパラメータの調節を繰り返して真の対ポテンシャルに到達する．

このようにして決定された対ポテンシャルを図 9.6 に示す．次の 3 点に留意する必要がある．第 1 に塩濃度 C_s が最も低いケース (曲線 f) を除いて，観測されたポテンシャルには極小 (引力) がみられる．この引力はかなり強力である．Kepler らによれば，これを式 (2.128) によって説明しようとすると，ハマッカー定数 A として 10^{-19}～3.3×10^{-18} J を仮定しなければならない．この値は通常受け入れられている 10^{-21}～10^{-20} J よりはるかに大きい．Kepler らのこの結果は表面ポテンシャル ψ_a を 25 mV として導かれている．ここで ψ_a はデバ

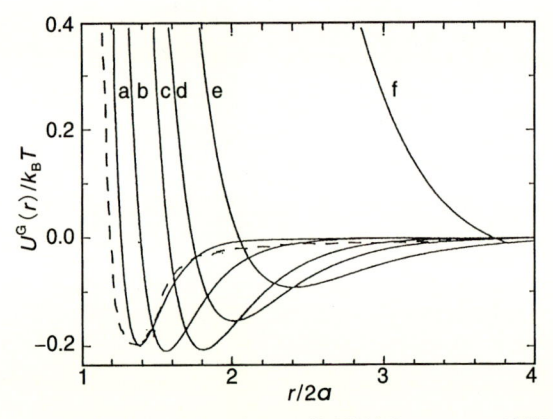

図 9.6 Kepler–Fraden により測定された粒子間対ポテンシャル (実線), および対 G-ポテンシャル (破線) の比較
ポリスチレンラテックス粒子 (表面電荷密度は $0.1\mathrm{e}\ \mathrm{nm}^{-2}$, 粒子半径 $a = 0.64\ \mu\mathrm{m}$), 溶媒は H_2O–D_2O $(1:1)$ 混合系. 焦点面での粒子の数密度は $12 \times 10^{-3}\ \mu\mathrm{m}^{-2}$. 塩濃度は実測されていないが, a から f に向かって減少しているとされている. 対 G-ポテンシャルは Tata-Arora[40] が算出.

イ・ヒュッケル理論の結果を用いて

$$\psi_a = \frac{Z_\mathrm{n} e}{\varepsilon a(1 + \kappa a)} \tag{9.3}$$

により与えられるが, それを 100 mV としても結果は同じとのことである. 逆に A を 10^{-20} J として実測のポテンシャル曲線と比較すると ψ_a は 5 mV 程度の値となる. このことから, Kepler らは非束縛粒子に対して導かれた DLVO 理論は, ガラス板の間に束縛された粒子には適用できないと結論している. 第 2 に注意しなければならないのは, 実測のポテンシャルの極小位置とその深さの C_s 依存性である. Kepler ら自身指摘しているように, 塩濃度が大きくなると極小位置は短距離側に移動し, 極小は深くなり, その後浅くなる傾向を示す. これは, 図 6.4 に図示された対 G-ポテンシャルの極小位置および深さの C_s 依存性と一致する. 残念ながら, Kepler らの研究では C_s の値は決定されていないので, 定量的比較は困難である. 第 3 に, 図 9.6 に破線で示した対 G-ポテンシャル曲線 (計算値)[40] と実測のポテンシャルとがよく一致することである. 対 G-ポテンシャルの算出に当たっては, $C_\mathrm{s} = 2.9\ \mu\mathrm{M}$ とされている. イオン交換樹脂共存条件では妥当な値であり, 実測のポテンシャル極小位置と深さとの一

致から Tata と Arora[40] は Kepler らの測定結果が曽我見理論により議論されている対イオンを媒介とする引力の証明になっていると主張している.

Carbajal と Tinoco[10] もまた束縛条件における測定によって,Kepler らより高い粒子濃度で強い引力を検出している.Kepler らと同様,普通受け入れられているより少なくとも1桁大きいハマッカー定数を採用しないと説明できないと Tinoco も指摘している.興味深いのは,Tinoco らの試料の σ_n が $0.37\ \mu C\ cm^{-2}$ で Grier の値 (0.02) よりはるかに高いことである.つまり Tinoco らは引力が検出できる条件で実験を行っている.

Rao と Rajagopalan[23,41] は予測子-修正子法を用いたモンテカルロ (MC) シミュレーションにより,$g(r)$ から $U(r)$ を正しく評価する転換 (inversion) 法を考案している.予備的検討では L-J 型ポテンシャルを仮定し,シミュレーションにより $g(r)$ を求め,これからポテンシャルを逆算すると 2~3%以内の誤差で最初の L-J ポテンシャルに一致すると報告している.この方法を Kepler らの実験に適用した結果が図 9.7 に示されている.明らかにこの条件では測定値と Rao らによる転換法による結果はよい一致を示す.また対 G-ポテンシャルも極小位置と深さについてはかなりよい結果を与えている.興味深いのは図 9.6 での塩濃度が最も低い場合 (曲線 f),Kepler らの方法では斥力のみが検出されたに対し,転換法による解析は明瞭に引力を与え (図 9.8),対 G-ポテンシャルも小さいながら極小を示す事実である.

Tinoco ら[10] は実測の $g(r)$ から $U(r)$ を算出するに当たって HNC (hypernetted-chain) 近似を採用したが,Rajagopalan ら[23] はこの方法が定量的に満足できないことを指摘している.

Versmold ら[4] はポリスチレンラテックス粒子 ($a = 385$ nm) 分散系について顕微鏡法により粒子分布,したがって $g(r)$ を測定した.測定された $g(r)$ が濃度依存性を示さない程度の低い濃度で 20,000 画面を処理して測定が行われ,式 (9.2) により $U(r)$ が決定された.容器のガラス面からの影響を避けるため,焦点面は壁面から 2~6 μm の距離に維持されたと報告されており,壁面の影響はないとされている.得られた $g(r)$ は距離 r の増大とともに単調に大きくなり,極大や振動を示すことなく,1 に収斂している.Versmold らは実測と DLVO 理論との一致を強調し,引力の兆候はまったく認められないと指摘している.

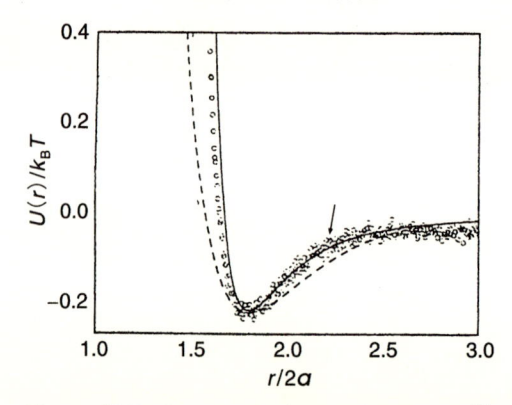

図 9.7 粒子間ポテンシャルの実測値と計算値の比較 [41)]
塩濃度は図 9.6 の曲線 c に対応. ○:Kepler と Fraden の $g(r)$ の測定値から転換法により計算した対ポテンシャル. 実線は Kepler と Fraden により報告されたポテンシャル. 破線は Tata と Arora による対 G-ポテンシャルの計算値 [40)].

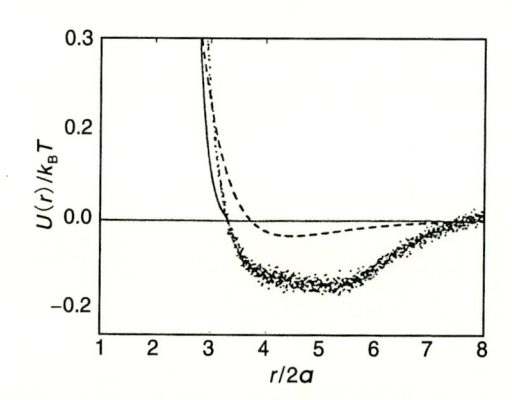

図 9.8 粒子間ポテンシャルの実測値と計算値の比較 [41)]
塩濃度は図 9.6 の曲線 f に対応. プロットは Kepler と Fraden の $g(r)$ の測定値から転換法により計算した対ポテンシャル. 実線は Kepler らにより報告されたポテンシャル. 破線は Tata らによる曽我見ポテンシャルの計算値 [40)].

彼らの測定では, Grier らの場合と異なり, 塩濃度があらかじめ NaCl の添加により決定され, DLVO 理論との比較によって決定された κ^{-1} と良好な対応が確認されている. またこのフィティングによって Z_n が 190 と評価されているが, この値は独立には測定されていないから, DLVO 理論が正しいと仮定しての値であり, フィティングが仮に満足すべき一致を示したとしても, DLVO 理論に反する理論, たとえば, 引力の存在, が誤りであるとの証明にはならない. また

9.4 粒子間ポテンシャルの直接測定

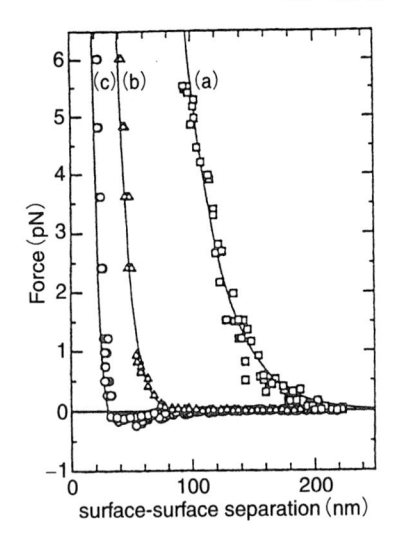

図 9.9 杉本らの方法で測定された粒子間力の粒子表面間距離依存性 [43)]
C_s (NaClO$_4$) は (a) 1.15×10^{-4} M, (b) 1.00×10^{-3} M, (c) 5.00×10^{-3} M. 実線はハマッカー定数を 5.0×10^{-21}J として算出された DLVO ポテンシャル.

仮にこの Z_n が正しいとしても,この電荷数はあまりにも小さすぎて,引力が出現できない条件であることは,以上の項(とくに表 9.1)で繰り返し指摘したところである.Tata ら[40)] によれば,この電荷数を正しいとして,Versmold の実験条件で対 G-ポテンシャルを計算すると極小の深さは -0.02kT に過ぎず,実験的に検出できる大きさではない.このことは,Versmold らの結果が DLVO 理論でも,曽我見理論でも同様に説明ができるということを意味する.この事態は 9.3 項で議論した構造因子,弾性率,熱収縮の場合の議論と基本的に同じであって,DLVO 理論の有利さ,引力の欠如を主張できる根拠にはならない.

以上の直接的方法によって相互作用ポテンシャルを正確に決定するには,粒子位置が正しく,再現性よく測定される必要がある.これが実際上相当に困難な課題であることは,Grier らと類似の原理で測定した Durand と Franck[42)] の最近の結果が Grier らの結論と相容れないことからも推察される.Franck らの結果によれば,相互作用は DLVO 理論の予測よりはるかに短距離的である.

9.4.2 杉本らの測定

この研究は,レーザーによってコロイド粒子を捕捉し,その捕捉力を媒体の粘性抵抗力との関係から求めておくことにより,1 対の粒子間の相互作用を測

定するという試みである[43]．すなわち，1対の粒子をある距離に固定し，一方のレーザービームの捕捉力を減じていき，粒子間の力に基づく反発あるいは引力により粒子がレーザーから外れるときの力を求める．測定結果を図9.9に示すが純粋に斥力のみが観察されたと報告されている．粒径 2.13 μm のポリスチレン球が用いられ，重水添加により重力効果を消去し，また焦点面を器壁から 10 μm 以上離して，壁面の影響を避け，また pH 7.5 での測定であるため窒素置換により二酸化炭素の影響を除去するなどの注意が払われているが，すべての測定が添加塩濃度 C_s が 10^{-4} M 以上の高い条件で行われている．この条件で逆イオンの媒介による引力が存在できないことは4章その他で実験的に確認したことであり，また曽我見理論でもこのような高い添加塩の濃度ではポテンシャル極小の深さはゼロになり，引力は見つからない（図6.4参照）．したがって，杉本らの測定で引力が見つからないことは当然である[*4]．さらにこの実験では，粒子表面間の距離が粒径 2.13 μm の球についてたかだか 200 nm である．このような近距離では対G-ポテンシャルも斥力のみを示す．一方，コロイド粒子間に筆者らが認めた引力は粒径 1 μm 以下の粒子に対し～μm のオーダーの距離に出現しているのであって，この程度の長距離にまで測定を拡張しないと，杉本らの測定方法は引力か斥力かの判定に使えない．

9.4.3 表面力測定法，原子間力顕微鏡法による測定

最近の技術的進展によって，2つの表面に作用する力の測定が可能となった．表面力測定装置により，Pashley と Israelachvilli[44] は塩溶液を挟んだマイカ表

[*4] 杉本らの報告している ζ ポテンシャル値を用い，これを ψ_a に等しいと仮定して，式 (9.3) によって電荷数を求めると，その値は C_s が大きくなるにつれて増大する．この程度の塩濃度領域で，電荷数が塩濃度とともに変化するということは，電気伝導度の測定などの情報からは理解できない．$\zeta = \psi_a$ の仮定が適当でないことが一因とも考えられるが，Fitch[35] によれば "表面から滑り面までの距離を直接測る手段はなく，したがって ζ と ψ_a を直接関連づけることは不可能である"．このように正確に定義できない ζ によらず，電気伝導度法などにより独立に決定される電荷数を用いないと，実験結果が妥当でないのか，理論に欠陥があるのかは明瞭にできず，議論は堂々めぐりに陥る．また対象にされた近距離領域では，対 G-ポテンシャルにおいても斥力が圧倒的である（6章）．このような事態の下では，杉本らの測定から DLVO 理論か曽我見理論のいずれが正しいのかは判定できない．この点今後の検討課題であろうが，電荷数が独立に決定されることが先決である．

面の間に斥力が作用することを報告している.原子間力顕微鏡 (atomic force microscope; AFM) を用いて,Pashley ら[45]は塩濃度 $> 10^{-4}$ M,70 nm 以下の距離で,シリカ粒子とシリカ平面の間に斥力を観察している.Lindsay ら[46]は走査型フォース顕微鏡 (scanning force microscope; SFM) によりラテックス粒子間,ラテックス球とマイカ平面の間,の力を距離 10^2 nm 以下で測定し,10^{-3} M の塩濃度では DLVO 理論に一致する斥力を観察したと報告している.塩濃度がこれより低いと再現性が悪く,DLVO 理論とも一致しない.酸化チタンの粒子と平面の間[47]について 50 nm 以下の距離,10^{-4} M 以上の塩濃度で AFM 測定が行われ,等電点においてはファンデルワールス型引力が 10 nm 以内に認められるのに対し,荷電状態では斥力が観察されている.この斥力は DLVO 理論とは定量的に一致せず,その理由は表面の粗さにあると説明されている.

繰り返しになるが,この程度の塩濃度と小さい距離では,対イオンを媒介とする引力は観測できない.したがって,斥力のみが検出されても不思議ではないし,この種の測定が,引力不在の証明にはならないことは明白である.測定条件の大幅な拡張が望まれる.

Vinogradova ら[48]は AFM の拡張利用によりポリスチレン平面と粒子間の相互作用を測定し,一般的には DLVO ポテンシャルではなく,長距離引力が観察されたと報告している.この引力は,表面の凹凸にトラップされた微小な気泡の合体に由来するとされている.この解釈が正しいかどうか判定することは困難であるが,この実験は pH 6,塩濃度 10^{-4}~10^{-2} M において行われ,さらに粒子表面から 100 nm 以下の距離 (粒子半径 1.8~4.4 μm) が対象になっている.これらは 4 章で見出された引力の出現条件と大きく相違している.この静電引力はこのような高い塩濃度ではほとんど検出不可能であり,またポテンシャルの谷は~μm の近傍に観察されており,さらにほとんどの実験が低い pH 領域で行われていて,Vinogradova らの引力は対イオンの媒介による引力とは異質なものと思われる.

マイカ表面を長鎖アルキル基をもつ界面活性剤分子によって被覆すると疎水性表面ができる.この表面の間には距離 15 nm[49],300 nm[50] において引力が検出されている.この引力は比較的大きい距離に出現しているが,疎水性相互

作用に由来するものであり,対イオンによる長距離の静電的引力とは違ったものである.

以上に述べた方法は,コロイド粒子の特性を利用して直接ポテンシャルを測定しようとしている点で評価すべきであろう.この直接法が間接的な従来法より優れているとしばしば主張されているが,器壁近傍での測定であり,器壁の影響を大きく受けている可能性がある.また試料の特性が慎重に評価されていないことも問題である.さらに選ばれた添加塩濃度と粒子からの距離では,引力が弱く,斥力が圧倒的に強い.したがって,これまで報告された直接測定の実験は,引力か斥力かの判定には使えない.その上,FradenやTinocoらの場合を除き,試料の粒子電荷数が低いことも指摘する必要がある.この条件では引力は弱い.引力が検出されない条件における実験から引力が存在しないと結論することはできない.

粒子間相互作用について正しい情報を得るためには,器壁から十分離れた場所において,あらゆる方向に運動の自由を保障された粒子について,つまり非束縛条件で,測定することが大切であり,引力を検知するには高い電荷密度の粒子による測定が必要である.

9.5 2, 3のコンピュータシミュレーションとの比較

1価の対イオンの場合に,デンドリマーイオンの構造形成が認められ(図3.25),しかも高世代の試料では$2D_{\text{exp}} < 2D_0$の不等関係が観測(図3.26)されたことは,1価の対イオンでも巨大イオン間に逆イオンを媒介とする引力が発生していることを示している.さらに対イオンの価数を大きくして,2価にすると干渉性散乱ピークそのものが観測されなかった(図3.24).この事実は2価の対イオンとデンドリマーイオンとの相互作用が強く,実効電荷数Z_{nd}が1価の場合より小さくなり(表3.2),引力が弱くなるからである.3.3節に述べたように,この傾向はポリスチレンスルホン酸ナトリウムの水溶液についてZhangら[51]によっても認められている.このような対イオンの価数に対する依存性は,最近のコンピュータシミュレーションの結論[52,53]と食い違っている.これらのシミュレーションによると,1価では,巨大イオン間には純粋に斥力しか作用せ

ず,対イオンの価数が大きくなると巨大イオン間の引力が強くなっている.またこれらシミュレーションで認められる引力は短距離に現れ,3,4章で議論した長距離引力ではない[*5].60価-2価の系のシミュレーション[53]では粒子間距離 5 nm 以下にポテンシャル極小が現れている.実験的にはデンドリマーでは数十 nm,ラテックス系では ~μm に極小がある.このシミュレーションが,コロイド粒子を含めたイオン系での相互作用を正しく記述していないことは明らかである.その原因としては,イオン間相互作用が次のような裸の"静電相互作用"であるとの仮定にあると考えられる.

$$U_{ij}(r) = \frac{Z_i Z_j e^2}{4\pi\varepsilon r}, \qquad r \geq \frac{a_i + a_j}{2} \tag{9.4}$$

ここに,Z は価数,ε は溶媒の誘電率,a は粒子あるいは対イオンの半径である.この相互作用は1対のイオンが孤立している場合は正しいけれども,現実の多体系では問題であろう.この多体系では中心イオンとそれ以外のイオンとの相互作用は,後者による遮蔽効果によって孤立イオン対内の相互作用よりも弱められるからである.このことはデバイ・ヒュッケル理論を注意深く検討すればすぐ理解できる.今後の改善が切望される.

なお,最近寺尾と中山[54]は式 (9.4) を仮定して,荷電をもつ界面と粒子間の相互作用についてシミュレーションを行い,電気2重層の理論の予測とは異なり,界面の近くに同符号粒子が濃縮されるとの結果を報告した.最大の濃縮を示す界面からの距離は 10 nm 程度で,Thomas ら[32]の球状ミセル系のデータと対応しているように思われるが,伊藤らのラテックス系の結果[32,33](5~60 μm) よりはるかに小さい.

Wu ら[55]のシミュレーションによると,0.5 M の塩溶液中で対イオンが1価の場合,巨大イオン間に斥力が存在し,DLVO 理論とよい一致を示すと指摘さ

[*5] シミュレーション[53]で対象となっている低電荷,小粒径の溶質には,ミセルあるいはデンドリマーが対応する.3.2.3 あるいは 3.2.4 項で述べたように,ドデシルトリメチルアンモニウム塩酸塩 (DTAC) の場合,実効電荷数 < 50,半径 1.6 nm であり,ミセル間距離 7 nm でミセルは溶液中に均一に分布する.つまり1状態構造 ($2D_{exp} \simeq 2D_0$) であり,必ずしもシミュレーションによって結論された引力を想定する必要はない.またデンドリマーの G7 や G10 の1価の塩の場合,$2D_{exp}$ は 12~40 nm であり,また $2D_0$ より小さく引力の存在を示す (図 3.25) が,シミュレーションでは斥力のみが結論されている (文献[53],図 1).

れている．また，2価の場合では強力な引力が短距離に出現する．しかしコロイド粒子やイオン性高分子の場合には，0.5 M のような塩濃度において引力はほとんど観測されていない．

9.6 その他の課題

本書ではポアソン・ボルツマン方程式による平均場近似を理論的考察の基準とした．この手法には種々の問題点があることは事実ではあるが，デバイ・ヒュッケル理論の成功からもわかるように，イオン性溶液の希薄溶液の本質を正しく記述していることは確かであろう．曽我見理論ではこの手法により，コロイド系における種々の現象（引力）を説明することに成功している．この引力は無限大希釈では存在しない多体効果であり，狭い空間に粒子が閉じ込められたことによる効果ではなく，系の電気的中性条件に由来するものである[*6)]．この結論は，同じくポアソン・ボルツマン式に基づく DLVO 理論の結論，すなわち同符号電荷の粒子は必ず斥力を及ぼすという結果と，相容れない．この理論は2つの孤立粒子間の相互作用を取り扱い，多体効果を対象とはしていないからである．あるモデルが他のモデルより優れているかどうかという疑問には，理論的観点からはすぐに答えがあるわけではない．このことは平均場近似の適・不適そのものが今なお解決されていないことからも理解できよう．したがって，われわれはどの理論が現実のコロイド系の相互作用を記述できるかどうかを実験的に判定するという実用主義的な立場をとっている．

平均場近似とは別の手法により volume term 理論[56~58)] が提案された．これによれば，引力を導入することなしに実験的に認められた相分離現象が説明できると主張されている．最近，von Günberg ら[59)] は，この理論によって示された気–液平衡が誤りであると主張している．独立に Tamashiro ら[60)] も同様に数式上の誤りによるものと述べ，4章に議論した微視的不均一性の説明に

[*6)] 非線形ポアソン・ボルツマン式に基づいて，Bowen と Sharif は狭い空間に閉じ込められた粒子間に引力が存在できること，したがって，曽我見理論のような新しい相互作用を導入する必要はないと主張したが (W. R. Bowen and A. O. Sharif, *Nature*, **393**, 663 (1998))，その後この計算に誤りがあることが示された (J. C. Neu, *Phys. Rev. Lett.*, **82**, 1072 (1999))．したがって，曽我見理論に対する批判もまた，根拠がない．

ならないと指摘している.

引力を考えなくても,相分離現象が説明できるという主張と類似のものとして,エントロピー S の寄与による結晶化という考えがある. $\Delta G = \Delta H - T\Delta S$ であるから,結晶化に伴って ΔS が非常に大きく増加することがあれば,エントロピー説は一概には否定できない.粒子が不規則的な分布から結晶化すれば,少なくとも配位のエントロピー変化は不利に働く.したがって,エントロピーではなくエンタルピー H が減少することによって結晶化が進むというのが,筆者らの考えであり,引力の寄与を重要と考えて議論を進めてきた.仮に結晶化に伴い系の全エントロピーが著しく増大し,配位のエントロピー減少をカバーする場合があれば,引力を考慮しなくてもよいはずである.これは1つの可能性として否定はできない.問題なのは,従来の議論では,DLVO型の斥力が正しく,引力は存在しないという前提の下で,したがって結晶化はエントロピー因子以外では説明できないという論法になっていることである.これは論理的に奇妙なことである.とくに引力を認める立場からすると,仮定と結論の混同ということになる.このような議論では,DLVO理論を証明したことにはならず,また引力を否定したことにもならない.問題を別の表現に置き換えたまでである.この課題の最終決着は,粒子間ポテンシャルを仮定することなく,独立の実験で結晶化に伴うエントロピー上昇を確認することであり,今後の検討事項である.

参考文献

1) R. V. McBride and P. Baveye, *Soil Sci. Soc. Am. J.*, **66**, 1207 (2002).
2) E. J. W. Verwey and J. Th. G. Overbeek, Theory of the Stability of Lyophobic Colloids (Elsevier, 1948).
3) B. J. Ackerson and N. A. Clark, *Phys. Rev. A*, **30**, 906 (1984).
4) K. Vondermassen, J. Bongers, A. Mueller and H. Versmold, *Langmuir*, **10**, 1351 (1994).
5) J. C. Crocker and D. G. Grier, *Phys. Rev. Lett.*, **73**, 352 (1994).
6) A. E. Larsen and D. G Grier, *Phys. Rev. Lett.*, **76**, 3862 (1996).
7) J. C. Crocker and D. G. Grier, *Phys. Rev. Lett.*, **77**, 1897 (1996).
8) K. Ito, H. Nakamura and N. Ise, *J. Chem. Phys.*, **85**, 6136 (1986).
9) G. M. Kepler and S. Fraden, *Phys. Rev. Lett.*, **73**, 356 (1994).

10) M. D. Carbajal-Tinoco, F. Castro-Roman and J. L. Arauz-Lara, *Phys. Rev. E*, **53**, 3745 (1996).
11) H. Yoshida, J. Yamanaka, T. Koga, N. Ise and T. Hashimoto, *Langmuir*, **14**, 569 (1998).
12) J. Yamanaka, H. Yoshida, T. Koga, N. Ise and T. Hashimoto, *Phys. Rev. Lett.*, **80**, 5806 (1998).
13) B. V. R. Tata, M. Rajalskshmi and A. K. Arora, *Phys. Rev. Lett.*, **69**, 3778 (1992).
14) B. V. R. Tata, E. Yamahara, P. V. Rajamani and N. Ise. *Phys. Rev. Lett.*, **78**, 2660 (1997).
15) F. Gröhn and M. Antonietti, *Macromolecules*, **33**, 5938 (2000).
16) A. Ohshima, T. Konishi, J. Yamanaka and N. Ise, *Phys. Rev. E*, **64**, 51808 (2001).
17) R. Williams and R. S. Crandall, *Phys. Lett.*, **48A**, 225 (1974).
18) P. A. Rundquist, S. Jaganathan, R. Kesavamoorthy, C. Brnardic, S. Xu and S. A. Asher, *J. Chem. Phys.*, **94**, 711 (1991).
19) K. Ito, N. Ise and T. Okubo, *J. Chem. Phys.*, **82**, 5732 (1985).
20) J. Yamanaka, Y. Hayashi, N. Ise and T. Yamaguchi, *Phys. Rev. E*, **55**, 3028 (1997).
21) N. Ise and M. V. Smalley, *Phys. Rev. B*, **50**, 16722 (1994).
22) B. V. R. Tata, A. K. Sood and R. Kesavamoorthy, *Pramana J. Phys.*, **34**, 23 (1990).
23) R. Rajagopalan, Ordering and Phase Transitions in Charged Colloids (ed. by A. K. Arora and B. V. R. Tata), Chap.13 (VCH, 1996).
24) A. K. Sood, *Solid State Phys.*, **45**, 1 (1991).
25) R. Buscall, J. W. Goodwin, M. W. Hawkins and R. H. Ottewill, *J. Chem. Soc. Faraday Trans.* I, **78**, 2889 (1982).
26) T. G. M. van de Ven, Colloidal Hydrodynamics, p.544 (Academic Press, 1989).
27) K. Ito, K. Sumaru and N. Ise, *Phys. Rev. B*, **46**, 3105 (1992).
28) H. M. Lindsay and P. M. Chaikin, *J. Chem. Phys.*, **76**, 3774 (1982).
29) S. Alexander, P. M. Chaikin, P. Grant, G. J. Morales, P. Pincus and D. Horn, *J. Chem. Phys.*, **80**, 5776 (1984).
30) N. Ise, K. Ito, T. Okubo, S. Dosho and I. Sogami, *J. Am. Chem. Soc.*, **107**, 8074 (1985).
31) T. M. Squires and M. P. Brenner, *Phys. Rev. Lett.*, **85**, 4976 (2000).
32) J. R. Lu, E. A. Simister, R. K. Thomas and J. Penhold, *J. Phys. Chem.*, **97**, 13907 (1993).
33) K. Ito, T. Muramoto and H. Kitano, *J. Am. Chem. Soc.*, **117**, 5005 (1995).
34) T. Muramoto, K. Ito and H. Kitano, *J. Am. Chem. Soc.*, **119**, 3592 (1997).
35) R. M. Fitch, Polymer Colloids: A Comprehensive Introduction, Chap.8 (Academic Press, 1997).
36) D. C. Prieve, S. G. Bike and N. A. Frej, *Faraday Discuss. Chem. Soc.*, **90**, 209 (1990).
37) S. Yoshino, 高分子学会レオロジー研究会における研究発表 (1984).
38) B. V. R. Tata and N. Ise, *Phys. Rev. E*, **61**, 983 (2000).

39) J. Yamanaka, 私信. 測定結果は文献 38) に引用.
40) B. V. R. Tata and A. K. Arora, *Phys. Rev. Lett.*, **75**, 3200 (1995).
41) K. S. Rao and R. Rajagopalan, *Phys. Rev. E*, **57**, 3227 (1998).
42) R. V. Durand and C. Franck, *Phys. Rev. E*, **61**, 6922 (2000).
43) T. Sugimoto, T. Takahashi, H. Itoh, S. Sato and A. Muramatsu, *Langmuir*, **13**, 5528 (1997).
44) R. M. Pashley and J. N. Israelachvilli, *J. Coll. Interface Sci.*, **101**, 511 (1984).
45) W. A. Ducker, T. J. Senden and R. M. Pashley, *Langmuir*, **8**, 1831 (1992).
46) Y. Q. Li, N. J. Tao, J. Pan, A. A. Garcia and S. M. Lindsay, *Langmuir*, **9**, 637 (1993).
47) I. Larson, C. J. Drummond, D. Y. C. Chan and F. Grieser, *J. Am. Chem. Soc.*, **115**, 11885 (1993).
48) O. I. Vinogradova, G. E. Yakubov and H.-J. Butt, *J. Chem. Phys.*, **114**, 8124 (2001).
49) R. M. Pashley, P. M. McGuiggan, B. W. Ninham and D. F. Evans, *Science*, **229**, 1088 (1985).
50) K. Kurihara and T. Kunitake, *J. Am. Chem. Soc.*, **114**, 10927 (1992).
51) Y. B. Zhang, J. F. Douglas, B. D. Ermi and E. J. Amis, *J. Chem. Phys.*, **114**, 3299 (2001).
52) B. Hribar and V. Vlachy, *Biophys. J.*, **78**, 694 (2000).
53) V. Lobaskin, A. Lyubartsev and P. Linse, *Phys. Rev. E*, **63**, 20401R (2001).
54) T. Terao and T. Nakayama, *Phys. Rev. E*, **65**, 21405 (2002).
55) J. Z. Wu, D. Bratko and J. M. Prausnitz, *Proc. Natl. Acad. Sci. USA*, **95**, 15169 (1998).
56) R. van Roij, M. Dijkstra and J. P. Hansen, *Phys. Rev. E*, **59**, 2010 (1999).
57) A. R. Denton, *J. Phys.: Condens. Matter*, **11**, 10061 (1999).
58) P. B. Warren, *J. Chem. Phys.*, **112**, 4683 (2000).
59) H. H. Grünberg, R. van Roij and G. Klein, *Europhys. Lett.*, **55**, 580 (2001).
60) M. N. Tamashiro and H. Schiessel, *J. Chem. Phys.*, **119**, 1855 (2003).

索　引

B

bcc　20, 324, 355
bcc–fcc 転移　339
bcc 構造　221–223
bcc 双晶　221–223
BSA　96, 104

C

Carlson　295
CMC　305

D

Derjaguin　33, 57
DLS　85, 93, 95, 99, 123, 200
DLVO の斥力ポテンシャル　59
DLVO ポテンシャル　66, 120, 324, 339
　――の幾何学的因子　326
DLVO 理論　29, 51, 94, 141, 144, 153, 198, 349
Dube　33
DXS　200

E

Ewald　226

F

fcc　20, 324
fcc–bcc 転移　329, 340
fcc 結晶　222
fcc 構造　221, 223
fcc 双晶　221, 222
Fuoss　304

H

He-Cd レーザー　215
He-Ne レーザー　215
Hill　47
Houwink–Mark–桜田式　303

K

Kossel　23

L

Landau　33
Langmuir　51, 231
Laue　225
Levine　33
London　25, 60

O

Overbeek　33, 46

P

PAA　77, 79, 83, 92, 96, 106
PAAm　77
PSS　77, 83, 99, 117, 122
PVP　111

S

SANS　85, 91, 114, 117, 119, 121
SAXS　85, 91, 103, 106, 117, 119
SLS　99, 121

T

TMV　85, 94, 104

索引

U

USAXS 104, 114, 166, 175
　2D-——による構造解析 184

V

van der Waals 25
Verwey 33
volume term 理論 372

ア行

アインシュタインの粘度則 308, 313, 316
予め平均 245, 260
アルダー転移 30, 322
アーンショーの定理 7

イオノマー 121
イオン会合体 79, 84, 128, 307
イオン強度 314
イオン性
　——高分子 1, 77
　——コロイド粒子分散系の粘度 308
　——デンドリマー 81, 112, 114
　——ミセル 112, 120, 128
イオン相互作用 25
イオン雰囲気 27, 39, 312
　——の歪 312
異常相 94
異常透過現象 224
1状態構造 3

ウシ血清アルブミン →BSA

エヴァルトの作図法 23
エヴァルト球 22
液晶 260
液体状態 16
塩濃度依存性 173

置き換え $V = Nv$ 45
オストワルド熟成則 156, 179
遅い拡散モード 99

カ行

回折条件 22
回折線の異常 225
回折の動力学理論 226
回転半径 260

　高分子鎖の—— 103
ガウス鎖 89
ガウスの法則 35
化学ポテンシャル 36
可逆的な結合状態 69
核形成-成長機構 167
拡散係数 92, 96, 98, 121, 152
拡散層 234
拡散2重層 52
拡散力 36
確率分布密度 14
加成性 45
荷電界面への同符号粒子の正の吸着 170
カールソン 294
　——の重複定理 296
　——の理論 287
カルボキシメチルセルロース →CMC
還元粘度 303

気-液相分離 163, 190, 335, 343
菊池 23
菊池・コッセル回折像 23, 213
菊池線 213
擬コッセル回折像 214
ギニエ則 118, 182
希薄溶液における構造形成 3
ギブス巨大イオン系 235
ギブス系 235
ギブス自由エネルギー 44, 49, 283
　——の積分表現 272
ギブス対ポテンシャル 244, 257
ギブス・デュエムの関係 46
ギブスの断熱対ポテンシャル 286
基本逆格子ベクトル 20
基本格子ベクトル 18
逆格子空間 19
キュベット 212
凝集現象 34
凝縮層 234
共焦点レーザースキャン顕微鏡 149, 162
強電解質 26, 33
局所的規則構造 98
均一-不均一相転移 329

屈曲性イオン性高分子 304
　——の形態 83
　——の棒状モデル 306
クラスター 158

索　引

蛍光顕微鏡　194
蛍光性ポリメチルメタクリレート粒子　194
形状因子　14, 87, 91, 189, 253
結晶状態　18
限外顕微鏡　134
原子間力顕微鏡法　368
顕微鏡観察　114

光学はさみ　358
虹彩色　123, 147, 166, 200, 211
格子欠陥　147
格子振動　147, 149
格子面振動　147
構造因子　15, 18, 87, 91, 112, 352
構造単位　158
高分子電解質ミクロゲル　191
高分子溶液の構造　4
後方コッセル回折像　215
枯渇力　109, 143
コッセル円錐　213
コッセル回折像　213
コッセル線　213
古典電子半径　9
コヒーレンス　214
コヒーレント散乱　12
固有粘度　303
コロイド結晶　29, 133, 147
　──に対するずれ応力の影響　199
　──の格子定数　160
　──の脆弱さ　160
　──の成長　156, 218
　──の体積弾性率　353
　──の熱収縮　354
　──の破壊と再生　179
　──の溶融　72, 257
コロイド合金結晶　224
コロイド性シリカ粒子　112, 113, 138
コロイド分散系　133
　──の精製　141
混合エントロピー　39

サ　行

最近接粒子間距離　153
　──と塩濃度　153
　──と温度　153
　──と電荷密度　153
　──と誘電率　153
　──と粒子濃度　153

最密充填面　182
座標平均動径分布関数　330, 336
散乱波の強度　14, 15
散乱ピーク　91
散乱ベクトル　13

実効電荷数　79, 136, 140, 142, 315, 354
時定数　260
シフトされた平均電位　240, 251
重合度　1
シュルツェ・ハーディ則　263, 356
シュルツェ・ハーディの経験則　29, 70
小イオン気体の状態方程式　249, 265, 274
小角X線散乱　→SAXS
消滅則　24
ショットキー欠陥　147, 156
シラノール基　138
刃状転移　149
真性コッセル回折像　214
浸透圧　27, 39, 50

水素結合　26
スターン層　53
スルホン基　135

静電的相互作用　78
静的光散乱　→SLS
積層不整　219, 220
ζ電位　136
線形近似　39, 42, 237
前方コッセル回折像　215

相加性　→加成性
層状構造期　218
双晶面　224
(再帰性)相転移　166
疎液コロイド　29
曽我見理論　94

タ　行

対イオン　26, 79, 315
　──の共有効果　260
　──の媒介による引力　98, 162
対イオン凝縮　79, 233
対イオン固定　79, 135
第1極小　69
第1次電気粘性効果　313
体心立方格子　→bcc

体積項　300
体積弾性率　217, 330
第2極小　29, 69
楕円積分　279
タクトイド　104
多周期積層構造　220
タバコモザイクウイルス　→TMV
多分散系　247
単位胞　18
単純立方格子　20
弾性散乱　11
断熱1体ポテンシャル　258
断熱対ポテンシャル　254
　　表面電荷で表された——　262, 254
単分散系　16, 245

中性子散乱　→SANS
中性子散乱長　117
中性子反射実験　174
長周期構造　220
超小角X線散乱　→USAXS
沈降平衡　134, 144
チンダル現象　134

対E-ポテンシャル　242
対F-ポテンシャル　243
対G-ポテンシャル　244, 329, 352
　　——の谷の深さ　333, 336
対ポテンシャルエネルギー　358
通常相　94
通常相–異常相相転移　96

デバイ
　　——の遮蔽因子　42
　　——の充電化公式　275
　　——の充電法　38
デバイ半径　87, 145
デバイ・ヒュッケル領域　84
デバイ・ヒュッケル理論　27, 42, 48, 79, 82, 115, 312
デバイ・ワラー効果　94, 186
デリャーギン近似　58
電気1体ポテンシャル　238
電気エネルギー　43, 48
電気対ポテンシャル　238, 242
電気的中性条件　38, 241
電気伝導度測定　138
電気2重層　53, 57, 137, 170

電導度滴定　138
デンドリマー　370

動径分布関数　16, 158, 161, 194, 196, 199, 330, 342, 358
等軸晶系期　218
動的X線散乱　→DXS
動的光散乱　→DLS
ドンナン平衡　87
トムソン散乱　11
　　X線の——　103
トムソンの振動子模型　5, 6

ナ　行

2状態構造　98, 111, 117, 123, 129, 153, 194

熱力学的平衡状態　36

濃度スケーリング　165

ハ　行

バーミキュライト　261
バビネの原理　119
ハマッカー定数　65, 363
　　——への媒質効果　65
速い拡散モード　98
半透膜　41

ビェラム長　269
ビェラム半径　97
光散乱強度　85
微視的な不均一性　4
微分断面積　9, 14, 15
表面力測定法　368

ファンデルワールス引力　25, 144
ファントホッフの法則　39, 41
n-ブチルアンモニウム　261
ブラウン運動　28, 101, 133, 134, 146
　　アインシュタインの——の理論　146
ブラッグ回折　123
ブラッグ距離　110
ブラッグ条件　22
フーリエ変換　154, 196
分子間力　24
分子体積　35
分子動力学法　321
分析的電荷数　2, 79, 135, 140, 142, 354, 359

索　引

平均電位　37, 239, 280
平均2乗変位　330
平均場描像　34
平板イオン系　261, 276
ベランの実験　134
ヘルムホルツ自由エネルギー　30, 44, 49, 281
　　──の積分表現　270
ヘルムホルツ対ポテンシャル　243
ヘルムホルツの断熱ポテンシャル　286
偏光因子　9

ポアソン・ボルツマン方程式　38
ボイド　119, 329, 335
　　──の生成　343
ボイド構造　163
ポインティングベクトル　5
膨潤　261
ポリ-L-リシン　96
ポリアクリル酸　→PAA
ポリアリルアミン　→PAAm
ポリ(アルキル-p-フェニレン)スルホン酸　124
ポリオキソモリブデン酸塩　126
ポリスチレン系ラテックス粒子　135, 166
ポリスチレンスルホン酸　→PSS
ポリスチレンラテックス粒子　187
ポリビニルピロリドン　→PVP
ボルツマン分布　37

マ　行

ミラー指数　20

面心立方格子　→fcc

モンテカルロシミュレーション　321, 365

ヤ　行

ヤコビの楕円関数　280

有効剛球体積　144, 145
有効体積　233, 234
有効電荷　233
　　──の化学ポテンシャル　247
有効粒子　235
湯川ポテンシャル　60, 324, 339
輸率　80, 136, 139

溶媒の誘電率　356
予測子-修正子法　365
四級アンモニウム塩　80
四級化ポリ-2-ビニルピリジン　99

ラ　行

ラウエ関数　19
ラウエの方程式　19
ラーマーの公式　6
ラング走査法　217
ランダム層状構造　218

粒子間構造因子　189
粒子間平均距離　113, 120
粒子間ポテンシャルの直接測定　358
量子細胞　282
両端間距離　306

レィリー散乱　11
レーザー光の菊池・コッセル回折法　211
レナード・ジョーンズ型ポテンシャル　25, 363

ロンドン・ファンデルワールス引力　60

著者略歴

伊勢典夫（いせのりお）

1928 年	京都府に生まれる
1959 年	京都大学大学院工学研究科博士課程修了
1970 年	京都大学教授
現　在	京都大学名誉教授　工学博士

曽我見郁夫（そがみいくお）

1940 年	愛媛県に生まれる
1967 年	京都大学大学院理学研究科博士課程単位修得退学
1971 年	京都産業大学助教授
現　在	京都産業大学名誉教授　理学博士

朝倉物理学大系 16

高分子物理学　巨大イオン系の構造形成　　　定価はカバーに表示

2004 年 12 月 5 日　初版第 1 刷
2016 年 4 月 25 日　第 3 刷

著　者　伊　勢　典　夫
　　　　曽　我　見　郁　夫
発行者　朝　倉　誠　造
発行所　株式会社　朝倉書店

東京都新宿区新小川町 6-29
郵便番号　162-8707
電話　03(3260)0141
FAX　03(3260)0180
http://www.asakura.co.jp

〈検印省略〉

© 2004〈無断複写・転載を禁ず〉　　東京書籍印刷・渡辺製本

ISBN 978-4-254-13686-9　C 3342　　Printed in Japan

JCOPY　〈(社)出版者著作権管理機構 委託出版物〉

本書の無断複写は著作権法上での例外を除き禁じられています．複写される場合は，そのつど事前に，(社)出版者著作権管理機構（電話 03-3513-6969，FAX 03-3513-6979, e-mail: info@jcopy.or.jp）の許諾を得てください．

朝倉物理学大系

荒船次郎・江沢 洋・中村孔一・米沢富美子編集

1	解析力学 I	山本義隆・中村孔一
2	解析力学 II	山本義隆・中村孔一
3	素粒子物理学の基礎 I	長島順清
4	素粒子物理学の基礎 II	長島順清
5	素粒子標準理論と実験的基礎	長島順清
6	高エネルギー物理学の発展	長島順清
7	量子力学の数学的構造 I	新井朝雄・江沢 洋
8	量子力学の数学的構造 II	新井朝雄・江沢 洋
9	多体問題	高田康民
10	統計物理学	西川恭治・森 弘之
11	原子分子物理学	高柳和夫
12	量子現象の数理	新井朝雄
13	量子力学特論	亀淵 迪・表 實
14	原子衝突	高柳和夫
15	多体問題特論	高田康民
16	高分子物理学	伊勢典夫・曽我見郁夫
17	表面物理学	村田好正
18	原子核構造論	高田健次郎・池田清美
19	原子核反応論	河合光路・吉田思郎
20	現代物理学の歴史 I	大系編集委員会編
21	現代物理学の歴史 II	大系編集委員会編
22	超伝導	高田康民